现代农业技术概论

（下册）

李乃祥　丁得亮　主编

于战平　王松文　柴慈江　陶秉春　副主编

南开大学出版社

天　津

图书在版编目(CIP)数据

现代农业技术概论.下册／李乃祥，丁得亮主编.
—天津：南开大学出版社，2005.8（2019.2重印）
ISBN 978-7-310-02330-1

Ⅰ.现… Ⅱ.李… Ⅲ.农业技术－概论 Ⅳ.S

中国版本图书馆CIP数据核字(2005)第046796号

版权所有 翻印必究

南开大学出版社出版发行
出版人：刘运峰
地址：天津市南开区卫津路94号 邮政编码：300071
营销部电话：(022)23508339 23500755
营销部传真：(022)23508542 邮购部电话：(022)23502200

*

天津泰宇印务有限公司印刷
全国各地新华书店经销

*

2005年8月第1版 2019年2月第4次印刷
787×1092毫米 16开本 17.75印张 443千字
定价：36.00元

如遇图书印装质量问题，请与本社营销部联系调换，电话：(022)23507125

内容简介

本书以大农业为背景,全面、系统地介绍了现代农业技术。其中包括现代农业种植技术、现代农业养殖技术、现代农产品加工技术、现代农业经营管理技术、现代农业生物技术和现代农业信息技术等内容,几乎涉及农业的所有领域和各个阶段,能够为读者搭建一个完整的农业技术知识框架体系。

本书分上下两册,全书高度概括了农业生产的一般规律,深入浅出地介绍了农业领域的新技术和新方法,尤其是向读者展现了农业生物技术和农业信息技术的概貌。

本书每章后都配有习题,适于作为农业院校非农、近农专业的通用教材,参考授课时间为80学时(第一篇:20学时;第二篇:20学时;第三篇:10学时;第四篇:10学时;第五篇:20学时)。也可供有关技术人员学习和了解现代农业技术时参阅。

序

我国是世界第一农业大国，人口众多，但农业资源有限，现代科学技术的应用对于农业的可持续发展意义重大。正如邓小平同志所说，农业最终要靠科技解决问题。当前，生物、信息等高新技术在农业领域的应用进展迅速，最新的技术与最古老产业的结合，必将带来一场新的革命，其实施则要依靠大批新型的农业技术人才。

高等农业院校作为培养农业技术人才的基地，不仅要注重对"农科"学生的现代科学技术教育，更为重要的是要加强对非农、近农专业学生的农业背景知识教育，为专业知识与农业的结合做好铺垫。基于以上考虑，我们编写了这样一本介绍现代农业技术的教材，用于计算机、信息、管理、食品、机电、水文等非农、近农专业的公共课教学，以满足农林院校非农、近农专业构建专业特色教学所需。

本书分上下两册，上册包括"绪论"、"现代农业种植技术"、"现代农业养殖技术"，下册介绍"现代农产品加工技术"、"现代农业经营管理技术"、和"现代农业高新技术"，内容几乎涉及到了农业的所有领域和各个不同阶段，旨在为读者构建一个完整的农业技术知识框架。

作为一本非农、近农专业的农业技术公共课教材，本书立意新颖，特色突出，主要体现在以下几个方面：

1. 较好地把握了概论性教材的特点，在通俗易懂的前提下，在适当深度上对现代农业技术进行了深入浅出的介绍。

2. 较为全面地反映了农业领域的新技术，内容较为新颖。尤其是鉴于生物、信息等高新技术对农业的重要作用，专门用一篇对农业生物技术和农业信息技术进行了介绍。

3. 突出整体性与系统性，对各部分内容进行了合理规划与编排。例如，各篇中涉及生物、信息技术的内容均放在农业高新技术篇进行系统介绍。另外，同一篇中不同专业门类之间的共性技术内容也归结到一起予以介绍，这样，有效避免了篇与篇、章与章之间的交叉重复。

4. 强调概括性与代表性，对内容进行了精心提炼。着重一般规律、技术和方法的介绍，而不是面面俱到，从而大大压缩了篇幅和学时。

本书是天津农学院不同专业教师共同合作的结果，参加本书编写的有农学、园艺、水产、动科、食品、经管和计算机共七个系的十名教师。其中绪论和第一篇第一、二章由丁德亮执笔，第三、四章由柴慈江执笔，第二篇第一、二章由周淑云和段县平执笔，第三章由陶秉春执笔，第三篇由张平平和任小青执笔，第四篇由于战平执笔，第五篇第一章由王松文执笔，第二章由李乃祥执笔，全书由李乃祥统稿。

参加本书审定的有邢克智、孙守钧、马衍忠、刘庆山、靳润昭、孟庆田和刘金福教授，他们在繁忙的工作中抽出时间，详细审阅了书稿内容，并提出了宝贵的修改意见，在此表示衷心感谢。

本书的编写得到了天津农学院领导、教务处和有关各系的大力支持与帮助，张孝义老师为本书的出版作了大量的组织协调工作，南开大学出版社也对本书的出版给予了热情支持与指导，在此谨表谢意。此外，在本书的编写过程中，编者参阅了大量相关书籍和文献资料，也借此机会向有关作者表示感谢。

由于编者水平所限,加之本书涉及面广、成稿时间仓促,书中难免存在错误与疏漏,恳请有关专家和读者提出宝贵意见。

编者
2004．7．15

目 录

第三篇 现代农产品贮藏与加工技术 ············1

第一章 概论 ············1
第一节 农产品贮藏与加工的内容 ············1
第二节 农产品贮藏与加工的意义和发展趋势 ············3
习题与思考题 ············5

第二章 现代农产品贮藏技术 ············6
第一节 园艺产品贮藏技术 ············6
第二节 谷物产品储藏技术 ············26
习题与思考题 ············31

第三章 现代农产品加工技术 ············32
第一节 农产品加工技术原理 ············32
第二节 植物类农产品加工技术 ············38
第三节 动物类农产品加工技术 ············52
习题与思考题 ············60
参考文献 ············60

第四篇 现代农业经营管理技术 ············62

第一章 中国农业经济制度 ············62
第一节 中国农业经济制度的演变 ············62
第二节 现行中国农业经济的重要制度规定 ············67
习题与思考题 ············73

第二章 农业现代化 ············74
第一节 发达国家农业现代化的实践 ············74
第二节 中国特色农业现代化建设 ············83
第三节 中国农业生产经营组织现代化 ············85
第四节 农业结构调整与优化 ············91
习题与思考题 ············96

第三章 加入WTO与中国农业国际化 ············98
第一节 WTO 基础知识 ············98
第二节 WTO 有关农业协议规定和中国农业的承诺 ············101
第三节 中国应对入世影响和实现农业国际化的对策 ············105

习题与思考题 ··· 108

第四章　农业经营管理技术 ··· 110
　　第一节　经营管理基础知识 ·· 110
　　第二节　经营预测与经营决策 ·· 118
　　第三节　经营核算 ··· 122
　　第四节　现代农产品营销技术 ·· 127
　　习题与思考题 ··· 132
　　参考文献 ·· 133

第五篇　现代农业高新技术 ··· 134

第一章　现代农业生物技术 ·· 134
　　第一节　基因工程 ··· 134
　　第二节　细胞工程 ··· 159
　　第三节　酶工程 ·· 165
　　第四节　发酵工程 ··· 170
　　第五节　生物技术在农业上的应用 ··· 174
　　第六节　基因组工程 ·· 176
　　第七节　蛋白质工程和蛋白质组学 ··· 184
　　第八节　生物信息学技术及其应用 ··· 187
　　习题与思考题 ··· 193
　　参考文献 ·· 194

第二章　现代农业信息技术 ·· 198
　　第一节　农业信息技术概论 ·· 198
　　第二节　农业生产计算机测控技术 ··· 209
　　第三节　农业信息查询与管理技术 ··· 219
　　第四节　虚拟农业和主要支撑技术 ··· 226
　　第五节　智能化农业管理与决策技术 ·· 242
　　第六节　"3S"技术与"精细农业" ··· 250
　　习题与思考题 ··· 269
　　参考文献 ·· 271

第三篇　现代农产品贮藏与加工技术

第一章　概论

第一节　农产品贮藏与加工的内容

一、相关概念

（一）农产品

农业生产的主要目的是获得农产品，农产品有狭义和广义之分。狭义农产品是指以种植业为主体所获得的植物性产品，如粮食、植物油脂、果蔬等产品。而广义的农产品是指整个农业部门生产的动植物主副产品的总称，包括养殖业生产中所获得的畜产品和水产品等动物性产品，包括粮食、油脂、果蔬、肉类、蛋奶类、茶叶、棉花、麻类、烟草、食用菌、药材、花卉等，范围广泛，种类繁多。

（二）农产品贮藏

农产品贮藏从狭义上讲，是为了防止农产品腐败变质而采取的物理、化学、生物工程等技术手段，是与加工相对应而存在的。但从广义上讲，贮藏与加工是互相包容的。因为加工的重要目的之一是贮藏农产品，为了达到贮藏的目的，必须采用合理的、科学的加工。农产品贮藏的目的是为了保持农产品的营养成分和自然品质，没有贮藏的农业是不完全的农业。通常，对于不同种类的农产品贮藏，叫法往往不太一样，如常说园艺产品的贮藏、谷物产品的储藏、畜产品的保藏等。

（三）农产品加工

所谓加工，是指对原材料实施各种操作，如改变其尺寸、形状或性质，提高精度或纯度，使其达到预期的要求。农产品加工是指以农产品为基础原料，采用物理、化学、生物工程等技术，改变农产品外观及其生物属性，制成供食用、工业用或医药用的成品或半成品的过程。按照国家统计局的统计标准，农产品加工业包括工业中的12个行业，具体可分为食品工业、纺织及服装工业、木材及其制品行业、造纸及印刷制品行业、橡胶工业等等。其中，食品工业和纺织及服装工业所占比例最大，占农产品加工业总量的67%~80%，其中的食品工业在主要经济指标方面已由第二位上升为第一位，食品工业是农产品加工业的主体。

（四）食品工业

食品工业指在食品工厂中，运用机械设备和科学的方法，对食品原料进行加工，以供人们食用为目的的工业。食品工业发展很快，它不仅能提供营养丰富、品种繁多、经久耐贮的各种食品，以满足人们日常生活的需要，而且还能在贮备物资、调剂货源、调节市场、保证供应、防荒救灾以及开辟新的食物资源、创造新型食品等方面为国家做出贡献，因而深受世界各国重视。目前许多国家的科学家、经济学家和政界人士，都把食品生产同人口问题、能源问题、生态问题列在一起，作为当今世界重要的战略问题来考虑。

食品工业按行业分为食品加工业、食品制造业、饮料制造业和烟草加工业等四大行业，其中食品制造业又分为粮食及饲料加工业、植物油加工业、制糖业、屠宰及肉类蛋类加工业、水产品加工业、盐加工业等行业；食品制造业又分为糕点糖果制造业、乳制品制造业、罐头食品制造业、发酵制品业、调味品制造业和其他食品制造业等；饮料制造业又分为酒精及饮料酒制造业、软饮料制造业、制茶业和其他饮料制造业等；烟草加工业又分为烟叶复烤业、卷烟制造业和其他烟草制造业等。各分行业又细分为六十多种。

食品工业按功能划分可分成四个主要部分，即原料生产、加工、运输和销售。原料生产包括耕种技术、园艺、养殖和捕捞等，具体包括动植物品种的选育、培养、耕作、收获和屠宰以及原料的储存和运输。加工是将农产品原料转化为食品的过程。加工包括许多单元操作和过程，一般被认为是食品技术的核心。运输涉及运输方式、运输工具、运输条件和产品的加工、包装、称重、堆放、储存要求、储存稳定性以及影响产品销售的各种因素等具体内容。销售是指产品的商业销售，它包括批发、零售和餐饮业等。由此可见，食品工业的各部分是由各个环节连续运转的，这种运转方式能保证高度有组织和有节奏地发挥各个部门的功能。于是，大公司往往拥有农场或种植园、加工和运输设备以及销售自己制造的产品的批发商店，以保证公司顺利地运作和获得高额利润。食品工业还与许多工业行业，如机械工业、化学工业、包装工业以及服务行业等密切相关。因此，无论从宏观的角度，还是从企业的具体行为来看，食品工业都是涉及领域非常广泛、内容非常繁杂的国民经济中最重要的产业。

（五）食品科学

目前，食品科学在世界范围内已发展为一门独立的学科。在美国就有四十多所大学可授予食品科学的学位。目前我国把"食品科学与工程"作为一级学科（专业），其下面分为食品科学、粮油及蛋白质工程、农产品贮藏与加工工程、水产品加工等4个二级学科。食品科学（food science）可定义为将基础学科和工程学的理论用于研究食品基本的物理、化学和生物化学性质以及食品加工原理的一门学问。有时人们又把研究食品生产的具体过程称为食品工艺学（food technology），定义为运用食品科学原理来从事食品的选择、保藏、加工、包装及销售的过程。由于食品与人类的繁衍、人们的健康直接相关，因此人们对食物的安全、营养和卫生等要求越来越高，食品科学研究的内容越来越多，越来越深入。可见，食品科学是一门涉及范围很广的学科，包括了物理学、化学、生物学、工程学、营养学、卫生学、心理学以及管理学等众多学科的理论和技术。随着社会、经济、科技的发展，食品科学的内涵将更加广泛和丰富。

二、农产品贮藏与加工的主要内容

(一) 农产品贮藏的主要内容

农产品贮藏指采用某些措施,如控制农产品的环境条件,抑制产品的呼吸作用,减缓产品的败坏,增加产品的稳定性来达到较长时间储存的目的。农产品贮藏包括园艺产品贮藏、粮油储藏和畜产品保藏。园艺产品贮藏主要是蔬菜、果品、食用菌、花卉的贮藏,有时也称之为保鲜。粮油储藏主要是指小麦、玉米等谷物类粮食和大豆等油料作物的现代储藏方法、管理和设施。畜产品保藏主要是指肉、蛋、奶等畜产品的保藏的基本理论、方法、技术和设施等。注意,这里贮藏、储藏和保藏三者是有细微差别的。

(二) 农产品加工的主要内容

农产品加工是指把农产品按其用途分别制成成品或半成品的生产过程。针对原料的加工程度而言,农产品可分为初加工和深加工。加工程度浅、层次少,产品与原料相比,理化性质、营养成分变化小的加工过程可称为初加工。加工程度深、层次多,经过若干道加工工序,原料的理化特性发生较大变化,营养成分分割很细,并按需要进行重新搭配,这种多层次的加工过程称为深加工。按原料来分,农产品加工主要包括粮油产品加工、果蔬产品加工、畜产品加工、水产品加工等。

1. 粮油产品加工

采用多种工程技术措施将粮食、油料等农业原料加工成供人们食用以及工业用的制成品或半成品的过程。粮油加工的主要内容:粮食作物加工,如稻谷加工、小麦加工、玉米和薯类加工(淀粉;淀粉制品、淀粉衍生物、淀粉发酵制品等);豆类加工,其制品有豆油、豆制品、发酵制品、蛋白制品、罐头制品、油炸制品、膨化制品等;油料作物加工,其制品有粗制油、精炼油等;粮油加工、副产物综合再生利用等。

2. 果蔬产品加工

果蔬产品加工是以果品、蔬菜为主要原料,将其加工成食品的过程。因为果品、蔬菜的种类繁多,其加工产品的品种非常多,所以为了研究方便,通常把它们归纳为罐头、果酱、果蔬汁、蜜饯、脱水干制品等几种类型。

3. 畜产品加工

畜产品加工是将肉、奶、蛋等畜产品加工成供人们食用的各种制成品或半成品。如中式肉制品中的腌腊制品、酱卤制品、烧烤制品、灌肠制品、烟熏制品、发酵制品、干制品、油炸制品和罐头制品等;西式肉制品中的香肠、火腿和培根等。乳制品有饮料、奶粉、酸奶、干酪、冰淇淋等。蛋制品有皮蛋、咸蛋、蛋黄粉等。

4. 水产品加工

水产品加工是将水产品(淡水和海水中的鱼、虾、贝类、藻类等)加工成供人们食用或工业用的成品或半成品的过程。其主要品种有罐头、干制品、鱼糜制品等。

第二节 农产品贮藏与加工的意义和发展趋势

一、农产品贮藏与加工的意义

农产品加工始终是一个战略问题。食品问题是世界四大问题之一,任何时候、任何国家都把食品问题看作国家兴衰存亡的头等大事。随着社会的发展和人们生活水平的提高，人们对食品的要求不仅局限在吃饱、吃好，还要求方便、多样化，初级的农产品是不能满足人们的需要的，因此，发展农产品加工业与人民的生活水平和生活质量息息相关。

农产品产后的增值潜力巨大。世界发达国家均将农产品的贮藏、保鲜和加工业放在农业的首要位置。从农产品的产值构成来看，农产品的产值70%以上是通过产后的储运、保鲜和加工等环节来实现的。

农产品贮藏与加工是农产品参与大流通的必要措施。农产品大多是以鲜活的形式产出的，许多农产品很难在自然条件下长时间内保持它们特有的商品性状，即很难使它们在大范围、长时间内流通。搞好产后加工处理，或保持其鲜活的商品性状，或保留其特有的风味和营养品质，才能在较长的时间内参加世界市场的大流通。

农产品贮藏与加工是克服农产品产后大量损失的有效途径。农产品产后损失在全世界普遍存在。发展中国家的果品、蔬菜产后损失率在30%~70%。就我国当前的生产水平，每年果品、蔬菜产后损失率约为20%~40%，损失量超过1.5亿吨，粮食产后损失率约为15%，损失量超过600亿公斤。这是非常巨大的浪费，而有些发达国家依靠良好的农产品贮藏与加工处理，使得果品、蔬菜产后损失率降到了5%以内。这充分说明了农产品贮藏与加工对减少农产品产后损失的作用。

农产品贮藏与加工是农村产业结构调整和促进农村经济发展的有力保证。农产品加工不仅可以极大地提高农业的附加值，同时对农业发展具有很强的推动、拉动作用和导向作用，促进农业结构的调整。同时科学技术的发展将大量农业劳动力从土地中解放出来，发达国家的经验告诉我们，开展农产品加工能够就地安排这些对农产品有深入了解和深厚感情的劳动力，由此促进了农村产业的升级和城镇化建设的发展，带来了农村社会经济的繁荣。

二、农产品加工的发展趋势

农产品加工业是我国的传统产业。经过几十年的建设和发展，取得了巨大的成就，尤其是改革开放以来，随着社会经济的发展和城乡居民收入水平的逐步提高，农产品加工业发展明显加快，现已成为门类齐全、产品日益丰富、技术不断进步、网络基本健全的完整的产业体系，已成为国民经济的支柱产业。但与发达国家相比以及与社会经济快速发展的要求相比，我国农产品加工业仍然存在着一定的差距和问题，主要表现在：加工比重少，深加工少，加工程度很低，产品数量少；产业配套较差，产业化、规模化程度低；产业结构和布局不够合理；技术力量薄弱，科技投入少，企业技术水平和管理水平较差。随着全球经济一体化的加快和科学技术的飞速发展以及人们生活节奏加快、生活方式的改变，人们对食品的要求是营养、方便、安全、卫生、天然、保健。根据国内外农业和农产品加工业的发展态势，在农产品加工方面呈现出如下的发展趋势：市场国际化、技术高新化、组织一体化、企业规模化、品种多样化、质量安全化、管理科学化、产地特色化、资源利用多级化、消费品牌化等10个方面，对我国未来农产品加工业的发展提出了全面的更高的要求，也为我国农产品加工业发展指明了方向。

习题与思考题

一、名词解释

1．农产品　　2．农产品加工　　3．农产品贮藏　　4．食品工业　　5．食品科学

二、简答

1．农产品贮藏与加工的主要内容是什么？
2．农产品贮藏与加工的意义是什么？
3．农产品贮藏与加工的发展趋势是什么？

第二章　现代农产品贮藏技术

第一节　园艺产品贮藏技术

一、影响园艺产品贮藏的因素

园艺产品贮藏的效果在很大程度上取决于采收后的处理措施、贮藏环境条件及管理水平，在适宜的温度、湿度和气体条件下，再加上科学的管理，就有可能保持园艺产品良好的商品质量，使贮藏期和货架期（shelf life）得以延长，损耗率降低。同时，不同种类及品种园艺产品的生理特性、生态条件、农业技术措施等采前诸多因素都会或多或少地、直接或间接地对园艺产品的商品质量与贮藏性产生影响。因此，为了保持园艺产品良好的商品质量，提高贮藏效果，既要重视采收后贮藏运输中的各个技术环节，同时也要对影响园艺产品生长发育的采前诸多因素予以足够重视。

（一）采前因素对园艺产品品质和耐贮性的影响

1. 产品本身因素

（1）种类和品种（variety and species）　园艺产品的种类很多，不同种类园艺产品的商品性状与贮藏特性差异很大。一般来说，产于热带地区或高温季节成熟，并且生长期短的园艺产品不耐贮藏；生长于温带地区、生长期较长，并且在低温冷凉季节成熟收获的园艺产品，一般具有较好的贮藏性。按照园艺产品组织结构来比较，果皮和果肉为硬质的园艺产品较耐贮藏，而软质或浆质的耐藏性较差。一般晚熟品种耐贮藏，中熟品种次之，早熟品种不耐贮藏。

（2）田间生长发育状况　园艺产品在田间的生长发育状况包括树龄大小、长势强弱、营养状况、载量、个体大小及其着生部位等，都会对园艺产品的贮藏性产生影响。幼龄树营养生长旺盛，结果数量少而致果实体积较大、组织疏松、果实中氮钙比值大，因而果实在贮藏期间的呼吸水平高，品质变化快，易感染寄生性病害和发生生理性病害。老龄树地上、地下部分的生长发育均表现出衰老退化趋势，根部营养物质吸收能力变弱，地上部光合同化能力降低，因此，果实体积小，干物质含量少，着色差，抗病力下降，其品质和贮藏性都发生不良变化。果实体积大小是其重要的商品性状之一，大果具有与幼树果实性状类似的原因，所以贮藏性较差。一般认为，中等和中等偏大的果实具有较好的贮藏性。植株负载量适当，可以保证果实营养生长与生殖生长的基本平衡，收获后的果实质量好，耐贮藏。不同部位果实的生长发育和贮藏性的差异，是由于田间光照、温度、空气流动以及植株生长阶段的营养状况等不同所致。

（3）成熟度（maturity）　成熟度是评判水果及许多种蔬菜成熟状况的重要指标。只有达到一定成熟度或者发育年龄的园艺产品，收获后才会具有良好的品质和贮藏性能。适宜收获成熟度的确定，应根据各种园艺产品的生物学特性、采后用途、市场距离、储运条件等因素综合考虑。随着园艺产品的成熟或者发育年龄增大，干物质积累不断增加，新陈代谢强度相应降低，表皮组织加厚并且变得完整，对于贮藏的园艺产品来说，这不仅使其外观色彩更鲜艳，更重要的意义在于它的生物学保护功能，即对园艺产品的呼吸代谢、蒸腾作用、病菌侵染等产生抑制、防御作用，因而有利于园艺产品的贮藏。

2. 生态因素

园艺产品栽培的生态环境和地理条件如温度、光照、降雨、土壤、地形地势、经纬度、海拔高度等对园艺产品的生长发育、质量和贮藏性能够产生很大影响，而且这些影响往往是先天性的，不易被人们所控制。

（1）温度　温度是影响园艺产品栽培的主要因素之一。每种园艺产品都有其生长发育的适宜温度范围和积温要求，在适宜的温度范围内，园艺产品的生长发育随温度升高而加快。自然界每年气温变化很大，在园艺产品生长发育过程中，不适当的高温和低温对其生长发育、产量、质量及贮藏性均会产生不良影响。

（2）光照　光照对园艺产品的质量及贮藏性等有重要的影响。光照不足，园艺产品的化学成分特别是糖和酸的形成明显减少，不但降低产量，而且影响质量和贮藏性。光照充足，昼夜温差大，是花青素形成的最重要的环境因素。陕西渭北地区和甘肃天水地区的"元帅"、"富士"等品系的苹果红色浓艳，品质极佳，与当地良好的光照、温度条件密切相关。

（3）降雨　水分是园艺产品生长发育不可缺少的条件，降雨量多少和降雨时间分布与园艺产品的生长发育、质量及贮藏性密切相关。土壤水分缺乏时，园艺产品的正常生长发育受阻，表现为个体小，着色不良，品质不佳，成熟期提前，不耐贮藏。降雨量过多，则不但土壤中的水分直接影响园艺产品的生长发育，而且对环境的光照、温度、湿度条件产生影响，这些因素对园艺产品的产量、质量及贮藏性都有不利的影响。

（4）土壤　土壤是园艺产品赖以生存的基础，土壤的理化性状、营养状况等都会影响园艺产品的生长发育。园艺产品种类不同，对土壤的要求和适应性有一定的差异。

（5）地理条件　纬度、地形、地势、海拔高度等地理条件与温度、光照强度、降雨量、空气湿度等园艺产品的生长发育条件会对园艺产品产生影响。实践证明，许多园艺产品的名特产区，首先在于该地区的自然生态条件适合于某种作物的生长发育要求。例如：新疆的葡萄、哈密瓜，四川的红橘、甜橙，浙江的温州蜜柑，福建的芦柑，河北的鸭梨等，都与栽培地区优越的地理和气候条件密切相关。实践证明，丘陵山地生产的同种果品比平原的着色好，品质佳，耐贮藏。

3. 农业技术因素

施肥、灌溉、病虫害防治、整形修剪、疏花疏果等园艺产品栽培管理中的农业技术因素对园艺产品的生长发育、质量状况及贮藏性有显著影响，其中许多措施与生态因素的影响有相似之处，两者常常表现为联合、互补或者相克的关系。

（1）施肥（fertilization）　土壤中有机肥料和矿物质的含量、种类、配合比例、施肥时间等对园艺产品的产量、质量及贮藏性都有显著的影响，其中以 N 素的影响最大，其次是 P、K、Ca、Mg 等矿质元素。

（2）灌溉（irrigation）　土壤中水分供应不足，园艺产品的生长发育受阻，产量减少，质量降低。例如桃在整个生长过程中，只要采收前几周缺水，果实就难长大，果肉坚韧呈橡皮质，产量低，品质差。但是，供水太多又会延长果实的生长期，风味淡薄，着色差，采后容易腐烂。在现代化耕作的果园和菜园,采用喷灌或滴灌,既能节约用水,又能满足园艺产品对水分的需要,使园艺产品的产量、质量及贮藏性更有保证。

(3)喷药 在水果和蔬菜栽培中,喷洒植物生长调节剂、杀菌灭虫的农药等,可达到提高产量和质量、控制病虫害发生等目的。这些药剂除了达到栽培之目的外,对园艺产品的贮藏性也或多或少地产生有利或不利的影响。田间喷药既能控制害虫对园艺产品造成的直接影响,也可减轻腐烂病害发生。虽然园艺产品收获后用某些杀菌灭虫药剂处理有一定的效果,但这种效果是建立在田间良好的管理包括病虫害防治的基础之上的,控制园艺产品储运病虫害工作的重点应放在田间管理上。田间病虫害防治工作应坚持"预防为主,防治结合,综合防治"的方针。在使用化学药剂时,必须贯彻执行国家有关农药使用的标准和规定,严禁滥用和乱用药物,以免影响食品的卫生与安全。

(4)修剪和疏花疏果 修剪是为了调节树体各部分的平衡生长,增加树冠内部的透光性和结果部位。修剪对果实的贮藏性有直接或间接的影响。如果修剪过重,那么会造成枝叶旺长,结果量减少,枝叶与果实生长对水分和营养的竞争突出,使果实中 Ca 含量降低,易导致发生多种缺 Ca 性生理病害。重剪也造成树冠郁闭,光照不良,果实着色差,着色差的苹果贮藏中易发生虎皮病。疏花疏果是许多果树、蔬菜、花卉生产中采用的技术措施,目的是保证叶、果的适当比例,使叶片光合作用制造的养分能够满足果实正常生长发育的需要,从而使果实具有一定的大小和良好的品质。疏花疏果影响到细胞的数量与大小,也就决定着果实体积的大小,在一定程度上也就影响到果实的品质及贮藏性。

(二)贮藏条件的影响

贮藏环境的温度、湿度以及 O_2 和 CO_2 浓度是影响园艺产品贮藏的重要条件,即人们通常所说的影响贮藏的三要素——温度、湿度和气体。

1. 温度

温度对园艺产品贮藏的影响表现在对呼吸、蒸腾、成熟衰老等多种生理作用上。在一定范围内随着温度的升高,各种生理代谢加快,对贮藏产生不利影响。因此,低温是各种园艺产品贮藏和运输中普遍采用的技术措施。各种园艺产品都有其适宜的贮藏温度,能够保持园艺产品固有耐藏性的温度,应该是使园艺产品的生理活性降低到最低限度而又不会导致生理失调的温度水平。为了控制好贮藏适温,必须搞清楚贮藏园艺产品所能忍受的最低温度,贮藏适温就是接近于其不致发生冷害或冻害的这一最低温度。另外,贮藏温度的稳定也很重要,冷库温度的变化一般不要超过贮藏适温的±1℃。

2. 湿度

在贮藏中提高环境湿度、减少蒸腾失水是园艺产品贮藏中必不可少的措施,因园艺产品采后的蒸腾失水不仅造成明显的失重和失鲜,对其商品外观造成不良影响,更重要的是在生理上带来很多不利影响,促使园艺产品走向衰老变质,缩短贮藏期。对于大多数种类的园艺产品而言,在低温库贮藏时,应保持较高湿度,一般为 RH 90%~95%。在常温库或者贮藏适温较高的园艺产品,为了降低贮藏中的腐烂损失,湿度可适当低一些,保持 RH 85%~90%较为有利。有少数种类的园艺产品如洋葱、大蒜、西瓜、哈密瓜、南瓜、冬瓜等则要求较低的湿度,其中洋葱、大蒜要求湿度最低,为 RH 65%~75%,瓜类稍高,为 RH 70%~85%。提高库内湿度可以有效地减少园艺产品蒸腾失水,降低由于失水萎蔫而引发的各种不良生理反应。生产中应根据园艺产品的特性、贮藏温度、是否用保鲜袋包装等来确定贮藏的湿度条件。

3. O_2 和 CO_2

园艺产品处在一个比正常空气有更少 O_2 和更多 CO_2 的环境中，便能有效地抑制园艺产品的呼吸作用，延缓成熟衰老变化，而且对病原微生物的侵染危害也有一定的抑制效果。园艺产品不同种类以及品间间对气体浓度的要求不同，有的甚至差别很大。例如柑橘、菠萝、石榴等对 CO_2 比较敏感，贮藏中 CO_2 应控制在 1% 以下，但由于普通气调贮藏很难将 CO_2 控制在如此低的水平，所以这些果实目前很少采用气调贮藏。对适宜于气调贮藏的园艺产品而言，2%~5% 的 O_2 和 3%~5% 的 CO_2 是其中大多数园艺产品气调贮藏适宜或者比较适宜的气体组合比例。园艺产品采后的相关处理如及时预冷、合理堆码、定期通风换气以及抽样检查等，都是贮藏中不可忽视的技术措施，这些内容在有关章节中都会述及。

二、园艺产品的采后处理与运输

（一）采收（harvest）

采收是园艺产品生产中的最后一个环节，同时也是影响园艺产品贮藏的关键环节。采收的目标是使园艺产品在适当的成熟度时转化成为商品，采收速度要尽可能快，采收时应力求做到最小的损伤和损失以及最小的花费。园艺产品采收的总原则应是及时而无伤，达到保质保量、减少损耗、提高贮藏加工性能的目的。

1. 采收成熟度的确定

园艺产品的采收应根据产品种类、用途而确定适宜的采收成熟度和采收期。可根据园艺产品表面色泽的显现和变化、饱满程度和硬度、果实形态、生长期和成熟特征、果梗脱离的难易程度、主要化学物质的含量等方面来判别园艺产品的成熟度。

2. 采收方法

园艺产品的采收方法可分为人工采收和机械采收两种。

（1）人工采收　作为鲜销和长期贮藏的园艺产品最好采用人工采收，因为人工采收灵活性很强，机械损伤少，可以针对不同的产品、不同的形状、不同的成熟度，及时进行采收和分类处理。园艺产品的采收时间对其采后处理、保鲜、贮藏和运输都有很大的影响。一般来说，园艺产品最好在一天内温度较低的时间采收。采收时园艺产品的水分含量要控制在允许范围的最小限度。

（2）机械采收　机械采收适于那些成熟时果梗与果枝间形成离层的果实，一般使用强风或强力振动机械，迫使果实从离层脱落，在树下铺垫柔软的帆布垫或传送带承接果实并将果实送至分级包装机内。机械采收的主要优点是采收效率高，节省劳动力，降低采收成本，可以改善采收工人的工作条件以及减少因大量雇用和管理工人所带来的一系列问题。但由于机械采收不能进行选择采收，造成产品的损伤严重，影响产品的质量、商品价值和耐贮性，所以大多数新鲜园艺产品的采收，目前还不能完全采用机械采收。

（二）采后处理（postharvest handling）

园艺产品的采后处理就是为保持和改进产品质量，并使其从农产品转化为商品所采取的一系列措施的总称。园艺产品的采后处理过程主要包括整理、挑选、预贮愈伤、药剂处理、预冷、分级、包装等环节。可以根据产品的种类，选用全部的措施或只选用其中的某几项措施。

1. 整理（trim）与挑选（pick）

整理与挑选是采后处理的第一步，其目的是剔除有机械伤、病虫危害、外观畸形等不符合商品要求的产品，以便改进产品的外观，改善商品形象，便于包装储运，有利于销售和食用。园艺产品从田间收获后，往往带有残叶、败叶、泥土、病虫污染等，必须进行适当的处理。因为这些带有残叶、败叶、泥土、病虫污染的产品等，不仅没有商品价值，而且严重影响产品的外观和商品质量，更重要的是它们携带有大量微生物孢子和虫卵等有害物质，因而成为采后病虫害感染的传播源，引起采后的大量腐烂损失。挑选是在整理的基础上，进一步剔除受病虫侵染和受机械损伤的产品。

2. 预冷（pre-cooling）

（1）预冷的作用　预冷是将新鲜采收的产品在运输、贮藏或加工以前迅速除去田间热，将其品温降低到适宜温度的过程。恰当的预冷可以减少产品的腐烂，最大限度地保持产品的新鲜度和品质。预冷是农产品低温冷链保藏运输中必不可少的环节，为了保持园艺产品的新鲜度、优良品质和货架寿命，预冷措施必须在产地采收后立即进行。

（2）预冷方法　预冷的方式有多种，一般分为自然预冷和人工预冷。人工预冷中有冰接触预冷、风冷、水冷和真空预冷等方式。自然降温冷却是将采后的园艺产品放在阴凉通风的地方，使其自然散热。这种方式冷却的时间较长，受环境条件影响大，而且难于达到产品所需要的预冷温度。水冷却是用冷水冲、淋产品，或者将产品浸在冷水中，使产品降温的一种冷却方式。目前使用的水冷却方式有两种，即流水系统和传送带系统。冷库空气冷却是将产品放在冷库中降温的一种冷却方法。真空冷却是将产品放在坚固、气密的容器中，迅速抽出空气和水蒸气，使产品表面的水在真空负压下蒸发而冷却降温。真空冷却对产品包装有特殊要求，要求包装容器能够透气，便于水蒸气散发。总之，这些预冷方法各有优缺点，在选择预冷方法时，必须根据产品的种类、现有的设备、包装类型、成本等因素综合考虑。

园艺产品预冷时为了达到预期效果，必须注意以下问题：预冷要及时，必须在产地采收后尽快进行预冷处理；根据园艺产品的形态结构选用适当的预冷方法；掌握适当的预冷温度和速度；预冷后处理要适当，园艺产品预冷后要在适宜的贮藏温度下及时进行储运。

3. 清洗和涂蜡

园艺产品在上市销售前常需进行清洗、涂蜡。经清洗、涂蜡后，可以改善商品外观，提高商品价值；减少表面的病原微生物；减少水分蒸腾，保持产品的新鲜度；抑制呼吸代谢，延缓衰老。

（1）清洗　在园艺产品的清洗过程中，应注意清洗用水必须清洁。清洗液的种类很多，可以根据条件选用。清洗方法可分为人工清洗和机械清洗。人工清洗是将洗涤液盛入已消毒的容器中，调好水温，将产品轻轻放入，用软质毛巾、海绵或软质毛刷等迅速洗去果面污物，取出在阴凉通风处晾干。机械清洗是用传送带将产品送入洗涤池中，在果面喷淋洗涤液，通过一排转动的毛刷，将果面洗净，然后用清水冲淋干净，将表面水分吸干，并通过烘干装置将果实表面水分烘干。

（2）涂蜡　涂蜡即人为地在园艺产品表面涂一层蜡质。园艺产品表面有一层天然的蜡质保护层，往往在采后处理或清洗中受到破坏。涂蜡后可以增加产品光泽，改进外观，同时对园艺产品的保存也有利，是常温下延长贮藏寿命的方法之一。目前，涂蜡技术已成为发达国家园艺产品商品化处理中的必要措施之一。涂蜡的方法可以分为人工涂蜡和机械涂蜡。人工涂蜡是将洗净、风干的果实放入配制好的蜡液中浸透（30~60s）取出，用蘸有适量蜡液的软质毛巾将果面的蜡液涂抹均匀，晾干即可。机械涂蜡是将蜡液通过加压，经过特制的喷嘴，以雾状喷至产品表面，同时通过转动的马尾刷，将表面蜡液涂抹均匀、抛光，并经过干燥装置烘干。两者相比，机械涂蜡效率较高，涂抹均匀，果面光洁度好，果面蜡层硬度易于控制。

4. 分级（grading）

（1）分级的目的和意义　分级是提高商品质量和实现产品商品化的重要手段。产品经过分级后，商品质量大大提高，减少了储运过程中的损失，并便于包装、运输及市场的规范化管理。通过分级可区分产品的质量，为其使用性和价值提供参数；分等、分级有助于生产者和经营管理者进行产品上市的准备工作和议价；产品经挑选分级后，剔除掉感病和机械损伤产品，减少了贮藏中的损失，减轻了病虫害的传播；残次品可及时加工处理以减少浪费，标准化的产品便于进行包装、贮藏、运输、销售，产品附加值大，经济效益高。

（2）分级方法　园艺产品由于供食用的部分不同，成熟标准不一致，所以没有固定的规格标准。在许多国家果蔬的分级通常是根据坚实度、清洁度、大小、重量、颜色、形状、成熟度、新鲜度，以及病虫感染和机械损伤等多方面考虑。我国一般是在形状、新鲜度、颜色、品质、病虫害和机械伤等方面已经符合要求的基础上，按大小进行分级。我国水果的分级标准是在果形、新鲜度、颜色、品质、病虫害和机械伤等方面已符合要求的基础上，根据果实横径最大部分直径分为若干等级。蔬菜的分级多采用自测或手测，凭感官进行。形状整齐的果实，可以采用机械分级。在发达国家，果实的大小分级都是在包装线上自动进行。如番茄、马铃薯等可用孔带分级机分级，以提高效率。

5. 包装（packaging）

（1）包装的作用　园艺产品包装是标准化、商品化，保证安全运输和贮藏的重要措施。有了合理的包装，就有可能使园艺产品在运输途中保持良好的状态，减少因互相摩擦、碰撞、挤压而造成的机械损伤，减少病害蔓延和水分蒸发，避免园艺产品散堆发热而引起腐烂变质，包装可以使园艺产品在流通中保持良好的稳定性，提高商品率和卫生质量。同时包装是商品的一部分，是贸易的辅助手段。

（2）对包装容器的要求　包装容器应具备的基本条件为：①保护性。在装饰、运输、堆码中有足够的机械强度，防止园艺产品受挤压碰撞而影响品质。②通透性。利于产品呼吸热的排出及氧、二氧化碳、乙烯等气体的交换。③防潮性。避免由于容器的吸水变形而致内部产品的腐烂。④清洁、无污染、无异味、无有害化学物质。另外，需保持容器内壁光滑；容器还需卫生、美观、重量轻、成本低、便于取材、易于回收。包装外应注明商标、品名、等级、重量、产地、特定标志及包装日期。

（3）包装的种类和规格　园艺产品的包装可分为外包装和内包装。外包装材料最初多为植物材料，尺寸大小不一，以便于人和牲畜车辆运输。现在外包装材料已多样化，如高密度聚乙烯、聚苯乙烯、纸箱、木板条等都可以用于外包装。包装容器的长宽尺寸在 GB 4892-85《硬质直立体运输包装尺寸系列》中可以查阅，高度可根据产品特点自行确定；具体形状则以利于销售、运输、堆码为标准。各种包装材料各有优缺点，经营者可根据自身产品的特点及经济状况进行合理选择。在良好的外包装条件下，内包装可进一步防止产品受震荡、碰撞、摩擦而引起的机械伤害。可以通过在底部加衬垫、浅盘杯、薄垫片或改进包装材料，减少堆叠层数来解决。除防震作用外，内包装还具有一定的防失水、调节小范围气体成分浓度的作用。内包装的主要缺点是不易回收，难以重新利用而导致环境污染。目前国外逐渐用纸包装取代塑料薄膜内包装。

我国的包装技术与国外相比还存在一定的差距，我们应加速包装材料和技术的改进，使我国包装向标准化、规格化、美观、经济等方面发展。

6. 其他采后处理

（1）预贮愈伤　新鲜园艺产品采后含有大量的水分和热量，必须及时降温，排除田间热和过多的水分，愈合收获或运输过程中造成的机械损伤，才能有效地进行贮藏保鲜。预贮是部分园艺产品采后重要的预处理环节。预贮一般用于含水量很高、生理作用旺盛的产品。因为此类产品采收时含水量很高，组织脆嫩，因此储运中很容易发生机械损伤。此外，它们的呼吸作用和蒸腾作用很旺盛，如不经过预贮，直接包装入库或运输，就会增大库内或车内相对湿度，有利于微生物的生长繁殖，从而导致产品的大量腐烂。产品的预贮要根据收获时的气温、风速以及产品的含水量来确定预贮的时间，一般预贮 1~2d 为宜。收获后的园艺产品如薯类受到机械损伤，在预贮过程中条件适宜时，轻微伤口会自然产生木栓愈伤组织，使伤口愈合，利用这种功能，人为地创造适宜的条件可以加速产品愈伤组织的形成，即称为愈伤处理。

（2）保鲜防腐处理　为了延长园艺产品的商品寿命，达到抑制衰老、减少腐烂的目的，可在园艺产品采收前后进行保鲜防腐处理。保鲜防腐处理是采用天然或人工合成化学物质，其主要成分是杀菌物质和生长调节物质。园艺产品储运中常常使用的化学药剂，主要包括植物激素类和化学防腐剂类。

• 植物激素类　根据其对园艺产品的作用可分为三种：生长素类、生长抑制剂类和细胞分裂素。常见的生长素类有 2,4-D（2,4-二氯苯氧乙酸）、IAA（吲哚乙酸），NAA（奈乙酸）；常见的生长抑制剂有 MH（青鲜素）、B9（丁酰肼）、CCC（矮壮素）；常见细胞分裂素有 BA（化学名苄基腺嘌呤）、Ki（激动素）等。

• 化学防腐剂类　化学防腐剂主要包括乙烯脱除剂和气体调节剂，可用于减少病原菌的数量，抑制后熟过程，延缓衰老，同时防止病害的发生，保持产品的商品寿命。乙烯脱除剂：乙烯是园艺产品的一种衰老激素，乙烯的积累可加速园艺产品向衰老的转化，使商品品质下降，货架期缩短，经济效益降低，因此应及时除去容器中的乙烯，延长产品的贮藏期。气体调节剂：主要包括脱氧剂、CO_2 发生剂、CO_2 脱除剂等，主要用于调节小环境中 O_2 和 CO_2 的浓度，达到气调贮藏效果，使产品在贮期内品质变化降至最小。无论何种防腐剂都应做到无毒、低残留量、高效、使用方便，并根据卫生部门要求按规定剂量使用。随着人们对身体健康的重视，目前防腐剂的研究正朝着天然物质或生物制剂方向发展。

（3）催熟与脱涩　催熟是指销售前用人工方法促使果实成熟的技术。催熟可使产品提早上市或使未充分成熟的果实达到销售标准和最佳食用成熟度及最佳商品外观。乙烯、丙烯、燃香等都具有催熟作用，生产上常采用乙烯利（2-氯乙基磷酸）进行催熟。乙烯利是一种液体，在 pH>4.1 时，它即可释放出乙烯。温度一般以 21℃~25℃ 的催熟效果较好，湿度一般以 90% 左右为宜。处理 2~6d 后即可达到催熟效果。涩味产生的主要原因是单宁物质与口舌上的蛋白质结合，使蛋白质凝固，味觉下降所致。单宁存在于果肉细胞中，食用时因细胞破裂而流出。脱涩的原理为：涩果进行无氧呼吸产生一些中间产物，如乙醛、丙酮等，它们可与单宁物质结合，使其溶解性发生变化，单宁变为不溶性，涩味即可脱除。常见的脱涩方法有温水脱涩、石灰水脱涩、酒精脱涩、高二氧化碳脱涩、脱氧剂脱涩、冰冻脱涩、乙烯及乙烯利脱涩，这几种方法脱涩效果良好，经营者可根据自身资金状况合理选择适当的脱涩方式。

（三）园艺产品的运输与销售

1. 运输

（1）运输的目的和意义　为了实现异地销售，运输在生产与消费之间起着桥梁作用，是商品流通中必不可少的重要环节。良好的运输必将对经济建设产生重大影响。具体体现在：

通过运输满足人们的生活需要，有利于提高人民的生活水平和健康水平；运输的发展也推动了新鲜水果蔬菜的生产增长；对货畅其流、加速周转、提高流通效率，运输是一个重要的环节；一部分园艺产品通过运输出口创汇，换回我国经济建设所需物资。园艺产品出口商品的质量和交货期，直接关系到我国对外信誉和外汇收入。

（2）运输对环境条件的要求　　良好的运输效除了要求园艺产品本身具有较好的耐储运性外，同时也要求有良好的运输环境条件，这些环境条件具体包括振动、温度、湿度、气体成分、包装、堆码与装卸等六个方面。在园艺产品运输过程中，应尽量避免振动或减轻振动。振动通常以振动强度表示，它表示普通振动的加速度大小。振动强度受运输方式、运输工具、行驶速度、货物所处的不同位置的影响，一般铁路运输的振动强度小于公路运输，海路运输的振动强度又小于铁路运输。根据运输过程中温度的不同，园艺产品的运输分为常温运输和低温运输。常温运输中的货箱温度和产品温度易受外界气温的影响。低温运输受环境温度的影响较小，温度的控制要受冷藏车或冷藏箱的结构及冷却能力的影响，而且也与空气排出口的位置和冷气循环状况密切相关。在园艺产品运输过程中保持适宜稳定的空气湿度能有效地延长产品的贮藏寿命，为了防止水分过分蒸腾，可以采用隔水纸箱或在纸箱中用聚乙烯薄膜铺垫的方法，通过定期喷水的方法也能提高运输环境中的空气湿度。包装可保持与提高果蔬的商品价值，方便运输与贮藏，减少流通过程的损耗，有利于销售。包装常用的材料有纸箱、塑料箱、木箱、铁丝筐、柳条筐、竹筐等，抗挤压的蔬菜也可采用麻布包、草包、蒲包、化纤包等包装。国外园艺产品的运输包装主要以纸箱、塑料箱为主。园艺产品的装运方法与货物的运输质量的高低有非常重要的关系，常见的装车法有"品"字形装车法，"井"字形装车法，"一、二、三，三、二、一"装车法，筐口对装法等。无论采用哪种装运方法，都必须注意尽量利用运输工具的容积，并利于内部空气的流通。

（3）运输方式及工具

- 铁路运输　铁路运输的特点是运输量大（约占我国园艺产品运输的 30%），运价低，受季节性的变化影响小，运输速度快，连续性强等，最适于大宗货物的中长距离运输。
- 水路运输　水路运输的特点是运输成本低，耗能少，运输过程平稳，产品所受机械损伤较轻。但因受自然条件的限制，水运的连续性差，速度慢。近年来冷藏集装箱的发展使园艺产品的水路运输得到了进一步的发展。
- 公路运输　园艺产品的公路运输是目前最重要的运输方式。汽车运输虽有成本高、载运量小、耗能大、劳动生产率低等不利方面，但是它具有投资少、灵活方便、货物送达速度快等特点，特别适宜于短途运输，可缩短运输时间。
- 航空运输　航空运输运送速度比较快，但运输成本高、运量小、耗能大，目前在园艺产品运输上只能用于一些特需或经济价值很高的园艺产品的运输。近年来，集装箱运输已发展成为一种新的运输方式。它是将一批批小包装货物集中装在大型的箱中，形成整体，便于装卸运输。冷藏集装箱是在集装箱的基础上，增加隔热层和制冷装置及加温设施，确保箱内温度为果蔬贮藏所需的温度条件。气调集装箱则在冷藏集装箱的基础上，在箱体内加设气密层，并改变箱内的气体成分，即降低氧气浓度，增加二氧化碳浓度，使运输的产品保持更加新鲜的品质。

2. 市场销售

园艺产品采收后经处理、包装、运输等一系列活动，最后到达销售地，园艺产品只有销售出去，才能实现其商品价值。根据园艺产品市场销售的特点，必须采取适当的对策：

（1）市场要求园艺产品应做到周年供应、均衡上市、品种多样、价廉物美。园艺产品生产具有季节性、地域性，必须做好园艺产品的贮藏运输工作，才能保证其均衡上市，周年供应，这样有利于保持物价稳定，维护社会经济稳定。

（2）新鲜园艺产品是易腐性农产品，市场流通应及时、畅通，做到货畅其流，周转迅捷，才能保持其良好新鲜的商品品质，减少腐烂损耗。为此需要产、供、销协调配合，尽量实行产销直接挂钩，减少流通环节，提高运输中转效率。大中城市和工矿区应逐步建立批发市场，加强生产者、零售网点与消费者之间的联系，使新鲜园艺产品及时销售到千家万户。

（3）园艺产品商品性强，发展园艺产品生产的目的在于以优质、充足的商品提供销售，满足人民消费的需要。

（4）园艺产品必须适应市场需要，才能扩大销售。经验告诉我们，只有那些适应市场的产品才能经久不衰。为了了解产品的市场占有情况，必须加强市场信息调查，预测行情变化趋势，根据调查预测结果有效地组织销售。

总之，园艺产品的采后处理对提高商品价值、增强产品的耐储运性能具有十分重要的作用。

三、现代贮藏方式

（一）机械冷藏

机械冷藏（refrigerated storage）指的是利用致冷剂的相变特性，通过制冷机械循环运动的作用产生冷量并将其导入有良好隔热效能的库房中，根据不同贮藏商品的要求，将库房内的温、湿度条件控制在合理的水平，并适当加以通风换气的一种贮藏方式。

机械冷藏是当今世界上应用最广泛的新鲜园艺产品贮藏方法，现已成为我国新鲜园艺产品贮藏的主要方法。目前世界范围内机械冷藏库正向操作机械化、规范化，控制精细化、自动化方向发展。

1. 机械冷藏库的类型

机械冷藏要求有坚固耐用的贮藏库，且库房设置有隔热层和防潮层，以满足人工控制温度和湿度贮藏条件的要求。机械冷藏库根据制冷要求不同分为高温库（0℃左右）和低温库（低于-18℃）两类，用于贮藏新鲜园艺产品的冷藏库为前者。机械冷藏库达到并维持适宜低温依赖于制冷系统的工作，通过制冷系统的持续不断运行来排除贮藏库房内各种来源的热能。

2. 机械冷藏库的制冷系统

机械冷藏库的制冷系统是指由致冷剂和制冷机械组成的一个密闭循环制冷系统。制冷机械是由实现制冷循环所需的各种设备和辅助装置组成，致冷剂在这一密闭系统中重复进行着被压缩、冷凝和蒸发的过程。

（1）致冷剂　致冷剂是指在制冷机械反复不断循环运动中起着热传导介质作用的物质。理想的致冷剂应符合以下条件：汽化热大，沸点温度低，冷凝压力小，蒸发比容小，不易燃烧，化学性质稳定，安全无毒，价格低廉等。目前生产实践中常用的致冷剂有氨（NH_3）和氟里昂（freon）等。氨的最大优点是汽化热达 125.6kJ/kg，比其他致冷剂大许多，具有冷凝压力低、沸点温度低、价格低廉等优点。但氨自身有一定的危险性，泄漏后有刺激性味道，对人体皮肤和黏膜等有伤害；在含氨的环境中新鲜园艺产品有发生氨中毒的可能，空气中氨含量超过16%时有燃烧和爆炸的危险；氨遇水呈碱性，对金属管道等有腐蚀作用。氟里昂是卤代烃的商品名，简写为 CFCs，最常用的是氟里昂 12（R_{12}）、氟里昂 22（R_{22}）和氟里昂 11（R_{11}）等。氟里昂对人和产品安全无毒，不会引起燃烧和爆炸，且不会腐蚀制冷设备等。但氟里昂汽化热小，制冷能力低，仅适用于中小型制冷机组。氟里昂价格较贵，泄漏不易被发现。研究表明，氟里昂能破坏大气层中的臭氧（O_3），国际上正在逐步禁止使用，并积极研究和寻找其替代品。

（2）制冷机械　制冷机械是由实现循环往复所需要的各种设备和辅助装置所组成，其中主要部件为压缩机、冷凝器、节流阀（膨胀阀、调节阀）和蒸发器。除此之外的其他部件包括贮液器、电磁阀、油分离器、过滤器、空气分离器、相关的阀门、仪表和管道等。

（3）冷藏库房的冷却方式　冷藏库房的冷却方式有直接冷却和间接冷却两种方式。①间接冷却是制冷系统的蒸发器安装在冷藏库房外的盐水槽中，先冷却盐水而后再将已降温的盐水泵入库房中吸取热量以降低库温，温度升高后的盐水流回盐水槽被冷却，继续输至盘管进行下一循环过程，不断吸热降温。采用这种冷却方式由于降温需时较长，冷却效率较低，库房内温度不易均匀，故在新鲜园艺产品冷藏专用库中很少采用。②直接冷却方式是将制冷系统的蒸发器安装在冷藏库房内直接冷却库房中的空气而达到降温目的。这一冷却方式有两种情况，即直接蒸发和鼓风冷却。直接蒸发的优点是冷却迅速，降温速度快，缺点是蒸发器易结霜而影响制冷效果，需不断除霜；温度波动大、分布不均匀且不易控制。这种冷却方式不适合在大、中型园艺产品冷藏库房中应用。鼓风冷却是现代新鲜园艺产品贮藏库普遍采用的方式。这一方式是将蒸发器安装在空气冷却器内，借助鼓风机的吸力将库内的热空气抽吸进入空气冷却器而降温，冷却的空气由鼓风机直接或通过送风管道输送至冷库的各部位，形成空气的对流循环。这一方式冷却速度快，库内各部位的温度较为均匀一致，并且可通过在冷却器内增设加湿装置而调节空气湿度。

3. 机械冷藏库的管理

机械冷藏库的管理要注意以下方面：

（1）温度　温度是决定新鲜园艺产品贮藏成败的关键。冷藏库温度管理的要点是适宜、稳定、均匀及合理的贮藏初期降温和商品出库时升温的速度。选择和设定的贮藏温度应该是适宜的；贮藏过程中温度的波动应尽可能小，最好控制在±0.5℃以内，温度波动太大，往往会造成产品失水加重；库房所有部分的温度要均匀一致；当冷藏库的温度与外界气温有较大（通常超过5℃）的温差时，冷藏的新鲜园艺产品在出库前需经过升温过程，以防止"出汗"现象的发生。升温的速度不宜太快，维持气温比品温高 3℃ ~ 4℃即可，直至品温比正常气温低 4℃~5℃为止。

（2）相对湿度　对于绝大多数新鲜园艺产品来说，相对湿度应控制在80%~95%，较高的相对湿度对于抑制新鲜园艺产品的水分散失十分重要。相对湿度也要保持稳定。要保持相对湿度的稳定，维持温度的恒定是关键。库房建造时，增设能提高或降低库房内相对湿度的湿度调节装置是维持湿度符合规定要求的有效手段。当相对湿度低时需对库房增湿，如地坪洒水、空气喷雾等，对产品进行包装，创造高湿的小环境，如用塑料薄膜单果套袋或以塑料袋作内衬等是常用的手段。当相对湿度过高时，可用生石灰、草木灰等吸潮，也可以通过加强通风换气来达到降湿目的。

（3）通风换气　通风换气是机械冷藏库管理中的一个重要环节。新鲜园艺产品由于是有生命的活体，贮藏过程中仍在进行各种活动，需要消耗氧气，产生二氧化碳等气体。其中有些对于新鲜园艺产品贮藏是有害的，需将这些气体从贮藏环境中除去，其中简单易行的办法是通风换气。通风换气的频率视园艺产品种类和入贮时间的延长而有差异。产品入贮时，可适当缩短通风间隔的时间，如 10~15d 换气一次。一般到了建立起符合要求、稳定的贮藏条件后，通风换气一个月一次。通风时要求做到充分彻底。通风换气时间的选择要考虑外界环境的温度，理想的是在外界温度和贮温一致时进行。生产上常在每天温度相对最低的晚上到凌晨这一段时间进行。

（4）库房及用具的清洁卫生和防虫防鼠　贮藏环境中的病、虫、鼠害是引起果蔬贮藏损失的主要原因之一。果蔬贮藏前库房及用具均应进行认真彻底的清洁消毒，做好防虫、防鼠工作。用具用漂白粉水进行认真的清洗，并晾干后入库。用具和库房在使用前需进行消毒处理，常用的方法有用硫磺熏蒸、福尔马林熏蒸、过氧乙酸熏蒸、0.2%过氧乙酸、0.3%~0.4%有效氯漂白粉或0.5%高锰酸钾溶液喷洒等。

（5）产品的入贮及堆放　新鲜园艺产品入库贮藏时，如已经预冷，可一次性入库后建立适宜贮藏条件贮藏。若未经预冷处理则应分次、分批进行。商品堆放的总要求是"三离一隙"。"三离"指的是离墙、离地、离天花板。一般产品堆放距墙20~30cm，产品不能直接堆放在地面上，堆的高度离天花板一般 0.5~0.8m，或者低于冷风管道送风口 30~40cm。"一隙"是指垛与垛之间及垛内要留有一定的空隙，以保证冷空气进入垛间和垛内，排除热量。"三离一隙"的目的是为了使库房内的空气循环畅通，避免死角的发生，及时排除田间热和呼吸热，保证各部分温度的稳定均匀。新鲜园艺产品堆放时，要做到分等、分级、分批次存放，尽可能避免混贮情况的发生。

（6）冷库检查　新鲜园艺产品在贮藏过程中，不仅要注意对贮藏条件的检查、核对和控制，并根据实际需要记录、绘图和调整等，还要组织对贮藏库房中的商品进行定期检查，发现问题及时采取相应的措施。对商品的检查应做到全面和及时，检查要做好记录。此外，库房设备的日常维护中应注意制冷效果、泄漏等的检查，以采取针对性措施如及时冲霜等。

（二）气调贮藏

气调贮藏是调节气体成分贮藏的简称，指的是改变新鲜园艺产品贮藏环境中的气体成分（通常是增加 CO_2 浓度和降低 O_2 浓度以及根据需求调节其他气体成分浓度）来贮藏产品的一种方法。气调贮藏是当代贮藏新鲜园艺产品效果最好的贮藏方式。气调贮藏20世纪四五十年代就在美英等国开始使用，现已在许多发达国家的多种园艺产品的长期贮藏中得到了广泛采用，且气调贮藏的量达到了很高比例（>50%）。我国的气调贮藏开始于 20 世纪 70 年代，经过 20 多年的不断研究探索，气调贮藏技术得到了迅速发展。

1. 气调贮藏的原理

在 O_2 浓度降低或/和 CO_2 浓度增加、改变气体浓度组成的环境中，新鲜园艺产品的呼吸作用受到抑制，降低了呼吸强度，推迟了呼吸峰出现的时间，延缓了新陈代谢速度，推迟了成熟衰老，减少营养成分和其他物质的降低和消耗，从而有利于园艺产品新鲜质量的保持。同时，较低的 O_2 浓度和较高的 CO_2 浓度能抑制乙烯的生物合成、削弱乙烯生理作用的能力，有利于新鲜园艺产品贮藏寿命的延长。此外，适宜的低 O_2 和高 CO_2 浓度具有抑制某些生理性病害和病理性病害发生发展的作用，减少产品贮藏过程中的腐烂损失。气调贮藏应用于新鲜园艺产品贮藏时通过延缓产品的成熟衰老、抑制乙烯生成和作用及防止病害的发生能更好地保持产品原有的色、香、味、质地特性和营养价值，有效地延长园艺产品的贮藏和货架寿命。

2. 气调贮藏的分类

气调贮藏可分为自发气调（Modified atmosphere storage, MA）和人工气调（Controlled atmosphere storage, CA）两大类。①MA 是利用贮藏对象自身的呼吸作用降低贮藏环境中的 O_2 浓度，同时提高 CO_2 浓度的一种气调贮藏方法。理论上有氧呼吸过程中消耗 1% 的氧即可产生 1% 的 CO_2，而 N_2 则保持不变，即 $O_2+CO_2=21\%$。生产实践中常出现的情况是消耗的 O_2 多于产出的 CO_2，即 $O_2+CO_2<21\%$。MA 的方法多种多样，在我国多用塑料袋或密封贮藏对象后进行贮藏，如蒜薹简易气调，硅橡胶窗贮藏也属 MA 范畴。②CA 是根据产品的需要和人的意愿调节贮藏环境中各气体成分的浓度并保持稳定的一种气调贮藏方法。CA 由于 O_2 和 CO_2 的比例严格控制而做到与贮藏温度密切配合，故其比 MA 先进，贮藏效果好，是我国今后发展气调贮藏的主要目标。CA 按人为控制气体种类的多少又可分为单指标、双指标和多指标三种。单指标仅控制贮藏环境中的某一种气体如 O_2、CO_2 或一氧化碳（CO）等，而对其他气体不加调节。双指标指的是对常规气调成分的 O_2 和 CO_2 两种气体或其他两种气体成分均加以调节和控制的一种气调贮藏方法。多指标不仅控制贮藏环境中的 O_2 和 CO_2，同时还对其他与贮藏效果有关的气体成分如乙烯、CO 等进行调节。这种气调方法贮藏效果好，但调控气体成分的难度提高，需要相应的设备，投资增大。

20 世纪 80 年代后，气调贮藏有了新的发展，开发出了一些有别于传统气调的新方法，如快速 CA、低氧 CA、低乙烯 CA，双维（动态、双变）CA 等，大大丰富了气调理论和技术，为生产实践提供了更多的选择。

3. 气调系统

气调贮藏具有专门的气调系统进行气体成分的贮存、混合、分配、测试和调整等。一个完整的气调系统主要包括三大类设备：①贮配气设备：贮配气用的贮气罐、瓶，配气所需的减压阀流量计、调节控制阀、仪表和管道等。通过这些设备的合理连接，保证气调贮藏期间所需气体的供给和各种气体按新鲜园艺产品所需的速度和比例输送至气调库房中。②调气设备：真空泵、制氮机、降 O_2 机、富 N_2 脱 O_2 机、CO_2 洗涤机、二氧化硫发生器、乙烯脱除装置等，先进调气设备的应用，有利于气调效果的充分发挥。③分析监测仪器设备：采样泵、安全阀、控制阀、流量计、奥氏气体分析仪、温湿度记录仪、测 O_2 仪、测 CO_2 仪、气相色谱仪、计算机等分析监测仪器设备满足了气调贮藏过程中相关贮藏条件精确的分析检测要求，为调配气提供依据，并对调配气进行自动监控。

4. 气调贮藏的条件和管理

（1）气调贮藏条件　应用气调技术贮藏新鲜园艺产品时，在条件掌握上除气体成分外，其他方面与机械冷藏大同小异。气调贮藏适宜的温度略高于机械冷藏，幅度约 0.5℃。新鲜园艺产品气调贮藏时的相对湿度要求与机械冷藏相同。新鲜园艺产品气调贮藏时选择适宜 O_2 和 CO_2 及其他气体的浓度及配比是气调成功的关键，气调贮藏中 O_2 浓度太低或 CO_2 浓度太高会对产品造成低 O_2 或高 CO_2 伤害。气调贮藏不仅要分别考虑温、湿度和气体成分，还应综合考虑三者间的配合。

（2）气调贮藏的管理　气调贮藏的管理包括库房的消毒，商品入库后的堆码方式，温度、相对湿度的调节和控制等，在许多方面与机械冷藏相似。①新鲜园艺产品的原始质量：用于气调贮藏的新鲜园艺产品质量要求很高。②产品入库和出库：新鲜园艺产品入库贮藏时要尽可能做到按种类、品种、成熟度、产地、贮藏时间要求等分库贮藏，不要混贮，以避免相互间的影响和确保提供最适宜的气调条件。③温度：气调贮藏的新鲜园艺产品采收后应立即预冷，排除田间热后入库贮藏。经过预冷可使产品一次入库，缩短装库时间及有利于尽早建立气调条件。贮藏期间温度管理的要点与机械冷藏相同。④相对湿度：气调贮藏过程中由于能保持库房处于密闭状态，能保持库房内较高的相对湿度，降低了湿度管理的难度。⑤空气洗涤：气调条件下贮藏产品挥发出的有害气体和异味物质逐渐积累，甚至达到有害的水平，需增加空气洗涤设备定期工作来达到空气清新的目的。⑥气体调节：气调贮藏的核心是气体成分的调节。采取的调节气体成分方法有调气法和气流法两类。调气法是应用机械或/和利用产品自身的呼吸降低贮藏环境中的 O_2 浓度，提高 CO_2 浓度或/和调节其他气体成分的浓度至需要的水平。调气法操作较复杂、繁琐，指标不易控制，所需设备较多。气流法是将不同气体按配比指标要求人工预先混合配制好后通过分配管道输送入气调贮藏库，从贮藏库输出的气体经处理调整成分后再重新输入分配管道注入气调库，形成气体的循环。运用这一方法调节气体成分时，指标平稳、操作简单、效果好。⑦安全性：气调贮藏时要注意对气体成分的调节和控制，并做好记录，以防止意外情况的发生；气调贮藏期间应坚持定期通过观察窗和取样孔加强对产品质量的检查；工作人员不得在无安全保证下进入气调库。

（三）减压贮藏

减压贮藏（hypobaric storage）又称低压贮藏，是指在冷藏基础上将密闭环境中的气体压力由正常的大气状态降低至负压，造成一定的真空度后来贮藏新鲜园艺产品的一种贮藏方法。减压的程度依不同产品而有所不同，一般为正常大气压的 1/10 左右（10.1325kPa）。

减压下贮藏的新鲜园艺产品其效果比常规冷藏和气调贮藏优越，贮藏寿命得以延长。减压及其后低压的维持过程中，气体交换加速，有利于有害气体的排除；同时，减压处理促使新鲜园艺产品组织内的气体成分向外扩散，且速度与该气体在组织内外的分压差及扩散系数成正比。另外，减压使空气中的各种气体组分的分压都相应降低，如气压降至 10.1325 kPa 时，空气中的各种气体分压也降至原来的 1/10。虽然这时空气中各组分的相对比例与原来一样，但它的绝对含量却只有原来的 1/10，如氧气由原来的 21% 降至 2.1%，这样就获得了气调贮藏的低氧条件，起到了气调贮藏的效果。因此，减压贮藏能显著减慢新鲜园艺产品的成熟衰老过程，保持产品原有的颜色和新鲜状态，防止组织软化，减轻冷害和生理失调。一般减压程度越大，作用越明显。

减压贮藏低压的产生及稳定低压状态的维持对库体设计和建筑提出了比气调贮藏库更严格的要求，表现在气密程度和库房结构强度更高。减压贮藏由于需要较高的真空度才会产生明显的效果，库房要承受比气调贮藏库大得多的内外压力差，库房建造时所用材料必须达到足够的机械强度，库体结构合理牢固，因而减压贮藏库房建造费用大。此外，减压贮藏对设备有一定的特殊要求。减压贮藏中需重点解决的一个问题是：在减压条件下新鲜园艺产品中的水分极易散失，导致重量的减轻。为防止这一情况的发生，必须保持贮藏环境很高的相对湿度，通常应维持在95%以上，减压贮藏库房中必须安装高性能的增湿装置，为达到和维持一定真空度，要求添置真空泵及相关的设备。减压贮藏可略去气调贮藏所必需的调气仪器设备。

一个完整的减压贮藏系统包括 4 个方面的内容：降温、减压、增湿和通风。在减压贮藏中，为节省运行成本可以间歇式操作代替连续式操作，即规定真空度的允许范围，当低于规定真空度下限要求时，真空泵开始工作，达到真空度上限则关闭真空泵。真空泵停止工作后，只要打开真空调节器，几分钟内即可解除真空状态，工作人员就可进入贮藏间工作；若要恢复低压，只要打开真空泵，不需多长时间就能达到规定的低压要求。由于减压贮藏昂贵的建筑费用，较高的运行成本及出库产品缺乏浓郁的芳香等原因限制了该技术在生产实践上的应用，目前仅在某些新鲜园艺产品的预冷及运输中应用了该技术。

（四）辐射处理贮藏

电离辐射指的是能使物质直接或间接电离（使中性分子或原子产生正负电荷）的辐射，它包括不受电场影响的电磁辐射（如 γ、X 射线和中子辐射）和粒子辐射（如 α、β 射线和电子束）两类。由于电离辐射具有节约能源、成本低、无化学污染、能较好地保持食品原有的质量、应用范围广等优点，经过国际、国内的广泛研究，20 世纪 70 年代后已逐步走向实用阶段，并在世界上许多国家批准了包括水果蔬菜在内的诸多商品的商业化应用。

可用于辐射处理的电离辐射种类很多，如 γ、β 和 X 射线及电子束等。目前新鲜园艺产品的辐射处理以 γ 射线应用最多，且以 ^{60}Co 作为辐射源最普遍。由于 γ 射线是一种穿透力极强的射线，当其穿过活的机体组织时，会使机体中的水和其他物质电离，产生自由基，从而影响机体的新陈代谢速度，甚至会杀死机体细胞、组织、器官。辐射处理的剂量不同会产生不同的效果。应用于新鲜园艺产品辐射贮藏的剂量通常较低，一般不超过 10kGy。根据 FAO 和 WHO 等联合专家委员会的认证结论，总体吸收剂量小于 10kGy 辐射的食品没有毒理学上的危险，因而用此剂量处理的食品不需进行毒理学试验，在营养学和微生物学上也是安全的，对耐受力强的产品感官特性影响不大。

辐射处理新鲜园艺产品的作用包括：抑制呼吸作用和内源乙烯产生及过氧化物酶等活性而延缓成熟衰老、抑制发芽、杀灭虫害和寄生虫、抑制病原微生物的生长活动及由此而引起的腐烂，从而减少采后损失和延长产品的贮藏寿命。辐射效果与辐射剂量率（单位时间内照射的剂量）有一定关系。相同剂量辐射时，高剂量率照射时间短，反之需时较长，因此探索适宜的剂量和剂量率是新鲜园艺产品辐射处理研究的主要内容。新鲜园艺产品进行辐射处理时要考虑不同种类间耐受力的差距。超出产品耐受力的辐射剂量处理不仅无法达到预期的效果，反而会带来包括产品褐变加剧、变味、物质分解、组织软化、营养物质损失增加、降低产品抗病性而加重腐烂等不利影响。

由于辐射源的独特性质以及安全性等方面的原因，辐射处理贮藏在我国大范围内应用还有一定难度。另外，在商业性应用时还需与其他商品化处理技术相结合才能产生理想效果。

（五）臭氧处理

臭氧（O_3）是一种强氧化剂，也是一种优良的消毒剂。O_3 一般由专用装置对空气进行电离而获得。O_3 很不稳定，易分解产生原子氧，而这种原子氧具有比普通 O_2 大得多的氧化能力。新鲜园艺产品经 O_3 处理后，表面的微生物在 O_3 的作用下发生强烈的氧化，使细胞膜破坏而休克甚至死亡，达到灭菌、减少腐烂的效果。另外，O_3 还能氧化分解果蔬释放出来的乙烯气体，使贮藏环境中的乙烯浓度降低，减轻乙烯对园艺产品的不利作用。此外，O_3 还能抑制细胞内氧化酶的活性，阻碍糖代谢的正常进行，使产品内总的新陈代谢水平有所降低，综合地达到延长新鲜园艺产品贮藏期的目的。

处理效果好坏的关键是控制贮藏环境中 O_3 浓度水平，浓度低则效果不明显，浓度过高会对贮藏产品造成伤害。不同种类的园艺产品对 O_3 的耐受能力有一定差异，通常是皮厚的强于皮薄的，肉质致密的强于肉质疏松的。O_3 的防腐作用也与温度和相对湿度有关。温度高，O_3 分解快，处理效果较差；环境温度低于 10℃时，防腐效果明显增强。O_3 处理时适宜的相对湿度为 90%~95%。O_3 处理依需达到效果的不同浓度有所不同，延长贮藏期所用浓度一般在 1~10μL/L，防腐杀菌所需浓度相对高些，为 10~20μL/L。要达到相同的效果，贮藏量多、容积大及处理浓度低时，时间相对较长（如 3~4 h）；相反，贮藏量少、贮藏容积小及处理浓度大时，则时间较短（0.5~2h）。O_3 处理可与机械冷藏、通风库贮藏或塑料大帐贮藏等结合使用。处理的方法是定期开启 O_3 发生装置，保持一定时间密闭后通风即可。

（六）电磁处理

电磁处理是将果蔬置于电磁场下使其受到一定剂量的磁力线切割作用，从而改变生物的代谢过程。因为地球高空的电离层对地面具有 360 千伏的正电位，所以地球处在巨大的静电场包围之中。地球就是一个巨大的磁场。地球周围的空气，会因受宇宙线、电子碰撞、地层中的放射性物质等作用而电离，产生一些带电粒子（电子、离子等）。这些带电粒子在地球电场的作用下，沿着电场方向运动，形成离子流，并经过地面物体（动植物、建筑物等）流入地下。可见，地球表面的一切物体，均处在电磁场和离子流的作用之下。而构成一切生物体的细胞，实质上都是生物"蓄电池"，要受周围环境的影响。事实上，地球上的一切生物都是在这种自然环境条件下，经过亿万年进化而形成的，这些条件（包括电磁场条件）已经成为生物体生存条件。因此，人为地改变生物体周围的电场、磁场或某种电子流等条件，必然对生物的代谢过程产生某种影响。这就是近年来在果蔬贮藏上研究和应用的电磁处理（如，高压静电处理、高频电磁波处理、离子空气处理等）的理论依据和出发点所在。

这种处理的效果也是明显的。例如，应用高频电磁波、弱电磁场、强电磁场处理作物种子，在磁场影响下，通过核糖核酸分子按磁场定向，使种子内在结构发生变化，从而起到提高种子发芽率、发芽势、苗株生长健旺并能达到抗病、早熟丰产等效果。

四、园艺产品贮藏案例

（一）蔬菜贮藏技术

1. 蒜薹贮藏

蒜薹（garlic stem）为大蒜的幼嫩花茎，是我国目前果蔬贮藏保鲜业中贮量最大、贮藏供应期最长、经济效益颇佳和极受消费者欢迎的一种蔬菜。我国山东、安徽、江苏、四川、河北、陕西、甘肃等省均盛产蒜薹。

（1）蒜薹的贮藏特性　蒜薹采后新陈代谢旺盛，表面缺少保护层，加之采收期为高温季节，所以在常温下极易失水、老化和腐烂。蒜薹适宜贮藏条件为：蒜薹的冰点为-1.0℃~ -0.8℃，贮藏温度控制在-1℃~0℃为宜；贮藏 RH 以 90%为宜；适宜的贮藏气体成分为 O_2: 2%~3%、CO_2: 5%~7%。不同产地的蒜薹和不同年份的蒜薹贮藏条件会有差异。目前普遍采用冷库气调贮藏方法，保鲜效果良好，贮藏期可达 7~10 个月。

（2）入贮蒜薹的选购　蒜薹田间生长的好坏将直接影响贮藏效果。实践证明，田间生长健康无病的蒜薹，贮藏效果就好，贮期长。田间生长质量气候条件也是一个重要因素，应注意以下几点：一是采前一个月左右雨水充足，气温正常，蒜薹田间生长质量良好；若遇到春旱，或早春低温寡照，蒜薹质量下降。二是采前有晨雾的天数少，蒜薹质量就比较好；如果雾多、雾大则同样蒜薹质量下降。三是采收期无雨，适时采收，蒜薹质量正常；若此时遇雨，推迟了采收期，可能使薹苞膨大，成熟度偏大，会明显影响贮藏的质量和效果。不同产区的蒜薹贮藏性能上有差异。山东、安徽、苏北的蒜薹耐藏性质量较好，江苏太苍一带的蒜薹虽鲜度好，但耐藏性差一些，河北永年的蒜薹质量良好。

（3）贮藏设施的准备　①贮藏库：贮藏蒜薹必须用标准冷库，即库体隔热良好、库温控制稳定的冷库。蒜薹入库前提前 10d 左右开始缓慢降温，入库前两天将库温降至 0℃~2℃。

库内温度如采用挂温度计人工观测记录，应采用每度 1/5 或 1/10 刻度较精确的水银玻璃棒温度计，不能选用刻度粗的红色酒精温度计。②贮藏架：蒜薹冷库贮藏架多用角钢制作，应注意贮藏架承重牢固，防止倒架。一般单个贮架宽 110cm，其长度依据库内宽度而定，每袋横向占位在 50~55cm，贮架彼此间距 60~70cm，贮架每层高度在 35~40cm，最下层离地 15~20cm，最上层摆放蒜薹后还应离库顶 30cm 以下。贮架上应用削光棱角的竹杠铺底，用旧塑料膜缠绕，以免刺破贮藏袋。蒜薹入贮前，应用 0.5%~0.7%的过氧乙酸水溶液喷洒墙壁、货架、地面，亦可用 0.5%的漂白粉液刷洗菜架，最后将各种容器、架杆一并放在库内，以每立方米 10g 的用量燃烧硫磺，密闭熏蒸消毒 24h，再通风排尽残药。③包装袋：蒜薹贮藏属塑料薄膜袋小包装气调冷藏。要求袋子抗拉、抗撕裂、耐低温，低温下不硬脆、耐揉搓，具韧性，柔软，确保袋子不漏气。塑料袋子应注意热合封口严密。硅窗袋是一种减少人工开袋放风调气用的自动调节气体的贮藏袋，在贮藏期内维持一定的较平稳的气体组成。硅窗袋与塑料膜之间热合要牢固，防止贮藏袋在低温下开裂。开窗位置在纵向距袋口 1/3 处较合适，开窗面积为：贮 15kg 蒜薹，硅窗面积为 70cm^2；贮 20~25kg 蒜薹，硅窗面积为 100cm^2。硅窗袋贮藏技术要求库温很稳定，蒜薹充分预冷，在贮藏中、后期放风 1~2 次，防止气体出现问题。

（4）采收、收购、装运　①采收：蒜薹的采收季节由南到北依次为 4~7 月份，往往每一个产区采收期只有 3~5d，在一个产区适合采收的 3d 内采收的蒜薹质量好。贮藏用蒜薹质量标准如下：色泽鲜绿，质地脆嫩，成熟适度，薹梗不老化，无明显虫伤，粗细均匀，薹苞不膨大、不坏死。贮藏蒜薹的适宜采收成熟度应为薹梢打弯如钩时。采收要求不用刀割无伤提薹，采收时间应以早晨露水干后为宜，雨后、浇水后不能采。②收购：不能收购划薹和刀割的普遍带叶梢的薹；采后堆码时间过长，直接在阳光下曝晒，开始萎蔫、褪色、堆内发热，或堆放期间遇大雨，明显过水，甚至被水泡过的薹也不能收购。③装运：蒜薹采后应尽快组织发运，最好当天运走。汽车运薹最好早晚装车，封车时上面覆盖不可太严，四周应适当通风，不能用塑料膜覆盖，装量大的汽车最好堆内设置通风道。不论采用火车或汽车装运，都应注意通风散热、防晒、防雨、防热捂包，尽量缩短在途中的时间。

（5）挑选和整理　蒜薹运至贮藏地，应立即放在已降温的库房内或在荫棚下开包，尽快整理、挑选、修剪。不能将蒜薹先入冷库再拿出来挑选，否则会引起结露。整理时要求剔除机械伤、病虫、老化、褪色、开苞、软条等不适合贮藏蒜薹，理顺薹条，对齐薹苞，解开辫梢，除去残余的叶鞘，然后用塑料绳按 1kg 左右在薹苞下 3~5cm 处扎把，松紧要适度。薹条基部伤口大、老化变色、干缩的均应剪掉，剪口要整齐，不要剪成斜面。若断口平整、已愈合成一圈干膜的可不剪，整理好后即入库上架。

（6）预冷和防霉处理　预冷的目的是尽快散除田间热，抑制蒜薹呼吸，减少呼吸热，降低消耗，保持鲜度。因此收购后要及时预冷，迅速降温。目前预冷的最佳方式是将经过挑选处理的蒜薹上架摊开、均匀摆放。预冷时间以冷透为准，堆内温度达到-0.3℃后才能装袋。蒜薹贮藏期间，薹梢易发生霉变腐烂，可在入库预冷时、装袋前，用防霉剂处理。具体方法可按药剂说明进行。

（7）装袋　蒜薹预冷之后，可进行装袋。装袋时应注意以下三点：保鲜袋用之前先检查是否漏气；每袋应按标准装量装入蒜薹，不可过多或过少，以免造成气体不适；为了方便测气，可在近袋口处或扎口时安上取气嘴，不同库房、不同部位、不同产地、不同批次的蒜薹均应设代表袋测气。

（8）贮期管理　①检查漏袋：为了确保蒜薹处于气密条件下，待全部入贮装袋后，要安排管理人员逐袋查漏,即用手从袋口处向上,使袋子鼓胀呈气球状,听到漏气声即为漏袋。查出漏袋,立即粘补或换袋。②开袋排热:入贮装袋后的前两周,不管袋内气体浓度如何,一周左右时间即打开袋子放一次风,连续放两次,目的是排除袋内蒜薹的余热和蒜薹入贮后较高的呼吸热,避免结露。经过这样两次开袋排热后,再依据设计要求的气体指标进入正常的人工管理。③严格控制稳定的低温和适宜的湿度:控制稳定的低温是蒜薹贮藏很重要的一项技术措施,这对有效地抑制蒜薹呼吸强度,维持其缓慢而正常的生理代谢活动,延缓其衰老,保持其鲜嫩品质是十分必要的。贮藏蒜薹的适宜库温为-1℃±0.5℃,但要注意库内的温差,应经常开动冷风机加强库内冷空气对流循环,以减少各部位的温度差。靠近冷风机、冷风嘴的蒜薹要用棉被或麻袋进行遮挡,防止受冻。库内湿度保持在85%~90%为宜,以利于保鲜袋适当渗透袋内过多的湿气而又不产生太大的干耗。④定期测定袋内气体浓度并检查贮藏情况:不同来源、不同批次、不同库房的蒜薹应分别设立代表袋,每隔5~7d用奥氏气体分析仪测定一次袋内O_2和CO_2浓度,蒜薹扎口后10~20d内气体浓度趋于稳定,正常条件下O_2浓度在1.0%~3.0%,CO_2浓度在4.8%~7.2%范围内。贮藏期间每隔一两个月可放风一次,每次2h左右。

2. 蘑菇贮藏

蘑菇(mushroom)又称双孢蘑菇、口蘑等,是世界上栽培地域最广、生产规模最大的一种著名食用菌,有"世界菇"之称,最早栽培始于法国。

(1)贮藏特性 鲜菇含水量高,组织幼嫩,各种代谢活动非常活跃,采后如不及时进行处理,因其呼吸作用快速消耗体内养分而迅速衰老,水分大量蒸发,子实体出现萎蔫。另外,蘑菇体内的邻苯二酚氧化酶非常活跃,采后容易引起蘑菇变色。蘑菇组织结构的特点使它容易遭受病菌、害虫侵染和机械伤害,引起腐烂变质。蘑菇对贮藏环境的温度、湿度、O_2、CO_2浓度的变化反应敏感。一般适宜的贮藏条件为:温度为0℃~3℃,相对湿度95%~100%,O_2浓度0~1%,CO_2浓度>5%。

(2)采收及采后处理 在蘑菇子实体充分长成、体积增加不明显时采收。采收过早,子实体未充分长成,品质不佳,产量低;采收过晚,子实体易老化,开伞,变色。采收时要轻拿、轻放、轻装,尽可能减少机械损伤,采收用具、包装容器使用前要进行消毒处理。蘑菇采收后,剪去菌柄,如菇色发黄或变褐可放入0.5%的柠檬酸溶液中漂洗10min,捞出沥干,再将蘑菇迅速预冷,以防在较高温度下蘑菇体内养分消耗,水分散失,后熟老化,褐变加重。

(3)贮藏方法 ①低温气调贮藏:将预冷后的蘑菇装入0.025mm厚的聚乙烯薄膜袋中,每只贮藏袋装量约1kg,密封袋口后放入冷库中贮藏,在4~5h内将菇体温度降至0℃~3℃,保持相对湿度95%~100%。蘑菇在O_2:1%,CO_2:10%~15%时,贮藏效果好,菇色洁白,开伞较少。在蘑菇刚入库时,温度较高,一般为10℃左右,蘑菇的呼吸作用较旺盛。所以在入库后降温的同时,即在4~5h内贮藏袋中O_2浓度可迅速降低到3%以下,CO_2浓度升到10%以上;当温度降低到适宜贮藏温度0℃~3℃时,这时呼吸作用也逐渐减弱,贮藏袋中O_2浓度缓慢下降,CO_2浓度缓慢上升,1d后袋中的O_2浓度可达1%,CO_2可达13%。用细针在袋上刺一些小孔,可基本上保持O_2和CO_2浓度相对恒定。贮藏过程中应注意:蘑菇贮藏期间必须保持稳定低温,否则会加速变色和老化;蘑菇含水量高,水分蒸发剧烈,可用塑料袋包装,以保持湿度,防止水分蒸发,起到气调贮藏效果;降低O_2浓度和提高CO_2浓度可抑制蘑菇呼吸作用,应控制适宜的气体指标。②辐射贮藏:辐射处理可有效延长蘑菇贮藏期,且处理方便、快捷。实验表明,用1~10Gy处理可推迟蘑菇开伞10~14d。BakraLGolan等报道用γ射线辐照可延长蘑菇的货架期,在15℃下,25~20Gy剂量可抑制开伞和菌柄伸长;15℃~20℃时,50Gy可有效抑制褐变,从而可使在15℃下贮藏36d的蘑菇有相应的货架期。③化学贮藏:用化学药剂处理蘑菇,在一定程度上也能延长蘑菇贮藏期。常见的化学药剂配方有:将蘑菇用0.1%~0.2%的焦亚硫酸钠浸泡30min,再密封包装储运;或将蘑菇浸泡于0.03%~0.07%的焦亚硫酸钠溶液中,或用0.01%的焦亚硫酸钠漂洗5~6min,均可有效地抑制变色和衰老。

(二)果品贮藏技术

苹果是我国栽培的重要落叶果树,在我国北方,其面积和产量占果品生产的第一位,此处作为果品代表予以介绍。苹果的贮藏性比较好,加之以鲜销为主,是周年供应市场的主要果品,其贮藏要点如下:

1. 选择耐贮藏、商品性状好的品种

苹果早熟品种(七八月份成熟)采后因呼吸旺盛、内源乙烯发生量大等原因,不耐贮藏;许多中熟品种(八九月份成熟)的贮藏性优于早熟品种,在常温下可存放2周左右,在冷藏条件下可贮藏2~3个月,气调贮藏期稍长一些,但由于不宜长期贮藏,故目前中熟品种以鲜销为主,有少量的进行短、中期贮藏;晚熟品种(10月份以后成熟)由于干物质积累多、呼吸水平低、乙烯发生晚且水平较低,因此一般具有风味好、肉质清脆而且耐贮藏的特点,如红富士、秦冠、王林、北斗、秀水、胜利、小国光等目前在生产中栽培较多,红富士以其品质好、耐贮藏而成为我国各苹果产区栽培和贮藏的当家品种。晚熟品种在常温库一般可贮藏3~4个月,在冷库或气调条件下,贮藏期可达到5~8个月,用于长期贮藏的苹果必须选用晚熟品种。

2. 适时无伤采收

贮藏的苹果必须适时采收。适时采收应根据品种、贮藏期、贮藏条件、运输距离以及产品的用途等来决定。如早熟品种不能长期贮藏,只作为当时食用或者短期贮藏,可适当晚采;晚熟品种长期贮藏后陆续上市,故应适当早采;预定贮藏期较长或采用气调贮藏,可提早几天采收;预定贮藏期较短或一般冷藏,可延缓几天采收。一般来说,晚采可以增加果重和干物质含量,但贮藏中的腐烂率显著增加;采收过早,果实中的干物质积累少,不但不耐贮藏,而且自然损伤较大。机械损伤是造成苹果腐烂的最重要原因,应尽量减少因损伤而造成的贮藏损失。

3. 采后处理

苹果的采后处理措施主要有分级、包装和预冷。

(1)分级 苹果采收后,集中在包装场所进行分级包装。对于外贸和长期贮藏的苹果,一般按果实的大小严格分级,有时还须兼顾果实的着色面积。分级时必须严格剔除伤果、病果、畸形果、过大过小果及其他不符合要求的果实。

(2)包装 将符合贮藏要求的果实用一定规格的纸箱、木箱或塑料箱包装,其中以瓦楞纸箱包装在生产中应用最普遍。纸箱的规格应按内销习惯或外贸要求而定,出口苹果包装应符合GB5038规定。纸箱既可用于贮藏包装,也可用于销售包装,木箱和塑料箱通常用于贮藏包装。目前许多大、中型冷库是将分级后的苹果装入大木箱(250~300kg/箱),用叉车在库内堆码存放,出库上市时再用纸箱定量包装。

(3)预冷 预冷处理是提高苹果贮藏效果的重要措施,国外果品冷库一般都配有专用的预冷间。我国一般将分级包装好的苹果放入冷藏间,采用强制通风冷却,迅速将果温降至接近贮藏温度后再堆码存放。

4. 贮藏方式

苹果的贮藏方式很多，短期贮藏可采用沟藏、窖窖贮藏、通风库贮藏等常温贮藏方式。对于长期贮藏尤其是外贸出口的苹果，应采用冷藏或者气调贮藏。

（1）机械冷库贮藏 苹果冷藏的适宜温度因品种而异，大多数晚熟品种以-1℃~0℃为宜，空气相对湿度90%~95%。苹果采收后，必须尽快冷却至0℃左右，最好在采后1~2d内入库，入库后3~5d冷却到-1℃~0℃。

（2）塑料薄膜封闭贮藏 主要有塑料薄膜袋贮藏和塑料薄膜帐贮藏两种方式。塑料薄膜袋贮藏：在果箱或筐中衬以塑料薄膜袋，装入苹果，缚紧袋口，每袋构成一个密封的贮藏单位。一般用PE或PVC薄膜制袋，薄膜厚度为0.04~0.07mm。塑料薄膜帐贮藏：在冷库用塑料薄膜帐将果垛封闭起来进行贮藏，薄膜大帐一般选用0.1~0.2mm厚的高压聚氯乙烯薄膜，粘合成长方形的帐子，可以装几百到数千千克。控制帐内O_2浓度可采用快速降氧、自然降氧和半自然降氧等方法。

（3）气调库贮藏 气调贮藏库是密闭条件很好的冷藏库，设有调控气体成分、温度、湿度的机械设备和仪表，管理方便，容易达到贮藏要求的条件。对于大多数品种而言，控制O_2在2%~5%，CO_2在3%~5%比较适宜。但富士系苹果对CO_2比较敏感，目前认为该品系贮藏的气体成分应控制在O_2：2%~3%，CO_2：2%以下。苹果气调贮藏的温度可比一般冷藏高0.5℃~1℃，对CO_2敏感的品种，贮温还可再高些，因为提高温度既可减轻CO_2伤害，又对易受低温伤害的品种减轻冷害有利。

5. 运输和销售

苹果运输时的温度、装卸及运行管理是运输中应着重注意的几个问题。冷库和气调库贮藏的苹果出库上市时，如果库内外温差较大（>10℃），应在出库之前几天停止制冷，让库温缓慢回升至接近外界气温后再上市。也有将果实从冷库搬出后直接装普通运输车的，车顶用棉被或草帘覆盖严实，最上层用篷布遮盖，如此在运输过程中果实逐渐升温，到销地后果温与气温的差距就可缩小。冷藏苹果在3月份以后上市，尤其是运往温暖地区的，最好用冷藏车运输，车内温度控制在3℃~5℃，应不高于10℃。外贸出口的苹果应采用冷链运输，而且各转接环节的运输温度应基本一致。总之，低温运输是冷藏苹果安全到达销地，并具有较长货架寿命的重要保证。苹果装车、装船或装飞机运输时，如果是未经冷却的果实，则包装箱必须合理堆码，留有充分的空隙，以利通风散热；如果是冷藏或者事前已经预冷的果实，则堆码时包装箱之间的距离可小些，运输时间短时也可不留间距，以增加装载量。另外，轻装、轻卸以减少损伤，这是不论何时何地都要求做到的。运输中应做到快装快卸、平稳缓行、防热防冻，使货物快速、安全地到达销地。货物到达销地之前，应事先做好批发或中转等衔接工作，不能让货物在车站、码头或批发市场长时间滞留。

（三）花卉贮藏技术

切花（cut flowers）是指具有观赏价值的新鲜根、茎、叶、花或果，是用于装饰的植物材料。切花主要用于插花、花篮、花圈、花环、襟花、头饰、新娘捧花、桌饰、商店橱窗装饰及其他花卉装饰等。

切花保鲜是采用物理或化学方法延缓切离母体的花材衰老萎蔫的技术，是切花作为商品流通的重要技术保证，是缓解产销矛盾、促进周年均衡供应市场的重要手段。切花采收之后，水分代谢失去平衡，输导组织中产生微生物或侵染物、大分子生命物质和结构物质降解、乙烯含量增加，从而造成花材的衰老和萎蔫。切花保鲜就是针对这些问题通过改变贮藏条件、扩大吸水面积及化学药剂的调节作用而使花材延缓衰老，尽可能长时间地保持新鲜状态。切花保鲜的技术措施可分为物理方法和化学方法两类。物理方法包括贮藏技术和切取技术，化学方法是用化学药品制备保鲜药剂来延长切花的新鲜状态。

适时采收切花（harvesting cut flowers），是提高切花质量的重要保证之一。按一定的标准对采收的切花材料进行分级并按要求对其进行包装，是切花采收与销售之间的重要环节，也是提高花材商品价值的重要手段。贮藏条件主要有温度、气压和空气成分等。①低温贮藏：可防衰老与抑制微生物繁殖等，一般如 0.5℃~1℃，接近冰点而不能结冰。相对湿度 85%~95%。热带切花，如兰花不能低于 10℃。亚热带切花，如唐菖蒲、茉莉等以 2℃~8℃为宜。②低压贮藏：促进植物体内不同气体向外扩散，降低由氧调节的呼吸与代谢。一般为 5.3~8.0kPa。荷花采用真空冷却，月季、香石竹、郁金香等虽经长途运输，保鲜效果良好。③气调贮藏：控制氧含量 0.5%~1%和二氧化碳 0.35%~10%的含量，减少乙烯产生，降低切花呼吸速率，保存呼吸基质。

保鲜剂有预处理液、催花液和瓶插液三种剂型：①预处理液是在采收、分级之后，储运之前所用的保鲜剂。目的是促进花枝吸水，提供营养物质，杀菌，抑制乙烯产生。常用蔗糖、硝酸银、硫代硫酸银（STS）等。②催花液是促使蕾期采收的切花开放的保鲜剂，成分与预处理液相似，蔗糖含量稍低。③瓶插液又称保持液，是瓶插观赏期用的保鲜剂，其组成成分因不同种类而异。在切花生产应用中，一般应三剂配套；但有时也有将预处理液和催花液合二为一的。在实际应用中，常将贮藏方法、切取技术与保鲜剂配合使用，形成系列配套保鲜技术，才能达到最佳效果。

1. 月季贮藏

月季（Chinese monthly rose, bengalrose）是一些国家的国花，也是我国三十多个城市的市花。月季品种有数千种，是插花中的主要用材之一。切花月季的花枝和花柄硬挺直顺，支撑力强，花枝长达 50cm 以上，花瓣质地厚，耐瓶插。红色月季既是"情人节"的佳品，也是客人参加主人宴请的常备礼品。

（1）采切与分级包装　适时采切多在清晨天气凉爽、湿度大时进行，因为这样采后损失小。至于花的发育程度，红色、粉红色品种的花以萼片反卷为宜，头两片花瓣开始展开时采切最好，黄色品种略早于红色和粉红色品种，白色品种则要稍晚于红色和粉红色品种。采收过早，花枝发育不充实，易产生"弯颈"现象，影响切花质量；过晚采切则缩短切花寿命。通常以萼片向外反折到水平以下（即反折大于 90°），有一两个花瓣微展时采切为宜。用于贮藏的切花要早采 1~2d，采后立即插入 500mg/L 的柠檬酸溶液中，并在 0℃~1℃下冷藏分级，每 10 支一束捆扎。分级后的切花，再剪裁插入含有 1%~3%蔗糖（S）100~200mg/L8-羟基喹啉硫酸盐（8-HQS）及硫酸铝、柠檬酸或硝酸银溶液中 3~4h，然后取出贮存。储运前，应切除茎基部 1cm，并插入含糖液处理 4~6h，然后包装运输。用塑料膜包好，以防花瓣受损。包好的月季可在低温下保存，这一过程既包含整枝分级，也包含去除切花的田间热。如有真空预冷设备，也可在去叶分级后用真空预冷设备降温。对田间采切的月季迅速降温，除去田间热可降低代谢活动，延缓衰老，是保鲜工作的第一步。

（2）贮藏　月季贮藏尚无十分满意的方法，一般在低温下湿藏 3~7d。时间过长将减少开花时间。有人在 1℃~2℃下湿藏 2 周或用低温减压法（1333.22~4666.27Pa）贮藏 4 周，开花品质下降，瓶插开花时间仅为鲜花的 60%。湿藏用水酸性为宜，水中可加柠檬酸 500mg/L，花茎下部叶片宜去掉，以防叶片中多元酚类化合物溶于水中，缩短瓶插开花时间。保鲜月季花蕾可在人工条件下开放。将经过预冷的切花插入特制的花朵开放溶液中（2%蔗糖+200~300mg/L8-羟基喹啉硫酸盐(8-HQS)），在23℃~25℃温度、80%相对湿度和1000~3000 lx连续光照下处理6~7d，切花花蕾即可达到出售要求。

（3）瓶插液 关于切花月季保鲜剂的研究报道很多，由于月季花品种繁多，其代谢类型也存在着一定的差异，因而尚无适于各类月季品种通用的瓶插液配方，下列配方仅供参考：①2%蔗糖+200mg/L 8-HQC+200mg/L 硝酸钙；②4%蔗糖+50mg/L 8-羟基喹啉硫酸盐（8-HQS）+100mg/L 异抗坏血酸；③5%蔗糖+200mg/L 8-HQS+50mg/L 醋酸银；④2%~6%蔗糖+1.5mmol/L 硝酸钙；⑤3%蔗糖+130mg/L8-HQS+200mg/L 柠檬酸+25mg/L 硝酸银；⑥10mmol/L 的顺式丙烯基磷酸水溶液浸泡茎基12h，再移入2%蔗糖+300mg/L8-HQC 中；⑦3%蔗糖+50mg/L 硝酸银+300mg/L 硫酸铝+250mg/L8-HQC +100mg/L PBA[6-苯甲胺-9-（2-四氢化吡喃基）-9-H-嘌呤]。

第二节 谷物产品储藏技术

粮食生产是季节性的，而消费则是经常性的。所以必须把大部分收获的粮食安全地储存起来，以供陆续消费。有多种储粮形式，包括地上露天堆放、地窖灌袋垛存及各种粮仓储存。粮仓按规模和用途主要可分为农家仓、群仓、农村机械化粮仓和中心机械化粮仓。几乎所有远离粮食产地的储粮都是存入有专门机械化装备的机械化粮仓中。

安全储粮必须保持粮食的质量和数量，就是说要使粮食不受天气、霉菌和其他微生物以及水分增高、破坏性高温、虫害、鼠雀的危害，不让粮食发生异味，不让遭受污染及未经允许的散失。为了便于销售，须进行粮食检验。为了确定储藏过程中可能发生的质量损耗，也需要进行质量检验。由于仓库经营大批粮食，检验项目又多，所以质量检验必须快速简便。质量检验要能测定有用的指标，但又不要求贵重的仪器和技术高超的专业人员。

一、现代储粮方法

（一）低温储粮

1. 概述

低温储粮方法，是指人为地创造低温条件，借助低温对各种生物体生理机能的抑制作用，从而降低粮油呼吸强度并减少虫霉繁殖及其他的危害，更好地保持粮油的品质。目前低温储粮方法有两种形式，一是利用机械制冷；二是利用自然低温。前者是建造隔温仓房，利用制冷机送入冷空气，使粮食处于必要和稳定的低温之中，安全过夏。后者是在缺乏低温设备的条件下，利用冬季自然低温，降低仓库和粮食的温度，而后加以包围压盖，密闭门窗，尽量减少外温影响，以延长储粮安全期。

低温储粮的历史非常悠久，但在历史上无论国内还是国外主要是利用自然低温储粮。除少数国家采用地面自然低温，大多数为地下低温储粮。近几十年来，随着科技的发展及立筒仓的推广，储粮机械通风冷却也逐渐发展起来，现已能用于储藏潮粮，在很多国家认为它比烘干经济。利用机械制冷空调低温储粮，约有40~50年的历史。

我国的机械制冷低温储粮是在20世纪70年代以后发展起来的。在我国，机械制冷或空调低温储藏主要用于解决大米、面粉等成品粮的度夏问题。由于空调机易于安装，运行管理简单，所以20世纪80年代以后，空调低温储粮在我国有较明显的发展，但其所达到的低温多在20℃左右。若仓房隔热性能较好，可达到准低温的范围。

由于低温储藏具有明显的减缓粮食品质劣变的作用，特别在保持成品粮的色、香、味方面更具有其他储粮技术不可比拟的优越性，因此，随着我国现代化的实现，国民生活水平的提高，人们对食品品质的日益重视，低温储藏必将成为一种具有发展前途的储粮技术。

经过长期的实践和研究，认为15℃是粮食低温储藏的理想温度，在此温度下可以有效地限制粮堆中生物体的生命活动，延缓储粮品质变化。粮食在不超过20℃的温度下储藏称作准低温储藏。此时能达到一定的低温储藏效果。同时还可以减少低温储藏的运行费用，特别是可以通过空调机来实现，所以近几年推广较快，很受基层粮库的欢迎。在我国常将保持库温在15℃以下的粮仓称低温库；库温在20℃以下的粮仓称准低温库；库温在25℃以下的粮仓称标准常温库。

低温储藏具有显著的优越性，可以有效限制粮堆生物体的生命活动，减少储粮的损失，延缓粮食的陈化，特别是能使面粉、大米、油脂等食品安全度夏，保鲜效果显著。同时具有不用或少用化学药剂、避免或减少污染、保持储粮卫生的特点。低温储藏还可作为处理高水分粮的一种应急措施。

2. 低温储粮管理

（1）入仓粮质 一般低温储藏均为长期存放，所以入库粮质必须正常，水分要均匀，在15℃低温时，水分不得超过15.5%，发热霉变、结过露、生过虫的粮食难以获得良好的低温储藏效果。

（2）进仓时机 根据粮食的不良导热性，低温储存的粮食，以低温季节进仓为宜。如果进仓时粮温较高，即使在仓温较低的情况下，粮温的下降也将是长期的、困难的。如果高温季节粮温很高，不但粮温下降缓慢，而且还会引起粮面结露，同时粮食进仓完毕，应及时密闭门窗。

（3）粮食的堆放 粮食在低温库中堆放时，应根据库内送风系统出风口的位置，合理布置堆间走道，使其形成一个自然的风道，以提高降温效果。低水分粮可堆十列垛以上的大垛。较高水分或较高温度进仓的粮宜堆小堆或通风垛。

（4）储藏期的检验 低温储藏期间应对低温储藏的粮食加强管理，定期检测温度、湿度、害虫及粮食品质劣变指标或感官指标。

另外根据要求，低温仓的仓温波动范围应控制在2℃，仓湿应控制在65%～75%，送风系统的循环换气次数要求不低于每小时10次，以保证仓内温度的均匀性。

最后还应指出，在低温储藏的管理过程中，还应加强费用和投资的管理，尽可能地减少经费开支，提高设备效率，加强密闭，降低粮食保管费用，提高低温储藏的经济效益。

（二）气调储粮

1. 概述

气调储粮方法，是通过调节粮堆内的气体组成成分，以控制氧气的含量，从而有效地抑制粮食和微生物的生命活动，取得安全储粮的效果。

气调储粮方法有真空充氮、充二氧化碳和密闭自然缺氧等多种形式。真空充氮储粮法，是将粮堆用幕罩密封之后，抽出幕内空气，而后充入适量氮气，使粮食长时间处于缺氧或绝氧状态之中，以降低粮食呼吸强度并抑制虫霉活动，从而控制粮堆内的热量来源，使粮食保持在基本稳定的状态。这一方法对大米之类安全过夏有较好的效果。二氧化碳储粮法，常用的有两种方法，一是抽出粮堆空气之后，充入适量的二氧化碳；二是用排气法，即借助二氧化碳比重较大的性质,将二氧化碳从幕下部充入粮堆,并从幕上部排出空气,这样将使粮堆处于缺氧及高浓度二氧化碳的环境之中,利用两者的作用取得安全保粮的效果。真空充氮储粮法和二氧化碳储粮法效果虽好,但设备要求严格,工艺比较复杂,储粮成本较高。

密封自然缺氧储粮法,是目前比较广泛采用的一种方法。这种方法的要点是,将粮堆密封之后,利用粮食及粮食微生物的呼吸作用,自动消耗粮堆的氧气,逐步达到绝氧的目的。从绝氧速度的一般规律来看,成品粮快于原粮,粳米快于籼米,水分高的快于水分低的,夏季快于春季,粮温高的快于粮温低的。这些情况表明,它与粮食和微生物的呼吸强度的变化规律是一致的。

自然缺氧一般在春季气温开始回升时进行密封,当粮温达到 20℃～25℃时即可达到绝氧,水分16%左右的粳谷通常可以安全过夏,水分16%的标二粳米,也基本上可以维持过夏。

2. 气调储粮的管理

入库后的管理工作是搞好气调储藏的重要保证,因我国大多采用塑料薄膜密闭而非永久性的气密库,因此从密闭之日起,对粮堆气体、温度、害虫、水分及品质等项目应进行定期测定,加强管理,方能取得良好效果。

(1)粮堆气体成分分析　在缺氧储藏中除了对其温度、湿度测量外,测量粮堆气体变化是我们进行技术管理,掌握粮情变化,用以评定和了解脱氧设备的技术性能的一个极为重要的方面。粮堆气体成分分析,在密封后 24 小时内即应进行。连续测定一周达到缺氧效果后可改为每 3 天测定一次。

(2)温度检查　粮食温度的变化是反映储粮安危情况的指标之一,需要经常地、系统地测量气温、仓温、粮温,观察储粮情况变化。缺氧储藏一般每 10 天检查一次,如在高温季节,对高水分粮食,每天要检查一次,以免由于密闭不好、氧气回升、温度突然升高,造成粮食发热霉变。缺氧储藏要将粮食严密封闭,因此检查密闭粮食温度必须通过预埋式感温探头,配制相应的测温仪表来完成。预埋式测温探头有两类:一类是铜热电阻,另一类是半导体热敏电阻。其原理都是根据探头的阻值随温度的变化而变化,利用不平衡电桥将温度在表头上读出或通过模数转换用数字显示出来。

(3)水分检查　粮食水分高低同样是反映粮食安危的重要指标。在缺氧储藏中,粮食密封很少受到外界温度影响,粮食水分比较稳定。对于高水分的粮食,粮堆周围易受外界温度的影响;当温差变化大时,会出现结露现象,引起局部粮食水分升高,造成发热霉变。因此在缺氧储藏中,仍需要定时、细致检查粮食水分。由于粮堆密封,不能采用取样检查水分的方法,而必须采用预埋式测水探头,通过不同的电子线路来检查粮食水分。测量水分的时间要和检查温度统一起来,为了方便,可以将测温、测水电路组装在一个仪表中;同样,每次检查水分的数据要详细记录,以便对照,如发现局部水分增高,应增加测量次数,及时采取措施,防止结露霉变。

(4)害虫检查　缺氧储藏,为保证密封性能,不能采用取样筛检的方法来检查虫情。目前广泛采用的方法是利用害虫在粮堆内活动造成的微弱声音,通过声电转换插头,将声音变成电信号,由音频放大器放大推动喇叭或耳机发出较大的声音,从放大的声音中判断粮堆内是否有害虫活动。声电转换探头要在粮堆密封前预埋到粮堆中,布点要有代表性,对于粮堆上层、向阳面、墙角、门窗、柱子周围易发生害虫的部位,要注意布点。探头的多少视需要而定。

(5)防止结露和氧浓度回升　①防止结露:在缺氧储藏中,常因粮堆内外温差较大而产生结露。粮堆结露与塑料薄膜内密闭时间有关，在气温上升季节一般产生外结露现象。在气温下降季节，气温与粮温存在较大温差时，一般产生内结露。预防的方法，可在密闭粮面加盖一层旧麻袋片，有条件的可用脱湿机引出粮堆内湿气进行粮堆外结露来达到脱湿的目的，或应用硅胶、无水氯化钙及分子筛对少量储粮堆垛进行吸湿，解除结露。②氧气回升问题：缺氧储粮一般进入10月以后氧气普遍回升。此现象不能单纯认为是薄膜透性所造成的，而是要分析一下情况，如果是有规律的慢慢回升，其原因可能是：薄膜微透性所造成；粮温低，粮食进入深休眠期，呼吸微弱；气温低，测气所用吸收液吸收不完全使其测定数据偏低；如果发现氧浓度忽高忽低，或是一下子回升很多，那就要检查薄膜是否破损或有其他原因，发现问题应及时处理。③塑料薄膜的老化与防止：目前我国各地广泛应用密封材料为塑料薄膜，各种薄膜经过一段时间后变脆而破裂，甚至发黏、变酸、龟裂、变形、出现斑点、光泽改变等变质不能使用。这种材料在储存和使用过程中物理化学性质和机械性能变坏的现象称为"老化"。老化的机理主要是游离基反应过程。当高分子材料受到大气中氧、臭氧、光热等作用时，使高分子的分子链产生活泼的游离基，这些游离基进一步能引起整个大分子链的降解和交联或者侧基发生变化，最后导致高分子材料老化变质。因此使用和保管时应尽量避免环境条件中光、热辐射、臭氧、氧的影响，防止霉菌和酸、碱等化学试剂的污染，改进使用保管条件，避免不必要的曝晒、烘烤。正确使用洗涤剂洗涤，施行物理保护，减少任意拉扯、扭曲、重压等机械损伤，防止龟裂、戳破、穿孔。

3. 双低储粮

(1)双低储粮概念　双低储粮方法，是根据低量二氧化碳与低药量两者互补增效的作用，而取得杀虫和抑菌效果的一种储粮方法（简称双低法）。这种方法是在密闭自然缺氧与化学药剂保管的基础上发展起来的。双低法的一般做法，是将粮堆密封数日，待氧气下降到15%左右，二氧化碳升到3%～4%，而后投以较低量的磷化铝片剂（每公斤一般用于25～50万公斤的粮堆）进行长期密封。这样可做到全年无虫。这种"低药量长密封"的方法，不仅可用于安全水分的粮堆，而且还可用于水分较高的粮堆。双低法之所以能取得较好的储粮效果，主要是由于低药量、低二氧化碳、长期密封等因素相互配合作用的结果。

(2)双低储粮的操作要点　①对仓房和储粮的要求：低氧、低剂量的粮食水分，一定要在安全标准范围内。粮食入仓后，须将粮面平整，再在粮面铺一层麻袋，然后密封。②密封及施药密封粮堆，与施药时间有关，可分别采取：密封粮堆与施药同时进行；粮堆降氧后施药。③合理剂量：双低的药剂用量比常规熏蒸要减少80%～90%，但根据具体情况用药剂量有所增减。④管理：密封粮堆进行双低储藏过程中，要经常检测粮堆的气体、温度、虫害，查漏及检查薄膜内是否发生内结露，必要时测定粮堆内部磷化氢气体的浓度。磷化氢能与硝酸银作用，生成黑色磷化银。若用含有硝酸银溶液的试纸进行测试，可以检测熏蒸环境或粮食中有无磷化氢毒气的存在。或者用硝酸银溶液处理过的硅胶粉，制成一定规格的检定管，用以测查粮堆内磷化氢气体浓度更为方便。

4. 三低储粮

"三低"一般是指低氧、低温、低剂量磷化氢的统称，是粮食储藏的一项综合防治措施。由于目前仓房设施采用低温储粮，除一些大城市库房有机械制冷低温仓外，一般都达不到常年控制害虫和微生物发展的目的，所以还必须配合其他有效的措施，进行综合治理。采用三低储粮，符合以防为主、综合治理的保粮方针和安全、经济、有效的原则。这样不仅能降低费用，而且能控制生物的生理活动。

粮食温度、粮堆氧浓度和药剂剂量等因素间的相互关系，各地相差较大，方法也不一致，应根据季节、粮种、水分、温度、虫口密度等不同情况来灵活组合。有的同时结合应用，也有的分开连续应用：在高温季节夏粮收藏入库的粮食可采取低氧（密闭）→低药（有虫）→低温（秋后通风）；低温季节入库的粮食采取低温（通风）→低氧（次年春季后）→低药（有虫）。在实践中，低氧—低药—低温的结合方式主要用于小麦和早、中稻谷，低温—低药—低氧的结合方式主要用于玉米、晚稻、花生、豆类，还结合降温和降水的功效。

5. 脱氧气调储藏

脱氧剂也叫除氧剂，是一种与包袋内容物同时密封，通过脱氧剂与氧气快速化学反应除去包装或容器中的游离氧或溶存氧，使储藏物处于无氧环境中，抑制好气微生物和虫害危害，防止品质氧化劣变，以达到安全储藏的目的。

脱氧剂分为无机物系和有机物系两大类，近年来无机物系列产品发展迅速。常见脱氧剂有：连二亚硫酸钠为主剂，以氢氧化钙及活性炭为辅助配合制得的脱氧剂、铁系脱氧剂、金属混合脱氧剂等。脱氧剂脱氧能较好地保持粮食品质。脱氧剂具有制作工艺简单、成本低、脱氧速度快、脱氧能力高、无毒、无残留等优点，还具有除氧彻底、迅速、安全、无污染等优点。1980年国际食品卫生法公布铁系脱氧剂可在食品中无限量应用。

6. 真空储藏

真空储藏又称减压储藏，主要是用真空泵使粮堆空间中的空气稀薄，抽空、减压，使之形成负压，氧含量降至低氧或绝氧，达到接近真空或真空的状态，从而抑制虫、霉活动，保持储存物的新鲜。我国在20世纪60年代已成功地用于抽空储粮，以后在小包装真空储藏保鲜方面应用广泛。真空包装储粮是气调储藏的一个重要技术，具有广阔的应用前景。

二、小麦的储藏

小麦是世界性粮种，全世界大部分地区都是以小麦作为主食。小麦中含有的氨基酸和维生素都是人类营养所必需的物质。我国栽培小麦的历史悠久，种植地区广，几乎遍及全国，年产量仅次于稻谷，是我国主要粮种之一。新收获的小麦，经过一段时间的储藏，其种用品质、工艺品质和食用品质均会得到全面改善。小麦具有较好的耐藏性，储藏稳定性好，在正常条件下储藏3~5年，仍能保持良好的品质，适宜长期储藏，是我国主要的长期储备粮。

（一）小麦的储藏技术

小麦的储藏原则是"干燥、低温、密闭"。按照这一原则可确保小麦安全储藏，通常采用的方法有常规储藏、热密闭储藏、低温储藏和气调储藏等。

1. 低温储藏

低温储藏是小麦长期安全储藏的基本途径。小麦虽耐温性强，但在高温下持续储藏，会降低品质，陈麦低温储藏可相对保持小麦品质。这是因为低温储藏能够防虫、防霉，降低粮食的呼吸消耗及其他分解作用所引起的成分损失，以保持小麦的生命力。据国外报道，干燥小麦在低温、低氧条件下储藏16年之久，品质变化甚微，并能制成良好的面包。低温储藏的技术措施主要是掌握好降温和保持低温两个环节，特别是低温的保持是低温储藏的关键。一般通过自然通风和机械通风来降低粮温，而保持低温就要对仓房进行适当改造，增强仓房的隔热性能或者建设低温仓库，这是发展低温储藏的基础。

2. 气调储藏

小麦的气调储藏技术中，目前国内外使用最广泛的方法还是自然缺氧储藏。因小麦是主要的夏粮,收获时气温高,若干燥及时,则水分可降低到 12.5%以下。这时粮温甚高,而且小麦具有明显的生理后熟期,在进行后熟作用时,小麦生理活动旺盛,呼吸强度大,极有利于堆粮自然降氧。小麦降氧速率的快慢,与密封后空气渗漏的程度、小麦不同品种生理后熟期长短有关。入仓及时密封,粮温平均在 34℃以上,均能取得较好的效果。

3. 小麦的储藏管理

小麦安全储藏取决于粮质及水分。新麦收获后必须晒干、扬净,保证入库质量。水分低于12.5%的小麦,储藏期间一般不会发生霉变。新麦入仓后在储藏期间完成后熟作用时,能释放较多的湿热,常易发生出汗、升温,水分外泄及结露。入秋后,于麦堆上层部位形成"闷顶",严重时出现霉变。对此应加强管理,尽量做到冬季通风降温、降湿,春暖前及时密封,防止吸湿,以及加强粮情管理,采取积极的防虫措施,一般可使小麦常年安全保管。

习题与思考题

一、名词解释

1. 成熟度　2. 采收后处理　3. 保鲜防腐处理　4. 催熟　5. 脱涩
6. 涂蜡　7. 切花　8. 切花保鲜　9. 低温储粮
10. 气调储粮　11. 真空储粮　12. 双低储粮　13. 三低储粮

二、简答

1. 影响园艺产品贮藏的主要因素是什么?
2. 园艺产品采收的方法有哪几种?
3. 园艺产品的采后处理有哪些?
4. 园艺产品运输对环境有哪些要求?
5. 园艺产品的运输方式有哪些?各自优缺点是什么?
6. 园艺产品的现代贮藏方式有哪些?各种贮藏方式的优缺点是什么?
7. 机械冷藏管理需注意的问题有哪些?
8. 气调贮藏的原理、方法,要求的条件和管理措施有哪些?
9. 举例说明园艺产品的贮藏技术。
10. 现代各种储粮方法的优缺点是什么?

第三章 现代农产品加工技术

农产品加工是将农产品原料转化为供食用、工业用或医药用的成品或半成品的过程，由一道道工序组成，包括许多单元操作，如输送、清洗或清理、分离、粉碎、混合、加热、蒸发、干燥、灭菌、成型、包装等等。加工过程中要通过各种方法对每个单元操作进行检测和控制。过程控制本身也可以看成一种单元操作，它所采用的工具有阀门、温度计、各种衡器以及其他种类繁多的控制元件和仪器、仪表等，以测定和调节各种加工因素，如温度、压力、流量、酸度、相对密度、重量、黏度、时间、液位等等。可见，农产品加工会涉及到物理、化学、生物等很多方面的知识和技术原理，对一些基本技术原理的理解和掌握是学习农产品加工技术的必要前提。随着科学技术的创新和发展，在农产品加工中，新的加工技术不断涌现，如超临界萃取技术、欧姆加热技术、高静水压技术、膜分离技术以及生物技术的应用等，每个单元操作的选择余地越来越大，农产品加工的技术含量不断增加，但只有科学地应用先进技术，合理组合生产工序和单元操作，才能保证产品质量，提高生产效率。

第一节 农产品加工技术原理

农产品加工技术所涉及的原理概括起来主要包括物理、化学及生物技术三大方面，下面分别对其主要内容予以简要介绍。

一、物理原理

（一）低温处理原理

19世纪，美国人David、Boyle和德国人Carl von Linde分别发明了以氨为制冷剂的压缩式冷冻机之后，人工冷源开始逐渐代替了天然冷源。此后，随着速冻技术和设备的不断改进，出现了预制冷冻食品（Prepared frozen food）和预调理冷冻食品（Precooked frozen food）。高效率的解冻加热设备如微波炉的日益普及，使冷冻食品在国外成了方便食品和快餐的重要支柱。我国进入20世纪90年代后，由于人民生活水平的提高和受到外来食品的影响，速冻食品工业得到迅速发展。1995年速冻食品的产量达到240万吨左右，年增长速度约25%。在我国速冻食品中，中式传统点心，如肉包、豆沙包、小笼包、水饺、虾饺、汤圆、春卷、烧卖、八宝饭等占相当大的份额。

新鲜的食品在常温下（20℃左右）存放，由于附着在食品表面的微生物和食品内所含的酶的作用，使食品的色、香、味变差，营养价值降低。如果食品在常温下久放，就会腐败变质，以致完全不能食用。除了微生物和酶引起的变质外，还有非酶引起的变质，如油脂的氧化酸败等。低温能够抑制微生物的生长繁殖和食品中酶的活性，降低非酶因素引起的化学反应的速率，因而能够延长食品的保藏期限。在低温下，食品的一些性质与常温下有所不同，因此可以利用它作为如下的一些加工的手段：

- 使食品加工处理比较容易方便。如焙烤食品软面团的成型、半冻结状态的肉的切片等。
- 改善食品的性状，提高食品的价值。如用低温处理使牛肉、干酪、冰淇淋成熟，用低温处理使清酒、啤酒、葡萄酒的发酵条件得到控制等。

• 使原来食品的主要物理性状发生改变而成为一种新的产品。如用低温制作鱼排、冰淇淋、冻豆腐、冻结干燥食品等。

1. 食品的冷却

食品的冷却本质上是一种热交换过程，即让易腐食品的热量传递给周围的低温介质，在尽可能短的时间内（一般数小时），使食品温度降低到高于食品冻结点的某一预定温度，以便及时地抑制食品内的生物化学变化和微生物的生长繁殖的过程。冷却是食品冷藏前的必经阶段。易腐食品在刚采收或屠宰后立即进行冷却最为理想，这样可以最大限度地保持食品原料的原始质量，抑制微生物和酶所引起的变质。不少例子可以说明，采收或屠宰后若将易腐食品延缓数小时再进行冷却，与采收或屠宰后马上就进行冷却的同类食品比较，二者在质量上有明显的不同。食品冷却过程中的冷却速度和冷却终了温度是抑制食品本身的生化变化和微生物的生长繁殖、防止食品质量下降的决定性因素。

2. 食品的冻结

食品的冻结就是指将食品的温度降低到食品冻结点以下的某一预定温度，使食品中的大部分水分冻结成冰晶体。目前冻结食品已发展成为方便食品中的重要一族，在国外已成为家庭、餐馆、食堂膳食菜单中常见的食品。到目前为止，还没有一种食品保藏方式在使用上和食味上能像冻结食品那样方便，那样新鲜。冻结食品一般只要解冻和加热后即可食用，特别是微波炉的出现和普及，使冻结食品的食用更加方便。当然，冻结食品也有其局限性，例如需要制冷设备和一系列冷链才能充分保证冻结食品的最终质量。

3. 食品的冷藏和冻藏

无论是经过冷却还是冻结的食品，都必须在低温环境中贮藏。食品的冷藏指的是将经过冷却的食品放在高于食品冻结点的某一合适温度下贮藏。而食品的冻藏指的是将经过冻结的食品放在低于食品的冻结点的某一合适温度下贮藏，二者不可混淆。在贮藏期间仍保持生命力的食品，具有一定免疫力，能抵抗外界微生物的侵袭；另一方面要进行呼吸，要消耗积贮于组织内的营养物质以维持其生命活动。因此要贮藏这类食品，一方面要保持其活体状态，另一方面又要尽量减弱其呼吸强度以减少其组织内的物质的消耗。适当的低温（高于食品的冻结点）可以达到以上的要求，同时又能在一定程度上抑制微生物的生长繁殖和食品组织内的酶的活性。在贮藏期间已失去生命的食品，已失去免疫力，无法抵抗外界微生物的侵袭；同时由于机体死亡，组织内的自溶分解酶发挥作用，很容易导致这类食品在短期内分解变质。对于这类食品，冷却冷藏只是短期贮藏的手段。要达到长期贮藏的目的，就必须对这类食品进行冻结冻藏。也就是说，只有足够的低温（低于食品的冻结点）才能长期保藏这类食品。对无生命的食品可以采用不透气的材料包装，以减慢其脂肪氧化速度；而对有生命的食品，则要注意通风换气，使其不致缺氧窒息而死亡。

（二）热处理原理

早在人类还没有充分认识微生物的本质以前，加热技术就以火烧、煮沸等形式经验性地为人们所应用，并一直沿袭下来。直至1810年法国人Nicolas Appert发明了用密闭的容器进行煮沸杀菌的方法加工食品，后来，Louis Pasteur和Robert Koch等许多先驱们又从微生物学的角度进行了研究，从而奠定了杀菌技术的基础。为了科学有效地运用加热杀菌技术，在掌握杀死对象——有害微生物的耐热性的同时，还必须充分研究加热对食品的影响。加热杀菌的理想效果应该是：将加热对杀菌物料的损伤及对其品质的影响控制在最小限度内，迅速有效地杀死存在于其中的有害微生物，进而选择在食品工业生产中最适合于食品特性的热交换方式及其装置，并进行严格操作，以确实达到杀菌的目的。

对食品进行热处理时，热量通过温差而发生转移的传递方式有传导、对流和辐射三种。传导，是热量从物体的这一部分向那一部分或向紧密接触的另一物体所发生的转移。这种现象由组成物质的分子之间的热运动引起，是固体中或紧密相接触的物体间相互传热的主要形式。对流是流体物质所特有的传热方式，当液体或气体中存在着某种程度的温差时，温度不同的两个部分就会通过其密度差而发生混合。在这些流体物质中，这种混合要比通过传导更容易使温度均匀一致。除了这类自然混合作用（自然对流）外，还有一种强制对流，即机械地人为使其对流。任何物体，都相应地从表面散发着热能，这就是辐射。辐射出的热能到达另一物体时，一部分被其表面反射，另一部分被该物体吸收转化为热量使物体的温度提高，还有一部分则透过物体而散失。在这些传热形式中，有时热量是单独以某一种形式进行传递，但多数情况下是以两种或两种以上的形式同时进行。加热杀菌处理的食品一般是固体、液体或固体和液体的混合物。虽说都是用热水或蒸汽作为热源对这些食品进行热处理，但热交换的方式可分为直接接触的直接加热法和热量通过介质（如金属板、玻璃、塑料薄膜）进行传递而使食品温度上升的间接加热法。直接加热，例如蒸汽与液体食品相接触，也就是热量从水或冷凝过程中直接转移到液体食品中而使其温度升高。间接加热，是用热水、水蒸气或火焰提高热源与食品之间的中间介质温度，热量通过介质传递到食品中。在固体食品中，热量以传导的形式进行传递。直接加热的传热效率比间接加热的高，但由于加热介质与食品直接接触，液体食品会因水分增加而相应地被稀释。

（三）干燥原理

食品物料在干燥脱水前必须进行适当的预处理，一般的处理方法包括原料的洗涤、去皮、修整、切块（或切片）、热烫（或化学液浸泡），有些物料还需要粉碎、磨浆等，处理后的物料形态主要有块状、片状、条状、颗粒状、浆状等。

食品物料中水分存在的形式分为结合水与非结合水。但食品物料的体系类似于胶体体系，其中的水分子处在间架分子力场中，随着水分子与间架距离的增大，它们之间的结合力逐渐减弱。按水分与物料间架的结合形式可将物料中的水分划分为：

（1）化学结合水 这是经过化学反应后，按严格的数量比例，牢固地同固体间架结合的水分，只有在化学作用或特别强烈的热处理下（如煅烧）才能除去，除去它的同时会造成物料物理性质和化学性质的变化，即品质的改变。化学结合水在物料中的含量很少，为5%～10%，如乳糖、柠檬酸晶体中的结合水。一般情况下食品物料干燥不能也不需要除去这部分水分。化学结合水的含量通常是干制品含水量的极限标准。

（2）物理化学结合水 这部分水分包括吸附结合水、结构结合水及渗透压结合水，吸附结合水与物料的结合力最强。吸附结合水是指在物料胶体微粒内、外表面上因分子吸引力而被吸着的水分。与其他胶体相比，胶体食品物料中的胶体颗粒具有同样的微粒分散度大的特点，使胶体体系中产生巨大的内表面积，从而有极大的表面自由能，靠这种表面自由能产生了水分的吸附结合。应该指出，处于物料内部的某些水分子受到各个方向相同的引力，作用的结果是受力为零；而处在物料内胶体颗粒外表面上的水分子在某种程度上受力不平衡，具有自由能；这种自由能的作用又吸引了更外一层水分子，但该层水分子的结合力比前一层要小。所以，胶体颗粒表面第一单分子层的水分结合最牢固，且处在较高的压力下（可产生系统压缩）。吸附结合水具有不同的吸附力，在干燥过程中除去这部分水分时，除应提供水分汽化所需要的汽化潜热外，还要提供脱吸所需要的吸附热。结构结合水是指当胶体溶液凝固成凝胶时，保持在凝胶体内部的一种水分，它受到结构的束缚，表现出来的蒸气压很低。果冻、肉冻凝胶体即属此类。渗透压结合水是指溶液和胶体溶液中被溶质所束缚的水分。这一作用使溶液表面的蒸气压降低。溶液的浓度越高，溶质对水的束缚力越强，水分的蒸气压越低，水分越难以除去。

（3）机械结合水　这是食品湿物料内的毛细管（或孔隙）中保留和吸着的水分以及物料外表面附着的润湿水分。这些水分依靠表面附着力、毛细力和水分黏着力而存在于湿物料中，这些水分上方的饱和蒸气压与纯水上方的饱和蒸气压几乎没有太大的区别，在干燥过程中既能以液体形式又能以蒸气的形式移动。

食品湿物料在干燥中所除去的水分主要是机械结合水和部分物理化学结合水。在干燥过程中，首先除去的是结合力最弱的机械结合水，然后是部分结合力较弱的物理化学结合水后才是结合力较强的物理化学结合水。在干制品中残存的是那些结合力很强、难以用干燥方法除去的少量水分。

食品的干燥过程涉及复杂的化学、物理和生物学的变化，对产品品质和卫生标准要求很高，有些干燥制品还要求具有良好的复水性，即制品复水后恢复到接近原先的外观和风味。因此要根据物料的性质（黏附性、分散性、热敏性等）和生产工艺要求，并考虑投资费用、操作费用等经济因素，正确合理地选用不同的干燥方法和相应的干燥装置。干燥方式可分为间歇式和连续式的；按操作压力不同可分为常压干燥和真空干燥；按工作原理又可分为对流干燥、接触干燥、冷冻干燥和辐射干燥，其中对流干燥在食品工业中应用最多。

对流干燥又称热风干燥，它是以热空气为干燥介质，将热量传递给湿物料，物料表面上的水分即行汽化，并通过表面的气膜向气流主体扩散；与此同时，由于物料表面水分汽化的结果，使物料内部和表面之间产生水分梯度差，物料内部的水分因此以气态或液态的形式向表面扩散。显然，热空气既是载热体又是载湿体。热空气对流干燥进行的必要条件是物料表面的水汽压强必须大于干燥介质（热空气）中的水汽分压。两者的压差愈大，干燥进行得愈快，所以干燥介质应及时将汽化的水汽带走，以便保持一定的传质推动力。若压差为零，则无水汽传递，干燥操作也就停止了。对流干燥是食品工业生产采用最为广泛的一种干燥方法，适用于各种食品物料的干燥。

被干燥物料与加热面处于密切接触状态，蒸发水分的能量来自传导方式进行的干燥称为接触干燥。接触干燥多为间壁传热，干燥介质可以选用蒸气、热油或其他载热体，不像对流干燥那样必须加热大量空气，故热能的利用比较经济，但是被干燥物料的热导率一般很低，如果被干燥物料与加热面接触不良，热导率还会进一步降低。接触干燥的传热特性决定了它仅适用于液状、胶状、膏状和糊状食品物料的干燥。典型的接触干燥器是滚筒干燥器，按操作压力又可分为常压滚筒干燥和真空滚筒干燥。

冷冻干燥是一种特殊形式的真空干燥方法。一般的真空干燥，物料水分是在液态下转化为水蒸气的；而冷冻干燥，物料水分则是在固态下即从冰晶体直接升华成水蒸气。因此，冷冻干燥又称为升华干燥。冷冻干燥保留了真空干燥在低温和缺氧状态下干燥的优点，与对流干燥和接触干燥相比较，可以在不同程度上避免物料干燥时受到的热损害和氧化损害，以及水分在液态下汽化使物料发生收缩和失形，因而冷冻干燥后的食品能够最大限度保持原有的物理、化学、生物学和感官性质不变。加水复原后，可恢复到原有的形状和结构，且可长期保藏。

辐射干燥是以辐射能为热源的加热方法，在食品的解冻、熔烤、杀菌和干燥生产中使用非常广泛。所谓辐射热是物体（辐射源）受热升温后，在其表面发射出的不同波长的电磁波。这些电磁波一部分被制品吸收而转化为热能，使制品升温并产生必要的物理、化学和生物学变化。辐射干燥就是使物料水分逸出的物理变化过程。食品物料吸收、反射辐射线和被辐射线透过的能力与食品物料的性质、种类、表面状况及射线的波长等因素有关。对于一定性质和种类的食品物料，则主要取决于辐射线的波长。辐射干燥有红外干燥和微波干燥等方法，它们本质的区别在于选用的波长不同。

二、化学原理

（一）盐制和糖制原理

用盐或盐溶液对肉或蔬菜等食品原料进行处理，称为盐制。而用糖或糖溶液对水果等原料进行处理称为糖制。食品的盐制和糖制统称为腌渍。食品腌渍的目的大致有四个方面：增加风味、稳定颜色、改善结构、有利保存。食品盐制是以食盐为主，根据不同食品添加其他盐类（如亚硝酸钠、硝酸钾、多聚磷酸盐等），对食品进行的处理。通常食品盐制也称为腌制。有许多食品可以进行盐制，如肉、鱼、奶酪、黄油、蛋类、黄瓜、洋白菜以及面包，这样一方面可以抑制微生物的生长，另一方面可以使制品具有独特的风味、色泽和结构。这往往与食品发酵联系在一起，在一定的腌制条件下，有害的微生物被抑制，而有利的微生物得以生长。干腌和湿腌是基本的腌制方法。湿腌法即用盐水对食品进行腌制的方法。干腌法是将食盐或其他腌制剂干擦在制品表面，然后层层堆叠在容器内，先由食盐的吸水在制品表面形成极高渗透压的溶液，使得制品中的游离水分和部分组织成分外渗，在加压或不加压的条件下在容器内逐步形成腌制液，称为卤水。反过来，卤水中的腌制剂又进一步向食品组织内扩展和渗透，最终均匀地分布于食品内。虽然干腌的腌制过程缓慢，但腌制剂与食品中的成分以及各成分之间有充分的时间结合和反应，因而，干腌产品一般风味浓烈、颜色美观、结构紧密、贮藏期长。

食品糖制通常是配制出糖溶液对食品原料进行处理，也称为糖渍。糖制的目的是为了保藏、增加风味和增加新的食品品种。与食品腌制一样，糖制食品耐藏的原理也是利用渗透压的增加和水分活性的降低，可以抑制微生物的繁殖。人们在日常生活中常见的果酱、果脯、蜜饯、凉果、甜炼乳、粟米羹等诸多食品所以有良好的贮藏性，原因在于其中含有大量的糖，所以它们也叫做"糖制食品"。为了便于糖渍和造型，通常要将原料进行整形、去皮、去核、划纹等。

用于糖制的原料还要经过漂洗、热烫与硬化处理。糖渍的方法有两种，一种是像腌菜一样，在容器中，一层糖一层原料，这有利于加工原料的保存，以便分期分批进行加工；另一种是将原料浸在配好的糖液中进行糖渍。有时，为了加快糖渍过程，也采用糖煮方式。真空渗糖工艺除果脯、蜜饯采用外，酱腌菜加工亦采用。

（二）烟熏原理

烟熏的主要作用是使产品形成特有的烟熏风味，赋予产品诱人食欲的色泽，提高产品的防腐性能，降低产品中脂类氧化的程度。烟熏主要用于制作肉制品、鱼制品和豆制品，如熏香肠、熏火腿、熏鱼、熏豆腐等。烟熏的原本目的可能是先人们为了肉、鱼保存而采用的一种手段，此方法一直沿用至今。现在，烟熏的主要目的发生了变化，即以增加风味和色泽为主，贮藏已不是主要目的，这是食品保藏技术不断发展的结果。虽然烟熏的作用有上述的几个方面，但是，如果想同时做得很好，恐怕是较困难的。比如强调烟熏对保藏的作用，就需要过度烟熏，这会使食品变黑、发干，影响食欲；如果需要恰到好处的外观，则需另外考虑别的方法和措施来延长食品的货架期。对于腌过的肉而言，烟熏不但使它的外表带有烟熏色，而且还有助于发色，即有助于形成稳定的粉红色色泽——亚硝基亚铁血色原。在烟熏食品的表面产生了红褐色，美拉德反应是一个原因。尽管美拉德反应的确切机理不甚明了，但它包含着蛋白质或其他含氮化合物的游离氨基与糖或其他碳水化合物中的羰基的反应。由于羰基是木材烟雾中的主要成分，因此，它们是肉制品烟熏时褐变的主要原因。烟熏能使产品呈现棕褐色的另一个原因是烟雾本身有色泽。不同的材料以及燃烧时的状态将会产生不同的颜色。肉在烟熏时脂肪受热熔化外渗，烟熏后在制品表面涂抹上一层食用油，常能增加产品诱人的色泽。烟熏可以抑制食品上微生物的生长，起到延长食品货架期的作用。烟雾中的许多成分，如乙酸、甲酸、甲醛、丙酮、苯酚等都具有不同程度的抑菌防腐作用。熏烟中的某些成分具有抗氧化作用，特别是酚类化合物。短链的简单化合物可能是最重要的产生烟熏风味的物质。

三、生物技术原理

（一）发酵技术原理

发酵技术是生物技术中最早发展和应用的食品加工技术之一。许多传统的发酵食品，如酒、豆豉、甜酱、豆瓣酱、酸乳、面包、火腿、腌菜、腐乳以及干酪等已有几百年甚至上千年的历史。发酵技术是利用发酵来获得产品的技术。发酵是利用微生物的代谢活动，通过生物催化剂（微生物细胞或酶）将有机物质转化成产品的过程。近几十年来，随着分子生物学和细胞生物学的快速发展，现代发酵技术应运而生。传统发酵技术与 DNA 重组技术、细胞（动物细胞和植物细胞）融合技术结合，已成为现代发酵技术及工程的主要特征。所生产的产品包括传统的发酵食品、酿制食品、食品添加剂等。随着生物技术各个分支的发展和相互渗透，利用发酵技术生产的产品也会越来越多。

长期以来，人们在遭受由于微生物的活动而带来的食品腐败变质损失的同时，也在利用微生物进行食品保藏并获得比原来更为理想的风味、色泽、结构和营养价值，这就是发酵食品的特色和作用。不少食品的最终发酵产物，特别是酸和酒精有利于阻止腐败变质菌的生长，同时还能抑制混杂在食品中的一般病原菌的生长活动。比如，在乳酸发酵型食品的发酵过程中，在腌制初期大肠杆菌比较活跃，但随着乳酸细菌的生长、乳酸量的不断增高及食盐浓度的增大，大肠杆菌就会逐渐停止活动。

发酵食品能提高原有的未发酵食品的营养价值。伴随着微生物分解食品中大分子（如蛋白质、多糖）的同时，由于微生物的新陈代谢也会产生一些代谢产物，这些代谢产物有许多是营养性的物质，如氨基酸、有机酸等。有些人体不易消化的纤维素、半纤维素和类似的物质，在发酵时也被适当地分解而变为人类能够消化吸收的成分。此外，发酵菌特别是霉菌能将食品组织细胞壁分解，从而使得细胞内的营养物质更容易直接被人体吸收。在食品发酵后，其原来的色泽、形状、风味都会有所改变，而且是按着人们的意愿去改变的。否则，那些丰富多彩的发酵食品（比如，发酵香肠、火腿、干奶酪、酒以及植物性的发酵食品）就不会延续几百年甚至上千年了。

（二）酶技术

酶是一种生物催化剂，它在食品工业中的应用日益广泛，对提高产品质量、降低成本、增加品种和效率都起着重要的作用。酶法制酱油和甜酱既缩短了发酵时间，又简化了工艺。用质量较差的面粉生产面包、糕点时添加一定量的淀粉酶可以改善面团品质和面包质量。在饮料生产中使用酶制剂可以使产品的风味和营养价值得到最大限度的保留。

第二节 植物类农产品加工技术

植物类农产品加工技术主要包括谷物加工、豆类及其植物油脂加工、果蔬加工、农副产品综合利用等四部分内容。

一、谷物加工

（一）稻谷加工

稻谷是第一大谷物，全世界稻谷种植面积占谷物总面积的 1/5。我国稻谷产量居世界首位，全国约 2/3 的人口以大米为主食。稻谷加工是为了提高其食用品质，稻谷加工获得的大米的蛋白质含量虽较低，但其生物效价较高，因此营养价值较高。大米粗纤维含量较低，各种营养成分的消化率和吸收率高。大米蒸煮成米饭，香味宜人，糯黏可口，具有良好的食用品质。同时，以大米为原料亦可进一步加工制作米粉和糕点、酿制米酒等。

1. 稻谷碾（制）米

（1）清理除杂 在加工之前，需先进行清理。稻谷清理杂质的方法很多，如风选法、筛选法、比重法、磁选法等。这些方法主要是借助杂质与谷粒物理性质的不同进行分选。为了使产品质量整齐，减少碎米率，清理后的稻谷应按粒度适当分级后进行加工。

（2）砻谷 稻谷加工中脱去稻壳的工艺过程称为砻谷。若用稻谷直接碾米，不仅能源消耗高、产量低、碎米多、出米率低，而且成品色泽差，纯度和质量低，混杂度高。因此，现代化碾米工厂中，清理后获得的净稻均需进入砻谷机去除颖壳制得纯净糙米后，方才进行碾米。稻谷砻谷后的混合物称为砻下物，主要有糙米、未脱壳的稻谷、稻壳及毛糠、碎糙米和未成熟粒等。砻谷是根据稻谷结构的特点，由砻谷机施加一定的机械力而实现的。根据脱壳时的受力和脱壳方式，稻谷脱壳可分为挤压搓撕脱壳、端压搓撕脱壳和撞击脱壳 3 种。

（3）碾米 碾米的目的主要是碾除糙米的皮层。糙米皮层虽含有较多的营养素如脂肪、蛋白质等，但粗纤维含量高，吸水性、膨胀性差，食用品质低劣且不耐储藏。糙米去皮的程度是衡量大米加工精度的依据，即糙米去皮愈多，成品大米精度愈高。碾米过程中，在保证成品大米符合规定的质量标准的前提下，应尽量保持米粒完整，减少碎米，提高出米率，提高大米纯度，降低动力消耗。碾米的基本方法可分为化学碾米和机械碾米两种。糙米碾成白米后，表面往往黏附一些糠粉，且米温较高，并混有一定数量的碎米。为了提高成品大米的质量，利于安全储藏，在成品大米包装前应进行擦米除糠，凉米降温，分级除碎及成品整理等步骤。

（4）成品整理 成品整理主要是成品分级，使用的设备是白米分级筛。通过筛分，可分出大米、大碎米、小碎米等。

2. 大米的加工

随着人们生活水平的提高，人们对主食的要求已逐步由粗放型转向精细型，因此，稻谷精深加工便应运而生。稻谷精深加工粗略可分为三种类型，一是以大米为基础的仍作为主食的产品；其次是以大米为原料的饮料系统；三是以大米加工成米粉后再加工成的食品类。

（1）以大米为基础的主食性产品　以大米为基础的主食性产品主要包括高蛋白营养米粉、蒸谷米、免洗米、营养强化米、米粉、方便米饭等。高蛋白营养米粉可以用酶法和膨化法进行不同类型的生产。酶法是利用 α 淀粉酶把已磨成的米粉浆进行降解，离心将部分糊精及糖类分离出来，再将沉淀物进行干燥，干燥物中蛋白质的含量便相对提高了。这就获得了高蛋白营养米粉。膨化法是将大米淘洗干净，调整适宜的含水量，在膨化机中进行膨化，膨化后进行切断、干燥、粉碎、筛分便成为膨化大米粉。蒸谷米就是把清理干净后的谷粒先浸泡再蒸，待干燥后碾米。此法出米率高，碎米少，容易保存，耐储藏，出饭率高，饭松软可口，可溶性营养物质增加，易于消化和吸收。免淘洗米是一种炊煮前不需淘洗的大米。这种大米不仅可以避免在淘洗过程中干物质和营养成分的大量流失，而且可以简化做饭的工序、节省做饭的时间，同时还可以节约淘米用水，防止淘米水污染环境。营养强化米是在普通大米中添加某些缺少的营养素或特需的营养素制成的成品米。米粉是以大米为原料，经过蒸煮糊化而制成的条状、丝状的干、湿制品。米粉从工艺上可分为切粉和榨粉两大类。这两类粉各有干、湿之分，并有不少品种：湿米切粉、干米切粉、湿米榨粉、干米榨粉等。方便米饭的种类也很多，一般可分为脱水干燥型、半干型、冷冻型和罐头型。软罐头米饭选用优质大米经淘洗、浸渍、初蒸，配上所需要的肉、菜等，共同装入特制蒸煮袋中，再经高温蒸煮同时起到杀菌作用，然后用热风吹干袋面水汽即成。

（2）大米饮料类　以大米为原料可以制成软饮料类。如发酵清凉饮料、乳酸风味饮料、保健饮料等。

（3）大米食品类　以大米为原料制成的糕点、食品、小食品种类很多，我国南方在这方面有悠久的历史和优良的传统，可以分为糕点类、甜饼类等。

（二）小麦加工

小麦是全世界主要的粮食作物，也是世界上栽培最早的作物之一，它对人类文明的发展发挥了极其重要的作用。目前，小麦已成为全世界分布范围最广、种植面积最大、总产量最高、供给营养最多的粮食作物之一。人类需要的蛋白质20%以上是由小麦提供的，它相当于肉、蛋、奶产品为人类提供的蛋白质总和。小麦在我国的种植面积和总产量仅次于水稻，属第二大粮食作物，是我国北方人民的第一大主粮作物。1993年以来，我国小麦总产量已超过美国和前苏联，成为世界小麦第一大生产国。同时，我国也是世界小麦第一大消费国和第二大进口国。

1. 小麦制粉

小麦制粉一般都需要通过清理和制粉两大流程。将各种清理设备（如初清、毛麦清理、润麦、净麦等）合理地组合在一起，构成清理流程，称为麦路，具体流程如下：

毛麦→下麦井→初清筛→垂直吸风道→永磁滚筒→自动秤→立筒库→毛麦仓→配麦器→自动秤→振动筛→密度去石机→碟片滚筒精选机→螺旋精选机→磁钢→打麦机→平转筛→强力着水机→润麦仓→磁钢→打麦机→平转筛→永磁滚筒→喷雾着水机→净麦仓→净麦秤→皮磨→小麦制粉的任务是将净麦破碎，刮尽麸皮上的胚乳，将胚乳研磨成面粉，分离出混在面粉中的麸屑。小麦制粉流程简称粉路，包括研磨、筛理、清粉和刷麸等环节。研磨是整个小麦制粉过程的中心环节。目前制粉厂主要用辊式磨粉机。由于工作要求不同，辊式研磨机可分成不同类型，其差别主要是磨齿的数量，齿角的大小、排列，两磨辊的转速及转速差和磨辊间的轧距大小等。

(1) 皮磨　皮磨的任务是在尽量保持麸皮完整的情况下破碎麦粒,并刮净皮层上的胚乳。皮磨又分为前路皮磨和后路皮磨。第一道皮磨负责研碎麦粒,以后各道皮磨负责把较大麸片上的胚乳刮净。各道皮磨在工艺上构成皮磨系统,皮磨系统一般由4或5道组成,其道数的设置与小麦原料的情况和出粉率有关,生产上根据工艺要求,控制各道皮磨的研磨效果。皮磨过程一般是逐步进行,以便得到最佳的分离效果。这样有利于使刮下物料的各种特性相对地明显,以利于进一步处理。皮磨系统全部采用齿辊,磨辊接触长度占总磨辊接触长度的35%~40%。

(2) 渣磨　渣磨用于处理第一道皮磨下来的带有部分皮层的较大胚乳颗粒,用轻碾的方法碾除麦渣颗粒上的皮层,然后将麸皮和胚乳颗粒分流到其他系统进行研磨处理。渣磨所设道数较少,一般只设一道渣磨或不设渣磨。生产等级粉或为了分离胚乳,可设渣磨。使用渣磨有以下优点:①经分级和筛理后的渣进入清粉机可以进一步提高质量,生产颗粒粉时尤其应该这样。②清粉机后部出来的物料可以进入渣磨系统做进一步的处理,使各种物料分开,所获得的纯净的胚乳可以并入前面精粉机分出的纯净物料中。③渣磨齿形的改变可以影响产品的粒度。④渣磨磨辊的成功运用在很大程度上取决于它缓和的研磨作用。

(3) 心磨　心磨是将皮磨和渣磨下来的粗细麦心,即不含皮层或含皮层极少的胚乳颗粒研磨成面粉的磨粉机。根据工艺要求,心磨的道数多少不同,各道心磨组合构成心磨系统。心磨系统一般采用光辊,磨粉机的辊间压力比较大,磨辊接触长度占总磨辊接触长度的55%~60%。

2. 等级粉和专用粉生产

(1) 等级粉生产　同时生产两种以上等级面粉的制粉过程,称为等级粉生产。等级粉生产主要生产特制粉。特制粉要求精度高,粒度细,灰分低。因此在制粉过程中分工较细,粉路较长,一般除了皮磨、心磨、渣磨外,还设有清粉系统。清粉系统是将皮磨、渣磨及其他系统所出粗粒中混杂的麸屑分离出来,精选出质量好的渣粒和较纯的麦芯。渣粒送至渣磨系统继续剥出好麦芯,麦芯则由心磨系统磨制成优质的面粉。一般用清粉机来完成清粉的任务。生产特制粉时,小麦清理要加强,在粉路方面必须采取一系列减少麦皮破碎以及提高麦芯纯度的措施。

(2) 专用粉的生产　我国目前面粉品种还比较少,食品专用粉只有几十种,而国外的面粉品种就比较齐全,如面包粉、饼干粉、家庭用粉和其他用粉等。专用粉与通用小麦粉之间的主要不同在于用途的针对性不同,对于各种粉的蛋白质含量、水分、粒度、强度以及灰分等各方面的要求也不相同。可以通过小麦粉配制的方法生产专用粉,因此专用粉又称配制粉。专用粉的种类很多,各种专用粉之间的主要差别在于粉中蛋白质数量和质量的不同。对于面制食品来说,粉中蛋白质的质量比数量更加重要。面制食品对小麦粉蛋白质数量和质量的要求可以分成3种类型:面筋多而强;面筋中等数量和质量;面筋少而弱。因此专用小麦粉按蛋白质数量和质量的不同分为:强力粉、中力粉、薄力粉或高筋粉、中筋粉和低筋粉。按用途不同,专用小麦粉可分为:面包粉、馒头粉、面条粉、饺子粉、饼干粉、糕点粉等。这样,不同质量的面粉就需要一定质量的小麦进行加工。国外小麦加工对配麦要求较高,规定了什么等级的小麦搭配加工成什么类型的面粉。配麦精度的要求也较高,用电子计算机控制。另外,对品种和质量不同的小麦分别加工,然后搭配成数百种不同用途的专用面粉。

3. 面制食品的加工

面制食品是指以小麦面粉为主要原料制作的一大类食品。它们的制作主要是借助小麦面粉中面筋蛋白的特有性质，如形成的面团具有良好的黏弹性、延伸性和持气性是制作面包的基础。面制食品根据加工方式可分为焙烤食品和蒸煮食品两大类。焙烤食品是指以谷物或谷物粉为基础原料，加上油、糖、蛋、奶等一种或几种辅助原料，采用焙烤工艺定型和成熟的一大类固态方便食品。它主要包括面包、饼干、糕点三大类，我国传统的烙饼、火烧、月饼也属于焙烤食品。蒸煮食品是以小麦粉为主要原料，经过汽蒸或水煮方式熟制的一类食品。它主要包括挂面、方便面、馒头、蒸包等。

（1）焙烤食品　焙烤食品主要包括面包、饼干等。

• 面包　目前，国际上尚无统一的面包分类标准，常见的分类方法有以下几种。按面包的柔软度可分为硬式面包和软式面包。硬式面包：如法国棒式面包、荷兰脆皮面包、意大利橄榄形面包等。软式面包：大部分亚洲和美洲国家生产的面包属于这一类，如小圆面包、热狗、汉堡包、三明治等。按质量档次可分为主食面包和点心面包。主食面包：配方中以面粉、水、酵母、盐为主，其他辅料较少，如咸面包、快餐面包。点心面包：配方中含有较多的油、糖、蛋、奶等辅助原料，如各种保健面包、水果面包、起酥面包。按成型难易及配料多少可分为普通面包和花色面包。普通面包：成型简单，配料的种类相对较少，如意大利咸面包。花色面包：成型操作复杂，配料品种较多，形状多种多样，如各种夹馅面包、起酥面包、果料面包等。无论哪种面包，优质面包应具有以下特征：面包体积大；面包瓤心孔隙小而均匀，孔壁薄，结构匀称，有弹性，洁白美观；面包皮上色深浅适度，无裂缝，无气泡；味美可口。

面包的制作，无论是手工操作，还是机械化生产，都包括三大基本工序，即面团搅拌、面团发酵和成品焙烤。在这三大基本工序的基础上，根据面包品种特点和发酵过程常将面包的生产工艺分为一次发酵法（直接法）、二次发酵法（中种法）和快速发酵法。

面包的一次发酵生产工艺流程如下：

配料→搅拌→发酵→切块→搓团→整形→醒发→焙烤→冷却→成品

一次发酵法的优点是发酵时间短，提高了设备和车间的利用率，提高了生产效率，且产品的咀嚼性、风味较好。缺点是面包的体积较小，且易于老化；批量生产时，工艺控制相对较难，一旦搅拌或发酵过程出现失误，便无弥补措施。

面包的二次发酵生产工艺流程如下：

种子面团配料→种子面团搅拌→种子面团发酵→主面团配料→主面团搅拌→主面团发酵→切块→搓团→整形→醒发→焙烤→冷却→成品

二次发酵法的优点是面包的体积大，表皮柔软，组织细腻，具有浓郁的芳香风味，且成品老化慢。缺点是投资大，生产周期长，效率低。

面包快速发酵生产工艺流程如下：

配料→面团搅拌→静置→压片→卷起→切块→搓圆→成型→醒发→焙烤→冷却→成品

快速发酵法是指发酵时间很短（20~30min）或根本无发酵的一种面包加工方法。整个生产周期只需2~3个小时。其优点是生产周期短、生产效率高，投资少，可用于特殊情况或应急情况下的面包供应。缺点是成本高，风味相对较差，保质期较短。

• 饼干　饼干是以面粉、糖、油挤牛奶、蛋黄、疏松剂等原辅料经面团调制、辊压、成型、焙烤而成。饼干的种类繁多，可分为韧性饼干、酥性饼干、苏打饼干等多种类型。饼干生产的基本工艺为：原辅料预处理→面团的调制→辊轧→成型→焙烤→喷油→冷却→包装。

但各种不同类型的饼干生产工艺差别较大，韧性饼干、酥性饼干、苏打饼干的生产工艺流程分别如图3-3-1、图3-3-2、图3-3-3所示。

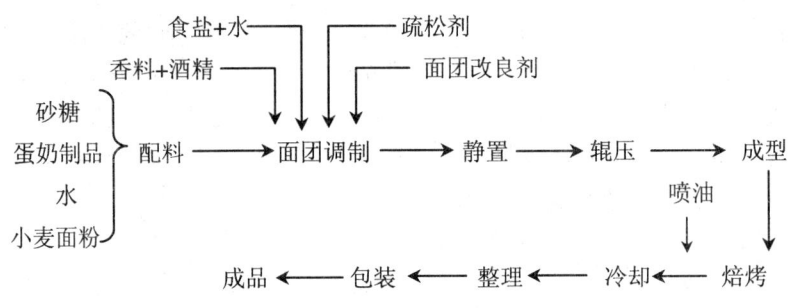

图3-3-1 韧性饼干的生产工艺流程图

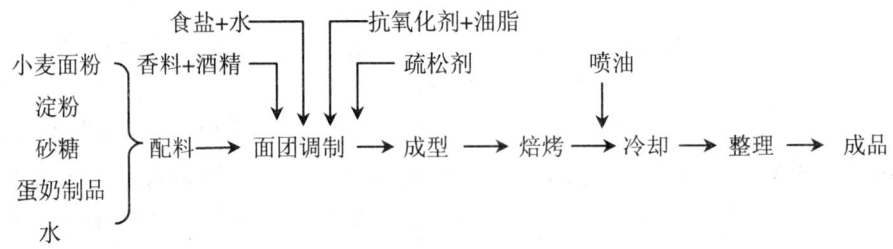

图3-3-2 酥性饼干的生产工艺流程图

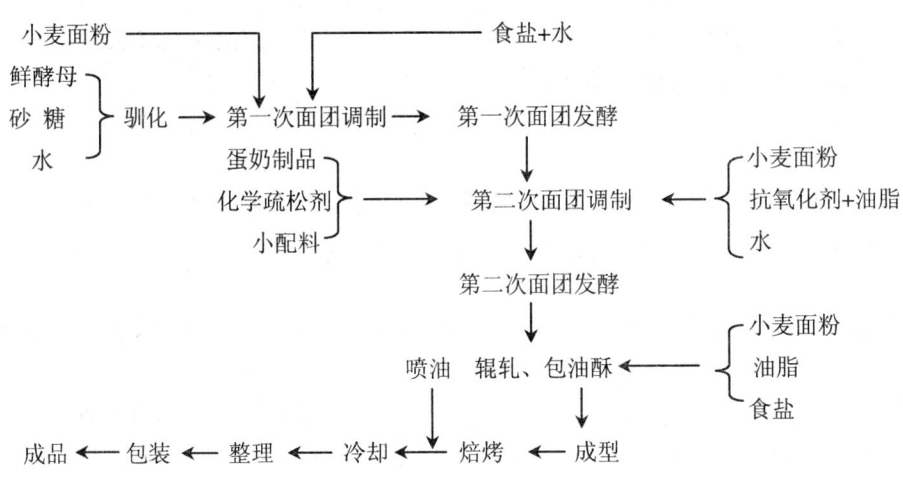

图3-3-3 苏打饼干的生产工艺流程图

• 糕点　糕点是以面粉、糯米、砂糖、油脂为主要原料，配以蛋品、乳品、果仁等辅料，经过面团或面浆调制、成型、装饰等加工工序，以人们的喜好要求为基础制成的调理食品。糕点是焙烤食品中的一大类，品种繁多，分类复杂。各类糕点的制作工艺虽有所不同，但总的工艺流程大致如下：

原料的选择与配比→混料→成型→熟制→冷却→装饰

（2）蒸煮食品　蒸煮食品主要包括挂面、方便面、馒头等。

•挂面　我国挂面生产历史悠久。经过近两千多年的发展，现在挂面不仅是我国也是其他东南亚国家的主食品。挂面是由湿面条挂在面杆上干燥而得名的。挂面以物美价廉、食用方便、品种多、保存期长等优点而深受人们的欢迎。为了改善挂面的食用品质，常在配料中加入少量的食用碱或盐。

挂面制作的基本原理是：先将各种原辅料加入和面机中充分搅拌，静置熟化后将成熟面团通过两个大直径的辊筒压成约 10mm 厚的面片，再经压薄辊连续压延面片 6～8 道，使之达到所要求的厚度（1～2mm），之后通过切割狭槽进行切条成型，干燥切齐后即为成品。

挂面生产的工艺流程如下：

原辅料→和面→熟化→轧片→切条→烘干→切断→包装→成品

•方便面　方便面又称速煮面或即食面，是为适应快节奏的现代生活而开发出来的一种即食面制食品。优质方便面面块应是均匀的乳白色或淡黄色，无焦生现象；气味正常，无霉味、哈喇味等异味；复水快，不混汤，不粘连；筋道，有咬劲。方便面根据其汤料成分及风味分为牛肉面、三鲜面、排骨面、鸡味面、香菇面等。根据加工工艺可分为油炸方便面和非油炸方便面，非油炸方便面又分为热风干燥方便面和微波干燥方便面。近年来，日本方便面专家在吸收传统中国拉面、手擀面技术的基础上，又开发出了新鲜面（又称长寿面）。新鲜面以其新鲜非油炸、食味好和耐保藏的特点一上市就受到消费者的青睐。

方便面的基本加工原理是将成型后的面条通过汽蒸，使其中的蛋白质变性，淀粉高度 α 化，然后借助油炸或热风将煮熟的面条进行迅速脱水干燥。这样制得的产品不但易保存，而且易复水食用。

方便面的加工工艺流程如下：

配料→和面→熟化→轧片→切条折花→蒸面→切断折叠→油炸或热风干燥→冷却→包装

•馒头　馒头是中国最典型的蒸制食品，被誉为古代中华面食文化的象征。它是以面粉、水、酵母为原料，经和面、发酵、成型、汽蒸而成的一种面食品。优质馒头具有体积大，表皮光滑，亮白；内部组织软硬适中，气孔小而均匀，有咬劲；具有典型的麦香味。

（三）淀粉的生产

淀粉是绿色植物经光合作用由水和二氧化碳形成的，它富集在种子、块根、块茎等植物器官中，如玉米、小麦、水稻等谷类；绿豆、豇豆、菜豆等豆类；马铃薯、甘薯、木薯等薯类都含有大量的淀粉。淀粉工业采用湿磨技术，可以从上述原料中提取纯度约 99% 的淀粉产品。湿磨得到的淀粉经干燥脱水后，呈白色粉末状。

1．玉米淀粉

玉米淀粉就是以玉米为原料生产的淀粉。玉米淀粉工业，在世界上已经很普遍了。中国玉米淀粉工业起步较晚。它一般采用的是湿磨工艺。玉米淀粉生产并不很复杂，基本上包括 4 个部分，即玉米的清理除杂、玉米的湿磨分离、淀粉的脱水干燥、副产品的回收利用。其中玉米湿磨分离是工艺流程的主要部分。玉米淀粉生产的工艺流程如图 3-3-4 所示。

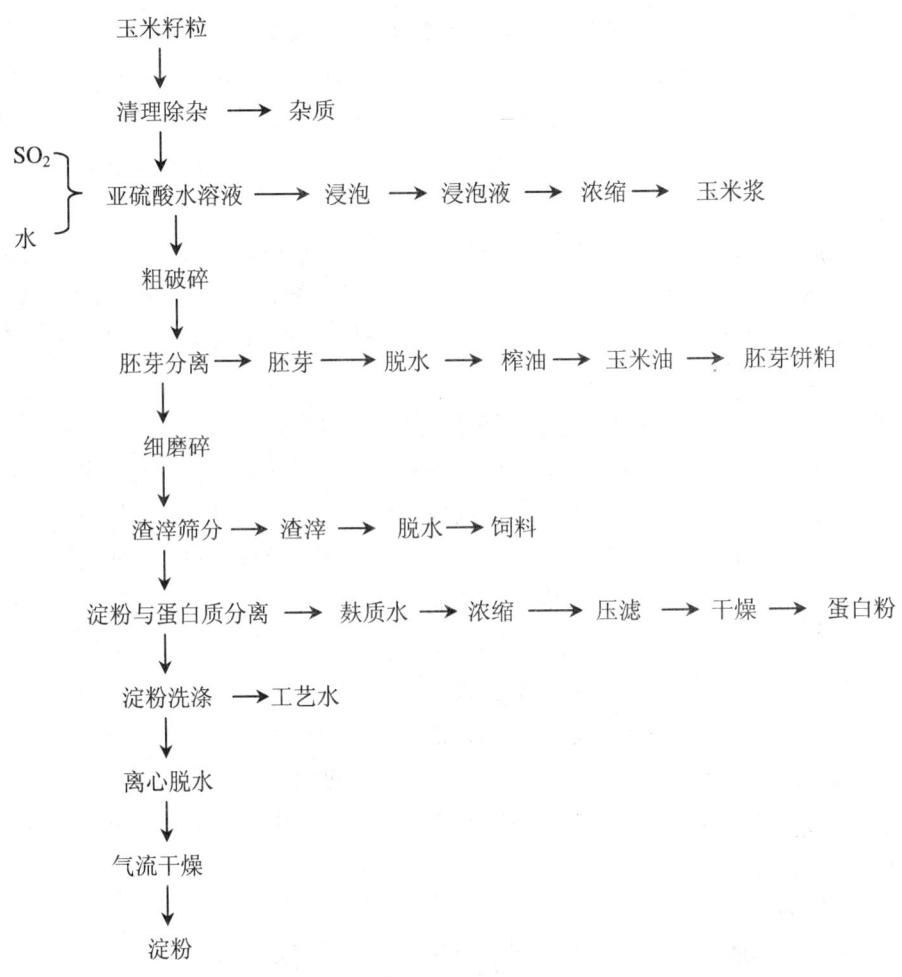

图 3-3-4 玉米淀粉生产的工艺流程

2. 变性淀粉

由于天然淀粉并不完全具备各行业应用的有效性能，因此，根据不同种类淀粉的结构、理化性质及应用要求，采用相应的技术可使其改性，得到各种变性淀粉，从而改善了应用效果，扩大了应用范围。淀粉和变性淀粉可广泛应用于食品、纺织、造纸、医药、化工、建材、石油钻探、铸造以及农业等许多行业。目前，变性淀粉的品种、规格达两千多种。变性淀粉的分类一般根据处理方式来进行：

（1）物理变性　预糊化（α化）淀粉，γ射线、超高频辐射处理淀粉，机械研磨处理淀粉，湿热处理淀粉等。

（2）化学变性　用各种化学试剂处理得到的变性淀粉。其中有两大类：一类是使淀粉分子质量下降，如酸解淀粉、氧化淀粉、焙烤糊精等；另一类是使淀粉分子质量增加，如交联淀粉、酯化淀粉、醚化淀粉、接枝淀粉等。

（3）酶法变性　各种酶处理淀粉，如α环状糊精、β环状糊精、γ环状糊精、麦芽糊精、直链淀粉等。

（4）复合变性　采用两种以上处理方法得到的变性淀粉，如氧化交联淀粉、交联酯化淀粉等。采用复合变性得到的变性淀粉具有两种变性淀粉的各自优点。

另外，变性淀粉还可按生产工艺路线进行分类，有干法（如磷酸酯淀粉、酸解淀粉、阳离子淀粉、氨基甲酸酯淀粉等）、湿法、有机溶剂法（如羧基淀粉制备一般采用乙醇作溶剂）、挤压法和滚筒干燥法（如以天然淀粉或变性淀粉为原料生产预糊化淀粉）等。

3. 淀粉糖

淀粉经水解作用可制得若干种类的淀粉糖产品，如糊精、麦芽糖、淀粉糖浆、葡萄糖、功能性低聚糖。葡萄糖经异构化还可以生产高果糖浆。淀粉经水解、发酵作用可转化成酒精、有机酸、氨基酸、核酸、抗生素、甘油、酶、山梨醇等若干种类的转化产品。

在美国，淀粉糖年产量已达 1000 万吨，占玉米深加工总量的 60%，从 20 世纪 80 年代中期开始，美国国内淀粉糖消费量已超过蔗糖。从 20 世纪 90 年代以来，由于现代生物工程技术的应用，生产淀粉糖所用酶制剂品种的增加及质量的提高，使我国淀粉糖行业得到快速发展，产量以年均 10%的速度增长；而且品种也日益增加，形成了各种不同甜度及功能的麦芽糊精、葡萄糖、麦芽糖、功能性糖及糖醇等几大系列的淀粉糖产品。

淀粉糖种类按成分组成来分大致可分为液体葡萄糖、结晶葡萄糖（全糖）、麦芽糖浆（饴糖、高麦芽糖浆、麦芽糖）、麦芽糊精、麦芽低聚糖、果葡糖浆等。

二、豆类及其植物油脂加工

（一）大豆制品的加工

大豆蛋白质存在于大豆子叶的蛋白体中。大豆经过浸泡，蛋白体膜破坏以后，蛋白质即可分散于水中，形成蛋白质溶液即生豆浆。生豆浆即大豆蛋白质溶胶，由于蛋白质胶粒的水化作用和蛋白质胶粒表面的双电层，使大豆蛋白质溶胶保持相对稳定。但是一旦有外加因素作用，这种相对稳定就可能受到破坏。生豆浆加热后，蛋白质分子热运动加剧，维持蛋白质分子的二、三、四级结构的次级键断裂，蛋白质的空间结构改变，多肽链舒展，分子内部的某些疏水基团疏水性氨基酸侧链趋向分子表面，使蛋白质的水化作用减弱，溶解度降低，分子之间容易接近而形成聚集体，形成新的相对稳定的体系——前凝胶体系，即熟豆浆。前凝胶形成后必须借助无机盐、电解质的作用使蛋白质进一步变性转变成凝胶。常见的电解质有石膏、卤水、δ 葡萄糖酸内酯及氯化钙等盐类。它们在豆浆中解离出 Ca^{2+} 和 Mg^{2+}，Ca^{2+} 和 Mg^{2+} 不但可以破坏蛋白质的水化膜和双电层，而且有"搭桥"作用，蛋白质分子间通过 Ca^{2+} 和 Mg^{2+} 相互连接起来，形成立体网状结构，并将水分子包容在网络中，形成豆腐脑。豆腐脑形成较快，但是蛋白质主体网络形成需要一定时间，所以在一定温度下保温静置一段时间使蛋白质凝胶网络进一步形成，就是一个蹲脑的过程。将强化凝胶中水分加压排出，即可得到豆制品。

1. 传统豆制品

传统豆制品生产工艺过程一般如下：

大豆→清理→浸泡→磨浆→过滤→煮浆→凝固→成型→成品

2. 腐竹

腐竹是由煮沸后的豆浆，经过一定时间的保温，豆浆表面蛋白质成膜形成软皮，揭出烘干而成的。煮熟的豆浆保持在较高温度条件下，一方面豆浆表面水分不断蒸发，表面蛋白质浓度相对提高；另一方面蛋白质胶粒热运动加剧，碰撞机会增加，聚合度加大，以致形成薄膜；随着时间的延长，薄膜厚度增加，当薄膜达到一定厚度时，揭起即为腐竹。生产工艺流程如下：

大豆→清理→脱皮→浸泡→磨浆→滤浆→煮浆→揭竹→烘干→包装→成品

3. 豆乳制品

豆乳制品是20世纪70年代以来迅速发展起来的一类蛋白饮料，主要包括豆乳、豆炼乳、酸豆乳、豆乳晶等。该类产品采用现代技术与设备，已实现了规模化工业生产。豆乳制品具有特殊的色、香、味，营养也非常丰富，可与牛奶相媲美。豆乳生产的基本原理是利用大豆蛋白质的功能特性和磷脂的强乳化特性。磷脂是具有极性基团和非极性基团的两性物质。中性油脂是非极性的疏水性物质，经过变性后的大豆蛋白质分子疏水性基团大量暴露于分子表面，分子表面的亲水性基团相对减少，水溶性降低。这种变性的大豆蛋白质、磷脂及油脂的混合体系，经过均质或超声波处理，互相之间发生作用，形成二元及三元缔合体。这种缔合体具有极高的稳定性，在水中形成均匀的乳状分散体系即豆乳。豆乳的生产工艺流程如下：

大豆→清理→脱皮→浸泡→磨浆→浆渣分离→真空脱臭→调制→均质→杀菌→罐装

4. 大豆低聚糖的制取

大豆低聚糖是大豆中所含的可溶性糖类，主要成分是水苏糖、棉子糖和蔗糖，可用做双歧杆菌的促生因子，能够促进双歧杆菌增殖；服用大豆低聚糖能增加双歧杆菌的数量，调整肠道菌群的结构；作为糖类的替代品，它具有热稳定性、甜味纯正、不易被人体消化吸收、能量低等优点。大豆低聚糖的制备工艺主要有浸提和纯化两大步骤。浸提纯化过程如下：

脱脂豆粕→水浸提→过滤→加酸沉淀蛋白→离心分离→抽提液→超滤→活性炭脱色→过滤→离子交换脱盐脱色→真空浓缩→喷雾干燥→成品

（二）植物油脂加工

植物油脂是人类必不可少的主要膳食成分之一，具有重要的生理功能，是人体必需脂肪酸的主要来源，同时也是重要的工业原料。植物油脂制取通过研究油料的性质，选择合理的加工技术，制造符合人类需求的产品，使油料资源得到充分的利用。目前植物油脂制取方法主要有机械压榨法、溶剂浸出法、超临界流体萃取法及水溶剂法。

1. 植物油料的预处理

植物油料制油对油料的工艺性质具有一定的要求。因此制油前应对油料进行一系列的处理，使油料具有最佳的制油性能，以满足不同制油工艺的要求。通常在制油前对油料进行的清理除杂、剥壳、破碎、软化、轧坯、膨化、蒸炒等工作统称为油料的预处理。

2. 机械压榨法制油

机械压榨法制油就是借助机械外力把油脂从料坯中挤压出来的过程。压榨法取油与其他取油方法相比具有以下特点：工艺简单，配套设备少，对油料品种适应性强，生产灵活，油品质量好，色泽浅，风味纯正。但压榨后的饼残油量高，出油效率较低，动力消耗大，零件易损耗。

3. 溶剂浸出法制油

浸出法制油就是用溶剂将含有油脂的油料料坯进行浸泡或淋洗，使料坯中的油脂被萃取溶解在溶剂中，经过滤得到含有溶剂和油脂的混合油。加热混合油，使溶剂挥发并与油脂分离得到毛油，毛油经水化、碱炼、脱色等精炼工序处理，成为符合国家标准的食用油脂。挥发出来的溶剂气体，经过冷却回收，循环使用。

浸出法与压榨法相比，具有以下优点：出油率高。采用浸出法制油，油中残油可控制在1%以下，出油率明显提高，油的质量好。由于溶剂对油脂有很强的浸出能力，浸出法取油完全可以不进行高温加工而取出其中的油脂，使大量水溶性蛋白质得到保护，饼粕可以用来制取植物蛋白。加工成本低，劳动强度小。其缺点是一次性投资较大。浸出溶剂一般为易燃、易爆和有毒的物质，生产安全性差，此外，浸出制得的毛油含有非脂成分数量较多，色泽深，质量较差。

4. 超临界流体萃取法制油

超临界流体萃取法制油是以超临界流体为溶剂，萃取油脂，然后采用升温、降压或吸附等手段将溶剂与所萃取油脂分离。

5. 水溶剂法制油

水溶剂法制油是根据油料特性，以及水、油物理化学性质的差异，以水为溶剂，采取一些加工技术将油脂提取出来的制油方法。根据制油原理及加工工艺的不同，水溶剂法制油有水代法制油和水剂法制油2种。

6. 油脂的精炼

经压榨或浸出法得到的、未经精炼的植物油脂一般称之为毛油（粗油）。毛油的主要成分是混合脂肪酸甘油三酯，俗称中性油。此外，还含有数量不等的各类非甘油三酯成分，统称为油脂的杂质。油脂的杂质一般分为：机械杂质、水分、胶溶性杂质、脂溶性杂质和微量杂质。油脂精炼的目的是根据不同的用途与要求，除去油脂中的相应杂质，并尽量减少中性油和有益成分的损失。油脂精炼一般包括脱胶、脱酸、脱色、脱臭、脱蜡等。

7. 油脂深加工

毛油经过精炼后，符合营养卫生要求，即成为比较优良的食用油脂。但油脂除了在日常生活中直接食用外，还作为食品加工业的重要原辅料，所以经过精炼的油脂还需经过进一步深加工，才能满足各种食品生产对油脂的特殊要求。油脂深加工的种类很多，主要有油脂氢化、人造奶油、起酥油、调和油等。

油脂氢化是指在金属催化剂的作用下，把氢加到甘油三酸酯的不饱和脂肪双键上，使不饱和的液态脂肪酸加氢成为饱和固态的过程。油脂氢化工艺基本过程如下：

原料→预处理→除氧脱水→氢化→过滤→后脱色→脱臭→成品氢化油

人造奶油系指精制食用油添加水及其他辅料，经乳化、急冷捏合成具有天然奶油特色的可塑性制品。油脂含量一般在80%左右，这是人造奶油的主要成分，也是传统的配方。

起酥油是19世纪末在美国作为猪油代用品出现的。1910年，美国从欧洲引进了氢化油技术，把植物油和海产动物油加工成硬脂肪，使起酥油生产进入一个新的时代。我国工业生产起酥油起始于20世纪80年代初期。传统的起酥油是具有可塑性的固体脂肪，它与人造奶油的区别主要在于起酥油没有水相。起酥油具有可塑性、起酥性、乳化性等加工性能。

调和油就是将2种或2种以上的高级食用油脂按科学的比例调配成的高级食用油。

三、果蔬加工

在我国，蔬菜和水果生产仅次于粮食，分别居种植业的第二位和第三位。2000年我国水果总产量约为7 000万吨，预计2010年将超过1亿吨。果蔬为含水量丰富的鲜活易腐农产品，新鲜果蔬的含水量一般为75%～90%，黄瓜、冬瓜等可高达96%以上，收获后如无适当的包装、运输和贮藏条件，极易因微生物和酶的作用而腐烂变质。果蔬采收后及时进行加工处理，有利于保存和长期供应；另外，在旺季进行加工以满足淡季对蔬菜的需求，这也是调节蔬菜淡旺季供应的有效方法之一。

（一）果蔬罐藏

罐藏保存食品的方法始于1810年。我国的罐藏工业创始于1906年，至今已有近百年的历史。目前我国的罐头产量已达250万吨以上，出口近70万吨。罐藏作为果蔬加工的一种，其具有以下优点：①罐头食品可以在常温下保存1~2年；②使用方便，无需另外加工处理；③已经过杀菌处理，无致病菌和腐败菌存在，安全卫生；④对于新鲜易腐产品，罐藏可以起到调节市场，保证制品周年供应的作用。

果蔬罐头的基本保藏原理在于杀菌消灭了有害微生物的营养体，同时应用真空，使可能残存的微生物芽孢在无氧的状态下无法生长活动，从而使罐头内的果蔬保持相当长的货架寿命。真空的作用还表现在可以防止因氧化作用而引起的各种化学变化。在腌渍蔬菜罐头或干果罐头加工中亦存在着低水分活度和食盐的保藏作用。

罐藏工艺包括装罐前的处理，如分选、洗涤、去皮、修整、热烫、抽空等，以及装罐后的处理，如灌汁、排气、密封、杀菌、冷却等。

（二）果蔬制汁

果蔬汁（fruit and vegetable juice）是把蔬菜经挑选和清洗后，通过压榨或浸提所得的汁液，含有新鲜蔬菜中最有价值的成分，风味和营养十分接近新鲜蔬菜，是一种良好的保健饮料。以果蔬汁为基料，加水、糖、酸或香料等调配而成的汁液称为果蔬汁饮料。根据我国GB10789-1996，将软饮料分为10类，包括：①碳酸饮料类，②果汁（浆）及果汁饮料类，③蔬菜汁饮料类，④含乳饮料类，⑤植物蛋白饮料类，⑥瓶装饮用水类，⑦茶饮料类，⑧固体饮料类，⑨特殊用途饮料类，⑩其他饮料类。其中果汁（浆）及果汁饮料类又分为原果汁、原果浆、浓缩果汁、浓缩果浆、果汁饮料、果肉饮料、果粒果汁饮料、水果饮料浓浆、水果饮料等9种类型。蔬菜汁饮料类又分为蔬菜汁、蔬菜汁饮料、复合蔬菜汁、发酵蔬菜汁、食用菌饮料、藻类饮料和蕨类饮料等7种类型。果蔬汁按工艺不同又可分澄清汁、混浊汁、浓缩汁。

1. 澄清汁

澄清汁也称透明汁，不含悬浮物质，呈澄清透明的汁液。如苹果汁、葡萄汁、杨梅汁、冬瓜汁等。澄清果蔬汁加工工艺流程如下：

原料→挑选→清洗→破碎→取汁→成分调整→澄清→过滤→杀菌→灌装→成品

2. 混浊汁

混浊汁也称不澄清汁。它带有悬浮的细小颗粒，这一类汁一般是由橙黄色的果实榨取的。这种果实含有营养价值很高的胡萝卜素，它不溶于水，大部分都存在于果汁悬浮微粒中。如橘子汁、菠萝汁等。混浊汁及带果肉果蔬汁加工工艺流程如下：

原料→挑选→清洗→破碎→榨汁→成分调整→均质→脱气→杀菌→灌装→成品

3. 浓缩汁

浓缩果汁又称果汁露，是将新鲜果汁经过技术处理，使其去掉部分水浓缩而成。浓缩果蔬汁加工工艺流程如下：

原料→挑选→清洗→破碎→榨汁→成分调整→浓缩→杀菌→灌装→成品

（三）果蔬速冻

速冻保藏（quick freezing and frozen storage）是利用人工制冷技术降低食品的温度使其达到长期保藏的加工方法。我国的果蔬速冻加工在20世纪60年代已开始发展，尤其是蔬菜速冻，20世纪70年代初在上海、福建、江苏、广州等地陆续兴起，当时已有一定的数量出口外销。近年来由于"冷链"（cold chain）配备的不断完善和家用微波炉的普及，食品速冻业获得迅速的发展，果蔬的速冻保藏也处于这样的趋势。果蔬的水分含量很高，速冻保藏是要将其水分冻结成冰。其水分中，游离水占总含水量的70%～80%，在冻结时它首先结冰。一般果蔬中的游离水是含有溶质的溶液，其冻结点大体在-3.8℃～-0.6℃之间，其余的结合水则难以冻结，在-20℃以下也不能全部结冰。果蔬速冻是要求在30min或更短时间内将新鲜果蔬的中心温度降至冻结点以下，把水分中的80%尽快冻结成冰。这样就必须应用很低的温度进行迅速的热交换，将其中热量排除，才能达到要求。果蔬在如此低温条件下进行加工和贮藏，能抑制微生物的活动和酶的作用，可以在很大程度上防止腐败及生物化学作用，新鲜果蔬就能长期保藏下来。

果蔬在冷冻、冻藏和解冻中发生的变化是非常复杂的，大致可分为两类：物理性的如冰晶体的膨大和失水干燥引起组织结构的变化等；化学的如代谢活动，由微生物和酶引起的化学变化等。

果蔬速冻加工工艺流程如图3-3-5所示。

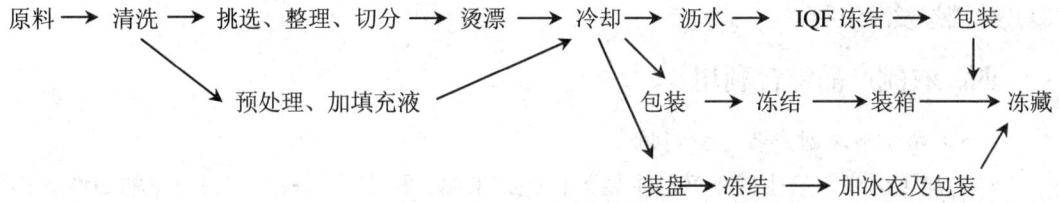

图3-3-5 果蔬速冻加工工艺流程

（四）果蔬干制

在我国，果蔬干制历史悠久。果蔬干制后重量大为减轻，体积显著缩小，便于运输，食用方便，产品营养丰富而又易于长期保藏。此外，果蔬干制的技术和设备可简可繁，便于掌握和应用。近年来，由于果蔬干制的研究不断深入，先进的技术得以应用，逐步实现了干制过程直至干制品包装贮藏的机械化、自动化，果蔬干制品的产量和质量不断提高，为果蔬干制生产开辟了无限广阔的前景。

（五）果蔬糖制

果蔬糖制是利用高浓度糖液的渗透脱水作用，将果品蔬菜加工成糖制品的加工技术。果蔬糖制在我国具有悠久的历史，最早的糖制品是利用蜂蜜糖渍饯制而成，并冠以"蜜"字，称为蜜饯（Candy）。甘蔗糖（白砂糖）和饴糖等食糖的开发和应用，促进了糖制品加工业的迅速发展，逐步形成格调、风味、色泽独具特色的我国传统蜜饯，如苹果脯、蜜枣、糖梅、糖姜片以及各种凉果和果酱，在国内外市场上享有很高的荣誉。

果蔬糖制品具有高糖、高酸等特点，这不仅改善了原料的食用品质，赋予产品良好的色泽和风味，而且提高了产品在保藏和储运期的品质和期限。

（六）蔬菜腌制

凡利用食盐渗入蔬菜组织内部，以降低其水分活度，提高其渗透压，有选择地控制微生物的发酵和添加各种配料，以抑制腐败菌的生长，增强保藏性能，保持其食用品质的保藏方法，均称为蔬菜腌制。其制品则称为蔬菜腌制品，又称酱腌菜或腌菜。蔬菜腌制品制法简单、成本低廉、保存容易、风味佳美，是我国加工最普遍、产量最多的一类蔬菜加工品，如四川榨菜、北京冬菜、扬州酱菜、萧山萝卜干、云南大头菜等著名特产，不仅国内驰名，而且远销国外。蔬菜腌制品加工方法各异，种类品种繁多。根据所用原料、腌制过程、发酵程度和成品状态的不同，可以分为两大类，即发酵性腌制品和非发酵性腌制品。

（七）果酒

果酒是以果实为原料酿制而成的色、香、味俱佳且营养丰富的含醇饮料。果品制得的酒类，以葡萄酒为大宗，是世界性商品。近年来，我国葡萄酒产业发展迅猛，以张裕、长城、王朝为代表的三大品牌其产量和销售额占全国总量的50%以上。果酒种类很多，分类方法各异。根据酿造方法和成品特点不同，一般将果酒分为发酵果酒、蒸馏果酒、配制果酒、起泡果酒四大类。

（八）果醋酿制

果醋是以果实或果酒为原料，采用醋酸发酵技术酿造而成的调味品。它含有丰富的有机酸、维生素、风味芳香，具有良好的营养、保健作用。果醋酿制分液体酿制和固体酿制两种。液体酿制法是以果酒为原料酿制；固体酿制法以果品或残次果品等为原料，同时加入适量的麸皮，固态发酵酿制。

四、农副产品综合利用

（一）稻谷加工副产品综合利用

稻谷加工成米，产生的副产品主要为稻壳、米糠。稻壳约占投产稻谷重量的20%。由于稻壳密度小，体积大，运输不方便，因此多自行处理。稻壳的主要成分是纤维素、木质素和二氧化硅，热值13.44～15.54kJ/g。据报道，目前稻壳主要的利用方式包括：①炭化后制备有机废料的吸附剂和亲和色谱填料；②作燃料；③制备活性炭和白炭黑；④制备隔热、保温材料；⑤制备防水材料；⑥制备水泥和混凝土；⑦制备绝热耐火材料；⑧制备涂料等。米糠可用来生产米糠油，制备糠蜡、谷维素、谷甾醇、植酸钙及肌醇等。

（二）玉米淀粉厂副产品的综合利用

玉米淀粉厂的副产品主要为胚芽、玉米浸泡液、黄浆水、玉米皮渣等。玉米胚营养丰富，集中了玉米籽粒中84%的脂肪，83%的无机盐，65%的糖和22%的蛋白质。玉米胚的成分随品种的不同有较大幅度的变化。在淀粉提取工艺中，玉米胚芽在籽粒的粗破碎和胚芽分离工序中分离出来，并经水洗得到含水的湿胚芽。胚芽的加工利用主要是制取胚芽油并得到胚芽饼。制得的胚芽油经过精炼加工成为高级食用油脂，含有很高的营养价值。胚芽饼可做饲料，经脱臭处理，也可在糕点、饼干、面包等食品中添加使用。其浸出液可提取植酸，浓缩生产玉米浆做饲料和生产抗生素、酵母及酒精。黄浆水主要用于提取蛋白粉。玉米蛋白粉现主要用做饲料，如果进一步加工，还可以提取醇溶蛋白、提取玉米黄色素、提取谷氨酸或加工食品。玉米的皮层中主要是以纤维素为主的多糖物质。利用玉米皮渣的主要途径是作饲料，如：直接用湿皮渣作饲料、干燥后生产配合饲料、利用玉米皮渣制饲料酵母等。

五、酒及酿造调味品

（一）白酒

中国的白酒是世界著名六大蒸馏酒（威士忌、伏特加、白兰地、劳姆酒、金酒及白酒）之一，其酿造工艺独特，酒品风格各异。按名酒佳酿的典型风格中国白酒可分为酱香型、浓香型、清香型、米香型、兼香型几种类型。酱香型以茅台酒为代表，典型特征为：酱香突出，幽雅细腻，丰满醇厚，软绵浓郁，回味悠长，倒杯久放，香气不失，敞杯不饮，香气扑鼻，开杯畅饮，满口生香，饮后空杯，流香不绝。浓香型以泸州老窖特曲为代表，典型特征为：窖香浓郁，绵饮干洌，醇和味甜，尾净余长，可概括为香、醇、浓、绵、甜、净六个字。清香型以杏花村汾酒为代表，典型特征为：清香纯正，醇厚柔和，余味爽净，绵甜味长，概括为清、正、净、长四个字。米香型以桂林三花酒为代表，典型特征为：蜜香清雅，入口柔绵，落口清洌，口回怡畅。兼香型是兼具上述两种或两种以上特征而衍生出的具有另一独特风格的其他香型白酒。

按生产方法分有：固态法白酒、液态法白酒和固液结合法白酒。固态法白酒是原料经固态发酵、固态蒸馏而制得；液态白酒是原料糖化酒精发酵，蒸馏都在液态中进行；固液结合法白酒是固态法生产酒醅，液态法生产酒基，用串香蒸馏或浸渍蒸馏勾兑而成。按用曲种类又可分为大曲酒、小曲酒和麸曲酒。

以酱香型白酒为例，制曲工艺和酿酒工艺分别如图 3-3-6 和图 3-3-7 所示：

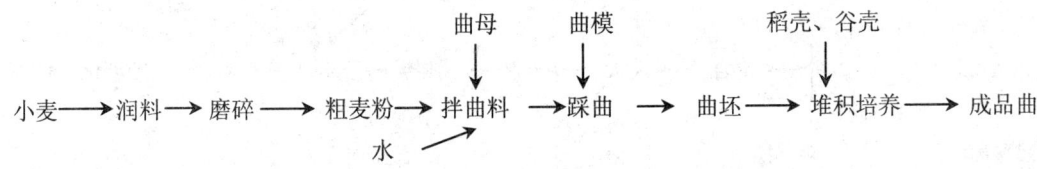

图 3-3-6 高温曲生产工艺

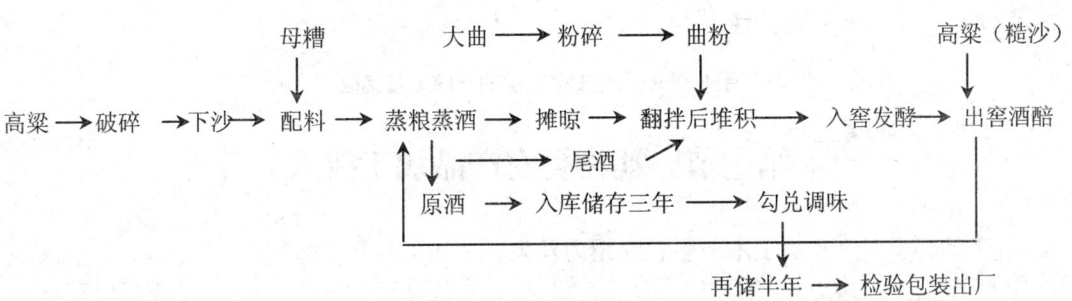

图 3-3-7 酱香型白酒酿酒工艺

（二）酿造调味品

酿造调味品是指以谷物、豆类为原料利用发酵法生产的酱油、酱、食醋、豆豉、味精及酱腌菜等的总称。

其中最主要的是酱油和食醋。酱油为世界性调味品，世界酱油分为三类：化学酱油、鱼露及酱油。化学酱油是以蛋白质加酸水解，再加焦糖等调配而成；鱼露是以小杂鱼加盐腌制发酵而成；酱油是以大豆与小麦为原料经米曲霉制曲，发酵而成，我们常见的即为第三类，其生产工艺如图 3-3-8 所示。

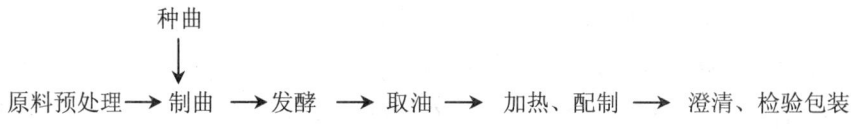

图 3-3-8 酱油制曲、发酵酿造工艺

食醋是以淀粉质原料（大米、玉米、高粱、薯干等）澄净糖化、酒精发酵、醋酸发酵而制成，除主要成分为醋酸外，还有糖分、氨基酸、酯类及食盐等，风味酸、甜、香、咸，是一种能使菜肴嫩脆爽口、增进食欲的调味品。我国各地生产的食醋品种很多，著名的有山西老陈醋、镇江香醋、四川保宁醋、浙江米醋、福建红曲醋及东北白醋。食醋酿造方法有固态发酵与液态发酵两种。固态发酵为我国传统生产方法，产品风味好，但发酵期长，原料利用率低，劳动强度大；液态发酵生产周期短，产品风味稍逊。

以固态发酵制醋为例，制醋的一般工艺流程如图 3-3-9 所示。

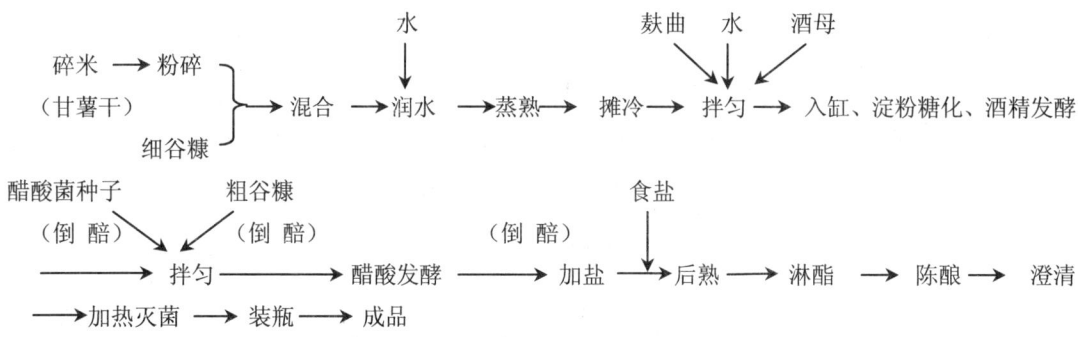

图 3-3-9 固态发酵制醋的一般工艺流程

第三节 动物类农产品加工技术

关于动物类农产品加工本节主要介绍肉及肉制品加工和乳产品加工。

一、肉及肉制品加工

（一）原料肉的（保藏）保鲜

肉是易腐败食品，若处理不当就会变质。为延长肉的货架期，不仅要改善原料肉的卫生状况，而且要采取控制措施阻止微生物的生长繁殖。原料肉的保藏保鲜方法正确与否直接影响肉品质量。

1. 冷冻保藏

冷却肉由于其储藏温度在肉的冰点以上，微生物和酶的活动只受到部分的抑制，冷藏期短。当肉在 0℃以下冷藏时，随着冻藏温度的降低，肌肉中冻结水的含量逐渐增加，肉的水分活度逐渐下降，使细菌的活动受到抑制。当温度降到-10℃以下时，冻肉则相当于中等水分食品。大多数细菌在此 Aw 下不能生长繁殖。当温度下降到-30℃时，肉的 Aw 值在 0.75 以下，霉菌和酵母的活动也受到抑制。所以冻藏能有效延长肉的保藏期，防止肉品质量下降，在肉类工业中得到广泛应用。肉类的冻结方法多采用空气冻结法、板式冻结法和浸渍冻结法。其中空气冻结法最为常用。根据空气所处的状态和流速的不同，它又分为静止空气冻结法和鼓风冻结法。

2. 冷却保鲜

冷却保鲜是常用的肉和肉制品保存方法之一。这种方法将肉品冷却到 0℃左右，并在此温度下进行短期储藏。由于冷却保存耗能少，投资较低，适宜于保存在短期内加工的肉类和不宜冻藏的肉制品。肉的冷却目的就是在一定温度范围内使肉的温度迅速下降，使微生物在肉表面的生长繁殖减弱到最低限度，并在肉的表面形成一层皮膜；减弱酶的活性，延缓肉的成熟时间；减少肉内水分蒸发，延长肉的保存时间。冷却方法有空气冷却、水冷却、冰冷却和真空冷却等。我国主要采用空气冷却法。

3. 辐射保鲜

辐射保鲜是利用原子能射线的辐射能量对食品进行杀菌处理而保存食品的一种物理方法，是一种安全卫生、经济有效的食品保存技术。1980 年由联合国粮农组织（FAO）、国际原子能机构（IAEA）、世界卫生组织（WHO）组成的"辐照食品卫生安全性联合专家委员会"就辐照食品的安全性得出结论：食品经不超过 10kGy 的辐照，没有任何毒理学危害，也没有任何特殊的营养或微生物学问题。虽然食品辐照可有效减少或去除病原菌和腐败微生物，保证食品的卫生和感官品质，但是许多消费者仍不愿接受辐射食品，因此科学家将电子束辐射应用在食品储藏中。因为机械加速的电子束辐射不使用任何放射性材料，这对于消费者而言可能会更加认同。

4. 真空包装

真空包装是指除去包装袋内的空气，经过密封，使包装袋内的食品与外界隔绝。在真空状态下，好气性微生物的生长减缓或受到抑制，减少了蛋白质的降解和脂肪的氧化酸败。另外，经过真空包装，使乳酸菌和厌气菌增殖，pH 值降低至 5.61～5.8，进一步抑制了其他菌的生长，从而延长了产品的储存期。对于鲜肉，真空包装的作用主要是：①抑制微生物生长，并避免外界微生物的污染。食品的腐败变质主要是由于微生物的生长，特别是需氧微生物。抽真空后可以造成缺氧环境，抑制许多腐败性微生物的生长。②减缓肉中脂肪的氧化速度，对酶活性也有一定的抑制作用。③减少产品失水，保持产品重量。④可以和其他方法结合使用，如抽真空后再充入 CO_2 等气体。还可与一些常用的防腐方法结合使用，如脱水、腌制、热加工、冷冻和化学保藏等。⑤产品整洁，增加市场效果，较好地实现市场目的。

5. 充气包装

充气包装是通过特殊的气体或气体混合物，抑制微生物生长和酶促腐败，延长食品货架期的一种方法。充气包装可使鲜肉保持良好色泽，减少肉汁渗出。充气包装所用气体主要为 O_2、N_2、CO_2。O_2 性质活泼，容易与其他物质发生氧化作用。N_2 惰性强，性质稳定。CO_2 对于嗜低温菌有抑制作用。所谓包装内部气体成分的控制，是指调整鲜肉周围的气体成分，使与正常的空气组成成分不同，以达到延长鲜肉保存期的目的。

6. 化学保鲜

肉的化学储藏主要是利用化学合成的防腐剂和抗氧化剂应用于鲜肉和肉制品的保鲜防腐，与其他储藏手段相结合，发挥着重要的作用。常用的这类物质包括有机酸及其盐类（山梨酸及其钾盐、苯甲酸及其钠盐、乳酸及其钠盐、双乙酸钠、脱氢醋酸及其钠盐、对羟基苯甲酸酯类等）、脂溶性抗氧化剂（丁基羟基茴香醚 BHA、二丁基羟基甲苯 BHT、特丁基对苯二酚 TBHQ、没食子酸丙酯 PG）、水溶性抗氧化剂（抗坏血酸及其盐类）。脂质氧化是肉在储存期间发生酸败、肉质变差的主要原因，往往导致异味、色泽和质构变差、汁液损失增加、营养价值下降，甚至产生有毒物质。通过添加化学的或合成的抗氧化剂虽然可解决氧化问题，但这些抗氧化剂具有毒副作用。据称，BHA、BHT 和 TBHQ 等其他合成的抗氧化剂具有致癌和其他副作用。因而，天然抗氧化剂是今后的发展方向，如 α 生育酚乙酯、茶多酚等。α 生育酚、茶多酚、黄酮类物质等具有防腐和抗氧化性能的天然物质在肉类防腐保鲜方面的研究方兴未艾，代表着今后的发展方向。乳酸链球菌素（nisin）、溶菌酶等生物制剂，对肉类保鲜有效果。上述物质与其他方法结合使用，可收到良好的防腐效果。

（二）预处理

1. 粉碎

原料肉经机械作用由大变小的过程称之为粉碎。粉碎程度因制品的不同而异。通常每一种产品都有其独特的特点，某些产品宜粉碎得很粗，而另一些产品则需粉碎得极细，以致形成一种类似乳胶的肉糊。通过粉碎达到以下两个作用：①改善制品的均一性；②提高制品的嫩度。

2. 混合

为了使肉类蛋白质溶解和膨胀，在进一步加工前所进行的附加搅拌称为混合。这是一道独立的加工工序，与单一进行绞肉相比，能确保各种配料成分，尤其是腌制料和调味料的均匀分布。粗碎肉香肠的过程是在灌肠前进行的混合工序。对肉、调味料和其他配料进行大批量混合是肉糊粉碎前的一个普通工序。在肉糊生产前几个小时对原料进行绞碎和混合的过程，称为预混合。从时间上讲这有助于蛋白质增溶和膨胀，以及采样和分析原料的蛋白质、水分及脂肪含量。不同脂肪含量的原料经预混合能准确控制成品组成。

3. 乳化

肌肉、脂肪、水和盐混合后经高速斩切，形成水包油型乳化特性的肉糊。由此形成的肉制品，其质地和稳定性与各种成分之间的物理性状密切相关。一种典型的肉糊的形成包括两个相关的变化过程：①蛋白质膨胀并形成黏性的基质；②可溶性蛋白质、脂肪球和水的乳化。

4. 充填

充填是把混合、乳化或滚揉好的肉馅、肉糜或肉块灌入肠衣或模具以备成型的过程。通常需要灌肠机及其他充填设备来完成操作。实验室可用小型绞肉机（去掉绞刀）或液压、气压传动半自动灌肠机进行充填；现代工业生产中普遍采用真空自动灌肠机，能够连续、自动灌肠并实现手动或自动打结。

5. 成型

成型是把肉料充填到肠衣中经打结、打卡或充填到其他模具中，经压制、切割等操作，使肉制品形成一定的外观造型的过程。实际生产中，成型可以在熟制前进行，也可以在熟制后进行。

6. 包装

包装在现代肉制品加工中的地位愈来愈重要，涉及先进的包装机械、高性能的包装材料、新颖的包装方式（如造型、图案）等方面。通常包装在生产工艺过程的最后步骤进行，但有时为了工艺需要，也可能与充填、成型等工序同时完成。

（三）中式肉制品加工

中式肉制品种类因产地的风土人情不同而存在很大差异，并以自身独特的魅力吸引着广大消费者，历来深受国内外消费者喜爱。中式肉制品主要分为腌腊制品、酱卤制品、烧烤制品、灌肠制品、烟熏制品、发酵制品、干制品、油炸制品和罐头制品等9大类。其中腌腊制品、酱卤制品、烧烤制品和干制品是中式肉制品的典型代表。

1. 腌腊制品

腌腊制品是我国传统肉制品之一。过去它是指畜禽肉类先经过加盐（或盐卤）和香料进行腌制，再经过一个寒冬腊月，使其在较低的气温下，自然风干成熟，从而形成独特腌腊风味。现泛指原料肉经预处理、腌制、脱水、保藏成熟而成的肉制品。腌腊肉制品特点：肉质细致紧密，色泽红白分明，味美可口，风味独特，便于携运，耐储藏等。腌腊肉制品的品种繁多，我国的腌腊肉制品主要有咸肉、腊肉、板鸭、腊肠、中式火腿等。

腌腊制品根据加工工艺及产品特点，可分为咸肉类、腊肉类、酱肉类和风干肉类。咸肉类：原料肉经腌制加工而成的生肉类制品，食用前需经熟制加工。咸肉又称腌肉，其主要特点是成品肥肉呈白色，瘦肉呈玫瑰红色或红色，具有独特的腌制风味，味稍咸。常见咸肉类有咸猪肉、咸羊肉、咸水鸭、咸牛肉和咸鸡等。腊肉类：肉经食盐、硝酸盐、亚硝酸盐、糖和调味香料等腌制后，再经晾晒或烘烤或烟熏处理等工艺加工而成的生肉类制品，食用前需经熟化加工。腊肉类的主要特点是成品呈金黄色或红棕色，产品整齐美观，不带碎骨，具有腊香，味美可口。腊肉类主要代表有中式火腿、腊猪肉（如四川腊肉、广式腊肉）、腊羊肉、腊牛肉、腊兔、腊鸡、板鸭、鸭肥肝、板鹅、鹅肥肝、腊鱼等。酱肉类：肉经食盐、酱料（甜酱或酱油）腌制、酱渍后，再经脱水（风干、晒干、烘干或熏干等）而加工制成的生肉类制品，食用前需经煮熟或蒸熟加工。酱肉类具有独特的酱香味，肉色棕红。酱肉类常见有清酱肉（北京清酱肉）、酱封肉（广东酱封肉）和酱鸭（成都酱鸭）等。风干肉类：肉经腌制、洗晒（某些产品无此工序）、晾挂、干燥等工艺加工而成的生肉类制品，食用前需经熟化加工。风干肉类干而耐咀嚼，回味绵长。常见风干肉类有风干猪肉、风干牛肉、风干羊肉、风干兔和风干鸡等。

2. 酱卤制品

酱卤制品是中国典型的传统熟肉制品，其主要特点是原料肉经预煮后，再用香辛料和调味料加水煮制而成。酱卤制品成品都是熟肉制品，产品酥软，风味浓郁，不适宜储藏。根据地区不同和风土人情的特点，形成了独特的地方特色传统酱卤制品。由于酱卤制品风味独特，现做即食，深受消费者的喜爱。特别是随着包装与加工技术的发展，酱卤制品小包装方便食品应运而生，目前已基本上解决了酱卤制品防腐保鲜的问题。酱卤制品是肉加调味料和香辛料，以水为介质，加热煮制而成的熟肉类制品。一般将其分为3种：白煮肉类、酱卤肉类和糟肉类。

3. 肉干制品

肉干制品是肉经过预加工后再脱水干制而成的一类熟肉制品，主要包括肉干、肉松和肉脯三大类。干制是一种古老的肉类保藏方法，现代肉干制品的加工，主要目的不再是为了保藏，而是加工成肉制品以满足消费者的各种喜好。肉品经过干制后，水分含量低，产品耐储藏；体积小、质量轻，便于运输和携带；蛋白质含量高，富有营养。此外，传统的肉干制品风味浓郁，回味悠长，因此肉干制品是深受大众喜爱的休闲方便食品。肉干可以按原料、风味、形状、产地等进行分类。

（1）肉干　肉干是以精选瘦肉为原料，经预煮、复煮、干制等工艺而成的肉干制品。肉干按原料分有牛肉干、猪肉干、兔肉干、鱼肉干等；按风味分有五香、咖喱、麻辣、孜然等；按形状分有片、条、丁状肉干等。肉干的一般加工过程如下：

原料选择→预处理→预煮与成型→复煮→烘烤→冷却包装→检验→成品

（2）肉松　肉松是我国著名的特产。肉松可以按原料进行分类，有猪肉松、牛肉松、鸡肉松、鱼肉松等，也可以按形状分为绒状肉松和粉状（球状）肉松。猪肉松是大众最喜爱的一类产品，以太仓肉松和福建肉松最为著名，太仓肉松属于绒状肉松，福建肉松属于粉状肉松。其加工过程如下：

原料选择→预处理→煮制→炒压或擦松→炒制→冷却→包装

（3）肉脯　肉脯是一种制作考究、味美可口、耐储藏和便于运输的熟肉制品。我国加工肉脯已经有六十多年的历史。传统的肉脯是以大块的肌肉为原料，经过冷冻、切片、腌制、烘烤、压片、切片、检验、包装等工艺加工制成。原料选择局限于猪、牛、羊肉，产品品种少。因此，充分利用肉类资源，开发肉脯新产品成为重要的课题之一。近几年开始重组肉脯的研究，重组肉脯原料来源广泛，营养价值高，成本低，产品入口化渣，品质优良。同时也可以应用现代连续化机械生产，它是肉脯发展的重要方向。以重组兔肉脯为例，其加工工艺如下：

酮体剔骨→原料肉检验→整理→配料→斩拌→成型→烘干→熟制→压片→切片→质量检验→成品包装→出厂销售

4. 烧烤制品

烧烤制品是原料肉经预处理、腌制、烤制等工序加工而成的一类熟肉制品。烧烤制品色泽诱人、香味浓郁、咸味适中、皮脆肉嫩，是深受欢迎的特色肉制品。我国传统的烧烤制品如北京烤鸭、广东脆皮乳猪、叉烧肉、叫化鸡等久负盛名，有的早已享誉海外。

（四）西式肉制品加工

西式肉制品起源于欧洲，在北美、日本及其他西方国家广为流行，产品主要有香肠、火腿和培根三大类。西式肉制品是在 1840 年鸦片战争后传入中国的，至今已有一百六十多年的历史，被中国人最先接受的是香肠制品，然后是带骨的熟火腿和肉卷等产品。从 20 世纪 80 年代初开始，全国肉类企业从德国、荷兰、丹麦、法国、意大利、瑞士、日本等国引进香肠和火腿的加工设备，使我国肉制品品种的构成发生了根本变化，西式肉制品的产量迅速增加，并涌现出了一些大型熟肉制品加工企业，促进了我国肉制品加工业的进步和发展。

1. 香肠制品

肉经绞切、斩拌或乳化成肉馅（肉丁、肉糜或其混合物）并添加调味料、香辛料或填充料，充入肠衣内，再经烘烤、蒸煮、烟熏、发酵、干燥等工艺制成的肉制品称为香肠制品。香肠的拉丁文为"Salsus"，意指盐腌保藏的肉类。香肠制品的种类繁多，据报道法国有一千五百多个品种，我国各地生产的香肠品种至少也有数百种。香肠分类方法很多，其中美国的分类较具代表性。它将香肠制品分为生鲜香肠、生熏肠、熟熏肠和干制、半干制香肠等四大类。生鲜香肠：原料肉（主要是新鲜猪肉，有时添加适量牛肉）不经腌制，绞碎后加入香辛料和调味料充入肠衣内而成。这类肠制品需在冷藏条件下储存，食用前需经加热处理，如意大利鲜香肠、德国生产的 bratwurst 香肠等。目前国内这类香肠制品的生产量很少。生熏肠：这类制品可以采用腌制或未经腌制的原料，加工工艺中要经过烟熏处理但不进行熟制加工，消费者在食用前要进行熟制处理。熟熏肠：经过熟制的原料肉，绞碎、斩拌后充入肠衣，再经熟制、烟熏处理而成。我国这种香肠的生产量最大。干制和半干制香肠：半干香肠最早起源于北欧，属德国发酵香肠，它含有猪肉和牛肉，采用传统的熏制和蒸煮技术制成。其定义为绞碎的肉，在微生物的作用下，pH 值达到 5.3 以下，在热处理和烟熏过程中（一般均经烟熏处理）除去 15%的水分，使产品中水分与蛋白质的比例不超过 3.7:1 的肠制品。干香肠：起源于欧洲的南部，属意大利发酵香肠，主要是由猪肉制成，不经熏制或煮制。其定义为：经过细菌的发酵作用，使肠馅的 pH 值达到 5.3 以下，然后干燥除去 20%~50%的水分，使产品中水分与蛋白质的比例不超过 2.3:1 的肠制品。一般加工工艺流程如下：

原料肉的选择与初加工→腌制→绞碎→斩拌→灌制→烘烤→熟制→烟熏、冷却

2. 西式火腿制品

西式火腿一般由猪肉加工而成，因与我国传统火腿（如金华火腿）的形状、加工工艺、风味等有很大不同，故习惯上称其为西式火腿，包括带骨火腿、去骨火腿、盐水火腿等。西式火腿中除带骨火腿为半成品，在食用前需熟制外，其他种类的火腿均为可直接食用的熟制品。其产品色泽鲜艳，肉质细嫩，口味鲜美，出品率高，且适于大规模机械化生产，产品标准化程度高。因此，近几年西式火腿成了肉品加工业中深受欢迎的产品。

3. 培根

培根（Bacon），其原意是烟熏肋条肉（即方肉）或烟熏咸背脊肉。其风味除带有适口的咸味之外，还具有浓郁的烟熏香味。培根外皮油润呈金黄色，皮质坚硬，瘦肉呈深棕色，切开后肉色鲜艳。培根有大培根（也称丹麦式培根）、排培根和奶培根三种，其制作工艺相近。工艺流程如下：

选料→初步整形→腌制→浸泡→清洗→剔骨、修刮、再整形→烟熏

二、乳制品加工

乳是哺乳动物分娩后由乳腺分泌的一种白色或微黄色的不透明液体。它含有幼儿生长发育所需要的全部营养成分，是哺乳动物出生后最适于消化吸收的全价食物。乳有多种分类方法，按乳的来源可分为牛乳、羊乳、马乳等；按乳的分泌时间可分为初乳、常乳和末乳（老乳）三类；在乳品工业上通常按乳的加工性质将乳分为常乳和异常乳两大类。通常所讲的乳一般是指常乳而言，它的化学组成和性质都比较稳定，是乳品加工业的主要原料。

（一）乳品加工的一般过程

1. 乳的离心分离

在乳制品生产中离心分离的目的主要是得到稀奶油和/或甜酪乳，分离出乳清或甜奶油，乳或乳制品进行标准化以得到要求的脂肪含量。另一个目的是清除乳中杂质和体细胞等。离心分离也用于除去细菌及其芽孢。乳的分离原理，是根据乳脂肪与乳中其他成分之间密度的不同，利用离心分离时离心力的作用，使密度不同的两部分分离开来。

2. 乳的热处理

热处理主要是为了杀死如结核杆菌、金黄色葡萄球菌、沙门氏菌、李斯特菌等病原菌及进入乳中的潜在腐败菌，其中很多菌耐高温；延长保质期；形成产品的特性。加热处理方式按加热强度（指加热的持续时间和温度）分预热杀菌、低温巴氏杀菌、高温巴氏杀菌和灭菌四种，具体情况如下。预热杀菌：预热杀菌是一种低于低温巴氏杀菌的热处理，通常为60℃～69℃，15～20s。其目的在于杀死细菌，尤其是嗜冷菌。因为有些细菌能产生耐热的脂酶和蛋白酶，这些酶可以使乳制品变质。这种加热处理可抑制腐败但不能完全杀死微生物，对乳的成分和理化特性几乎无任何影响。低温巴氏杀菌的条件是用 63℃、30min 或 72℃、15～20s 加热。这种杀菌方法可钝化乳中的碱性磷酸酶，杀死乳中所有病原菌、酵母和霉菌以及大部分细菌，但不能杀死生长缓慢的某些种微生物。此外，低温巴氏杀菌可使一些酶钝化、乳的

风味改变，但不使乳清蛋白变性和发生冷凝聚，不损害抑菌特性。高温巴氏杀菌的条件是70℃～75℃、20min 或 85℃、5～20s 加热，它可以破坏乳过氧化物酶的活性。然而，生产中有时采用更高温度，一直到100℃，使除芽孢外的所有细菌生长体都被杀死；大部分的酶都被钝化，但乳蛋白酶与脂酶不被钝化或不完全被钝化；大部分抑菌特性被破坏；部分乳清蛋白发生变性，产生明显的蒸煮味，使奶油产生瓦斯味。除了损失维生素 C 之外，营养价值没有重大变化。灭菌这种热处理意味着杀死所有微生物，包括芽孢。为了达到这样的效果，通常采用 110℃、30min（在瓶中灭菌），130℃、2～4s 或 145℃、1s。后两种热处理条件被称为 UHT（超高温瞬时灭菌）。上述灭菌处理方式产生的效果不同，110℃、30min 加热可钝化所有乳酶，但是不能钝化所有细菌脂酶和蛋白酶，并会产生严重的美拉德反应，导致棕色化，形成灭菌乳气味，还导致赖氨酸和维生素降低，引起包括酪蛋白在内的蛋白质相当大的变化。

3．乳的均质

在乳的加工处理过程中，经常需要均质处理，其目的是防止脂肪上浮分层，减少酪蛋白微粒沉淀，改善原料或产品的流变学特性和使添加成分均匀分布。均质通过均质机来完成。均质机由高压泵和均质阀组成。其操作原理是在一个适合的均质压力下，料液通过窄小的均质阀而获得很高的速度，这导致了剧烈的湍流，形成的小涡流中产生了较高的料液流速梯度引起压力波动，从而打散许多颗粒，尤其是液滴。

4．乳的真空浓缩

所谓浓缩就是用加热的方法使牛乳中的一部分水汽化，并不断排除，从而使牛乳中干物质含量提高的加工处理过程。在乳制品加工中浓缩一般在减压下进行，即乳的真空浓缩。浓缩是生产浓缩乳制品的需要。如炼乳、甜炼乳、乳粉、浓缩酸奶等乳制品需要将乳、脱脂乳、乳清和其他原料中的水分蒸发，以提高乳干物质含量，或减少产品的体积并延长保质期。浓缩是生产干燥乳制品的中间环节，如乳粉生产的特殊要求。通过浓缩结晶，从乳清中生产乳糖（α 乳糖水化合物）。乳的浓缩还可以采用膜过滤技术。膜过滤技术是当今食品工业中采用的一项新技术，在乳品加工中主要应用超滤和反渗透。前者通过膜的是纯水和低分子溶质，从而可使溶液中的高分子和低分子分开；后者通过膜的是水，从而可使原来的溶质得到浓缩。目前广泛用于从乳清中分离蛋白质和乳的浓缩，具有节能、提高得率、占地面积小、投资小等优点。

5．乳的干燥

干燥是指通过水分蒸发直到使物质变成固体状的过程。用于乳与乳制品生产的干燥方法有冷冻干燥和加热干燥。冷冻干燥是在真空条件下，依靠升华将水分除去的方法，该方法对乳蛋白的性质没有影响，因此可生产出高质量的乳制品，但由于生产成本高而没有普遍推广。目前，乳制品工业中主要采用的干燥方法为喷雾干燥法，它是借助离心力或压力的作用，使物料在特制的干燥室内喷成雾滴，而后用热空气干燥成粉末的方法。干燥通常用来生产易于保存、加水后可还原、其性质与原始状态相似的食品。喷雾干燥后的产品呈粉状，只需过筛而不必再粉碎。产品生产过程卫生，易于连续化、自动化。

（二）消毒乳加工

消毒乳又称杀菌乳，系指以新鲜牛乳、稀奶油等为原料，经净化、均质、杀菌、冷却、包装后，直接供应消费者饮用的商品乳。按原料成分可将消毒乳分为以下五类。①普通全脂消毒乳：以合格鲜乳为原料，不加任何添加剂而加工成的消毒乳。②脱脂消毒乳：将鲜牛乳中的脂肪脱去或部分脱去而制成的消毒乳。③强化消毒乳：把加工过程中损失的营养成分和日常食品中不易获得的成分加以补充，使成分加以强化的牛乳。④复原乳（也称再制乳）：系以全脂奶粉、浓缩乳、脱脂奶粉和无水奶油等为原料，经混合溶解后制成与牛乳成分相同的饮用乳。⑤花色牛乳：以牛乳为主要原料，加入其他风味食品，如可可、咖啡、果汁（果料），再加以调色调香而制成的饮用乳。

按杀菌强度可分为以下四类：低温长时间杀菌（LTLT）牛乳：也称保温杀菌乳。牛乳经62℃～65℃，30min，保温杀菌。在这种温度下，乳中的病原菌，尤其是耐热性较强的结核菌都被杀死。高温短时间（HTST）杀菌乳：通常采用72℃～75℃，15s杀菌，或采用75℃～85℃，15～20s杀菌。由于受热时间短，热变性现象很少，风味有浓厚感，无蒸煮味。超高温杀菌（UHT）乳：一般采用120℃～150℃，0.5～8s杀菌。由于耐热性细菌都被杀死，故保存性明显提高。但如原料乳质量不良（如酸度高、盐类不平衡），易形成软凝块和杀菌器内挂乳石等，初始菌数尤其芽孢数过高则残留菌的可能性增加，故对原料乳的质量要求很高。由于杀菌时间很短，故风味、性状和营养价值等与普通杀菌乳相比无差异。灭菌乳：灭菌乳可分两类，一类为灭菌后无菌包装；另一类为把杀菌后的乳装入容器中，再用110℃～120℃，10～20min加压灭菌。

巴氏消毒乳工艺流程如下：

原料乳的验收→过滤、净化→标准化→均质→杀菌→冷却→灌装→检验→冷藏

（三）酸乳

酸乳是指在添加（或不添加）乳粉（或脱脂乳粉）的乳中，由于保加利亚乳杆菌和嗜热链球菌等乳酸菌的作用进行乳酸发酵制成的乳制品，产品中含有大量的相应活菌。主要产品有：酸乳、双歧杆菌发酵乳、保加利亚乳杆菌发酵乳、嗜酸乳杆菌发酵乳、酸牛乳酒、活性乳饮料等。

酸乳制品营养全面，风味独特，比牛乳更容易被人体吸收利用，具体有如下功效：①抑制肠道内腐败菌的生长繁殖，对便秘和细菌性腹泻具有预防和治疗作用；②酸乳中产生的有机酸可促进胃肠蠕动和胃液的分泌；③饮用酸乳可克服乳糖不耐症；④乳酸可降低胆固醇，预防心血管疾病；⑤发酵过程中乳酸菌产生抗诱变活性物质，具有抑制肿瘤发生的作用，提高人体的免疫力；⑥对预防和治疗糖尿病、肝病也有一定效果。

通常根据成品的组织状态、口味、原料中乳脂肪含量、生产工艺和菌种的组成等可以将酸乳分成不同类别。按成品的组织状态分有：凝固型酸乳和搅拌型酸乳。凝固型酸乳的发酵过程在包装容器中进行，从而使成品因发酵而保留其凝乳状态。搅拌型酸乳是发酵后的凝乳在灌装前搅拌成黏稠状组织状态。浓缩酸乳是将正常酸乳中的部分乳清除去而得到的浓缩产品。因其除去乳清的方式与加工干酪的方式类似，有人也叫它酸乳干酪。冷冻酸乳是在酸乳中加入果料、增稠剂或乳化剂，然后将其进行冷冻处理而得到的产品。充气酸乳是发酵后在酸乳中加入稳定剂和起泡剂（通常是碳酸盐），经过均质处理即得这类产品。这类产品通常是以充CO_2气的酸乳饮料形式存在。酸乳粉通常是使用冷冻干燥法或喷雾干燥法将酸乳中约95%的水分除去而制成酸乳粉。按成品的口味分有：天然纯酸乳、加糖酸乳、调味酸乳、果料酸乳、复合型或营养健康型酸乳、疗效酸乳。按发酵的加工工艺分有：浓缩酸乳、冷冻酸乳、充气酸乳、酸乳粉。

（四）乳酸菌饮料加工

乳酸菌饮料是一种发酵型的酸性含乳饮料。通常以牛乳或乳粉、植物蛋白乳（粉）、果蔬汁为原料，经杀菌、冷却、接种乳酸菌发酵剂培养发酵，经稀释而制成。乳酸菌饮料因其加

工处理的方法不同，一般分为酸乳型和果蔬型两大类。同时又可分为活性乳酸菌饮料（未经后杀菌）和非活性乳酸菌饮料（经后杀菌）。活性乳酸菌饮料与非活性乳酸菌饮料加工过程的区别主要在于配料后是否杀菌。活性乳酸菌饮料工艺流程如图3-3-10所示。

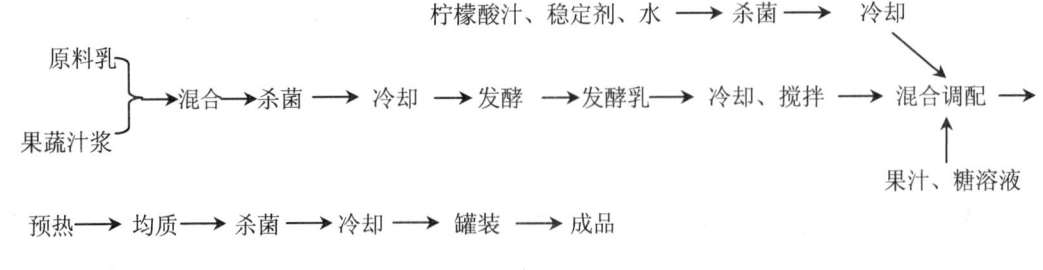

图 3-3-10 活性乳酸菌饮料工艺流程

习题与思考题

一、名词解释

1. 食品冷却　　2. 食品冻结　　3. 食品冷藏和冻藏　　4. 砻谷
5. 麦路　　　　6. 粉路　　　　7. 化学结合水　　　　8. 物理化学结合水
9. 机械结合水　10. 对流干燥　11. 真空干燥　　　　12. 冷冻干燥
13. 发酵技术　14. 酶技术　　15. 淀粉　　　　　　16. 淀粉糖
17. 果蔬糖制　18. 辐射保鲜　19. 真空包装　　　　20. 酱卤制品
21. 豆乳制品　22. 机械压榨法　23. 乳化　　　　　24. 酸乳
25. 乳酸菌饮料

二、简答

1. 稻谷清理的方法有哪些？各采用什么原理？
2. 为什么要经砻谷后再碾米？
3. 既然糙米的营养价值优于精白米，那么为什么还要碾米？
4. 为什么要对稻米进行营养强化？
5. 面包、饼干、挂面、方便面的加工工艺如何？
6. 玉米淀粉的生产工艺如何？
7. 植物油脂的制取方法有哪些？
8. 油脂精炼包括哪些步骤？
9. 果蔬制品有哪些种类？
10. 米糠有哪些用途？米糠制品的加工工艺如何？
11. 肉制品的预处理有哪些？
12. 乳均质的目的是什么？酸乳的种类有哪些？

参考文献

[1] 张伟，曾名勇．食品工艺学导论．第一版．北京：中国农业大学出版社，2002

[2] 赵晋府．食品技术原理．第一版．北京：中国轻工业出版社，2002

[3] 刘瑞征译．粮食及其加工品储藏．第一版．中国财政经济出版社，1979

[4] 路茜玉．粮油储藏学．第一版．北京：中国财政经济出版社，1989

[5] [美] Desroier, N. W, Desroier, J. N 著．食品保藏技术．黄琼、俞平译．第一版．北京：中国食品出版社，1989

[6] 罗云波，蔡同一．园艺产品贮藏加工学．第一版．北京：中国农业大学出版社，2001

[7] 李新华，董海州．粮油加工学．第一版．北京：中国农业大学出版社，2002

[8] 刘心恕．农产品加工工艺学．第一版．北京：中国农业出版社，1997

[9] 田呈瑞．蔬菜加工技术．第一版．北京：中国轻工业出版社，2000

[10] 罗学刚．农产品加工．第一版．北京：经济科学出版社，1997

[11] [荷兰]Gammaster 著．辐照保藏食品的今天．周瑞英，金永龄，王炳林等译．第一版．北京：中国轻工业出版社，1985

[12] 周光宏．畜产食品加工学．第一版．北京：中国农业大学出版社，2002

第四篇　现代农业经营管理技术

第一章　中国农业经济制度

政策、法律等制度安排是国家管理经济社会的基本方法，经济社会发展从根本上说取决于制度安排是否合理有效。本章围绕中国农业经济制度的演变，重点介绍中国农业经济制度的演变历史以及中国现行农业经济制度的主要规定。

第一节　中国农业经济制度的演变

一、农业是经济社会发展的基础产业

农业是人类社会与大自然关系最密切的物质生产部门。工业革命以前，农业是社会最主要的甚至是唯一的物质生产部门。工业革命后，农业的经济贡献下降，但农业的基础性重要地位没有下降，只是作用形式有所改变。农业是人类赖以生存和发展的基础、是其他物质部门和非物质部门独立和发展的基础的历史地位没有改变。中国政府历来将农业作为国民经济的基础给予高度重视，围绕农业基础地位，不断进行制度调整。作为世界人口大国，农业对经济发展、社会稳定、国家安全和人民生活水平提高至关重要。农业的地位和作用主要表现在三个方面。

（一）农业的经济作用

农业占国民经济中的份额下降是一条客观规律，发达国家农业增加值仅占国内生产总值（GDP）的不到10%，中国目前也仅占14.5%（2002年），并仍将不断下降。经济学家将农业对发展中国家经济发展的贡献归结为产品贡献、市场贡献、要素贡献和外汇贡献四个方面。产品贡献指的是农业部门所生产的食物和工业原料，市场贡献指的是农业部门对非农部门产品的市场需求，要素贡献指的是农业部门的劳动力、资金等生产要素向其他部门的转移，外汇贡献指的是农业在创造外汇、节约外汇等平衡国际收支方面的作用。农业对国民经济发展的直接作用表现在：

1. 食物安全。在多数发展中国家，农业是获得食物供应、保障食物安全的主要部门，食品加工部门只不过对农产品原料进行加工。理论上国内食物不足可通过扩大进口加以弥补，但进口会受到外汇短缺和成本过高的限制，尤其是中国这样的人口大国，很难想象主要依靠进口解决食物安全问题。同时，食物严重短缺会导致通货膨胀螺旋式上升，影响工业产品国际竞争力的提高，限制国民经济发展。

2. 原料供应。农业是工业原料的重要来源，尤其是轻工业的主要原料来源。中国目前30%～40%的工业原料来源于农业，其中轻工业的原料70%来源于农业。农业原料的数量影响着轻工业的规模，农业原料的质量制约影响着轻工业的产品竞争力。

3. 市场需求。科技的飞速发展使得世界产品的生产能力迅速提高，市场需求的约束成为经济发展的重要制约因素，开拓国内国际市场成为保持经济发展的重要途径。农业人口的需求是市场需求的重要组成部分，中国乡村人口占全国的62%左右，全国50%左右的人口以农业为生，乡村人口的消费水平目前仍然很低，农村是巨大的潜在市场，农业发展、农民收入水平提高对于扩大内需、继续保持国民经济快速发展具有重要意义。

4. 劳动力转移及就业。农业剩余劳动力是国民经济其他部门劳动力的主要来源，国民经济发展中，农业劳动力不断转入其他部门，农业从业人员比重不断下降，多数发达国家仅占3%～10%。中国改革开放以来，乡镇企业的大发展吸纳1亿农业劳动力，九千多万农民工跨区域流动和进城打工，是促进经济快速发展的重要因素。同时，农业自身以及相关产业也是劳动力就业的重要领域，尤其在我国农业目前仍然有3.65亿劳动力就业，占全国就业人员的50%，与农业相关的加工、服务等行业也为大量的人员解决了就业问题，对缓解就业压力一直发挥着重要作用。

5. 资金和其他生产要素转移。与农业剩余劳动力转移一样，农业部门的剩余资金和土地等其他要素向非农部门转移是那些部门发展的重要因素，特别是在工业化初期，农业作为国民经济的主要部门实际上是国内储蓄和投资的唯一来源，是发展的主要动力。即使其他部门获得长足发展后，由于农产品的需求收入弹性、农业的资金报酬率通常低于非农部门，农业"剩余"资金仍然源源不断流向非农部门，其转移的可能形式是：政府税收和财政转移，农村对非农产业投资，银行信贷转移等。

6. 改善国际收支状况。对于许多国家来说，扩大农产品出口是增加外汇收入、改善国际收支状况的有效途径，而且本国农业发展水平高，能够节约外汇。依靠自然资源禀赋或劳动力资源丰富、技术先进等优势生产优势农产品进行国际交换，是平衡国际收支的重要手段，即使是世界头号大国美国也是如此。

（二）农业的生态环境作用

农业是出现最早的物质生产部门，也是首先造成人为生态环境问题的部门。与其他部门相比，在合理经营的条件下，农业不仅对生态环境破坏较小，而且能在相当程度上减轻其他部门对生态环境所造成的破坏，改善生态环境。反之，在农业生产力水平、科技水平较低的情况下，为满足人口增长对农产品的巨大需求，破坏自然的掠夺性经营会使生态环境恶化。目前农业发达国家的生态环境普遍好于落后国家，中国实施退耕还林工程的重要前提就是农产品供应充足，说明了农业发展的生态环境作用。

农业之所以能够保护和改善生态环境的另一个重要原因是，农业是绿色生产，林业和其他农作物生产在治理环境污染、减轻温室效应等方面具有不可替代的作用。

（三）农业的社会文化作用

农业和农村在长期的历史发展过程中，积淀并形成了不同于工业和城市的文化与文明特点，乡村的田园生活，农村社区成员相对稳定、民风淳朴、邻里关系密切、重视伦理亲情等，对于稳定社会、传承农业文明等方面具有巨大的价值。随着现代都市生活的弊端日益突出，许多都市居民开始去农村享受生活。都市农业、观光农业、休闲农业、旅游农业在世界各地发展已有一百多年历史，中国20世纪90年代后发展迅速，使农业成为集经济功能、生态功能、社会文化功能于一体的多功能产业，农业的作用已不仅仅体现在它的产品生产方面。

二、改革开放前中国农业经济制度的历史演变

新中国成立至改革开放前的近40年，中国农业经济总体发展缓慢，农产品长期供应短缺，全国人民的温饱问题没有根本解决。其主要原因是政府采取强制性农业制度变迁，难以调动农民生产积极性；农业制度多变，存在许多不适应农业发展要求的方面。这一阶段大体上分为以下几个时期。

（一）土地改革阶段（1949~1952）

消灭封建土地所有制，实现农民土地所有制，是中国新民主主义革命的基本内容，也是解决农业问题的中心所在。在老解放区实行土地改革的基础上，又在约3亿人口的新解放区有计划、有步骤、有秩序地开展了土地改革。到1952年年底，全国范围内的土地改革基本完成，使封建地主作为一个阶级被彻底消灭，实现了"耕者有其田"，无地和少地农民无偿分得41 000千公顷耕地，每年免交3 500万吨谷物地租。土地改革使劳动者与土地得以结合，适应了当时的生产力发展水平，极大地解放了农业生产力，生产得以较快恢复和发展，1952年农业生产已达到和超过历史最高水平的1936年，农民生活有了较大改善。

（二）农业合作化阶段（1953~1957）

土地改革后，中国农村逐渐安定，经济逐步走向正常。但是紧接着出现的"中农化趋势"（中农比重由20%上升为土改后的60%）和"两极分化"现象引起极大关注，中国农业成了小农经济的汪洋大海。为使小农走上社会主义道路，实现共同富裕，适应国民经济有计划按比例发展需要，根据马克思主义农业合作的基本原理，开展了大规模的农业合作化运动。先是组织互助组，由临时的季节性互助组发展为固定的常年性互助组，进而在"自愿互利、典型示范"的原则下，又发展为以土地入股为特征的初级农业生产合作社。1953年，中国共产党确定了基本完成国家工业化和对农业、手工业、资本主义工商业社会主义改造的过渡时期总路线和总任务，随后加快了合作化步伐，到1956年，用不到4年时间（主要是1956年）在农村普遍建立了以土地集体所有和"统一经营、统一核算、统一分配"为特征的高级农业生产合作社，96%的农户加入合作社，其中88%参加了高级社，同时建立了供销合作社和信用合作社。农业合作化促进了生产的进一步发展，方向和原则是正确的，但在出发点、内容、速度和规模等方面存在缺陷。其出发点不是发展而是限制商品经济，选择内容主要集中于生产环节，违背了农业生产的特点，速度过快，规模过大，形式单一等。现实中的家庭承包制在某种意义上使中国农业合作化又回到一个新的起点，合作化进程远未结束。

这时期实施的另一个重要的农业制度是农产品统购统销。随着国民经济有计划大规模建设的展开，农业生产特别是粮食生产的落后与工业化建设需要的矛盾开始暴露，一些大中城市和受灾农村先后不同程度地出现粮食购销紧张问题。1953年出台了粮食统购统销政策，随后又对棉花、油料、生猪等主要大宗农产品实行统购或派购政策，这些政策一直延续到改革开放，是造成农业长期落后的重要原因。

（三）人民公社化阶段（1958~1960）

随着对生产资料私有制社会主义改造的基本完成，国民经济的迅速恢复以及"一五"计划的即将完成，鼓舞了人民的士气，但同时也使一些人头脑发热，产生了急躁冒进情绪，在全国发动了"大跃进"运动。为了实现农业大跃进，产生了扩大生产组织规模的设想，从1958年7月公社化开始发展，将高级社合并为人民公社，到10月底，组成了26 500个公社，99%

的农民成为公社社员。人民公社的核心特点是"政社合一"（政府行政职能和合作社组织生产职能）和"一大二公"（即大规模、公有制）。在这场运动中，由于急于向共产主义过渡，把人财物主要集中到工业，大炼钢铁、大办交通等各种"大办"，导致以"一平二调三收款"（平均主义、无偿调用人财物、收回农村贷款）为主要内容的"共产风"、浮夸风、瞎指挥风严重泛滥。与此同时，对粮食实行"高征购"，农村留粮减少，加上自然灾害，给农民生活带来了困难。在分配上，实行工资制和供给制，取消了原来的包工包产、评工记分等办法，大办公共食堂，吃饭不要钱，放开肚皮吃饭。在劳动组织上，实行"军事化"。所有这些，不仅造成了人财物的极大浪费，而且挫伤了农民积极性，生产力受到严重破坏，农业产量大幅度下降，全国人均农产品产量跌至1952年的水平之下，农产品供应严重短缺，国民经济陷入困境，加上连续几年的自然灾害影响，导致为数众多的人因饥饿而非正常性死亡，1959~1961年被称为"三年困难时期"。

（四）调整阶段（1961~1965）

面对天灾人祸造成的严重形势，国家采取了一系列加强农业基础、发展农业生产的政策措施，主要有：将人民公社内部体制调整为"三级所有（公社、大队、生产队）、队为基础"，把基本核算单位由大队下放到生产队，实行耕地、劳力、牲畜、农具"四固定"到生产队，解决了队与队之间的平均主义；强调农业是国民经济的基础，按照农、轻、重次序安排经济发展计划，增加对农业投资；把2 000万职工和城市人口下放到农村生产第一线，减少粮食征购和农业税负担；提高农产品收购价格，1963年比1960年提高23%，同时在收购经济作物产品时实行奖售粮食或化肥等工业品的政策，恢复棉花预购制度，预购订金比例为15%~20%；允许社员经营少量自留地和小规模家庭副业，有计划地恢复农村集市，活跃农村经济。这些政策的实施，改善了工农关系，调动了农民积极性，农业得到较快恢复和发展。

（五）"文化大革命"阶段（1966~1976）

在"文革"期间，不但未能进一步改正公社化以来的错误，反而把前期的政策调整当作"右倾"加以批判。同时，"大寨"被扭曲为左的典型，在全国推行大寨大队的平均主义分配制度（一心为公劳动、自报公议工分）。在农业体制上，固守人民公社制度，不少农村地区搞向共产主义"穷过渡"，批判"工分挂帅"、"物质刺激"，割所谓的"资本主义尾巴"，长期关闭自由市场、自留地，限制家庭副业，导致社员的积极性再次受挫，生产上"大呼隆、磨洋工"现象普遍。在农业发展上，强调"以粮为纲"，忽视多种经营的"全面发展"，使农村产业结构更加单一，致使农业生产长期徘徊，农产品供应紧张。值得庆幸的是，由于周恩来等一批老一辈革命家和广大群众对"左"的错误进行了千方百计的抵制，同时大搞农田基本建设，全国农业还是实现了缓慢增长。

三、改革开放后中国农业经济制度的改革

党的十一届三中全会做出了把工作重点转到现代化建设上来的重大决策，以实行家庭承包经营责任制为开端，农业、农村进入市场化改革新阶段，极大地解放了农村生产力，农产品产量大幅度增长，综合生产能力大幅度提高。1990年全国人民温饱问题基本解决；1998年农产品总体供大于求、丰年有余，短缺时代基本结束，农业发展进入以结构战略性调整和提高农民收入为核心的历史新阶段；2000年总体达到小康水平，开始进入全面建设小康社会、加速推进现代化的新时期。改革开放后农业经济制度改革分为以下三个阶段。

（一）改革启动和突破阶段（1978~1984）

这个阶段主要是实行家庭承包经营、废除人民公社体制、逐步引入市场机制。1978年，国家和农民两个层面都启动了农村改革。国家为了强化农业的基础地位，决定大幅度提高农产品收购价格，实行超购加价50%的政策，减少农产品统派购品种和数量，多进口粮棉，让农民休养生息，恢复农贸市场，改善了农民与国家的利益关系，有效地调动了农民的积极性，促进了农村商品经济发展。农民则创造了包产到户和包干到户的农业经营新模式。包干到户实行"交够国家的、留足集体的、剩下自己的"的分配模式，农户收益与自己生产经营成果直接挂钩，很快在全国推开。到1983年底，97.8%的生产队实行了包干到户。为适应农户家庭经营，国家允许农民购置机动车等大中型农具，使农民在家庭承包经营中获得了经营权、收益权、财产权和生产资料购置权，促进了生产力的快速发展。1983年，国家决定实行政社分开，建立乡政府，废除了人民公社体制。

农村第一步改革制度创新的显著成果主要表现在两个方面：一是形成了农户家庭经济和乡镇企业两个充满生机和活力的市场主体；二是逐步扩大农产品市场调节范围，开始引入市场机制。恢复了农贸市场，逐步减少了农产品统派购的品种和比重，鼓励自办商业组织，建立农副产品批发市场等。至1984年底，属于统派购的农副产品由100多种减少到38种。正是由于制度创新，农村经济开始充满活力。1984年我国粮食人均占有量达到392千克的历史最高水平，总产达到4亿吨，农村多种经营产品也获得了快速发展。同时，在"社队企业"和农民副业的基础上，乡镇企业开始发展，扩大了农民就业领域和增收渠道，促进了农村第二、第三产业发展。

（二）市场化改革探索阶段（1985~1991）

这个阶段主要是取消农产品统派购制度和调整农村产业结构。第一阶段改革使农业连续6年丰收，农产品长期短缺、供求关系紧张的状况明显缓解，粮、棉等大宗农产品暂时相对过剩。以农村改革成功为契机，以城市为重点的经济体制改革全面启动。在新的经济环境和城乡格局中，农产品流通体制改革滞后于农业发展的矛盾日益突出，主要表现在不能及时引导生产者根据市场需求变化组织生产，造成了"卖难"，以及价格倒挂造成财政价格补贴压力增大（收购价高、销售价低）。因此，1985年国家决定取消农产品统派购任务，对粮、棉、油等关系国计民生的大宗农产品实行合同订购和自由购销的"双轨制"，其他农产品则放开价格，由市场调节。然而，这一改革推行不久，由于经济环境发生了新的变化，大宗农产品1985年发生较大滑坡，此后连续3年徘徊不前。国家将农产品流通体制改革方案修改为分品种渐进改革方式，对粮食实行国家订购和市场购销的"双轨制"，对棉花和蚕茧实行统一收购经营制度，对烟草实行国家专卖，对其他产品实行自由购销，生产流通完全由市场调节。自1988年起，对粮、棉、油等农产品生产流通的调控改合同订购为国家订购。另外，提出了"决不放松粮食生产，积极发展多种经营"的农业方针，在农业中实施"菜篮子工程"、"米袋子省长负责制"、"农业丰收计划"、农业综合开发、科教兴农等重大战略举措，促进农产品增长。

同时，在这一时期，农村产业结构调整加快，乡镇企业以其灵活机制的优势在市场化改革和农村产业结构调整中异军突起，成为新的经济增长点，农村城镇化也随之兴起。

（三）全面向市场经济过渡阶段（1992年至今）

这个阶段，农业政策目标是建立适应社会主义市场经济发展要求的农村新体制。随着我国确立经济体制改革的总目标是建立社会主义市场经济，农村经济全面向市场经济过渡，主要举措有：农产品流通体制改革不断深化，取消了农产品统销制度，实行购销同价，废除了长达40年之久的农产品购买票证制度。农产品市场体系逐步建立，国家逐步建立起包括储备体系、风险基金及保护价收购余粮在内的农业宏观调控体系。同时，采取多种扶持鼓励政策，支持了乡镇企业的大发展；采取法律、政策等多种措施规范，减轻农民的各种税费负担，积极推进农村税费制度改革；用法律手段进一步稳定和完善农业双层经营体制，保护农民的合法权益；积极推进农业结构战略性调整和农业产业化经营等。

总之，十一届三中全会以来，我国逐步探索出了一条符合中国国情的农业发展道路，初步构筑了适应社会主义市场经济要求的农村经济体制新框架，确立了以公有制为主体、多种所有制经济共同发展的基本经济制度，以家庭承包经营为基础、统分结合双层经营体制，以按劳动所得为主和按生产要素分配相结合的分配制度，初步形成了较为完善的农村基本政策和农业法律体系，农业产业化趋势逐步显现，农业市场化程度明显提高。农村改革极大地解放和发展了农村生产力，带来农村经济社会面貌的历史性巨变，并为全国的改革、发展、稳定做出了巨大贡献。

第二节 现行中国农业经济的重要制度规定

一、《农业法》关于农业发展的主要制度规定

2003年3月1日开始实施的新的《中华人民共和国农业法》，是在1993年农业法实施10年后，根据中国农业经济发展进入新阶段和加入世贸组织的新情况制定的中国农业基本大法，共13章99条，系统规定了新时期我国农业发展的目标、制度和措施，是指导新时期农业经济发展的根本制度规定。

（一）农业和农村经济发展的基本目标和基本制度

1. 制定农业法的目的。为了巩固和加强农业在国民经济中的基础地位，深化农村改革，发展农业生产力，推进农业现代化，维护农民和农业生产经营组织的合法权益，增加农民收入，提高农民科学和文化素质，促进农业和农村经济持续、稳定、健康发展，实现全面建设小康社会的目标。

2. 农业和农村经济发展的基本目标。农业法指出，国家把农业放在发展国民经济的首位，国家采取措施保障农业更好地发挥在提供食物、工业原料和其他农产品，维护和改善生态环境，促进农村经济发展等多方面的作用。其发展目标是：建立适应发展社会主义市场经济要求的农村经济体制，不断解放和发展农村生产力，提高农业的整体素质和效益，确保农产品供应和质量，满足国民经济发展和人口增长、生活改善的需求，提高农民的收入和生活水平，促进农村富余劳动力向非农产业和城镇转移，缩小城乡差别和区域差别，建设富裕、民主、文明的社会主义新农村，逐步实现农业和农村现代化。

3. 农业和农村经济基本制度。农业法指出，国家坚持和完善以公有制为主体、多种所有制经济共同发展的基本经济制度，振兴农村经济；国家长期稳定农村以家庭承包经营为基础、统分结合的双层经营体制，发展社会化服务体系，壮大集体经济实力，引导农民走共同富裕道路；国家在农村坚持和完善以按劳分配为主体、多种分配方式并存的分配制度。

（二）农业生产经营体制

农业法关于农业生产经营体制的主要规定是：

1. 国家实行农村土地承包经营制度，依法保障农村土地承包关系的长期稳定，保护农民

对承包土地的使用权。农村集体经济组织应当在家庭承包经营的基础上，依法管理集体资产，为其成员提供生产、技术、信息等服务，组织合理开发、利用集体资源，壮大经济实力。

2. 国家鼓励农民在家庭承包经营的基础上自愿组成各类专业合作经济组织。农民专业合作经济组织应当坚持为成员服务的宗旨，按照加入自愿、退出自由、民主管理、盈余返还的原则，依法在其章程规定的范围内开展农业生产经营和服务活动。农民专业合作经济组织可以有多种形式，依法成立、依法登记。任何组织和个人不得侵犯农民专业合作经济组织的财产和经营自主权。

3. 农民和农业生产经营组织可以自愿按照民主管理、按劳分配和按股分红相结合的原则，以资金、技术、实物等入股，依法兴办各类企业；可以按照法律、行政法规成立各种农产品行业协会，为成员提供生产、营销、信息、技术、培训等服务，发挥协调和自律作用，提出农产品贸易救济措施的申请，维护成员和行业利益。

4. 国家采取措施发展多种形式的农业产业化经营，鼓励和支持农民和农业生产经营组织发展生产、加工、销售一体化经营。国家引导和支持从事农产品生产、加工、流通服务的企业、科研单位和其他组织，通过与农民或者农民专业合作经济组织订立合同或者建立各类企业等形式，形成收益共享、风险共担的利益共同体，推进农业产业化经营。

（三）农产品流通与加工

农业法关于农产品流通与加工的主要规定是：

1. 国家对农产品购销实行市场调节，逐步建立统一、开放、竞争、有序的农产品市场体系，鼓励和支持发展多种形式的农产品流通活动。国家对关系国计民生的重要农产品的购销活动实行必要的宏观调控，建立中央和地方分级储备调节制度，完善仓储运输体系，做到保证供应、稳定市场。

2. 国家支持发展农产品加工业和食品工业，增加农产品的附加值；建立健全农产品加工制品质量标准，完善检测手段，加强农产品加工过程中的质量安全管理和监督，保障食品安全。

（四）粮食安全

农业法关于粮食安全的主要规定是：

1. 国家采取措施保护和提高粮食综合生产能力，稳步提高粮食生产水平，保障粮食安全。主要是：建立耕地保护制度，对基本农田依法实施特殊保护；在政策、资金、技术等方面对粮食主产区给予重点扶持，建设稳定的商品粮生产基地等。

2. 国家在粮食的市场价格过低时，由国务院决定对部分粮食品种实行保护价制度。保护价应当根据有利于保护农民利益、稳定粮食生产的原则确定。农民按保护价出售粮食，国家委托的收购单位不得拒收。任何部门、单位或者个人不得截留或者挪用政府的粮食收购资金。

3. 国家建立粮食安全预警制度、中央和地方分级储备调节制度和粮食风险基金，保障粮食供给。风险基金主要用于粮食储备、稳定粮食市场和保护农民利益。

（五）农业投入与支持保护

农业法关于农业投入与支持保护的主要规定是：

1. 国家建立和完善农业支持保护体系。采取财政投入、税收优惠、金融支持等措施，从资金投入、科研与技术推广、教育培训、农业生产资料供应、市场信息、质量标准、检验检疫、社会化服务以及灾害救助等方面扶持农民和农业生产经营组织发展农业生产，提高农民收入水平。

2. 国家逐步提高农业投入的总体水平。中央和县级以上地方财政每年对农业总投入的增长幅度应当高于其财政经常性收入的增长幅度。财政农业资金主要用于：加强农业基础设施建设；支持农业结构调整，促进农业产业化经营；保护粮食综合生产能力，保障国家粮食安全；健全动植物检疫、防疫体系，加强动物疫病和植物病、虫、杂草、鼠害防治；建立健全农产品质量标准和检验检测监督体系、农产品市场及信息服务体系；支持农业科研教育、农业技术推广和农民培训；加强农业生态环境保护建设；扶持贫困地区发展；保障农民收入水平等。

（六）农民权益保护

农业法关于农民权益保护的主要规定是：

1. 任何机关或者单位向农民或者农业生产经营组织收取行政、事业性费用必须依据法律、法规的规定，收费的项目、范围和标准应当公布，没有法律、法规的依据的收费，农民和农业生产经营组织有权拒绝。任何机关或者单位向农民或者农业生产经营组织进行罚款处罚必须依据法律、法规、规章的规定，没有法律、法规、规章依据的罚款，农民和农业生产经营组织有权拒绝。任何机关或者单位不得以任何方式向农民或者农业生产经营组织进行摊派，除法律、法规另有规定外，任何机关或者单位以任何方式要求农民或者农业生产经营组织提供人力、物力、财力的属于摊派，农民和农业生产经营组织有权拒绝。

2. 各级人民政府及其有关部门和所属单位不得以任何方式向农民或者农业生产经营组织集资。没有法律、法规依据或者未经国务院批准，任何机关或者单位不得在农村进行任何形式的达标、升级、验收活动。农民和农业生产经营组织依照法律、行政法规的规定承担纳税义务。税务机关及代扣、代收税款的单位应当依法征税，不得违法摊派税款以及以其他违法方法征税。农村义务教育除按国务院规定收取的费用外，不得向农民和学生收取其他费用。

3. 国家依法征用农民集体所有的土地，应当保护农民和农村集体经济组织的合法权益，依法给予农民和农村集体经济组织征地补偿，任何单位和个人不得截留、挪用征地补偿费用。各级人民政府、农村集体经济组织或者村民委员会在农业和农村经济结构调整、农业产业化经营和土地承包经营权流转过程中，不得侵犯农民的土地承包经营权，不得干涉农民自主安排的生产经营项目，不得强迫农民购买指定的生产资料或者按指定的渠道销售农产品。

4. 农村集体经济组织或者村民委员会为发展生产或者兴办公益事业，需要向其成员（村民）筹资筹劳的，应当经成员（村民）会议或者成员（村民）代表大会过半数通过后，方可进行。任何单位和个人向农民或者农业生产经营组织提供生产、技术、信息、文化、保险等有偿服务，必须坚持自愿原则，不得强迫农民和农业生产经营组织接受服务。农产品收购单位在收购农产品时，不得压级压价，不得在支付的价款中代扣、代收任何费用。法律、行政法规规定代扣、代收税款的，依照法律、行政法规的规定办理。

二、农村土地承包制度

《中华人民共和国农村土地承包法》共5章65条，于2003年3月1日正式实施，标志着农村土地承包走上了法制化轨道。

农村土地，是指农民集体所有和国家所有依法由农民集体使用的耕地、林地、草地，以及其他依法用于农业的土地。农村土地既是农民的基本生产资料，也是农民最可靠的生活保障；土地承包经营权是国家赋予农民的基本权利，是绝大多数农民赖以生产、生活的基础；稳定和完善土地承包关系，是党的农村政策的基石，是保障农民权益、促进农业发展、保持农村稳定的制度基础;用法律形式稳定农村土地承包关系,赋予农民长期而有保障的土地使用权,符合农民的根本利益,符合我国农村人口众多、人均耕地少的基本国情。制定农村土地承包法的目的是:稳定和完善以家庭承包经营为基础、统分结合的双层经营体制,赋予农民长期而有保障的土地使用权,维护农村土地承包当事人的合法权益,促进农业、农村经济发展和农村社会稳定。

(一)农村土地承包的基本规定

农村土地承包的基本规定主要有:国家实行农村土地承包经营制度,农村土地承包采取农村集体经济组织内部的家庭承包方式,不宜采取家庭承包方式的荒山、荒沟、荒丘、荒滩等农村土地,可以采取招标、拍卖、公开协商等方式承包;国家依法保护农村土地承包关系的长期稳定,农村土地承包后,土地所有权性质不变,承包地不得买卖;农村集体经济组织成员有权依法承包本集体经济组织发包的农村土地,任何组织和个人不得剥夺和非法限制农村集体经济组织成员承包土地的权利;农村土地承包,妇女与男子享有平等的权利;农村土地承包应当坚持公开、公平、公正的原则,正确处理国家、集体、个人三者利益关系;国家保护集体土地所有者的合法权益,保护承包方的土地承包经营权,任何组织和个人不得侵犯;国家保护承包方依法、自愿、有偿地进行土地承包经营权流转等。

(二)发包方和承包方的权利与义务

土地承包法规定:农民集体所有的土地属于村农民集体所有,由村集体经济组织或者村民委员会发包;已经分别属于村内两个以上集体经济组织的农民集体所有的,由村内各该农村集体经济组织或者村民小组发包。

1. 发包方的权利与义务。其权利是:发包集体所有的或者国家所有依法由本集体使用的农村土地;监督承包方依照承包合同约定的用途合理利用和保护土地;制止承包方损害承包地和农业资源的行为等。其义务是:维护承包方的土地承包经营权,不得非法变更、解除承包合同;尊重承包方的生产经营自主权,不得干涉承包方依法进行正常的生产经营活动;依照承包合同约定为承包方提供生产、技术、信息等服务;执行县、乡(镇)土地利用总体规划,组织本集体经济组织内的农业基础设施建设等。

2. 承包方的权利与义务。家庭承包的承包方是本集体经济组织的成员。其权利是:依法享有承包地使用、收益和土地承包经营权流转的权利,有权自主组织生产经营和处置产品;承包地被依法征用、占用的,有权依法获得相应的补偿等。其义务是:维持土地的农业用途,不得用于非农建设;依法保护和合理利用土地,不得给土地造成永久性损害等。

(三)土地承包的原则、期限和承包合同

1. 原则。主要是:按照规定统一组织承包时,本集体经济组织成员依法平等地行使承包土地的权利,也可以自愿放弃承包土地的权利;民主协商,公平合理;承包方案依法经本集体经济组织成员的村民会议三分之二以上成员或者三分之二以上村民代表同意;承包程序合法。

2. 承包期限。耕地的承包期为30年,草地的承包期为30~50年,林地的承包期为30~70年,特殊林木的林地承包期,经国务院林业行政主管部门批准可以延长。

3. 承包合同。发包方应当与承包方签订书面承包合同。承包合同的一般条款是:发包方、承包方的名称,发包方负责人和承包方代表的姓名、住所;承包土地的名称、坐落、面积、质量等级;承包期限和起止日期;承包土地的用途;发包方和承包方的权利与义务;违约责任。承包合同生效后,发包方不得因承办人或者负责人的变动而变更或者解除,也不得因集

体经济组织的分立或者合并而变更或者解除；国家机关及其工作人员不得利用职权干涉农村土地承包或者变更解除承包合同。

（四）土地承包经营权的保护

1. 承包期内，发包方不得收回承包地。承包期内，承包方全家迁入小城镇落户的，应当按照承包方的意愿，保留其土地承包经营权或者允许其依法进行土地承包经营权流转；承包期内，承包方全家迁入设区的市，转为非农业户口的，应当将承包的耕地和草地交回发包方，承包方不交回的，发包方可以收回承包的耕地和草地；承包期内，承包方交回承包地或者发包方依法收回承包地时，承包方对其在承包地上投入而提高土地生产能力的，有权获得相应的补偿。

2. 承包期内，发包方不得调整承包地。承包期内，因自然灾害严重毁损承包地等特殊情形对个别农户之间承包的耕地和草地需要适当调整的，必须经本集体经济组织成员的村民会议三分之二以上成员或者三分之二以上村民代表同意，并报乡（镇）政府和县级政府农业等行政主管部门批准。

3. 下列土地应当用于调整承包土地或者承包给新增人口：集体经济组织依法预留的机动地；通过依法开垦等方式增加的；承包方依法、自愿交回的。

4. 承包期内，妇女结婚，在新居住地未取得承包地的，发包方不得收回原承包地；妇女离婚或者丧偶，仍在原居住地生活或者不在原居住地生活但在新居住地未取得承包地的，发包方不得收回原承包地。

5. 承包期内，承包方可以自愿将承包地交回发包方，承包方自愿将承包地交回的，应当提前半年以书面形式通知发包方；承包方在承包期内交回承包地，在承包期内不得再要求承包土地。承包人应得的承包收益，依照继承法的规定继承；林地承包的承包人死亡，其继承人可以在承包期内继续承包。

（五）土地承包经营权的流转

承包法规定，通过家庭承包取得的土地承包经营权可以依法采取转包、出租、互换、转让或者其他方式流转，流转的主体是承包方，其有权依法自主决定是否流转和流转方式。转包或者出租是指，承包方在一定期限内将部分或者全部土地承包经营权转给或租给第三方，原承包方与发包方的承包关系不变。互换是指，承包方之间为方便耕种或者各自需要，对属于同一集体经济组织的土地承包经营权进行互换。转让是指，承包方将全部或者部分土地承包经营权转让给其他农户，由该农户同发包方确立新的承包关系，原承包关系即行终止。其他方式主要指入股，即承包方自愿联合将土地承包经营权入股，从事农业合作生产。

1. 土地承包经营权流转的原则是：平等协商、自愿、有偿，任何组织和个人不得强迫或者阻碍承包方进行土地承包经营权流转；不得改变土地所有权的性质和土地的农业用途；流转的期限不得超过承包期的剩余期限；受让方须有农业经营能力；在同等条件下，本集体经济组织成员享有优先权。

2. 承包期内，发包方不得单方面解除承包合同，不得假借少数服从多数强迫承包方放弃或者变更土地承包经营权，不得以划分"口粮田"和"责任田"等为由收回承包地搞招标承包，不得将承包地收回抵顶欠款。

3. 土地承包经营权流转的转包费、租金、转让费等，由当事人双方协商确定。流转的收益归承包方所有，任何组织和个人不得擅自截留、扣缴。

三、村民自治制度

1998年11月4日颁布实施的《中华人民共和国村民委员会组织法》标志着我国农村基层民主制度建设进入新的阶段，是实行村民自治的根本法律规范。村民委员会是村民自我管理、自我教育、自我服务的群众性自治组织，实行民主选举、民主决策、民主管理和民主监督。村民自治，就是在党的领导下，按照宪法和村民委员会组织法的规定，村里的干部由村民自己来选，村里的事务由村民自己来管，村里的财务由村民自己来理，村里的事情由村民自己来办。就是在农村全面实行民主选举、民主决策、民主管理和民主监督，使广大农民真正当家作主，依法自己管理自己。

在实行村民自治时，要明确两个关系：（1）村党支部和村委会的关系。乡镇、村基层党组织，是党在农村的组织基础和工作基础，是农村各项工作的领导核心，主要是政治领导、思想领导和重大问题、重大环节的领导。村民会议和村民代表会议是决定和处理村务的权力机构，村委会是村民自治的工作机构，负责村级事务的日常管理，组织实施村民会议和村民代表会议的决定。在村民自治范围内的事项，既不能由村党支部包办，也不能任由村委会说了算，而是要按照大多数村民的意见办。（2）村委会与乡镇政府的关系，不是行政上的上下级关系、不是领导与被领导的关系，而是指导与被指导的关系。

（一）村级民主选举

村级民主选举，就是按照村民委员会组织法及其实施办法，由村民委员会直接选举或罢免村委会干部。在村委会换届选举时，应当注意把握四个环节，即：及时成立选举领导机构，严格依法进行选民登记；做好提名和确定候选人工作；精心组织投票选举。凡年满18周岁（本村选举日为准）的村民，除依照法律剥夺政治权利者外，都有选举权和被选举权。

（二）村级民主决策

村级民主决策就是按照有关的法律法规，在农村设立村民会议或村民代表会议，研究村里的大事和群众共同关心的问题，凡涉及村民利益的重要事项，都要提请村民会议或村民代表会议讨论，按照多数人的意见做出决定。村民会议由本村18周岁以上的村民组成、过半数参加，或者由本村2/3以上的户的代表参加，所做出的决定应当到会人员的半数通过，始得生效。村民代表会议由村民代表组成，一般由村民按5~10户推选1人，或者村民小组推选若干人。

（三）村级民主管理

民主管理，就是依据国家的法律法规和党的方针政策，结合当地实际，由村民讨论制定村民自治章程和村规民约，作为全体村民日常的行为准则，共同遵守，以此共同管理村内事务，维护村内秩序。实行民主管理，除了通过村民会议或村民代表会议让村民就村内事务发表意见，直接参与管理外，主要形式是通过村民自治章程和村规民约，让干部和群众自我约束、自我管理、自我教育。

（四）村级民主监督

民主监督就是村民通过一定形式监督村里重大事务和与村民利益关系密切的有关事项，包括本村内的重大事项和乡镇政府行政过程中涉及村民利益的事项。实行民主监督的有效形式：一是实行村务公开，二是实行乡镇政务公开。

村务公开的主要内容是：（1）政务公开，公开的内容涉及党的方针政策、国家法律法规及县乡政府落实的规定。（2）事务公开，公开的内容包括土地承包经营方案、集体企业承包方案、宅基地使用方案、计划生育政策落实等。（3）财务公开，包括村级各项收入、支出和收益分配等，这是村务公开的重点。村务公开的关键是真实。

乡镇政权机关的政务公开制度，是2000年12月由党中央、国务院做出的。乡镇机关对群众政务公开的主要内容是：乡镇行政管理、经济管理活动的事项，如财政预算及执行情况、债权债务、企业承包、专项经费使用、工程招标等；与村务公开相对应的事项。

习题与思考题

一、名词解释

1. 村民自治　　2. 土地承包经营权转让

二、填空

1. 实行民主监督的有效形式，一是实行_____，二是实行_____。村务公开包括：_____、_____、_____。

2. 土地承包经营权流转的原则是：_____、_____、_____。

3. 土地承包经营权流转的转包费、租金等，由_____确定。流转的收益归_____所有。

4. 承包期内，发包方不得_____承包地，不得_____承包地。

5. 国家长期稳定农村以_____为基础、_____的双层经营体制。

6. 农民专业合作经济组织应当坚持_____的宗旨，按照_____、_____、_____、_____的原则，依法在其章程规定的范围内开展农业生产经营和服务活动。

7. 粮食保护价应当根据有利于_____、_____的原则确定。

三、简答

1. 农村土地承包的基本原则是什么？
2. 农村土地承包承包方的权利与义务是什么？
3. 我国农业和农村经济发展的基本目标是什么？

第二章 农业现代化

由传统农业向现代农业转变，实现农业现代化，是中国农业发展的长期战略。农业现代化是涉及农业的观念创新、科技创新、组织管理创新、制度创新、结构调整优化等复杂内容的系统变革与发展过程。本章结合发达国家农业现代化的历史实践，介绍中国农业现代化的基本理论和实践问题。

第一节 发达国家农业现代化的实践

发达国家借助于第一次工业革命和科技革命的成果，经过100年左右的时间，于20世纪中后期率先进入现代农业阶段，积累了丰富的历史经验和教训。虽然各个国家由于所处历史阶段不同，国情不同，农业现代化的道路不完全相同，但现代化的基本特征、结果和方向是相同的，中国农业现代化应当在充分借鉴吸收发达国家经验的基础上，探索有中国特色的农业现代化道路。

一、世界农业发展简史

世界农业发展，就其主要特征而言，就是农业与非农产业联合、分离、再联合，并经历了原始农业、古代农业、近代农业、现代农业等主要阶段。其中任何一个阶段都是在前一个阶段基础上，借助于外部力量和内部动力而实现的农业质的飞跃，其生产力水平、生产经营组织形态、分工协作方式都较以前阶段更为先进。

(一) 原始农业（石器时代）

远古人类为了维持生存，只有依靠采集和捕捞自然界现成的动植物果腹，还不能以自己的劳动增加动植物产品数量。在人类童年期，人类生活在热带和亚热带森林中，树居和食果是该时期的特征。在旧石器时期，人类以粗制的、没有磨制的石器为工具，而且学会了用火，学会了用粗制的棍棒和标枪狩猎，采集和捕鱼是劳动和生活的主要内容。在新石器时期，人类学会了以打磨制作石器为工具，并发明了弓箭，使打猎成为人类普通的劳动，使肉食成为日常食物，从打猎中发明了驯养动物，开始了原始的畜牧业，以后进一步学会了种植谷物，由此使人类开始定居生活。

原始农业长达十多万年，使用简陋的农具、采用刀耕火种或火垦方式的耕作制度，利用原始的直接经验，以原始的氏族大家庭为单位，以自然分工协作为组织方式，从事集体劳动，生产力水平非常低下。

(二) 古代农业（铁器时代至19世纪中叶）

古代农业是指原始农业和近代农业中间很长的历史时期，大体上相当于奴隶社会至封建社会、殖民地社会时期的农业，也就是常说的"传统农业"。古代农业是随着炼铁技术及铁制工具制作技术的成熟、铁制工具（农具）使用的普及而产生、发展的。另外，古代农业的耕作制度由原始的烧垦制过渡到既能较充分地利用土地资源又能较好保护自然植被的轮作制，整地播种、中耕除草、育苗移栽、灌溉施肥等一系列精耕细作的方法随之出现，农业技术水平不断提高；古代农业的生产经营方式主要包括奴隶制庄园和封建制的领主经营两种方式。中国古代农业典型的经营方式是地主制经营，主要特征是土地买卖、实物地租和农民家庭为单位的小农经济。

古代农业的时间跨度长达2 000年，其基本特征是：以手工制造的铁木工具为操作工具，以人力、畜力为主要动力，在农业技术上主要依靠精耕细作的传统经验，农业长期处于自给自足的自然经济状态，农业生产效率很低，而且进步很慢。古代农业的进步在于：采用精耕细作的方法，提高了土地生产率，初步实现了对土地的用养结合，从而使自然生态环境得以维持。其主要不足表现在：从能量循环角度分析，是一种低水平、封闭的循环状态；从社会分工的角度分析，是一种自给自足的自然经济，社会分工虽有发展，但力度有限，对社会经济整体发展影响不大。

（三）近代农业（19世纪中叶至20世纪中叶）

近代农业可以看作是现代农业的起步阶段。在世界农业发展过程中，近代农业产生的标志有三个方面，即农业的资本主义化、生产工具的进步、生产技术的发展。不同国家农业资本主义化的方式不同，较典型的是发生在英国的"圈地运动"，其结果是使自耕农大多沦为无产者，少数则成为租地农场主，农业中形成了地主、农业资本家、农业工人三个阶级，它意味着土地被集中起来与资本相结合，新的农牧场便成为向市场提供农产品的资本主义企业，在市场利益机制和竞争机制的促动下，先进的科技成果被纳入农业生产过程，近代农业从此起步。近代农业生产工具的进步是在18世纪工业革命的基础上，从19世纪农业机械发明开始，经历马拉工具机械、蒸汽拖拉机、内燃柴油拖拉机等不断发展、完善的过程。1931年，柴油拖拉机诞生，以其突出的经济性和强大的动力逐步广泛应用，为联合收割机等农业机械的广泛应用创造了条件，并逐步代替畜力。近代农业的生产技术，是在19世纪一系列科技革命的基础上，向农业渗入，科学的农业生产技术体系形成，如李比希（1803—1873）提出矿物质营养学说后产生了化学肥料工业，合成化学技术发展产生了除草剂、杀虫剂，细胞科学、生物遗传科学的发展，使良种选育技术逐渐成熟，出现了杂交玉米等。

近代农业发展的基本特征是：以工业生产的机械化、半机械化的农机具开始普及；近代自然科学和农业科学成果应用于农业，科学的农业生产技术体系开始形成；农业已由自然经济为主转变为商品经济，农业产值和农民收入的比重不断下降。其主要缺陷是：能源浪费严重；环境污染加剧；工农对立、城乡对立形成，生产过剩性农业危机产生，即农业落后于工业，农村落后于城市，工农之间、城乡之间产生严重对立状况，农业的脆弱和农民收入低下又是造成包括农业在内的整个国民经济周期性危机的重要原因。

（四）现代农业（20世纪中叶至今）

在人类享受着近代农业的成果时，越来越认识到这种农业的矛盾与问题的严重性，开始了新的探索，从此世界农业进入了现代农业阶段，至今尚未结束。从发达国家的实践和科技革命的前景看，现代农业生产工具的特征是智能化和全面机械化，生产技术的核心是生物工程的广泛应用，生产的组织形式是在专业化分工基础上的联合与合作。现代农业的突出贡献在于：在一定程度上弥补了近代农业的不足，有限地缓解了生态危机、能源危机和由城乡对立、工农对立而引起的经济危机。

对于现代农业的发展趋势，人们目前存在不同的认识，知识化农业、信息化农业、现代生态农业、工厂化农业、都市农业、海洋农业等等是对其趋势和类型、特征的描述，众说纷纭，各有道理。从现代化建设的理论看，形成了有机农业理论、生态农业理论、自然农业理论、持续农业理论等,其中持续农业不但成为理论的主流,而且成为各个国家共同的发展战略选择,正在付诸实施。目前各主要国家已就现代农业的发展趋势达成一种共识:各种农业形式在高新技术含量不断增加的基础上有机结合起来,相互影响,彼此支持;它们与城市、工商等非农产业的融合度持续提高,同时又保证了生态效益、经济效益、社会效益的协调发展。

二、典型发达国家农业现代化的实践

(一)美国农业

早在20世纪80年代,美国农业就成为典型的现代化农业。1995年,农业人口仅占全国总人口的2.6%(2002年下降到2.2%),生产了供2.687亿全国人口消费的廉价食物,并出口了占全国出口总收入近20%的农产品,农业产值仅占国民生产总值的2%,农民人均年产值2.3万美元,农民收入水平较高,城乡差距不明显。

1. 农业自然条件

美国是世界上少有的拥有丰富多样的高质量农业自然资源的国家,农业用地约6.97亿公顷,占国土面积的79%。其中,耕地面积1.92亿公顷,占国土面积的21%;牧场2.4亿公顷,占26%;林地2.65公顷,森林覆盖率33%。人均占有耕地0.83公顷、草场1.1公顷、林地1.14公顷。美国的农用地大部分位于北温带和亚热带,雨量充沛,年降雨量的地区分布和季节分布都较为均匀,土地平坦、土壤肥沃,60%的耕地为灌溉农田。从19世纪开始农业商品化以来,根据不同的农业自然条件和其他条件,逐步形成了玉米带、棉花带、小麦带、牧草乳酪带、烟草和综合农业带、山区放牧带、太平洋沿岸综合农业带、亚热带作物区等8个专业化农业带,区域分工明显。

2. 农业生产水平

美国农业既是一个高效率的产业,也是一个重要的出口创汇产业。美国人口只占世界的5%,生产的粮食占20%,油料籽实占33%,还有大量的肉、蛋、奶产品。进入20世纪90年代后,从事农业的340万农民平均每人提供98.2吨粮食、5.3吨肉(牛肉和猪肉)、18.5吨奶、3吨禽肉、1 720打禽蛋,每一美国农民能养活98个本国人和34个其他国家的人。同时,美国也是最大的农产品出口国,出口额约占世界农产品贸易额的20%,其中,大豆及制品出口额占世界贸易的50%、杂粮占55%、小麦占45%、棉花占30%、稻米占28%,每投入3公顷耕地,就有1公顷生产出口农产品。农产品贸易顺差成为抵偿国际收支逆差的重要财源。当然,美国也进口农产品,主要是无法生产的(如咖啡、可可、茶叶、橡胶等)和生产费用过高的(如毛皮等)。

3. 农业产业结构

美国农业产业结构具有部门结构的多样性、地区结构的合理性、高度专业化分工协作性等特点。美国农业、林业、渔业和畜牧业都很发达,实现均衡发展;形成了适应不同地区优势的产业带;集中化和专业化趋势明显,20世纪50年代后,农场数目日益减少,规模扩大,目前只有230多万个农场,平均规模178公顷,平均资产37.7万美元,专门生产一种基本农产品的农场比例高达95.5%,大规模专业化经营的发展导致产前、产后以及产中环节的服务由专门化的组织完成,农场只负责日常的经营管理工作,实现了农业生产的工艺专业化,每个农场主平均参加2.6个各类合作社,由合作社加工的农产品占农产品总量的80%。尤其重要的是,农业和其他有关涉农部门广泛协作、联合,形成了农工一体化组织,产生了所谓的

"食品—纤维系统",即农业生产与加工、流通、供应、服务等各环节组成紧密的产业一体化组织,使农业成为一个竞争力很强的产业部门,形成了发达的农产品生产产业、农业科技产业、农业服务产业、农产品加工流通产业、农业生产资料产业、环境与资源保护产业等竞相发展的格局,创造了大量就业机会和社会财富。

4. 农场制组织形式

美国农场按照农产品销售额分为四种,一是农村居住农场,年销售额在 5 000 美元以下,1994 年这类农场占 33.5%,销售额占 1.3%;二是小型农场,年销售额在 0.5~3.9 万美元,1994 年这类农场占 33%,销售额占 14%;三是中型农场,年销售额在 4~19.9 万美元,1994 年这类农场占 23.1%,销售额占 38%;四是大型农场,年销售额在 20 万美元以上,1994 年这类农场占 10.4%,销售额占 46.7%。按照所有制形式分为三种,一是全自耕农场,即自有全部经营土地,1994 年占 50%;二是半自耕农场,占 28.5%;三是佃农农场(租地经营),占 12.5%。按照经营方式分为三种,一是家庭农场,即由农场主及其家庭成员经营,约 210 万个,平均规模 130 公顷、年销售额 3.5 万美元,占全国农场总面积 70%,占农场销售总额的 60%;二是合伙农场,即由几个农场主或农户联合经营,约 20 万个,平均规模 270 公顷、年销售额 7.5 万美元,占有全国农场总面积 16%,占农场销售总额的 16.5%;三是公司农场,即由投资人入股、按股份公司经营,平均规模 1 000 公顷、年销售额 44.9 万美元,占有全国农场总面积 14%,占农场销售总额的 23.5%。

5. 农业技术革命

从 18 世纪末开始,美国的农业技术发生过四次革命,即机械革命、生物革命、化学革命和管理革命,每个时期的侧重点不同。针对地广人稀、劳动力资源缺乏的实际,农业技术首先从机械化技术取得突破,劳动生产率大幅度提高,同时重视良种、化肥等技术开发应用,20 世纪 60 年代后,又在计算机技术的支持下,开展了管理革命。在政府的支持下,从 19 世纪中叶到 20 世纪初,根据《莫里尔赠地学院法》、《哈奇试验站法》,创建了农业教育、科研和推广的"三位一体"技术进步体制,即以州立大学农学院为主体,推动职业性农业研究和普及农业教育、推广农业技术,技术进步效率很高。目前高中以上文化程度的农民已达 90%,50 岁以下农民普遍具有大学或大专以上文化水平,既能从事农场企业管理,也能操作计算机、各种农业机械,是真正的现代农民。

(二)日本农业

日本农业的现代化是在二次世界大战后用三十多年的时间实现的,它既有欧美发达农业的某些特征,又保留着亚洲耕作制度方面的一些传统。二次世界大战以前,日本农业无论社会形态还是技术形态都相当落后。战后初期,农产品产量不足战前 60%,为保证食物供应、稳定社会,在占领军的帮助下,实行土地改革,彻底废除了农村中的地主—佃农制度,广大佃农获得了土地成为自耕农,劳动积极性大幅度提高,农业生产迅速恢复。在此期间,首先利用了生物—化学技术(高产良种和化肥),1955 年便获得空前丰收。此时城市工商业迅速发展,在吸纳农村过剩劳动力的同时,又向农业投入先进农机具和其他物资,促进了农业机械化,1960 年、1975 年和 1995 年,日本农业拥有的拖拉机分别为 18 万台、392 万台和 500 万台。同时,继续坚持并发展了他们的生物—化学技术,农业生产力水平很高。

1. 农业自然条件

日本的气候条件适于农业发展,受海洋性季风气候影响雨量充沛,但耕地资源缺乏而且贫瘠,3/4 的国土为丘陵和山地,可耕地只有 400 万公顷,只占国土面积的 15%,每人平均

0.04 公顷、每个农业人口平均只有 0.45 公顷（1983 年）；牧场草地也较少，只有 60 万公顷；森林覆盖率达到 67.9%。日本的海岸线很长，渔业资源丰富，并拥有强大的远洋舰队和先进的捕捞技术。这些资源条件，决定了水稻种植及海洋渔业是日本农业中举足轻重的两大部门。

2. 农业生产水平

日本农业是以提高土地生产率为核心的，其生产水平不断提高。1960~1995 年，每公顷水稻产量由 3 983 公斤提高到 5 100 公斤，小麦由 2 610 公斤提高到 3 500 公斤。1950~1990 年，每公顷化肥使用量（实物量）由 750 公斤提高到 3 000 公斤。灌溉面积占耕地面积的 66%，温室面积 2.8 万公顷，成为园艺设施最发达的国家之一。同时，农业机械化水平很高，目前，每百户有较大型拖拉机（11 千瓦以上）47 台、联合收割机 30 台、插秧机 55 台。当然，日本农业的高投入是与日本经济实力增强、国家投入大量补贴分不开的，农业的国内保护水平在世界上首屈一指，其产品在国际市场缺乏竞争力，农业的效益水平较低；农产品自给率不断下降，1960~1990 年，由 91% 下降到 68%，目前仍然在下降，国内消费对国际市场的依赖不断增强。

3. 农业结构水平

日本农业的生产在国民经济中的比例不断下降，农业净产值的比例 1960 年为 10%，1995 年为 2.1%；农业人口占总人口的比重 1960 年为 27%，1995 年为 4%。目前农业劳动力总数约 450 万人。在农业内部产值结构中，1955 年稻米占 53%、其他粮食作物占 18%、蔬菜水果占 10%、畜产品占 9.7% 等；1995 年，稻米所占比例下降到 28%，畜产品比例上升到 31%，蔬菜水果所占比例也有所上升。

4. 农业的经营形式

日本农业经营形式的基本特点可概括为：自耕农家庭小规模经营为主，兼业经营普遍，农协作用突出。日本农户经营面积普遍较小，20 世纪 90 年代初平均每户土地面积 1.2 公顷，以后 1 公顷以下农户比重虽然有所下降，1995 年仍然占 68%，2 公顷以上农户占 9%。无论大小农户都主要使用家庭劳动力，雇工多是临时性的，其主要原因是耕地面积小、农机普及率高、工业中雇工工资比农业高一倍。日本农民就职情况分三类：专业农户，全部劳动时间只从事农业；第一兼业农户，以农为主、兼搞他业；第二兼业农户，以他业为主、农业为副。1995 年兼业农户占 90%，其中第二兼业农户占 75%，只保留一点土地，只在休息日干农活，收入主要不是来自农业，进而导致对农业生产不关心，影响农业生产和规模化经营的形成。

日本农业组织最大的特色和优势是农协（农业协同组合），农业现代化是在农协系统、全面、高效的组织下完成的。日本农协是依据 1947 年《日本农业协同组合法》在政府的监督和财政支持下重组建立和发展壮大的，是集农业、农村、农民和经济组织、政治组织为一体的自成系统性、综合性和非营利性准政府机构，是农村商品流通、信贷、社会保障等方面占压倒优势又颇具垄断性的"综合商社"、"银行"、"保险公司"，其业务范围涉及农民生产、经营、生活的各个方面，农户 90% 农产品通过农协流通。对政府而言，农协是代表农业、农村和农民利益的最大"压力集团"，政府的许多机构和议会中都有农协代表，政府制定法律、政策、预算时首先与农协商量，同时又是执行政府法律、政策的代理机构。日本农协的组织机构按行政区划建立，相应有全国农协、地方农协和基层农协，每一级农协中又有综合性和专业性两类，各级、各类农协之间有十分具体的业务范围规定。农户都是农协成员，农协的主要领导由会员选举产生，领导权掌握在农民手中，具有较强的凝聚力，在克服小农分散性、参与市场竞争、争取国家保护，以及信贷、科技推广等方面起了决定性作用。

日本农业在发展过程中也存在很多问题，如兼业经营导致的资源配置不合理、规模效益无法获取，高投入、高补贴农业导致的效率降低、竞争力弱、财政负担沉重等，需要国家采取一定措施加以解决。

（三）法国农业

法国是传统的农业国，二次世界大战以前，法国的农业由于小农经济比重大、资本主义农场规模小、土地分散经营等原因，相对于英国、德国、美国增长相对缓慢。二次世界大战以后，政府十分重视农业发展，采取了种种干预措施，大大提高了农业资本主义经营的集中程度，从1968年起，从农产品净进口国变为净出口国，70年代以后，成为仅次于美国的第二大农产品出口国。

1. 农业自然条件

法国大部分地带属海洋性温带气候，降雨季节分布较为均匀，河流众多，支流密布，土层厚而肥沃，适宜于农业发展。该国农用地总面积4 579万公顷，占国土面积84.5%，其中耕地约占农用地41%，牧草地约占27%，森林与林地占32%；它的海岸线总长3 115公里，渔业资源丰富。

2. 农业生产水平

从1950年至90年代初的40年时间，农业生产水平迅速提高，谷物人均占有量由331公斤增至1 000公斤，肉类由46公斤增至70公斤，牛奶由371公斤增至570公斤。1995年每公顷谷物产量6 458公斤，其中小麦为每公顷6 508公斤、玉米7 717公斤、大豆2 570公斤，油菜籽每公顷3 228公斤。每个农业劳动力生产谷物33 300公斤、肉类3 290公斤，分别相当于世界平均水平的20倍和22倍，每个劳动力生产的农产品可供51人消费。畜牧业中的养牛业地位最重要，牛的头数2 300万头，居欧洲第二，鸡蛋产量也居欧洲第二。农业生产水平的提高，主要依靠机械技术、化学技术和生物技术的综合应用。种植业实现了从翻地到收获的机械化，畜牧业也实现了饲养过程及加工、冷冻环节的机械化。化肥施用量每公顷300公斤，化肥品种、质量、施用技术均达到很高水平，喷灌、滴灌技术普遍应用，优良品种广泛推广。

3. 农业结构水平

1995年，法国农业产值占国内生产总值的2.8%，农业劳动力占全国的6.6%。如果把涉农产业与农业看作一个整体，这个综合体的就业人口占全国的22.5%，产值占20%。在农业内部，1955~1966年，畜牧业与种植业产值之比为60:40，目前为49:51。种植业以小麦、玉米为主，畜牧业以养牛、蛋鸡为主。

4. 农业经营形式

1966年后，法国采取多种干预措施鼓励土地集中，目前农业经营形式主要有家庭农场、雇工经营的资本主义大农场、农业合作社和农工商联合经营。1995年，家庭农场土地占农用地的55%，其中20~50公顷的农场占家庭农场总面积的72%，10~20公顷的占26%，而这两类农场数量分别占家庭农场总数的35%和55%，规模大的农场基本是现代化农场。雇工经营的资本主义大农场都是占地50公顷以上的大农场，占全国农场总数的9.8%，占地面积占全国的45%。农业合作社是法国农场主自愿联合的组织，在农业发展中发挥着重要作用，90%以上的农场主参加了各种合作社，1990年时有购销合作社4 055个、农业生产合作社15 000~20 000个、信贷合作社3 200多个，还有大量的各种农业服务合作社。

（四）荷兰农业

荷兰是欧洲自然条件并不优越的国家，其现代化的历史过程与法国有近似的经历，但从19世纪70年代后，又表现出自己显著的特点，主要是充分利用比较优势，面向国际市场，发展高度外向型现代农业和高投入、高产出的集约化农业，形成了蔬菜、花卉、奶牛养殖等优势支柱产业，成为世界农业发展的典范。

1. 自然条件

荷兰位于欧洲西部沿海地带，气候温和，但纬度较高、光照不足，四季多风，大部分耕地和草场位于平原低洼地带，易受涝灾。1993年人均耕地面积仅0.06公顷（0.9亩），人均农用地0.138公顷（约2亩）。

2. 农业生产水平

高投入、高产出、外向型是其典型特点。早在20世纪80年代初，每公顷耕地的农业固定资本额就位居世界第一，高达1 953美元，相当于美国的12倍；亩均化肥施用量39公斤（纯量），居世界第一。正是由于高投入，土地生产率和劳动生产率均位居世界前列，1994年，每公顷谷物产量7 149公斤，为世界第一；每公顷小麦、马铃薯产量分别为8 067和45 049公斤，为世界第一。每个农业劳动力生产的蔬菜、块茎作物、鸡蛋产量和创造的农业附加值（41 245美元）均居世界第一，每公顷农用地创造的附加值5 932美元，世界第二，是世界上最大的花卉生产国和出口国，是欧洲的"菜园和花园"；农业增长的80%多来源于农业生产率的提高。农产品出口额20世纪60年代末只有23亿美元，90年代初增加到133亿美元，仅次于美国、法国而居世界第三，净出口额世界第二；其农业劳动力、农业人口分别只占全国的3.2%，其农业产值仅占国内生产总值的4%，出口额和外汇收入却占1/4。1995年，每平方米农用地实现农产品出口近2美元，每个农业劳动力实现农产品出口67 000美元。

3. 农业结构

19世纪70年代欧洲农业过剩危机后，荷兰利用其气候湿润多雨适于牧草生长和国际贸易地理位置优越（欧洲门户）的条件，及时调整农业结构，减少了能从国外廉价进口的谷物生产，大力发展高附加值的畜牧、园艺产业，尤其是20世纪70年代欧共体实行共同农业政策后，各国进行经济分工，畜牧业和花卉、蔬菜等园艺产业迅速发展，大量进口饲料粮，粮食自给率大幅下降（只有30%），形成了大进大出的格局。园艺作物的生产、流通技术更是世界首屈一指，智能温室蔬菜花卉生产一万多公顷，农作物种植、畜牧养殖已高度机械化，现代育种技术、栽培技术和智能化管理技术、流通贸易技术有效地支撑了荷兰农业的现代化。

4. 农业经营形式

其基本特点是，以家庭农场经营为基础，专业合作社为纽带，围绕专业化产品生产形成产前、产中、产后关联产业有机结合的现代产业一体化组织形式。荷兰农业以家庭农场为基础，农用地70%归农户所有，另外30%是农户从地主那里租用的。总体看，农场规模小，1960年平均只有10公顷，以后在政府土地合并计划推动下，不断扩大，1995年平均为17.4公顷，约1/3农场规模小于5公顷，1/3在20公顷以上，超过100公顷的接近1%；园艺作物中80%的农场规模小于5公顷，其中近1/3规模在0.01～1公顷；谷物、饲料作物种植规模相对较大。荷兰家庭农场80%多是专业化生产，在此基础上，依靠各种专业合作社把农场生产领域与加工、流通贸易、生产资料供应等环节有机结合为一个整体，专业合作社是荷兰农业成功的一个重要基石，平均每个农户要参加3～4个专业合作社。60%左右的饲料、化肥供应由合作社提供，80%以上的牛奶加工、60%以上的甜菜加工、100%的马铃薯加工由30个加工合作社完成，80%以上的蔬菜水果、90%以上的鲜花由 41 个水果蔬菜合作拍卖市场、12 个鲜花合作拍卖市场成交，同时还有机械服务、农产品仓储、救济、管理辅导等多种服务合作社。依靠合作社把专业化生产的农场连接在一体化的组织网络之中，发挥着重要作用。

荷兰农业的成功是与政府的积极引导，政策扶持和有效领导、调控分不开的，主要是鼓励土地规模经营和集中，围海造田和兴修水利工程，建立发达的农业教育、科研和推广制度，对农业实行一元化领导等。

三、发达国家农业现代化的共同经验

（一）现代农业的发展模式

世界上大部分经济发达国家在 20 世纪 70 年代基本实现了农业现代化，最终表现出的基本特征非常相似。但由于经济、科技发展不平衡以及资源条件的差异，现代化的道路和发展过程，特别是在现代化的途径，或者说优先发展的领域有所区别，大致可分为三种模式。

1. 以提高劳动生产率为主

以美国、加拿大为代表的国家，人少地多，自然资源优越，劳动力稀缺是制约农业发展的重要因素，在现代化的起步过程中，虽然也注重良种技术、化学技术和水利技术，但主要还是凭借强大的工业，优先发展农业机械化，以机器代替人力、畜力，提高劳动生产率，通过扩大种植面积提高产量。美国在 1940 年就基本实现农业机械化，现在生产的全过程实现了机械化，并向大功率、高速、宽幅、联合作业、多功能方向发展。

2. 以提高土地生产率为主

日本、荷兰等国，人多地少，土地资源稀少是制约农业发展的重要因素。农业现代化过程中，侧重通过育种技术改良品种、加强水利建设扩大农田灌溉面积、发展农用化学工业增加化肥和农药用量，以提高单位土地生产率，在此基础上发展农业机械化。日本的水稻生产，在 20 世纪 50 年代农业现代化起步阶段即是如此，60 年代才初步实现固定机械作业和田间机械作业，70 年代后实现全过程的机械化。

3. 提高劳动生产率和土地生产率并重

以法国、德国等西欧国家为代表，在农业现代化起步过程中，既注重发展以现代工业装备的农业机械化、化学化，也注重以科技进步为基础的农业科技研究和应用，实行提高劳动生产率和土地生产率并重。如法国在二次世界大战后，在恢复和发展工业的同时，大力发展农业现代化建设，特别是发展农机工业，短短 15 年间全国基本实现农业机械化，化学肥料和农药使用量也是世界上最多的国家，成为农产品出口大国。

（二）建设现代农业的历史经验总结

从更广阔的历史背景和深层次的角度分析，农业现代化的成功与否，是一系列农业内部条件和外部因素共同决定的，虽然人类农业现代化的进程没有终结，但从目前的认识和历史实践看，建设农业现代化需要以下条件共同作用。

1. 市场——推动农业现代化的基础力量

这里所说的市场包括市场经济制度、市场需求、市场体系等。现代化农业是专业化的商品农业，农业现代化是打破自给自足农业和市场化、商品化不断深化的过程，从某种程度上说农业现代化的主线是商品化、市场化。因为发达农业国家都是市场经济制度建立较早且非常发达的国家，市场需求变化是推动商品农业和农业现代化的动力之一，现代农业生产要素（机械、化肥等）的发明、引入是通过商品交换完成的，发达的市场分工体系是现代农业的重要标志，现代农业的发展已经更多地融入国际市场分工之中。

2. 制度创新——农业现代化各种要素作用发挥的基本保障

农业制度包括土地等自然资源的配置制度、价格形成制度、金融制度、国家干预制度、科技教育制度等等。农业投入的增长、科技的应用、生产经营者积极性的调动等都有赖于有利的制度环境。现代农业之所以没有首先发生在中国等传统的文明古国，而是发生在西方国家，就是因为资产阶级革命彻底打破了封建的农村土地占有关系，建立了适应市场经济自由竞争的土地制度，美国、日本现代农业的发展首先是从土地制度改革开始，以后根据发展要求及时调整不适宜的制度，建立了价格、金融信贷、农民组织、科技教育等全方位的农业制度体系，为市场主体不断创造出适宜的制度环境。

3. 科技进步——现代农业生产力主要的直接贡献因素

现代农业是日益科学化、知识化的农业。正是依靠第一次科技革命，发达国家首先打破了传统农业的低水平封闭循环和停滞状态，实现了农业质的飞跃，现代农业的进一步深化和发展也将主要依靠新的农业科技革命。当然，科技进步是包括科研创新、科技推广转化、教育培训在内的有机整体。

4. 资本积累和资本投入——现代农业的物质基础

现代农业建设的各个方面均需要大量的资金投入，资本和技术一直被看作是农业现代化和农业增长的两个主要因素，尤其是在现代化的起步期。农业现代化资本的来源主要是农业积累、工商资本、国外资本等。国家整体现代化的初期，工业化主要依靠农业积累或者海外殖民地掠夺。当工业化发展到一定程度，农业难以适应要求，或者需要平衡利益关系、保护农业时，国家的支持居于重要地位，现在的发达国家正是如此。

5. 高效的农民自组织系统——农业现代化主体农民的组织保障

现代农民是一种有自我组织的团结整体，其中合作社或者农协是最普遍的。农民自组织系统在农业现代化中的作用至少表现在：维护和争取农民的政治、经济利益，代表农民同工商资本及国家对农民利益的剥夺进行斗争，争取平等地位；为分散的农户提供能减少交易成本的各种服务；形成合力，共同开发新的利益来源和空间（如向产后领域延伸）等。发达国家无一不是有发达的农民自组织系统。

6. 工业化和城市化——农业现代化的外部条件和推动力量

农业现代化是随着工业化和城市化水平的提高而发展的，其对农业现代化的推动作用表现在：创造商品性农产品需求；吸收大量劳动力，为促进农业生产力提高提供动力和条件；不断开发、提供农业现代化所需的新材料、新设备等生产要素。从历史上看，农业现代化滞后于工业化，农业现代化的加速期正是在工业化达到一定水平的基础上实现的。

7. 政府的合理干预和高效管理——农业现代化持续发展的重要保证

农业现代化国家都是在市场力量的基础上，不断建立和完善了一套高效、合理的干预和管理体系，这种体系的特点是：主要针对市场机制缺陷和无法解决的问题，如农村基础设施建设、农业科研教育推广、环境保护等；管理体制高效、机制灵活、制度规范、手段多样、人员素质高；不同时期针对不同问题管理侧重点不同，政策不断调整和完善；维护农民利益、保持农业稳定发展成为核心。尤其是在19世纪出现经济危机以来，政府的干预、调控对农业现代化持续发展起了重要作用。

第二节 中国特色农业现代化建设

一、农业现代化的内涵与标准

(一) 农业现代化的内涵

现代化是一种动态变化过程,这种变化不是单一因素的,而是经济、政治、文化各个领域的多因素的综合变化。农业现代化是不断采用当代世界先进的科学技术和工业装备武装农业,用先进的组织和经营管理方式组织管理农业,从而使农业达到世界先进水平的动态过程。

农业现代化,第一,是一个世界性的概念,现代化的科技标准、物质装备标准、组织管理标准和生产力水平标准都是世界最先进的水平。第二,是一个历史的动态概念,具有历史阶段性和继承性,不同的历史阶段其特征有所区别,每一个阶段又是在前一个阶段基础上继承和发展的。第三,是一个地域性的概念,各国农业现代化的侧重点和起步方式、具体的道路等方面存在差异。

(二) 衡量农业现代化的标准

衡量农业现代化标准的确定是比较困难的工作,从目前的认识水平和发达国家现代农业表现出的特征、影响的主要因素等方面分析,提出3个条件性标准、3个结果性标准,共计6个方面。其数量标准应当以发达国家的水平为尺度衡量。

1. 科技的先进性

在农业的各领域、各环节是否采用了世界最先进、适用的技术,如机械技术、生物技术、化学技术、良种技术、加工技术等等,以及农业生产经营者的科技文化水平。

2. 制度的有效性

农业发展所需的各项制度安排是否合理、有效,能否保障或激励资源的高效利用、有效调动各方面发展的动力,如土地制度、市场制度、国家干预制度是否完善等。

3. 组织管理的科学性

是否建立起符合产业特性和发展要求的完整的高效组织网络,管理体制是否顺畅、制度是否健全、机制是否灵活,各相关产业之间是否有效结合等。从目前发达国家农业表现出的特征看,主要标准是农产品的商品化、生产经营的企业化、生产组织的专业化、服务社会化和经营管理一体化。

4. 产业的发达性

主要是产业是否具有生存和发展的能力,产业的竞争力、土地生产率、劳动生产率、资金产出率以及流通、加工增值水平、效益水平等是否达到世界先进水平。

5. 农民的富裕性

农民的收入水平、生活质量和生活环境是否达到、接近或者超过城市居民,工农差别、城乡差别是否在社会可接受的范围之内。

6. 发展的持续性

衡量长期生存、发展的能力和水平,包括经济的可持续性(持续生产经营、持续获利、抗风险能力),生态环境的可持续性(生态环境改善),社会可持续性(文化传统的传承等)。

二、中国农业现代化建设

（一）农业现代化建设成就和差距

建国以来，尤其是改革开放的二十多年，中国农业现代化建设取得了举世瞩目的成就，80年代末基本解决温饱问题，90年代末总体达到小康水平，农业的科技水平、管理水平和生产力水平、农民生活水平有了很大的提高，实现了农产品总体供大于求、丰年有余，正在向科技型、质量型、效益型、产业一体化的农业高级阶段发展，在某些地区、生产经营的某些环节，世界最先进的技术得到了应用，如工厂化农业、加工技术等，但从总体看，现代化水平还很低，实现农业现代化尚需要很长的时期。

1. 主要成就

表现在：(1) 各类农产品总量、人均占有量和农民收入水平不断增长。农产品总量成倍增长，目前我国大部分农产品总量连续多年居世界第一位，在人口不断增长的情况下，除粮食人均占有量外其他大部分产品均不断增长，尤其是肉、蛋、奶、菜等。(2) 农业机械化水平显著提高。农机总动力比1978年增长了近4倍，2000年达到5亿多千瓦，小型拖拉机增长了10倍左右，2000年达到1 264万台，机耕面积占耕地面积比例达到65%，全国农业生产中由农业机械承担的劳动已占到40%以上。(3) 电力、水利、农膜等要素投入成倍增加。1998年农膜使用量比1990年增长1.5倍，达到120万吨，农村用电量2000年比1978年增长10多倍等。(4) 农业和农村经济保持较高速度增长，1978~1998年，农业增加值年均增长5%，远远超过同期世界农业平均水平。农村工业化加速发展，乡镇企业已经成为农村经济的支柱，吸纳劳动力1.3亿。(5) 农业的科技水平、组织管理水平、结构水平发生了巨大变化，高新科技不断应用，产业化水平不断提高，农业结构不断优化。

2. 主要差距

与发达国家相比，我国农业现代化还有很大差距，这种差距可以说是全方位的。以劳动生产率和土地生产率为例，我国农村人口仍占总人口的65%左右，从事农业的劳动力占从业人员的50%，每个农业劳动力土地经营规模为世界平均水平的1/4，平均生产谷物1.2吨，相当于世界平均水平的70%，生产肉类136千克，相当于世界平均水平的90%，这些与发达国家差距更大。中国每个农业劳动力生产的农产品只能养活3~4人，而美国可养活132人，荷兰可养活112人，丹麦可养活160人，德国可养活67人，以色列可养活90人。中国的土地产出率虽然高于世界平均水平，但远低于发达国家，等等。

（二）农业现代化建设的难点

与发达国家相比，中国农业现代化建设的国情不同、国际环境不同、发展的基础条件不同、所要解决的关键问题不同，其更具长期性、困难性、艰巨性。从目前来看，主要的难点问题可概括为10个方面：农业、农村、农民问题相互关联，其形成具有深刻的历史背景，综合性的解决需要一系列体制、政策相互配套，难度很大；在13亿人口的大国实现农业现代化，没有国际先例，大量的而且不断增长的劳动力就业问题，农民向何处去的问题；大量的现代化建设资金从何而来的问题；农民组织化程度低的问题；减轻自然生态环境压力，走可持续发展道路要求，与保持经济快速发展要求的矛盾问题；市场空间的相对有限性与农民增收的矛盾问题；农村城市化滞后于产业结构转换问题；城乡差距、地区差距、阶层差距扩大，在竞争环境中如何控制、平衡的问题；经济秩序、社会秩序、诚信体系、法制体系的建立问题；政治体制、政府管理体制、政府职能如何真正转变到代表最广大人民的根本利益问题。在上述方面，中国需要系统的全面改革。

（三）中国农业现代化建设的战略措施

推进中国农业现代化建设需要综合性的系统变革，对此，新的农业法对各个方面都作了较为详细的规定。农业法也可以说是新时期推进中国农业现代化的一部法律，关键是各个地区如何结合实际切实执行，其具体的措施可有几十条，甚至几百条。从目前主要战略措施看，重点应当是推进农村的城镇化战略、新型工业化战略、科教兴农战略、可持续发展战略、人才战略、计划生育战略、城乡统筹发展战略等。

第三节 中国农业生产经营组织现代化

在家庭承包经营的基础上，提高农业的生产经营组织化程度是我国农业现代化建设要解决的重大问题，对于增加农民收入、提高抗御风险的能力、增强国际竞争力具有决定性作用。

一、农业生产经营组织的内涵及建立原则

（一）农业生产经营组织的内涵

生产经营组织是指与一定的生产力水平、技术水平和管理水平相适应，按照讲求经济效益和承担经济责任的要求，把各种生产要素组织起来，进行生产经营活动的具体组织形式。其涉及的问题包括：劳动的组织方式，生产资料所有者与经营者、劳动者的结合方式，生产经营过程中经济权力（所有权、决策权、分配权）、经济责任（及经济风险）与经济利益三者的划分、结合机制，组织规模大小等一系列问题。生产经营形式不同，解决上述问题的机制也不同。

生产经营组织形式与生产资料所有制形式是两个既有联系、又有区别的概念，同一种所有制形式可以采取不同的生产经营组织形式。按国际惯例，生产资料所有制形式一般分为国家所有、集体所有、私人所有和混合所有四种。企业组织形式一般分为公司制、股份合作制、合伙制和独资制。在我国，改革开放以来，生产经营组织形式则是千差万别。

（二）建立生产经营组织的基本原则

建立什么样的生产经营组织形式不取决于人们的主观愿望，而应根据发展生产力的要求，结合环境条件和企业自身的实际状况等因素确定。在一定的社会经济制度条件下，其建立的基本原则有：

1. 必须适合当时、当地的生产力发展水平，尤其是科技水平、组织管理能力及水平和组成人员（职工、农民）的觉悟程度，以促进生产力发展为根本目的。

2. 必须有利于实现资产保值增值，取得长期的最佳经济效益，这是企业得以生存和发展的基础。

3. 经济权力、经济责任与经济利益三统一的原则。经济权力包括资产所有权、经营决策权、资产的处置权、分配权等，经济责任包括承担经济责任的方式、比例等，经济利益是指享受经营成果的方式、机制等。权、责、利三者不同的结合方式是一种组织形式区别于另一种组织形式的核心内容。只有三者划分明确、相互协调统一、机制灵活有效，才能充分调动各方面的积极性、主动性和创造性。

4. 必须适应生产经营的产业和产品特点的要求。不同的产业及产品的生产经营特点不同，在生产经营最佳组织形式的选择上有一定的区别，如农业最适宜家庭经营，钢铁、铁路等行

业由于投资巨大等因素则适宜于股份制或国家经营。

5. 规模适度原则。企业组织规模并不是越大越好，规模的大小应当与管理水平、技术水平相适应，并能适应市场竞争、资源配置灵活有效的要求。

6. 动态发展与相对稳定相结合的原则。随着环境条件和企业自身条件的变化，组织形式的某些内容都应不断调整和完善，即针对存在的问题进行组织创新。组织创新本身就是连续的动态过程，没有僵化的一成不变的固定模式。同时，生产经营组织形式也应有相对稳定性，并非越频繁变动越好，要以是否有利于促进生产力发展为根本依据。只有一定时期、一定条件的相对稳定，才能保持各种利益关系的稳定，调动各方积极性。

7. 依法组建原则。建立生产经营组织形式，要严格按照国家的有关法律、法规和政策，如《公司法》、《乡镇企业法》等，在组建的程序、内容方面严格依法办事。

二、以农户家庭承包经营为基础、统分结合的双层经营形式

十一届三中全会之后，以实行家庭联产承包责任制为开端，逐步发展为家庭承包经营为主、统分结合的双层经营体制，极大地促进了农业生产力的发展，创造了世界农业发展的历史奇迹。

（一）基本含义和意义

其基本含义是：由作为集体土地所有者代表的村集体经济组织同其所属农户，根据国家法律政策规定和双方协议签订承包合同，将集体所有的土地分散承包给农户经营。

以农户家庭承包经营为基础，统分结合的农业生产经营组织形式，能有效地适应农业生产的分散性、季节性和周期性，决策灵活，管理监督形式简单、有效，利益分配直接，能充分发挥家庭特殊的凝聚力，调动其积极性、主动性和创造性，促进农业发展。这种组织形式，既坚持了土地等主要生产资料的集体所有和保持村级集体企业的发展，壮大集体经济实力，坚持社会主义道路和共同富裕目标，发挥了统一经营的优越性，又赋予了农民生产经营自主权，调动了农民积极性；既体现多劳多得的分配原则，又理顺了国家、集体、个人三者利益关系，带动了整个农村经济的发展。因此，这种生产经营组织形式是把发挥集体统一经营优越性和调动农民家庭个体劳动积极性有机结合，是把世界家庭农场经营方式与我国社会主义集体组织有机结合的有中国特色的农业组织形式，符合我国农业生产力水平，具有很强的生命力。稳定和完善农业双层经营体制是我国农业的一项长期政策。

（二）双层经营体制存在的主要问题

随着社会主义市场经济体制改革的不断深化，双层经营体制在发展过程中出现了一些新情况和新问题，主要表现在：

1. 农户兼业经营，规模不经济问题。在非农产业就业机会多的地区，普遍存在农业兼业化、副业化倾向。一方面，农户承包经营的土地面积相对较小，且分散经营，难以取得规模效益；另一方面，许多家庭劳动力已主要从事非农产业，把农业作为一种副业，粗放经营，使宝贵的土地资源得不到有效利用。土地使用权、承包权的转让和市场化流转发展缓慢。同时也使村集体经济组织对农业的投入、社会化服务等不能产生应有的效益。

2. 适应市场经济要求，农民进入市场的组织化程度较低，缺乏整体竞争力和谈判力，处于不利地位。小生产与大市场的矛盾是目前农业的主要矛盾。单个家庭分散经营，信息不灵、规模小，在大市场、大流通及市场竞争加剧的形势下，难以抵御市场风险，处于弱者地位，生产的盲目性很大。主要原因就是农民自组织化程度较低，缺乏闯市场的合力。

3. 集体统一经营力量薄弱。存在的主要问题有：集体企业产权关系不清、管理机制退化；集体经济组织的管理协调功能，为农户提供生产经营服务的功能，以及集体资产保值、增值功能还很弱；统一经营的集体组织优势未能很好发挥。因此，必须不断完善农业双层经营体制。

（三）农业双层经营组织的完善与创新

改革、完善与创新农业生产经营组织形式，需结合实际，大胆探索，当前应采取的主要措施有：

1. 在有条件的地方积极探索多种形式的土地适度规模经营。土地适度规模经营是指农业生产单位在最适当的土地面积上的经营。发展土地适度规模经营要注意两个问题：（1）推进土地适度规模经营的原则。推进土地适度规模经营一定要坚持以下原则：在坚持土地集体所有的同时，鼓励土地承包权、使用权有偿转让；农民自愿的原则；有条件的原则和适度原则。有条件原则是指，一方面承包农户在非农产业中有稳定的收入，自愿转包土地；另一方面，接受承包地的一方应有较强的生产组织管理能力，应当保证土地生产率、劳动生产率不断提高；适度原则是指，土地规模的扩大不是越大越好，要依据经济效益和实际可行性确定，即什么样的规模能使农业劳动生产率、土地生产率和资金产出率更高，并切实可行，就确定什么样的规模。（2）推进土地适度规模经营的组织形式。总结全国的经验作法，有以下几种形式可供选择：发展种田大户或家庭农场，建立村办农场或农业专业队，建立合作农场或联户农场等。

2. 把农民组织起来，发展新型专业合作经济组织。合作制是世界市场经济国家在家庭农场基础上农民的主要组织形式，我国近几年农业发展较快的地区如山东莱阳等地，通过发展农民新型合作组织，取得了巨大成就。

3. 积极参与、发展、提高农业产业一体化组织。农业产业化是市场经济体制下解决小生产与大市场矛盾，实现农业现代化和农业附加值的有效形式。

4. 充分发挥集体经济组织优势和功能，壮大集体经济实力。（1）做好集体企业产权制度改革，为集体企业发展注入新的活力；（2）做好集体资产的保值、增值和管理工作，要借鉴其他地方经验，发展集体资产运营公司等企业化资产管理组织；（3）有条件的村应进一步拓展集体经营范围，发展企业化经营的集体农场等规模形式；（4）把发展为农户服务作为重要内容，在服务组织方面逐步向企业化经营发展，力争办成服务实体。

三、农业合作社组织经营形式

（一）基本内涵

合作社是世界范围内一种普遍的组织形式。其基本含义是：劳动群众为谋求和维护自身的经济利益，在自愿互利基础上，在约定的生产经营范围上结合起来的一种自我发展、自我保护的组织形式。主要特点是：参加合作社的成员入社、退社自由，依靠合作社的所有成员进行自我民主管理；合作目的主要是成员间互惠互利，部分盈余按成员同合作社的交易量返还；入社股金归成员自己所有，由合作社统一使用，股金一般不参与分红，或分红比例极低，受到限制；一般留有一定的公共积累，归成员共同所有，共同使用；合作社一般都有自己的合作章程，在具体规定及运作方面存在一定差异。

（二）优越性

合作社的发展已有一百五十多年历史，目前发达国家农民组织的主要形式就是在家庭经营基础上组建各种合作社。其主要优势是:能有效地把成员组织起来,聚集分散的人、财、物,进行专业化分工协作,摆脱小生产的局限性,提高市场竞争力;产权相对明晰,具有很大的弹性容量,能采取灵活多样的经营方式,适应多层次生产力水平要求;经营范围灵活,只要单个家庭(或成员)干不了、干不好的项目都可采用合作制原则组织起来;组织机制灵活,规模可大可小等。

(三)发展农民专业合作经济组织的要求

20世纪90年代以来,我国新型的农民专业合作组织蓬勃发展,目前全国建立了14万个比较规范的农民专业合作经济组织,其中专业合作社占10%,股份合作社占5%,专业协会占85%。专业协会相对比较松散,多数在民政部门登记注册为社团组织,包括协会和研究会。专业合作社与国外的合作社相似,相对而言发展不足。农业部于2002年7月在全国开展了100家农民专业合作经济组织的试点,探索发展的道路和政策。

根据世界经验及我国各地实践,发展农民专业合作组织的基本要求是:(1)要围绕当地的支柱产业,以产业和产品为主组建合作社,重点发展农民互助合作金融、农产品技术服务、加工、流通领域的专业合作,把合作社办成农业产业化的真龙头、大龙头。(2)必须坚持合作制的基本原则,努力与国际合作社的做法接轨,重点突出以下原则:群众自愿原则;经济组织原则(即取得法人资格);为社员服务的原则;主要以交易量返还盈利的原则;培训的原则(即始终把对社员的培训贯穿于办社和运作的全过程,提高社员的道德、科技和经营素质)。其中建立民主管理机制、利益分配机制、有效的监督约束机制是核心。

四、股份制生产经营组织形式(公司制)

(一)基本内涵和特征

股份制企业是按照"产权明晰、权责明确、政企分开、管理科学"的现代企业制度要求而建立的一种企业组织形式,是国有、集体企业改革的重要形式。其一般分为有限责任公司和股份有限公司,二者虽然在运作方面存在一些重大差别,其主要共同特点可概括为"资本的联合"。其特征有:

1. 企业的资产属于为企业提供股本资金的股东所有,股东不受地区和所有制限制。股东为企业提供的股本资金(入股股金)折合成股份。股东入股后有权分取企业利润,但不得要求退股,股权可以转让他人。

2. 企业的经营决策权属于全体股东或股东代表大会及由其选举产生的董事会,企业的日常经营管理工作由董事会直接负责或由其聘任的经理(或厂长)负责。股东会的表决权实行一股一票。

3. 企业税后利润的分配实行按股分配的原则,股多多分,股少少分。

4. 企业的亏损和债务由股东按入股多少承担经济责任,但股东对企业债务只负有限责任,即最多不超过其所提供的股本。

(二)优越性

股份制企业的设立、运作都需依据《公司法》的有关规定,有严格的要求。股份制企业的优越性主要表现在:有利于为企业发展募集大量的股本资金;可以取得法人资格,在权益上受到更好的法律保护;决策机制方便灵活;有利于强化股东对企业的关心,特别能使股东关心企业资产的增值和长远发展,使企业的生存和发展不受任何股东个人情况变化的影响等。它是世界各国普遍采用的一种企业组织形式。

五、股份合作制生产经营组织形式

(一) 基本内涵和特征

股份合作制的基本内涵和性质是:股份合作制是采用股份制的财产组织形式,实行按股分红,同时又保留股东共同劳动、按劳分配、提取公共积累等合作经济特征的企业组织形式。它既是我国农村集体经济在社会主义市场经济条件下的一种新的实现形式,也是引导个体和私营经济向合作经济发展的有效途径,是适应现阶段我国农村生产力水平和生产关系状况的一种企业组织形式。股份合作制企业具体到某一个企业可能股份制的特征多一些,也可能合作制的因素多一些,但其共同点主要是:

1. 在联合方面,既有资本联合又有劳动合作,即多数企业的股东同时也是企业的劳动者(普通职工或管理人员),多数企业职工持有企业股份,是"劳资二合"。

2. 在分配方面,强调必须首先提留规定比例的公积金、公益金,然后再根据按股分配和按劳分配相结合的原则分配,是"劳资兼顾"。

3. 在股权管理方面,股份合作制企业设置的股权种类较多,一般设有集体股、法人股和个人股。个人股又分为个人贡献股和个人现金股等。股份合作制企业的股东可以申请退股,但股权不能转让他人,或只能在企业原有股东之间转让,有些股权则只能享受分红权,不能退股或转让(如个人贡献股),是"死股与活股"并存。

4. 股份合作制企业的最高决策权属于其股东(或股东代表)大会及其选举产生的董事会(通称理事会),但股东大会的表决权不完全实行一人一票制或一股一票制,往往采用按股和按人的双重标准。

作为广大农民改革实践的产物,股份合作制企业在运行机制方面存在很大差异,还很不规范,如乡村集体企业改造成股份合作制的基本作法就有四种:增量扩股、存量折股、量化配股和先售后股。在其他方面各地作法也有很大区别。农业中的股份合作制目前主要是由企业、农技推广单位、基层供销社等出资作为股东,再吸收少量的社员股金组成,多数有自己的企业,在工商管理部门登记为企业法人。

(二) 优越性

股份合作制吸取了股份制的合理内核及合作制的基本内核,其本身具有现代企业制度的基本优势,如具有独立的法人制度,建立了有限责任制度,具有明晰的产权关系,建立了符合现代企业制度要求的内部治理结构;具有良好的运行效率,能够调动资本和劳动两个积极性,为股份合作制容纳现代管理提供了可能。

发展股份合作制,一是符合国情,目前我国农村生产力总体水平低,多数企业处于粗放经营阶段,劳动生产率、经济效率较低,全国推行集约化大规模经营的企业组织形式尚不具备;二是顺应民意,它变以往集体企业产权虚拟为明晰,与农民的价值取向和觉悟程度相吻合;三是体现了共同富裕,它较好地解决了单个农民投资能力有限,想合作又怕财产被平调、缺乏制度保证的问题,较好地解决了政企不分、集体资产被少数人侵吞,致使企业动力不足的问题,重构了农村微观主体和微观机制,让广大农民切身感受到了社会主义共同富裕的本质含义。

六、农业产业化经营组织形式

大力发展农业产业化经营是20世纪90年代中期以后提出的一项重大战略,是被实践证明在我国实现现代化的有效途径，也是发达国家农业的重要标志。

（一）内涵与实质

中国农业产业化经营是以市场为导向，以家庭承包经营为基础，以"龙头"企业及各种中介组织为依托，以经济效益为中心，立足于当地资源的开发，确立农业主导产业和主导产品，将农业再生产过程的产前、产中、产后诸环节连接起来。实行种养加、产供销、贸工农一体化经营，把分散的农户小生产联结成社会化、专业化大生产，并形成系统内部有机结合、相互促进和"风险共担、利益共享"的企业化经营机制，以实现资源的优化配置和农产品的多次增值增效。它是中国农业经营体制的又一变革，是农业组织形式和经营机制的再一次创新。简单说，就是在市场经济条件下，通过各种利益机制，在经济上和组织上将农业全过程的诸多环节联结成为一个完整的产业系统。也有的叫"区域化布局、一体化经营"，与国外的农业综合企业相似。

农业产业化经营的实质是通过一体化的经营形式，形成农产品生产、加工、销售有机结合、相互促进的机制，实现农户与市场的有效对接，推进农业向商品化、专业化、现代化转变，达到农业效益的最大化。因此，它与传统的农业经营组织形式有很大的不同。

（二）类型和发展现状

根据主导要素和组织载体不同，我国农业产业化经营大致可分为四种类型：

1. "龙头"企业带动型（公司+基地+农户）

以公司或集团企业为主导，以农产品加工、运销企业为龙头，重点围绕一种或几种产品的生产、加工、销售，通过契约关系与生产基地和农户实行有机的联合，形成"风险共担、利益共享"的经济共同体。

2. 中介组织带动型（中介组织+农户）

以政府专业技术部门、各种合作经济组织等中介组织为依托，利用中介组织的优势，为农户提供多种形式的服务，有的还建立加工、销售企业，直接组织农民走向市场，具有鲜明的群众性、专业性、互利性和互助性。

3. 市场带动型（专业市场+农户）

以专业批发市场或专业交易中心为依托，依靠市场的辐射作用，带动区域专业化生产，实行产加销一体化经营，扩大生产规模，形成产业优势，节约交易成本，提高运营效率和经济效益。

4. 主导产业带动型（主导产业+农户）

利用当地资源，发展特色产业和产品，比如一乡一业、一村一品，逐步扩大经营规模，提高产品档次，形成区域性主导产业和拳头产品，围绕主导产业实行产业化经营，带动区域经济的发展。另外，还有经纪人、专业大户带动型。

据农业部产业化领导小组办公室对全国28个省、自治区、直辖市的统计，到2000年底，各种利益联结机制的农业产业化经营组织66 000个，实现销售收入5 900亿元，利税479亿元，连接农户5 900万户，占全国农户的25%，农户户均增收900多元，直接吸纳劳动力就业572万人。龙头企业带动型27 000个，占41%；中介组织带动型22 000个，占33%；专业市场带动型7 600多个，占12%；经纪人、专业大户带动型9 600多个，占14%。按利益联接形式划分，实行合同契约和书面协议的约占49%，实行股份合作制的占13%，实行合作制的占14%。总体来看，中国农业产业化经营尚处于起步阶段，带动农户的比例比较低，加工企业产业链条短、科技含量低、增值幅度小、利益联接机制不健全等。

(三) 发展的意义和措施

1. 发展的意义

可概括为：有利于促进传统农业向现代农业转变，有利于产供销衔接、解决小规模农户的市场营销问题，有利于提高农业的整体效益、改变农业的弱质地位，有利于解决城乡分割的矛盾，加快城乡一体化进程。

2. 发展的主要措施

发展农业产业化经营：（1）大力培植、发展龙头企业，重点发展农副产品加工、流通企业；（2）培植地方主导产业和建立生产基地。主导产业培植既要立足于对现有传统产业的创新和改造，提高科技含量，又要积极发展新产业，同时要注意本地名、特、优、新、稀产品的开发；（3）积极利用、发展农民自己的合作组织，使其成为与农民利益最密切的真龙头，形成"公司+合作组织+农户"的新的经营模式；（4）探索有效的利益联接机制，解决"订单农业"履约率低的问题；（5）加大政策扶持力度，尤其是重点龙头企业与重要基地建设。

第四节 农业结构调整与优化

产业结构的调整与优化，可以促进经济的持续快速增长。当产业结构适应需求变化和经济发展需要时，会形成一种与市场需求相均衡的结构，实现资源的优化配置；产业结构的调整与优化，可以产生"结构效应"，即结构的优化及其所产生的关联作用使经济产生"1+1>2"的效应。推进农业结构的战略性调整是现阶段中国农业发展的重大战略。

一、产业结构和农业结构的基础理论

(一) 产业结构的内涵及特征

产业结构是指经济中各部门组成的成分、比例关系及组合方式。产业结构一般按照人类生产活动的发展阶段（或出现的先后顺序），以及人类需要的紧迫程度分为第一次（第一）产业、第二次（第二）产业和第三次（第三）产业。第一产业主要指农业（种植业、林业、畜牧业、渔业），第二产业主要指工业和建筑业，第三产业主要指服务业（生产生活服务部门、流通部门等）。在每个产业内部又可按照生产项目、产品或品种进行详细分类。

农业结构是指一个国家或一个地区农业生产各部门以及部门内各生产项目间的组合形式和构成，是农业资源转换的综合能力和水平的体现。广义的农业结构包括生产关系结构和生产力结构两大方面，每方面又包括复杂的内容。一般意义上的农业结构主要指农业的产业结构或生产结构，包括产业、产品、品种、品质以及区域布局结构等具体内容。在不同时期，不同层次的社会需求会形成不同的农产品和服务需求结构，需求结构的变化必然会导致农业产业产品结构发生变动。

产业结构是由多层次、多种成分组成的有机整体，其内部互相影响。组成产业结构的各要素不是简单的堆积，而是有一定的层次性、相关性和相对性，认清产业结构的三大特性，对合理调整产业结构有重要意义。

1. 产业结构的层次性

三次产业结构是产业结构的最高层次，各项产业又可分为若干层次。例如，第一产业（称作农业生产结构）按部门分为种植业、林业、牧业和渔业，种植业按生产项目分为粮食作物和经济作物，粮食作物按产品又可分为水稻、小麦、玉米等。水稻又可按品种详细划分。因

此，产业结构调整既包括一、二、三产业的调整，也包括各产业内部各生产项目之间、产品及品种结构的调整。产业结构的层次不同，功能也不完全相同。研究产业结构的层次，目的在于研究不同结构的特点，为建立合理的产业结构提供依据。

2. 产业结构的相关性

产业结构的相关性，表现在形成产业结构各要素之间、结构之间、要素与结构之间的连锁和反馈作用，也就是各组成部分是相互联系、相互制约的。例如在生产要素的使用和配置方面，用于某项生产的资源多，在资源一定的条件下，用于其他部门的就可能少；当农产品丰收，由于流通不畅而出现卖难时，流通就成为制约因素等。产业结构相关性起关键作用的，并不是结构中最强的要素，而是最弱的要素。产业结构是靠整体功能发挥作用，其往往取决于最差的因素。农产品生产出来卖不出去，主要是流通不畅，流通就成为决定产业整体功能的主要关键因素。所以结构中的各要素如果不协调，就直接影响产业结构整体功能的充分发挥。产业结构调整的任务之一就是要找出最差的限制因素，加快发展。

3. 产业结构的相对性（动态性）

产业结构是随着社会需求的变化、生产条件的改变和生产技术的提高而经常变化的。合理的产业结构要因时、因地、因条件不同而变化，是一种有弹性的结构，不能是僵化的一个模式。必须认识到产业结构合理化的相对性，经常注意产业结构的变化，适时加以调整。当然，在一定时期内，产业结构的各个要素的变化开始只能是量的变化，结构的实质未变，这时产业结构又具有相对稳定性。在实践中根据某一时需求变化盲目调整的做法往往是不可取的。

（二）产业结构形成的一般条件

产业结构都是在一定的条件下形成和变化的，产业结构是否合理是评价和调整产业结构的基础工作。

任何一个地区产业结构的形成和变化是一系列复杂因素作用的结果。

1. 决定条件：生产力发展水平。不同水平产业结构的形成和发展是生产力水平提高到不同程度的产物，生产力水平的地区差异必然引起产业结构的地区差异。天津市农村经济发达，总体上已经形成了"二三一"的产业结构类型，发达国家则达到"三二一"的结构水平。

2. 前提条件：消费需求。生产的最终目的是消费，产品只有满足消费者需求才能实现价值，才能有市场、有竞争力，消费需求是各产业发展的原动力。因此，产业的发展方向及行业配置、产品质量及总量必须符合消费需求。

3. 基础条件：地理环境。地理环境包括地形、地貌、气候、河流、动植物等自然要素和距离消费中心远近、交通状况等经济因素。地理环境的不同，决定和影响着各产业的发展方向、内部结构和与外部的联系，并对决定产业优势有直接影响。

4. 内在条件：劳动力的数量与质量。任何产业的发展都离不开一定的劳动力，在现代经济发展中，劳动力的质量（素质）是产业得以生存和发展、产业结构升级优化的关键条件之一。

5. 基本条件：资金。产业结构的形成、更新、完善与发展，实际上是各种生产要素重新组合的过程，资金是必不可少的重要稀缺因素之一，各产业的发展势头、规模、速度和比例，在很大程度上取决于资金的筹集、分配和使用。

6. 动力条件：科学技术。现代经济发展中，科学技术是源泉和动力，是第一生产力，科学技术为提高各产业生产要素的功能和协作程度提供了依据和保证。科技进步加快了旧产业的改造和新产业的建立，实现新的产业格局。

此外，经济政策，如资金、价格、信贷、产业政策等，对农村产业结构也有重要的影响。总之，产业结构的形成和发展是多种复杂因素共同作用的结果，在不同的地区、不同的时期，各种因素的作用程度、范围、影响力不同，进行产业结构调整，就必须把握、权衡这些条件，以求建立合理的产业结构。

（三）产业结构合理化的标志

不同地区、不同时期的产业结构特性不同，它是否合理不可能有固定的模式，而是动态变化的。从提高经济整体竞争力和发展生产力、谋求更好的社会、经济、生态效益协调统一的基本要求出发，根据产业结构变化规律也可以提出几项基本标志：

1. 充分合理地利用资源

资源是生产的基础，资源优势是形成产业优势、产品优势、竞争优势的基础，各种产业对资源的充分合理利用，发挥其最大的效能是结构合理化的重要标志。

2. 各产业协调发展

协调是指各产业之间有较强的相互转换能力，在发展中相互创造条件，形成良性的互补关系，而不是消极的关系，协调发展是由产业结构的整体性、相关性决定的。当然，协调并不是平均发展。

3. 各产业有较强的适应需求变化的应变、调节能力

合理的产业结构一定是适应社会需求、有竞争力的，社会需求是由低向高不断变化的，要求各产业应当具备较强的适应需求变化的适应性应变能力和自我调节的能力。在产业结构的建立中应当分析研究，优先选择潜力大、有前途、有市场的产业。

4. 能取得最佳的经济效益

对生产者而言，产业结构调整和合理化的根本目的就是为取得最佳经济效益。产业结构合理化会促进经济效益提高，经济效益提高又会为产业结构转向合理创造条件。

上述四个主要标志是一个有机整体，但在不同条件下其作用不同，应根据不同情况有所侧重。

（四）农业结构调整的基本依据——市场需求变化

农业生产结构调整的任务，就是根据农产品市场供求变化的特点，在分析农业生产结构现状的基础上，找出现实结构存在的问题，提出结构调整的思路及对策。随着人们生活水平实现小康、向富裕的转变，农产品消费需求表现出4个明显趋势：

1. 提供高蛋白的养殖业产品消费需求比例增加，种植业产品比例相对稳定，增长幅度不大。

2. 产品质量要求提高，趋向优质、营养、保健、方便，名特优新稀产品、绿色食品消费需求增加。可以预计，在不久的将来，优质农产品将居主导地位。

3. 农副产品经过不同程度的加工处理（贮藏、包装、分级等）将成为满足消费均衡性要求，以及提高农产品附加值和竞争力的重要手段。

4. 消费者选择的余地加大，对农产品的需求将是全国性的，因而将突破本地生产的局限。

二、中国农业结构调整优化的实践和阶段性特征

中国农业结构大的调整优化主要在改革开放以后，大体上可划分为三个阶段。

(一) 20世纪80年代中期的结构调整

这次结构调整的主要特征是农村实行家庭承包制后,农民生产积极性空前高涨,1984年,粮食、棉花首次出现结构性、地区性的"卖难",主要是在南方早稻主产区和黄河流域与长江流域棉区出现早籼稻和棉花"卖难",粳稻、经济作物、畜产品等供求依然比较紧张。为缓解"卖难"问题,国家明确提出"决不放松粮食生产,积极发展多种经营"的方针,并将原来的社队企业名称改为乡镇企业,指出乡镇企业是多种经营的重要组成部分,是农业生产的重要支柱,是农民走向共同富裕的重要途径。同时改革了农产品的购销体制,鼓励发展多种经营,调整农业生产结构。这些政策促进了当时的农业结构调整,促进了乡镇企业的崛起。

(二) 20世纪90年代初期的结构调整

主要特征是在基本解决温饱问题以后,由于城乡居民需求发生变化而导致的各地以市场为导向,积极发展高产优质高效农业。进入90年代后,农业结构出现一些问题,反映在供给上,以粮、棉、油为代表的一般性农产品供给偏大,优质农产品供给不足,直接导致前者价格较低,后者价格坚挺。据此,国务院1992年9月发布的《关于发展高产优质高效农业的决定》提出,农业应当在继续重视产品数量的基础上,转向高产优质并重、提高效益,各地据此调整农业结构,根据市场需求大力发展高附加值农产品,农业结构调整步伐明显加快,种植业比重持续下降,养殖业以每年10%以上的速度增长,尤其是畜牧业和蔬菜、果品、花卉等附加值较高的经济作物发展迅猛。这一时期乡镇企业快速发展,1996年达到高峰。

(三) 当前正在进行的农业结构战略性调整 (1998年以后)

1995年以后,我国农业综合生产能力稳步提高,产量大幅度增长,农产品供给实现了由长期短缺到总量大体平衡、丰年有余的历史性转变,针对受东南亚金融危机的影响,农产品出口减少、国内有效需求不足、农产品市场价格下降、农民收入增长缓慢等问题,1999年,党中央、国务院及时做出了我国农业和农村经济发展进入新阶段的判断,提出要面向市场调整和优化农业结构,逐步改变农业结构不合理和农产品质量不高、加工程度低的状况。之后又提出:农业和农村经济发展的新阶段,实际上就是对农业和农村经济结构进行战略性调整的阶段。

这次农业结构调整,与以前的结构调整有很大的不同。这次结构调整,是在多数农产品出现阶段性过剩和城乡居民对农产品消费需求发生了很大变化的情况下进行的,因而不是简单的多种什么、少种什么的问题,而是要在保证农产品总量供求平衡的基础上,突出优化结构,改善农产品品种和质量结构;是一次领域更广、层次更深、内涵更为丰富的全方位调整,是向农业广度和深度进军的过程,包括调整品种结构、品质结构,调整总量和区域布局结构,调整农业内部结构、加工业和第三产业结构,调整农村经济结构、劳动力就业结构、农业投资结构,面向国际市场调整农产品进出口结构;是实施科教兴农的过程;是从农业粗放经营向集约经营转变的过程;是建立适应社会主义市场经济发展要求的新型农村经济体制的过程。

三、国家推进农业结构战略性调整的原则和措施

(一) 基本原则

中央提出,推进农业结构战略性调整要坚持以下原则:坚持以市场为导向;坚持发挥区域比较优势;坚持稳定提高农业综合生产能力;坚持依靠科技进步;坚持以经济手段调控为主;坚持农民自愿。

（二）主要措施

提出推进农业结构战略性调整以后，农业部等单位采取了一系列措施加以推动。重点内容和主要措施是：

1. 推进优势农产品区域布局

2003年1月，农业部出台了"优势农产品区域布局规划（2003～2007）"，该文件指出：优势农产品是指在我国的资源和生产条件较好、商品量大、市场前景广阔，在国内市场与国外产品竞争有优势、能够抵御进口冲击的农产品，或在国际市场具有竞争优势、能够进一步扩大出口的农产品。提出推进优势农产品区域布局的基本原则是坚持以市场为导向、坚持发挥比较优势、坚持产业整体开发、坚持以质取胜、坚持突出重点、坚持尊重农民意愿等原则。之后又发布了牛奶、牛羊肉、水产品、专用小麦、专用玉米、高油大豆、棉花、"双低"油菜、"双高"甘蔗、柑橘、苹果等11个近期优先发展的农产品优势区域发展规划，提出了具体的推进产业升级计划。

2. 推进无公害食品行动计划、加强农产品质量安全管理

2001年10月，国家出台了"关于加强农产品质量安全管理工作的意见"，提出加强农产品产地环境、农业投入品、农业生产过程、包装标识和市场准入等五个环节的管理；下大力气建立健全农产品质量安全的标准体系、检验检测体系、认证体系，加强执法监督、技术推广、市场信息等工作。2002年7月，农业部提出了"无公害食品行动计划"实施意见，决定在全国范围内全面推进"无公害食品行动计划"，提出了三大方面的推进措施。在加强生产监管方面提出强化基地建设、净化产地环境、严格农业投入品管理、推行标准化生产、提高生产经营组织化程度等五方面措施；在推行市场准入方面提出建立检测制度、推广速测技术、创建专销网点、实施标识管理、推行追溯和承诺制度等五方面措施；在完善保障体系方面提出加强法制建设、健全标准体系、完善检验检测体系、加快认证体系建设等等八个方面的措施。

3. 加大对农业产业化龙头企业的扶持

农业部等8部委决定从2000年开始，连续5年在全国范围内有计划、分期分批选择一批龙头企业予以重点扶持，制定了具体的标准、考核办法和政策扶持措施，首批151家在2000年开始支持，第二批于2002年确定。

4. 加大对农产品加工业的扶持，促进农产品加工转化增值

国务院提出，要把发展农产品加工业作为农业结构调整的重要内容，使其成为推动农业和国民经济的积极力量。今后，农产品加工企业应逐步向农产品主产区集中，鼓励主产区发挥资源优势，发展农产品初加工和精深加工，逐步使主产区由以销售初级产品为主，变为更多地生产加工品，把农业优势转化为经济优势。

另外，在科教兴农、基础设施建设、生态环境改善、农产品市场体系建设等方面也都提出了相应的措施。

四、区域农业生产结构调整的思路及对策

在国家宏观政策的指导下，推进区域农业结构战略性调整必须树立正确的思路，采取可行的对策。

（一）基本思路

基本思路是：结合优势和国家产业政策，以全面提高农产品市场竞争力为核心，突破本

地市场、本地资源的局限，在巩固发展地方基础产业的同时，大力发展养殖业和其他新兴产业、优势产业；以提高产品品质为重点，走名牌、精品的道路，全面提高产品质量，实现品质优质化。

（二）主要对策

农业生产结构调整，要重点抓好以下工作：

1. 实施市场牵动战略，围绕市场组织生产。围绕市场组织生产，要求不断进行市场供求分析，在掌握充分的市场信息基础上，经过分析预测做出决策。

2. 实施科技创新战略，抓住依靠农业科技提高品质、发展新产业，促进结构升级转换这个中心。农业科技是农业生产结构调整的"点金术"，提高农产品品质，按需生产，主要依靠优良的品种、现代生物农药及各种优质复合化肥、有机肥，同时要依靠一定的栽培措施；农产品的贮藏、保鲜及加工更是建立在先进科技基础上，因此，结构调整应当科技先行，采取多种形式，提高农产品的科技含量。

3. 实施品牌战略，培育地方优势支柱产业和产品，创造地方名牌产品，形成规模优势。结构调整要取得长久效益，必须注意培育地方支柱优势产业和产品，围绕支柱产业和优势产品，创造、宣传保护和发展成地方名牌产品，扩大规模，形成规模效应，使名牌产品走向国内、国际市场，提高知名度和影响力。

4. 实施产后带动战略，树立大农业的观念，把农产品的贮藏、保鲜和加工放在结构调整的重要位置，延长产业链条，使农业生产结构具备较强的市场适应性和弹性，取得更高的附加值。农产品生产因有季节性矛盾，以及消费需求的变化，所以要求在农业结构调整时，要强化农产品产后处理，按消费需求进行必要的分级、包装、保鲜、贮藏及加工。产后的处理减轻了结构调整可能出现的浪费及盲目性，使各产业协调发展，取得最佳效益。

5. 实施组织带动战略，把农户组织起来，按产业一体化的组织要求进行新产业、新产品的开发和结构调整。结构调整如果是一家一户分散独立进行，往往免不了会有盲目性和不规范，不能有效地开拓市场。按产业一体化组织要求，通过建立农民专业合作社、引入龙头企业等措施，使产前的技术、生产资料供应和产中的生产技术操作规范、产后各项处理的要求统一化、规范化，形成整体组织优势。

习题与思考题

一、名词解释

1. 农业现代化　2. 农业结构　3. 合作社　4. 农业产业化经营　5. 股份合作制

二、填空

1. 从发达国家的实践和科技革命的前景看，现代农业生产工具的特征是＿＿＿＿＿和＿＿＿＿＿，生产技术的核心是＿＿＿＿的广泛应用，生产的组织形式是在＿＿＿＿＿基础上的联合与合作。

2. 合作社的主要特点是：参加合作社的成员＿＿＿＿＿自由，依靠合作社的所有成员进行＿＿＿＿＿；合作目的主要是成员间＿＿＿＿＿，部分盈余按成员同合作社的＿＿＿＿＿返还。

3. 农业产业化经营的实质是通过＿＿＿＿＿的经营形式，形成农产品生产、加工、销售有机结合、相互促进的机制，实现＿＿＿＿与市场的有效对接。

4. 农业产业化经营的主要形式有＿＿＿＿＿、＿＿＿＿＿和＿＿＿＿＿、＿＿＿＿＿。

5. 产业结构的基本特征是_____、_____、_____。
6. 农业结构战略性调整的突出重点是_____和_____。

三、简答
1. 衡量农业现代化的标准是什么？
2. 股份合作制的特征是什么？
3. 股份制的特征是什么？
4. 如何发展农业产业化经营？
5. 推进农业结构战略性调整的原则有哪些？

第三章 加入WTO与中国农业国际化

从1986年开始，经过15年的艰苦努力，中国于2001年12月11日正式成为WTO（世界贸易组织）第143个成员国，这标志着我国对外开放进入新的历史阶段。经济全球化和加入WTO，使中国农业对复杂、多变的国际环境依赖性进一步增强，如何发挥优势、克服劣势，尽快缩小与国际标准的差距，制定和采取符合WTO规则要求的农业发展政策和措施，实现农业国际化，是农业宏观管理和微观经营要解决的现实紧迫问题。本章在介绍WTO基础知识、有关农业协议规定和中国农业承诺的基础上，分析加入WTO对中国农业的影响和应当采取的对策措施。

第一节 WTO基础知识

一、关贸总协定（GATT）与WTO概述

WTO的前身是关税与贸易总协定（简称关贸总协定或GATT），它是在1947年10月由美国、中国等23个缔约国达成的《关税及贸易总协定临时适用议定书》的基础上发展演变而来的。GATT是一套关于关税和贸易措施的国际通行法规，又是进行多边贸易谈判和解决缔约方贸易争端的国际机构，在国际上素有"经济联合国"之称，与国际货币基金组织、世界银行共同构成调节世界经济贸易和金融的三大支柱，虽然它只是一个"准"国际组织，不是一个真正的国际组织。与WTO相比，GATT是临时生效，没有经过各国（缔约国）议会批准，没有组织创立的规定，没有法律地位，实质是一个对缔约方有一定约束力的"文本"，它只局限于有关货物贸易的谈判、协定和争端。WTO虽然与GATT在目标、宗旨、运行机制、调节内容等方面有一定的继承性，但存在着重大区别。

从1986年9月在乌拉圭开始进行第8轮谈判（中国以观察员身份参加），历时7年多，1993年12月15日所有谈判问题最终解决，达成了更广泛的协议，尤其是就农业第一次达成了协议，简称《乌拉圭农业协议》。1994年4月15日，125个参加方政府的部长在摩洛哥签署了最终协议。同时，在这轮回合中一致通过了由WTO取代GATT，协议自1995年1月1日起执行。

二、WTO的宗旨、主要职能和基本原则

WTO是目前世界上惟一处理各国之间贸易规则的国际组织，它所实行的贸易体制是由许多国家通过谈判来制定大家共同遵从的贸易规则和关系，而不是单单处理两个国家之间的双边贸易关系的，是一种多边贸易体制，不是自由贸易体制。

（一）WTO的宗旨

在《世界贸易组织协定》的前言中指出：各成员方认识到在发展贸易和经济方面应按照提高生活水平、保证充分就业、大幅度稳步提高实际收入和有效需求、扩大生产和货物以及服务贸易等方面的观点，遵照可持续发展的目标而充分地利用世界资源、保护和维护环境；

根据各成员方不同的需要和经济发展水平各异的情况,加强采取各种相应的措施;确保发展中国家,尤其是最不发达国家能获得与它们国际贸易增长需要相适应的经济发展。因此,WTO的宗旨简单说就是在世界范围内促进各国之间经济的协调、持续、稳步发展。

（二）WTO 的主要职能

在《世界贸易组织协定》第三条对其职能作了如下规定:为《世界贸易组织协定》、多边贸易协定和复边贸易协定的实施、管理、运作和进一步目标的实现提供组织机制;为成员方谈判提供场所;对有关争端处理规则和程序谅解的有效实施进行管理;管理贸易政策评审机构;与其他国际组织或政府组织进行适当合作。其主要职能有3个方面:即组织成员方通过谈判制定、达成贸易规则和协议,作为国际贸易谈判的论坛,贸易争端的解决。

（三）WTO 的基本原则

《WTO 协议》所涉及的范围非常广泛,涉及农产品、纺织品与服装、金融、电信、政府采购、工业标准、食品卫生、知识产权等,具体内容十分复杂,但所有协议和和文件始终贯彻着几个简单而根本的原则:

1. 非歧视性原则（无差别待遇原则）

这是首要原则,其基本含义是:WTO 所有成员之间要平等对待、一视同仁。主要通过最惠国待遇和国民待遇两个原则体现。最惠国待遇不是指对某成员的最好或特殊待遇,而是指:平等地对待各成员,不能在成员贸易伙伴之间造成歧视或不平等,如果某一 WTO 成员给予另一 WTO 成员一项优惠待遇,那么也必须给予其他 WTO 成员同样的待遇。当然,也有例外,主要是自由贸易区、关税同盟区等区域性组织的成员之间享有的特殊待遇不让其他 WTO 成员享受,对发展中国家的特殊和差别待遇不能视为最惠国待遇共享。国民待遇原则是指:WTO 成员在国内市场上平等地对待外国产品和本国产品,即在国内市场上外国产品享受不低于本国产品所享受的待遇。该原则同样适用于服务、商标、版权、专利、自然人、法人、投资、船舶、税收等。需要注意的是:国民待遇原则只有在产品、服务等进入国境后才适用,对进口产品征收关税不违反该原则,尽管不对本国生产的产品征收关税。

2. 公平竞争原则

这也称公平贸易原则,是指限制各成员国用倾销或补贴等不公平的贸易手段进行不公平的贸易竞争。一旦出现违反或超越 WTO 协议规定的不公平贸易情况,允许受害方根据 WTO 条款采取反倾销或反补贴措施进行补救。WTO 允许使用关税作为合法的贸易保护手段,但关税水平要在谈判的基础上逐步削减。

3. 市场开放原则

指各成员国要相互开放市场,扩大国外产品、服务等方面进入本国的市场准入的范围和数量,逐步走向贸易自由化。

4. 透明度原则

指各国要向其他成员及时公开本国与贸易有关的政策、体制和法规。具体表现在:全部贸易规则公开,人人都可得到;贸易规则准确无误,不是含糊的或模棱两可的;规则有一定的稳定性,不是随意变化的;要改变贸易规则时,必须事先通告各成员国。

5. 权利和义务平衡原则

这也称互惠贸易原则,是指在享受其他成员提供的各项权利和待遇的同时,必须向其他成员提供对等的权利和待遇。实际应用中,该原则可能会出现一些例外。比如 WTO 协议允许成员在协议签署时,保留针对特定对象的"不适用表"。

三、WTO的组织结构和贸易争端解决机制

（一）WTO的组织结构和决议形成

WTO的组织结构大体上分为4个层次：

1. 部长级会议

这是最高权力机构，由各国部长级代表组成，至少每两年召开一次，履行WTO的职能，可以就任何多边贸易协议所涉及的问题做出决定。

2. 总理事会

负责在两次部长级会议之间处理日常工作，由全体WTO成员组成，向部长级会议报告。共有三种形式，或者说三个不同名称：总理事会、争端解决机构和贸易政策审议机构。虽然这三个机构名称不同，但实际上是同一个总理事会，只不过是根据不同的职权范围、以不同的名义召开会议而已，即一套人马、几块牌子。

3. 理事会

这是总理事会的下设机构，根据总理事会的总体指导运作，分别处理各贸易领域的协议及相应工作，由全体WTO成员组成，设有下属机构（委员会和工作组）。根据WTO协议，总理事会下设货物贸易理事会、服务贸易理事会和与贸易有关的知识产权理事会，分别简称为货物理事会、服务理事会和知识产权理事会。

4. 委员会和工作组

WTO中的委员会依据隶属关系分为两类，一类隶属于总理事会（有6个），管理范围比理事会小一些，由全体WTO成员组成；另一类隶属于理事会，处理具体议题，绝大多数由WTO成员组成，但也有例外。与委员会相似，工作组根据隶属关系也分为两类。一般说，工作组的管理范围比委员会灵活，有的与委员会相似，有的比委员会宽泛，有的是临时的。

WTO由成员政府共同管理，所有重大决定都是由成员共同做出的。形成决议的途径主要有两种：成员经过协商达成一致，或投票表决。一项决议通常是经协商获得一致后做出的。

（二）WTO的贸易争端解决机制

WTO虽然确定了贸易规则，实际中仍然会出现许多纠纷，即贸易争端，其典型情况是：当某一WTO成员采取了某项或某些贸易政策或措施，而其他一个或几个WTO成员认为其违反了《WTO协议》或未能履行在WTO框架下承诺的义务，对其提出控告，产生了贸易争端。贸易争端发生后的解决程序和机制是：

第一阶段：磋商和调解。即首先鼓励争端的双方进行磋商和调解，争取庭外解决。

第二阶段：成立专家组调查、审议和裁决。当不能达成庭外解决方案时，启动该项争端解决机制，即贸易争端机构授权建立专家组具体处理案件；专家组审查证据并最后做出结论。专家组的报告提交给争端解决机构，只能在协商一致的情况下才能在贸易争端解决机构中被否决。事实上贸易争端机构的裁决往往难以被推翻。专家组一般是在争端各方磋商后选定的，由3名（有时5名）来自不同成员的专家组成，专家以个人身份任职，向贸易争端机构负责，不能接受政府的任何指示。

第三阶段：上诉阶段。当第二阶段做出初步裁决后，如果争端各方认可裁决，贸易争端即告结束。如果争端一方或双方同时不服裁决的话，可向WTO上诉机构提起上诉，上诉机构可推翻或维持原裁决，上诉阶段的裁决是最终裁决。争端各方必须依最终裁决行事，否则败诉方将会面临由WTO授权采取的报复措施。需要注意的是，WTO授权的报复措施只不过

是允许受害一方取消在 WTO 框架下给予对方的贸易优惠待遇,而不是真正的制裁。

第二节　WTO 有关农业协议规定和中国农业的承诺

WTO 协议中与农业有关的主要协议有:《农业协定》、《卫生与植物检疫措施协定》、《反倾销协定》、《保障措施协定》、《技术性贸易壁垒协定》、《原产地规定协定》等,内容相当庞杂。以下介绍基本要点以及中国农业的主要承诺。

一、市场准入方面的规定

市场准入是关于别国产品和服务进入本国市场的规定,指在多大程度上允许别国产品和服务进入,即市场开放问题。为了保护国内企业的生产免受进口商品的冲击,多数国家都对在国际市场上没有竞争力的本国产品或行业进行保护,不让外国产品无限制地进入本国。这些措施主要有两类:一是征收关税;二是采取各种非关税措施(即非关税壁垒),包括进口数量限制、差价税、进口禁令、技术性壁垒、最低进口价格、任意性进口许可证、通过国有贸易维持的非关税措施、自愿出口控制等。如常用的进口配额、对进口商品提出不合理的质量标准要求等。WTO 的主要目标是促进自由贸易,因此,市场准入是最重要的问题之一。农业协议中的市场准入主要涉及下列规定。

(一) 关税化

关税化就是把所有各种非关税措施转化为保护程度相等的关税措施。理论上说,关税化后贸易保护的程度并没有发生变化,但大大增加了贸易保护的透明度。《农业协定》要求把关税作为限制进口的唯一手段,原有的非关税措施都应转化为关税。非关税措施的关税化有几种例外:一国国际收支严重失衡时;一般保障措施和例外规定可以采取的非关税措施;根据 WTO 其他协定而采取的非关税措施等。同时,关税化并不完全适用于发展中国家,其通常在取消非关税措施后,以自己提出的较高的上限约束税率替代关税。

关税化的计算方法是:关税化后的关税额(关税等值)等于某产品的国内市场平均价格与国际市场平均价格之差。实行关税化后的关税率作为以后关税减让的基础税率。

(二) 关税减让

关税减让是根据规定,各成员承诺在议定的实施期限内,将各自的全部农产品关税(包括关税化过程所产生的关税)按一定幅度削减。《乌拉圭农业协议》的规定是:(1) 以 1986～1988 年为基期,按简单算术平均法计算,发达国家的平均税率削减 36%,发展中国家削减 24%;(2) 发达国家每项产品的平均关税税率至少削减 15%,发展中国家至少削减 10%;(3) 各成员的任何一项农产品关税均不得超出其所承诺的关税水平。关税减让从 1995 年开始计算,发达国家在 6 年内完成,发展中国家 10 年内完成,最不发达国家不需要进行削减。该协议实施完成后的具体减让取决于已经开始的第九轮谈判。

(三) 最低市场准入和关税配额

最低市场准入是指,允许一些实施关税化困难的成员保留某些产品的非关税措施,但必须确定的最低市场准入量。最低市场准入的实施一般通过关税配额的方式进行。

关税配额,就是指要求成员允许以相对较低的关税进口一定数量的农产品,对配额内的进口征收较低的关税(一般为 1%～3%),对超过配额的进口则征收较高的关税(可以高到 100%以上)。简单说就是与关税有关的配额,实际上是一种数量管制制度。使用关税配额的成员，需要承诺每年的关税配额准入量，至少要保持在现行的实际市场准入水平，具体为不低于最近 3 年的平均进口量；如果这一进口量不到国内近 3 年平均消费量的 3%，则应以消费量的 3%确定配额量，并承诺一定的增量，到实施期末时达到国内消费量的 5%。特别应注意的是，关税配额规定的数量并不是实际进口量或义务，只是一种市场机会的承诺。实际进口量如何，即配额的实际使用情况如何，是由进口国国内市场需求和国外市场价格的比较关系决定的，是由进出口企业自主决定的。

（四）特殊保障措施

特殊保障措施是指，根据《农业协定》规定，各成员对那些已经遵守关税化的产品，在进口量激增和进口价格大幅度下降时，可采取的限制进口的措施，如采取征收附加关税。使用特殊保障措施必须满足以下三个条件：该产品必须已经经历了关税化过程；必须是一国关税减让表中注明可使用特殊保障措施的产品；必须达到以价格或数量为基础的触发标准（略）。

特殊保障措施的运用要以透明的方式进行，事先要通知世贸组织农业委员会，并与有利害关系的成员进行磋商。实施特殊保障措施不需要对受影响的成员进行补偿。在达成新一轮谈判协定之前，特殊保障条款保持有效。

二、国内支持规定

国内支持是指政府通过各种国内政策，以农业和农民为扶持资助对象所进行的各种财政支持措施。由于发达国家在农业方面一直采取了较高的国内支持，很难一下子取消；农业不仅直接关系到人们是否吃饱穿暖，而且也影响到一国的生产结构、就业乃至社会稳定，政府对农业的支持是必要的，因此对农业和农产品采取了允许支持的特殊对待。但高补贴等许多国内支持造成了严重的贸易扭曲，也给成员自己造成了产品大量过剩等严重问题。各方都同意对国内支持措施限制和削减。国内支持的措施很多，采取区别对待，一般形象分为"绿箱"政策、"黄箱"政策和"蓝箱"政策。

（一）"绿箱"政策

"绿箱"政策指那些对生产和贸易不造成扭曲影响或影响非常微弱的政策，不要求削减，也不限制扩大使用。具体包括 11 项内容：（1）政府的一般服务，如农业科研、病虫害控制、培训、技术推广和咨询服务、检验服务、市场促销服务、农业基础设施建设等；（2）食物安全储备补贴；（3）国内食品援助；（4）与实际生产数量、价格、投入等变化不挂钩的收入支持（即基期确定收入补贴后不再与实际变化相关）；（5）政府在收入保险方面的补贴；（6）自然灾害救济补贴；（7）农业生产者退休计划或结构调整资助；（8）资源停用计划的结构调整援助；（9）对农业结构调整提供的投资补贴；（10）为保护环境所提供的补贴；（11）地区性援助。

（二）"黄箱"政策和"蓝箱"政策

"黄箱"政策主要指那些容易引起农产品贸易扭曲的政策措施，要求各国作削减和约束承诺，包括：①价格支持；②营销贷款；③面积补贴；④牲畜数量补贴；⑤种子、肥料、灌溉等投入补贴；⑥某些有补贴的贷款计划。"蓝箱"政策是价格支持的特例，指在实行价格补贴时，以农民控制生产数量为前提。目前只有欧盟使用。

（三）国内支持削减的规定

1. 综合支持量（AMS）

根据农业协定，综合支持量指"给基本农产品生产者生产某项特定农产品提供的，或者给农产品生产者全体生产非特定农产品提供的年度支持措施的货币价值"。综合支持量的基期为 1986~1988 年年平均水平。

2. 国内支持削减承诺

（1）《农业协定》规定，自 1995 年开始，发达国家在 6 年内逐步削减 20%的 AMS，发展中国家在 10 年内逐步削减 13%的 AMS。要求各国在执行期间每年的总 AMS 不能超过协定规定的 AMS 约束水平。(2) 微量允许（de-minimums）：指如果国内支持量很少，则不需要纳入计算和削减。对具体农产品（或所有农产品）的支持，只要其 AMS 不超过该产品生产总值（或农业生产总值）的 5%（发展中国家为 10%，我国为 8.5%），就无须削减其国内支持。(3) 为满足欧盟和美国的要求，《农业协定》规定，一些与农产品限产计划有关的"黄箱政策"（如休耕补贴等）可纳入"蓝箱政策"，列入基期总 AMS 的计算，但免予削减承诺，不受《农业协定》的约束和限制，有关国家可以自行决定政策的调整以便按要求削减 AMS。

3. 特殊和差别待遇

在国内支持削减承诺上，《农业协定》规定给予发展中国家特殊差别待遇：（1）发展中国家只需削减 13%的 AMS，且实施期限增加到 10 年；（2）发展中国家的一些"黄箱"政策也列入免予削减的范围，主要包括：农业投资补贴；对低收入或资源贫乏地区生产者提供的农业投入品补贴；为鼓励生产者不生产违禁麻醉作物而提供的支持。

三、《卫生与植物检疫措施协定》的主要精神

根据协定，如果因为进口外国产品而使本国的人类、动物或植物的生命或健康受到威胁，政府可以对贸易进行限制。采取这种限制措施的条件是：科学根据和无歧视原则，即必须有科学根据。对进口产品与本国产品采取同等标准。实施卫生和植物检疫措施时的标准可以有两种选择：采取现有的有关国际技术组织的标准、指导和建议；可采取一种更高程度的保护措施，条件是存在科学依据，或按协议中的标准估计风险确实需要这样的恰当保护。目前发达国家不断提高技术标准，限制外国产品进入，即贸易技术壁垒不断升级。

四、《反倾销协定》的主要内容

倾销和反倾销问题目前已经成为最常见农产品贸易争端。《反倾销协定》的核心内容有三个部分：

（一）倾销的认定

如果产品以低于正常价值的价格出口，则视为倾销。正常价值是指出口国中市场上的同类产品的可比价格。同类产品在价格比较时要考虑质量等方面的因素；可比价格是指在同一营销阶段（一般是出厂价格）和同一时间。如果出口国国内市场没有同类产品，或者由于销售量太小等原因，可以采取两种替代方法：同出口到第三国的具有代表性的出口价格相比；按照生产国的生产成本加上合理的管理、销售等费用和利润确定可比价格。实际上由于发展中国家或非市场经济国家生产支出记录的不完善，往往受到不公平的判断。

（二）损害的认定

损害是指对国内产业的"实质损害"、实质损害威胁或对建立此类产业的"实质阻碍"。损害的确认要根据两方面的情况：倾销产品的数量及对进口国市场同类产品价格的影响；这些产品进口对进口国同类产品生产者的影响，如市场占有率、利润、就业、设备利用率等。如果影响特别小，就不构成损害，不能进行反倾销。

（三）反倾销的主要程序

反倾销的主要程序是：调查的发起（申请），立案调查，初步裁定，临时反倾销措施，自愿提价停止调查或继续调查，最终裁定，最终措施——征收反倾销税，可能的司法审议，反倾销的最后终止等。申请由国内产业或国内产业的代表提出，表示支持申请倾销调查的国内生产者必须占有国内25%以上的国内同类产品产量，否则不能发起调查；调查应当在1年内结束，特殊情况不超过18个月；主要调查是否存在倾销、对国内产业的损害、倾销与损害是否存在因果关系。临时反倾销措施主要指征收临时反倾销税或要求保证承诺。经调查后裁定为倾销，即可征收反倾销税，既可对所有出口国均征收，也可单独列出贸易商的名单，或者对来自同一成员的产品征收。

五、中国加入 WTO 后农业方面的主要承诺

中国加入世贸组织后对农产品贸易的主要承诺包括两个方面：

（一）涉及农产品贸易自由化的方面

1. 扩大市场准入

一是所有农产品关税均实行上限约束，并且将算术平均关税率由2001年的19%降为2004年的17%，其中美国特别关注的80多种农产品降至14.5%，大豆进口量无限制，关税不超过3%。从1999年至2004年，葡萄酒关税从65%降至20%；牛肉进口税从45%降至12%；猪肉从20%降至12%；鸡肉从20%降至10%；水产品从25%降至10%；柑橘从40%降至12%；葡萄从40%降至13%；苹果、梨从30%降至10%等。二是对粮、棉、油等敏感性商品实行关税配额制，取消对外贸的计划管理，国有企业未使用完的配额再分配给私营企业，逐步扩大分配给非国有贸易企业的配额比例。大豆油关税配额2002年是251.8万吨，超配额关税为52.4%；2005年增至358.7万吨，私营公司的份额将从66%提高到90%，超配额关税为19.9%；2006年关税配额取消，进口关税一律为9%。小麦关税配额2002年是846.8万吨，2004年增至963.6万吨，私营公司占10%，超配额关税由71%降为65%。玉米关税配额2002年是585万吨，2004年增至720万吨，私营公司的份额将从32%提高到40%，超配额关税由71%降为65%。稻米关税配额2002年是199.5万吨，2004年增至266万吨，私营公司占一半，超配额关税由71%降为65%。菜籽油关税配额2002年是87.9万吨，增至2005年的124.3万吨，私营公司由66%增加到90%，超配额关税由52.4%降为19.9%，2006年关税配额取消，进口关税一律为9%。棉花关税配额2002年是81.85万吨，增至2004年的89.4万吨，私营公司占67%，超配额关税由54.4%降为40%。大麦无关税配额，税率将降至9%，麦芽为10%；大豆、豆粕关税不超过3%，进口量无限制。另外对糖、棕榈油等也规定了关税配额。

2. 不向农产品出口提供任何补贴

3. 削减国内支持

今后 AMS 确定为零，放弃根据《农业协定》给予发展中国家特殊和无差别待遇条款扶持农业的权利，只能在8.5%的微量允许范围内支持农业。

（二）与农产品贸易相关的领域的承诺

主要有：改善动植物卫生措施和技术标准。将取消所有缺乏科学依据的动植物卫生措施，建立符合国际规范的进口产品检验制度；放弃采用特殊保障措施的权利；允许 WTO 成员防范从中国进口产品激增的特殊保障措施；开放服务贸易；加强知识产权保护。

第三节 中国应对入世影响和实现农业国际化的对策

一、加入 WTO 对中国农业的影响

(一) 对农业的总体影响

加入 WTO 对农业既有挑战，也有机遇；对不同的产业部门、不同的地区、不同的市场参与者，其影响很不一样，总体上可做如下判断。

1. 农业受到不利影响不可避免，但总体影响可能不会很大

主要原因是：(1) 我国农业的外贸依存度较低，大致在10%左右，对世界市场的依赖性要比其他部门小得多；(2) 我国农业的自给自足性较强，商品率低；(3) 作为一个整体，我国农产品供给的价格弹性很小，而单项产品的价格弹性较大，面对入世后的进口竞争，农业生产结构会发生变化，而农业生产总量不会发生太大变化；(4) 我国是农产品生产大国和消费大国，具有大国效应，一个相对不大的进口增量，会使世界市场价格大大提高，从而对进一步进口产生抑制作用。

2. 对农产品价格和农民收入的影响大于对生产和就业的影响

入世后，一些农产品的进口将增加，从而相应地降低国内价格，影响到农民收入。但即使价格降低了，农民总还要从事农业生产，只要非农业就业机会不够多，农民就仍将留在农村，就业问题更多地表现为隐性失业，而不是显性失业。

3. 加入 WTO 的影响可能小于某些国内政策的影响

如我国每年用于国营粮食经营部门的补贴高达数百亿元，这笔款若用于进口粮食的话可达到 5 000 万～6 000 万吨，相当于粮食进口配额的 3 倍。又如我国是世界上唯一专门针对农业和农民征税的国家，每年征收的农业税费高达一千多亿，如果取消它，对农民和农业生产的影响将远远大于入世的影响。另外还有土地政策、农村劳动力流动政策等。

4. 加入 WTO 对我国农业发展会有一定的促进作用

如：有利于减低贸易成本和减少贸易壁垒；有利于发挥比较优势，扩大劳动密集型产品出口；有利于吸引更多的国外资金、技术和管理经验，改善农产品质量，提高竞争力；有利于农业政策和经营管理体制改革，彻底改变条块分割，提高农产品流通效率；农业投入品部门和生产服务部门的竞争会加强，价格会降低，质量会更好，有利于推动农业发展。

(二) 对农业各产业的影响

判断我国农业受入世影响的因素很多，主要有：该产品国内价格与国外价格的差别；进口关税配额的数量和配额内外关税的高低；产品商品率的高低；产品在地域上的集中程度；该产品的农民人均生产数量；农民收入的高低及其结构情况；交通运输条件；我国进出口贸易在世界市场中的份额等。总的来看，加入 WTO 后，一方面外国的土地密集型农产品（谷物类、棉花、油料、大豆等）及高档特色的水果、肉类会对我国农产品造成极大的竞争压力；另一方面，由于受产品质量、产业组织及政府保护能力不足，以及主要进口国提高技术标准、质量认证、环保等绿色技术壁垒的约束，近期我国具有比较优势的农产品如园艺产品、畜禽产品、水产品等出口不会有很大增长。

1. 对棉花产业的影响

总体看影响最为突出，主要原因是：关税配额数量巨大，2004 年将占国内生产的 20%；

配额中非国营贸易占的比例大（67%）；产地高度集中，新疆占全国的 1/3，也是受不利影响最大的地区；质量与国外有一定差距。

2. 对糖产业的影响

总体影响较大，因为：我国白糖年产量 800 万吨，其原料 80% 为甘蔗，原料单一；糖料配额量大，2004 年占国内产量的 20%，非国营贸易份额达 30%；国内价格高于国际价格，如 2001 年国内价格为 3 600 元/吨，国际价格为 1 900 元/吨。影响最大的地区是广西。

3. 对油料产业的影响

冲击可能主要来自棕榈油和菜籽油。2006 年后，食用植物油的进口取消关税配额，只征收 9% 的单一进口关税和进口环节增值税，我国食用植物油国内价格明显高于国际价格。但由于各种食用植物油之间有很强的替代性，在菜籽油、棕榈油、大豆油中，棕榈油的价格最低，关税配额略低于大豆油（2005 年为 316.8 万吨），进口可能会大幅增加；菜籽油的国内外差价较大，进口菜籽油可直接替代国产，其进口也会明显增加；大豆油的配额虽然最大，但进口关税为 9%，远高于大豆 3% 的进口关税，在放开大豆进口的情况下，进口大豆在国内榨油更具竞争力，因此大豆油实际进口比配额可能要小得多。

4. 对大豆产业的影响

根据近几年大豆进口增长情况和入世承诺判断，在国内大豆需求不断增长的情况下，大豆进口将保持较高水平，受影响最大的地区是黑龙江。但也应看到，黑龙江大豆属于非转基因、无公害产品，可更好开拓国际市场。对我国大豆进口的增加应正确看待，首先是国内需求增长的需要，有利于饲料工业发展，而且增加大豆进口、减少豆油进口，不仅将增值部分留在国内，还提供了额外的就业机会。

5. 对玉米产业的影响

这是粮食作物中受不利影响最大的。虽然配额变化不大，但由于畜牧业发展需要，可能引起价格上升，我国玉米价格一直高于国际价格，大量进口玉米可能不可避免，这对吉林省的影响最大。

6. 对小麦产业的影响

在粮食进口配额中，小麦最大，但进口产生的影响不会很大，主要因为：国际价格加上运费与国内价格基本持平，自给自足性强，大国效应等。

7. 对大米产业的影响

这是粮食作物中受影响最小的，主要因为配额数量和占国内生产的比例均小，只占 3%，而且粳米和籼米各占配额总量的一半，使配额实现程度低。我国进口的大米主要是泰国香米，不大可能进口粳米。同时，国内价格与国际价格没有明显差距，自给率高。

8. 对水果、蔬菜及畜牧产业的影响

这些产业是我国具有价格、成本比较有优势的产业，理论上有利于出口，进口主要是高品质、特色产品，会占领部分高档产品消费市场。但出口会受到技术壁垒，发达国家国内高保护、反倾销等不利影响，也取决于国内产品质量水平提高，满足国际标准、发达国家标准的程度。

二、加入 WTO 后扩大中国农产品出口的主要障碍

（一）主要障碍

从原则上说，WTO 成员应当无条件地相互给予最惠国待遇。但是，作为一个新入世的

国家，我国所获得的待遇实际上取决于通过双边和多边谈判所达成的具体条件，在最后的入世协议中确实含有一些歧视性的安排。限制我国农产品出口前景的既有内部因素，也有外部因素，主要是：

1. 我国的食品安全立法和执法组织不健全，执法能力差，农产品质量安全问题日益突出。由此引发的出口产品被拒收、扣留、退货、索赔、终止合同等现象时有发生，即使获得最惠国待遇，要逾越发达国家的技术贸易壁垒也是相当困难的。

2. 农产品加工企业的总体素质和国际市场的经营能力、竞争能力相对很弱，缺乏对国外需求变化及时作出反应的能力，作为现代农产品出口的必经环节，加工的落后制约着农产品的出口。

3. 在对农业生产、加工、营销和外贸实行分环节管理的传统体制下，政府部门之间信息交流差，权责不清，不仅遇到问题无法及时解决，而且还普遍出现行政管理部门利用权力牟取私利的现象，提高了农产品及其加工品的成本，降低了国际竞争力。

4. 美国、欧盟、日本、韩国等许多国家对自身认为的敏感性农产品实行关税配额管理，我国具有较强国际竞争力的蔬菜、水果、肉类是它们置于关税配额管理制度之下的主要农产品，限制了我国优势农产品的出口。

5. 发达国家以保护消费者健康为理由，普遍对食品实行极为严格的质量、卫生和安全标准等技术贸易壁垒，我国的农产品质量水平、检验检测技术水平和体系落后，目前难以适应。

6. 发达国家出于本国的政治、经济、社会稳定及平衡农业集团利益的目的，通过提供补贴等措施加强对本国农业的"合理合法"保护。世界经济与合作组织发表的一项报告显示，2001年该组织成员对本国农业的财政支持仍占农业生产者总收入的31%，日本、韩国占60%以上，美国和欧盟分别为21%和35%。2002年5月，美国决定在今后10年内将农业补贴增加80%，总额达1 900亿美元。发达国家在短期内很难削减对农业的支持。从国外情况看，印度、墨西哥、菲律宾、泰国等一些发展中国家，在加入WTO后，都出现过农产品进口增长大幅度高于农产品出口的情况。这种情况很可能会在中国出现。

7. 我国农产品出口传统上依赖低价竞争，但由于我国在入世协议中同意其他成员在15年内按照"非市场经济国家"标准处理涉及我国产品的倾销案件，使我国农产品出口的价格优势很难充分发挥，处于不利地位。

消除上述障碍，涉及技术、经济、政策和体制等多个层面的改革，需要做长期和扎实的工作，不是轻而易举的。

（二）关于技术性贸易壁垒（绿色壁垒）

技术性贸易壁垒是指一个国家的政府或非政府机构，以维护国家安全、防止欺诈行为、保护人类健康或安全、保护动植物生命健康及保护环境等理由，通过制定、发布和实施技术法规、标准和合格评定程序，形成限制其他国家产品进入该国市场的事实上的障碍。主要表现是：不断颁布新的技术法规，扩大管制范围；不断对农产品增加检测项目，提高标准水平；实行严格的食品标签制度；实行严格复杂的合格评定程序和质量认证制度；在农产品规格方面大做文章；实行"绿色包装"制度；对出口企业采取注册备案制度及其他登记管理制度；可能实行"动物福利性"标准等。

近几年我国农产品出口由于质量安全问题而退货的现象不断发生。我国遭受发达国家技术壁垒有几个特点：提出的指标越来越严格，涉及的产品范围越来越大，一个或少数国家技术壁垒的禁令往往引起其他国家也实施技术壁垒，引起连锁反应。

四、中国农业应对WTO、实现国际化的主要措施

正如在农业发展新阶段和入世背景情况下农业发展面临的困难和问题具有系统性、长期性和艰巨性一样，应对入世、实现农业的国际化也需要系统、长期和艰苦的努力。从我国农业自身发展看，存在着资源约束、结构约束、市场约束和体制性约束；从参与国际竞争要求看，世界农产品的竞争正从以往的价格竞争转为价格、质量、服务和信誉等方面的全方位竞争，我国农业的技术、组织等各方面缺乏综合优势。

应对入世挑战、抢抓入世机遇，实现农业国际化需要全方位的统一行动。从企业角度主要是要提高价格竞争力、质量竞争力和信誉竞争力；从涉农企业方面首先要做到自立、自强、自律；从农民方面主要是树立和加强市场观念、加强自我组织和社会化程度、增强自身素质。从政府角度，总的说是以各种可能方式，扶持农民、农业生产者和营销加工企业，提高竞争力，主要是：加强WTO法律法规方面的服务；加强国内政策方面的服务；加强对农业和农民的直接支持；加强农业科技工作；加强农业信息体系建设，提高政府无偿信息服务水平；加强食品质量安全标准和卫生检疫服务；加强基础设施建设、区域性扶贫、环境污染治理、生态脆弱区保护等支持。

习题与思考题

一、名词解释

1. 最惠国待遇　　2. 国民待遇　　3. 关税配额　　4. 技术性贸易壁垒
5. "绿箱"政策　　6. "黄箱"政策

二、填空

1. WTO所实行的贸易体制是由许多国家通过＿＿＿＿来制定大家共同遵从的贸易规则和关系，而不是单单处理两个国家之间的双边贸易关系的，是一种＿＿＿＿体制，不是＿＿＿＿贸易体制。

2. WTO的主要职能包括3个方面：组织成员方通过谈判制定、达成＿＿＿＿＿＿＿，作为＿＿＿＿＿＿的论坛，＿＿＿＿＿＿＿的解决。

3. 非歧视性原则主要通过＿＿＿＿和＿＿＿＿两个原则体现。

4. 如果产品以＿＿＿＿＿＿＿＿＿的价格出口，则视为倾销。

5. 损害是指对国内产业的＿＿＿＿＿、＿＿＿＿＿或对建立此类产业的＿＿＿＿＿＿＿＿。

6. 微量允许指如果＿＿＿＿＿＿很少，则不需要纳入计算和削减。对具体农产品（或所有农产品）的支持，只要其AMS不超过该产品生产总值（或农业生产总值）的＿＿＿＿（发展中国家为10%，我国为＿＿＿＿＿），就无须削减其国内支持。

7. 根据《卫生与植物检疫措施协定》，如果因为进口外国产品而使本国的人类、动物或植物的生命或健康受到威胁，政府可以对贸易进行限制，其条件是：＿＿＿＿＿＿＿＿＿＿和＿＿＿＿＿＿＿原则。

8. 特殊保障措施是指，根据《农业协定》规定，各成员对那些已经遵守关税化的产品，在＿＿＿＿＿和＿＿＿＿＿＿＿＿＿＿时，可采取限制进口的措施，如征收附加关税。

9. 最低市场准入是指，允许一些实施关税化困难的成员保留某些产品的非关税措施，但

必须确定的_____。最低市场准入的实施一般通过_____的方式进行。

三、简答

1. WTO 的基本原则是什么？
2. WTO 贸易争端解决程序和机制是怎样的？
3. 扩大中国农产品出口的主要障碍有哪些？
4. 加入 WTO 对我国农业的总体影响如何？

第四章 农业经营管理技术

农业企业、农户等微观主体的生产经营管理水平是农业生产力水平的重要体现。本章主要介绍现代经营管理的基础知识、经营决策与预测技术、经营核算技术和市场营销技术等四个方面的基本内容,通过学习能够对农业经营管理的基础知识、基本技术有总体的了解和掌握。

第一节 经营管理基础知识

一、经营的基本知识

经营是指一定的组织或个人为达到一定的经济目标,根据外部环境和自身条件向社会或市场提供产品和服务,谋取自身最大经济效益的一系列有组织的经济活动。其涉及经营主体、经营目标、经营思想、经营方式、经营环境和经营条件等一系列问题。

(一) 经营主体

经营主体是指从事经营活动的经济组织或个人。它具有以下基本属性或特征:(1)经济性。作为一个经营主体,它或者从事商品生产,或者从事商品流通,或者提供商业性劳务。总之,是通过商品生产或者流通,为商品消费者提供使用价值,借以实现自己商品的价值的活动,即为经济性。(2)营利性。这是商品生产经营者赖以存在和发展的前提,是从事商品生产流通活动的目的所在,也是区别经营主体和行政事业单位的主要依据。有些组织虽然从事经济活动,但不以营利为目的(不以营利为主要的、根本的目的),就不能认为是经营主体。(3)独立性。经营主体必须有相对独立的经营自主权。这是商品生产经营者根据环境条件和经营目标灵活作出决策的必备条件,如果缺乏这个自主权,商品生产经营者就不能根据环境条件变化决定或者改变自己的经营行为,也就不能实现盈利和和发展的目的。(4)必须以自己的名义从事生产经营活动。经营主体必须具有独立的产权,并能以自己的名义承担债权、债务和风险,享受经营利益,这也是市场经济条件下经济交往的必备条件。当然,经营主体是由人组成的,有些人作为管理者、法人代表或者具体的经办人进行某些生产经营活动,但由于其没有独立的产权,不能以自己的名义从事生产经营活动,因此不能称之为经营主体。

经营主体主要指企业,它是市场经济体制下经营活动的主要组织形式。企业的种类很多,按组织形式,国际上一般分为公司制、股份合作制、合伙制和独资制。改革开放以来,我国的企业组织形式逐渐与国际接轨,组织形式丰富多样。其中现代企业制度作为改革的方向迅速发展,在此对其作简要介绍。

1. 现代企业制度

所谓现代企业制度,是指符合社会化大生产要求,适应市场经济的"产权明晰、权责明确、政企分开、管理科学"、依法规范的企业制度。现代企业制度的基本特征主要是:(1)产权关系明晰。即企业的资产有明确的主体归属,企业中的国有资产所有权属于国家,企业的其他资产的所有权分别属于不同的组织或者个人,企业拥有包括国家在内的出资者投资形成的全部法人财产权,成为享有民事权利、承担民事责任的法人实体。(2)权责明确。即企业出资者按投入企业的资本额,行使所有者的权利,承担所有者的义务,享有资产收益、重大决策和选择管理者等权利,企业破产时,出资者只以其投入企业的资本额为限对企业债务负有限责任;企业以其全部法人财产依法自主经营,自负盈亏,照章纳税,对出资者承担资产保值、增值的责任;企业破产时,企业要以全部法人财产对其债务承担责任。(3)政企分开。企业在国家宏观调控下,按照市场需求组织生产经营,在市场竞争中优胜劣汰,资不抵债应依法破产;政府不直接干预企业的生产经营活动,政府对国家出资兴办和拥有股份的企业,通过出资人代表行使所有者职能和权利,不干预企业日常经营活动。(4)管理科学。即建立科学的企业领导体制和组织管理制度,调节所有者、经营者和职工之间的关系,形成激励和约束相结合的经营机制。

2. 有限责任公司

这是指股东以其出资额为限对公司承担责任,公司以其全部资产对公司债务承担责任。其主要特点是:(1)股东仅以其出资额为限对公司负责。(2)股东人数为二人以上、五十人以下,即有最高限制。国有独资有限责任公司股东为单一投资主体。(3)有限责任公司只能由一人或几人发起设立,而无募集设立,即不能公开募集股份,不能发行股票。(4)股东应当足额缴纳公司章程中所规定的各自所认缴的出资额;股东可以用货币出资,也可以用实物、工业产权、非专利技术、土地使用权作价出资;有限责任公司成立后,应向股东签发出资证明书,股东按照出资比例分取红利,享受其他权利,承担有限责任,但出资证明书不同于股票,不能在证券市场流通转让。(5)有限责任公司股东会是由全体股东组成的公司权力机构,依照《公司法》享有有关权利。有限责任公司设立董事会的,其对股东负责,是股东会的业务执行机构,对外代表公司,其成员为三至十三人,设董事长一名,副董事长若干名;董事会聘任总经理负责具体生产经营管理活动等。

3. 股份有限公司

这是指公司全部资本分为等额股份,股东以其所持股份为限对公司承担责任,公司以其全部资产对公司的债务承担责任。其主要特点是:(1)股份有限公司的设立,可以采取发起设立或募集设立。发起设立是指由发起人认购公司应发行的全部股份的一部分,其余部分向社会公开募集而设立公司。(2)股份有限公司的资本划分为股份,每股金额相等,股份采取股票的形式。股票是公司签发的证明股东所持股份的凭证,持有者即为公司股东,按持股数量享受权益,承担责任,股票可依法自由流通转让。(3)设立股份有限公司应当有五人以上为发起人(国有企业改制的,可少于五人,但应当采取募集设立方式),以募集设立方式设立的,发起人认购的股份不得少于股份总数的35%,其余向社会公开募集。(4)股份有限公司注册资本的最低限额为1 000万元人民币。(5)股东代表大会是最高权力机构,由其选举董事会作为公司常设执行机构,由董事会聘请总经理负责具体的经营管理工作等。

对有限责任公司和股份有限公司在其成立条件、设立、组织机构等方面,《公司法》都有严格的规定。

(二)经营思想

经营思想是贯穿于企业经营活动全过程的指导思想,是由一系列观念或观点构成的对经营过程中发生的各种关系的认识和态度的总和。企业最基本的经营思想是:扬长避短,发挥优势,以市场为导向,以优质产品和服务满足社会需要,取得最好的经济效益。这一基本思想,具体地表现为以下观念:

1. 市场观念

市场观念是企业经营思想的中心。市场观念要求企业的经营活动必须根据消费者需求的变化，围绕市场组织生产经营活动，要求不断进行市场供求分析，在掌握充分的市场信息，消费者心理，消费者对产品种类、品质等要求的基础上作出决策，生产适销对路的产品，实现产品的价值，使企业不断地发展壮大，否则企业就会被市场无情地淘汰。以市场为导向的观念，不但要注意现实消费市场，更重要的是要善于发现和掌握市场的变化趋势，发现和挖掘市场潜力，开发潜在市场，以期在市场竞争中争取主动。

2. 用户观念

市场与消费者是一个广泛而抽象的概念，是若干企业争取服务的对象。用户是市场与消费者的具体组成部分，是个别企业的直接服务对象。企业研究市场和消费者的目标是为了赢得用户，用户是实现购买行为的消费者。用户的多少直接决定着企业的命运。用户观念首先要求企业必须站在用户的立场上想问题，按照"假如我是用户"的标准处理问题，把用户需要和利益放在首位，要求企业树立先要用户后要利润的思想。用户观念最直接的体现就是为用户提供最适宜的产品和最佳服务，使用户在产品（服务）的使用过程中得到直接的经济利益和享受。

3. 竞争观念

有市场就有竞争。竞争观念首先要求企业必须时时刻刻有一种危机感、压力感和紧迫感，有竞争意识，不能满足于一时的成绩；其次要求企业必须敢于竞争，不能被无情的竞争所吓倒，要明白命运掌握在自己手里；再次要善于竞争，要选择恰当的市场竞争策略、市场竞争方式和手段。 企业竞争，说到底就是其内在素质的竞争，企业素质集中地表现在人才、技术、管理三方面。有了一流的人才、一流的技术、一流的管理，才会生产出一流的产品，创造出一流的经营方式，从而提高企业的竞争能力。

4. 质量观念

质量包括产品质量和服务质量。优越的质量是赢得客户信赖、提高市场竞争力的重要保证。质量观念要求企业树立"质量第一"的基本思想。当然，在质量过硬、符合标准及用户需要的同时，价格必须合理，能为农户所接受。质量观念同时要求企业应当树立不断提高质量的思想。

5. 创新观念

创新是企业生存与持久发展的灵魂和生命力所在。创新存在于企业经营活动的各个方面，如产品创新、技术创新、管理创新、制度创新、服务创新、经营方式创新等，每次创新都会给企业发展注入新的活力。创新观念要求企业永远不能满足现状，要在各个方面大胆探索，要敢为人之所不为，能为人之所不能为，这样才能在竞争中永远处于领先地位。

6. 诚信观念

市场经济是信用经济，诚信经营是企业经营的基本准则，尤其是在产品供过于求、竞争日趋激烈的现代社会，其决定着企业能否长久地生存和发展。诚信观念体现在产品质量信用承诺、服务信用承诺以及与企业经营相关的各种关系信用的各个方面，要求在消费者、用户、公众等各个方面建立良好的市场信誉。

7. 战略观念

战略观念要求企业要树立长远发展的思想，不能只考虑眼前的利益、眼前的现状；不能只从企业自身的情况考虑问题，而应当高瞻远瞩，从全行业、全国、全世界发展的角度考虑问题，制定长远的发展计划。

（三）经营环境与经营条件

1. 经营环境

一切对企业生产经营活动及其生存与发展产生影响，而企业又无法控制的因素都属于企业环境。分析研究企业经营环境，使企业可以认识和把握有利因素与不利因素，以及未来发展趋势，为企业确定经营战略、经营目标，为提高企业应变能力提供较为可靠的客观依据。经营环境可分为宏观环境和微观环境。经营的宏观环境主要有政治环境、经济环境、科技环境、社会环境等。微观环境主要包括行业环境，如市场需求、供给、竞争等状况。二者在实际中相互交织，相互渗透，共同影响企业生产经营。

2. 经营条件

是指企业的内部条件。分析企业的内部条件，是为了使企业更好地适应外部环境的变化，明确自己的优势、劣势，扬长避短。经营条件主要包括企业的基本状况、生产技术状况、经营管理水平、财物状况等。

（四）经营目标

经营目标是企业的生产经营活动在一定时期内预期要达到的成果和水平。它是企业经营管理工作的出发点和归宿。没有正确的经营目标，企业就会迷失方向，丧失动力。经营目标的确定应该以经营环境和经营条件的分析为基础，明确企业发展的机会和面临的威胁，制定符合企业实际的经营目标。

1. 经营目标的内容

它并没有一个固定的范围，可根据企业经营活动的具体情况制定，一般包括：成长性目标，表明企业进步和发展水平的指标，如产品品种、质量，企业资产、设备、销售额及增长率等；稳定性目标，反映企业的生存状态，表明企业的安全程度。如经营安全率、利润率、支付能力等；竞争性目标，表明企业的竞争能力和企业形象。包括：设备技术领先程度、产品质量名次、市场占有率、企业知名度等。

2. 制定经营目标的原则

（1）关键性和全面性相结合。全面性指目标能反映企业的全面工作，体现本企业的基本任务，使下属各部门、人员都有目标。关键性指目标不能包罗万象，必须重点突出有关企业兴衰存亡的重大问题，在有多个目标时，要区分主次目标，在资源分配上保证重点目标。（2）下一级和上一级目标一致，确保总体目标的实现。同时，各部门各级人员又要使灵活性和一致性相结合。确定企业经营目标时，必须使分目标和总目标一致，从实际出发，发挥优势，使目标具有一定的灵活性和弹性。（3）可行性和挑战性相结合。目标没有挑战性、不付出多大努力即可达到，就会失去激励作用；反之，目标定得过高，使人感到可望而不可即，又会挫伤人们的积极性。只有把二者结合起来，才能发挥激励作用。（4）具体化和定量化相结合。目标应该明确、具体，尽可能用定量的指标进行描述。对有些不能量化的目标，则应尽可能具体化，制订出衡量标准，这样才便于实施和考核。（5）指令性和民主性相结合。确定目标，必须集思广益，但目标一经确定，就应具有严肃性，一般情况下不得随意更改。

（五）目标管理（MBO）

1. 目标管理的过程

所谓目标管理是指围绕确定目标和实现目标而开展的一系列管理活动。其管理过程可概括为：一个中心，三个阶段，四个环节和九项工作。"一个中心"指以目标为中心统筹安排工作。"三个阶段"指计划、执行、检验总结。"四个环节"指确定目标、目标展开、目标实施和目标考评。"九项工作"是按三个阶段的不同要求安排的,在计划阶段有论证决策、协商分解、定责授权;在执行阶段作为管理者主要有三项工作:咨询指导、反馈控制、调节平衡;在检查阶段主要有成果考评、实施奖惩、总结经验。

2. 目标管理的特点

从以上管理过程可以看出,目标管理有以下特点:(1)以目标为中心进行管理。目标成为一切管理活动的出发点和归宿,同时围绕目标建立一套规章制度和行为准则;(2)以目标指导行动的管理。从以任务指导行动转向以目标指导行动是目标管理理论的精髓所在。以目标指导行动,可以调动下属的主观能动性,保证目标实现,提高管理效率;(3)面向未来的管理。管理目标是组织在一定时间内预期要达到的结果,具有未来属性,而确定目标又是人的一种主动行为,把两者结合起来,就是主动追求未来的成果;(4)系统整体的管理。无论目标的确定、展开,还是实施、考评,都遵循系统原理,从全局出发,保证整体目标实现;(5)重视成果的管理。目标管理重结果轻过程,有助于克服"做表面文章"的坏作风,促使人们凭成果说话,发挥人的创造精神;(6)重视人的管理。目标管理始终以发挥人的主观能动性、建立良好的人际关系作为工作的中心,目标分解要充分协商,目标实施要减少直接干预,使人的积极性得到较充分的发挥。

二、管理的内涵、职能与方法

(一) 经济管理的内涵

管理,从字义上讲,就是管辖、处理的意思。在通常情况下,管理是对被管理的对象的组织、指挥、协调、控制等。管理是一个庞大的系统,社会生活的各个方面都存在着管理。经济管理只是这个庞大的系统中的一个子系统,既包括宏观经济管理,也包括微观经济管理。无论是宏观经济管理,还是微观经济管理,都是按照生产资料所有者的利益和意志,对生产经营活动的管理。

经济的宏观管理,是指作为宏观管理主体的国家利用经济、行政、法律等手段,从整体和全局上对经济的间接调控,主要包括:规划发展方向的目标;调控总供给与总需求使之达到宏观总量平衡等;并由宏观经济导向微观经济管理,使经济的发展符合国家经济发展的总体目标。微观管理,是指企业的经济管理。企业就是劳动者和生产资料直接结合起来,根据经济核算和经济效益的原则,进行经济活动,并独立承担经济责任的基本经济单位或经济细胞。企业经济管理,就是企业在生产经营过程中,按照生产资料所有者的利益和意志,根据市场需求预测,对经济活动进行决策、计划、组织、指挥、协调、控制等,从而保证生产经营过程的顺利进行,以达到企业既定目标的组织活动。

(二) 经济管理的性质

经济活动,既是人与自然的结合过程,又是人与人结合的过程,因而具有双重属性,并由此决定经济管理的两重性。也就是说,经济管理之所以具有两重性,是由于生产经营过程是生产力和生产关系的统一体,是由于生产经营过程具有两重性决定的。一方面,在生产经营过程中,必须有人指挥、协调生产者之间的协作劳动,它体现了合理组织生产力的职能,这一性质称作管理的一般性,由此形成了管理的自然属性。另一方面,管理作为上层建筑,它是统治阶级在生产经营过程中实现本阶级利益的一种手段,是一定生产关系的体现。不同阶级的阶级利益决定了管理的不同目的、内容、制度和方法,这一性质成为管理的特殊性,并由此形成管理的社会属性。

(三) *经济管理职能*

经济管理职能是指经济管理活动应有的作用与功能，是经济管理原则和方法的具体体现。经济管理的职能可概括为：决策、计划、组织、指挥、协调、控制等，这些职能在相互联系、相互依存、相互渗透中，按一定程序发挥作用，构成经济管理的全过程。

1. 决策职能

决策，就是作出选择与决定。它贯穿于管理活动的始终。农业经济管理的决策职能，就是管理者为实现特定发展目标，对经济活动分析判断，作出选择与决定的过程。

2. 计划职能

计划，是对未来的安排和规划。经济管理的计划职能，是在对经济活动科学预测基础上，预先确定经济的发展目标及实现目标拟采取的手段等。

3. 组织职能

组织，就是对经济活动中的各种生产要素及各个环节在时间和空间上进行有效组合，以实现经济发展的目标。

4. 指挥职能

指挥，就是领导者依靠职权，以下达命令、指标等方式，指使下级从事某种活动。经济管理的指挥职能，就是管理者依据其职权，对所管辖的部门和生产经营者的生产经营活动进行协调，使经济活动顺畅进行。

5. 协调职能

协调，就是调整和处理。在经济管理中，协调职能就是调整和处理经济活动中的各种关系。通过协调，解决、处理和调整好经济活动中的相互关系并沟通联系，以保证经济活动的顺利进行。

6. 控制职能

控制，就是检查、监督和调节。经济管理的控制职能，就是通过检查经济活动是否与原定的目标、计划、标准、原则相符合，及时发现经济活动中存在的问题，查明原因，采取措施，加以调节和纠正。

(四) *经济管理的方法*

经济管理方法，是指执行管理职能以实现管理目的的方式、途径和手段的总和。从一般意义上说，无论宏观管理还是微观管理，常用的方法主要是经济方法、行政方法和法律方法，其中经济方法和法律方法是最主要的方法，而行政方法的作用范围正在不断缩小。

1. 经济方法

经济方法，就是按照客观经济规律的要求，依照经济组织，运用经济手段、经济杠杆（如工资、价格、税收、信贷、利息等）和经济方式（如各种形式的经济责任制等），执行管理职能。经济方法的主要特点是：(1)有偿性。用经济方法管理经济时，各个经济单位及组织间的经济往来，均要遵循等价交换的原则。(2)非直接性。用经济方法管理经济，不是强制性的，而是利用经济手段和经济方式间接管理。(3)平等性。用经济方法管理经济，承认各经济组织在经济往来及自身经济利益上是平等的。(4)广泛有效性。用经济方法管理经济，能有效地调控经济运行，并对当前以至以后一段时间的经济活动都会产生较大的影响，而且作用范围广。利用经济方法管理经济，有利于贯彻社会主义物质利益原则，其实质是从物质利益上处理国家、企业、个人三者之间的经济关系，调动各方面的积极性。

2. 行政方法

行政方法，就是依靠行政组织。按照行政隶属关系，运用指示、命令、规定等行政手段管理经济，执行管理职能。行政方法的主要特点是：（1）直接性。利用行政方法管理经济是管理机关依靠隶属关系，直接指挥各经济组织的经济活动。（2）强制性。上级管理机关对其所属的经济组织的经济活动干预，是无条件的，必须执行的。利用行政方法管理经济是必需的，但必须按照客观规律的要求办事，否则会导致主观主义，挫伤企业和职工的积极性，妨碍经济活动的正常进行。

3. 法律方法

法律方法，就是运用各种经济法律、法令、条例和经济方法，执行经济管理职能。法律方法的主要特点是：（1）权威性。各种经济法律是由国家权力机关制定和颁布的，在各自的范围之内，任何组织和个人都不得侵犯。（2）强制性。各种经济法律和法规的实施，都得到国家强制力量的保证，任何组织和个人都不得对法律和法规的执行进行阻挠和抵抗，否则，会受到国家力量强制性的纠正。（3）规范性。各项经济法律和法规的制定和执行，都是按照严格的法定程序进行的，既不能随意更改，也不可因人因事而易。（4）稳定性。各项经济法律和法规的制定和执行，都是严格地按照法定程序进行的，不能随意更改。法律的连续性使经济管理具有稳定性。利用法律方法管理经济，是调整各方面经济关系的准绳，是国家管理整个社会的重要工具。

三、管理的基本原理与原则

管理原理是指管理领域普遍适用的基本规律，是对各具体领域管理活动的实质内容进行科学分析总结的结果，并用以指导管理活动。管理原则是观察管理现象，处理管理问题的思维尺度，是人们从事管理活动必须共同遵循的行为规范，是根据对管理原理的认识和理解而引申出来的，它与管理实践相联系，并具有动态性特征。纵观国内外学者关于现代管理原理的分析，管理的原理很多，在此简要介绍几种主要的原理。

（一）人本管理原理与原则

在管理活动中，最重要的、对管理效果起决定作用的因素是人，从事管理活动的主体是人，被管理者也是人。所谓人本管理就是以人为本的管理。人本管理原理认为：管理的核心对象是人。这一原理要求管理者要将组织内人际关系的管理放在首位，将管理工作的重点放在激发被管理者的积极性和创造性上，努力为被管理者自我实现需要的满足创造各种机会。其思想基础是认为人是具有多种需要的复杂的"社会人"，而不是单纯追求自身经济利益的"经济人"。依据人本管理原理，可以引申出符合该原理的管理原则。

1. 利益协调原则

参与经济活动的组织或个人都有自身的利益，个人目标往往与组织的整体目标不一致。这就要求管理者掌握和认识组织成员之间的不同利益，协调个人目标与组织整体目标的矛盾，在实现组织目标过程中尽可能满足成员的个人目标，使组织目标体现个人目标。这里所说的利益不仅包括物质利益，而且包括非物质利益。

2. 行为激励原则

要求管理者在管理过程中，采取必要的手段激励组织成员（被管理者）发挥主动性和创造性，充满热情、负有责任感地为实现组织目标而努力工作。

3. 控制适度原则

人本管理的核心是正确激励下属。控制适度原则要求管理者对下属的控制要适度，只有适度的控制，才能保护和激励组织成员的主动性和创造性。这要求管理者适度分权与授权，建立适度的奖惩制度，实施民主管理。

4. 权责对等原则

权利是指职责范围内的支配力量，而责任是指份内应做的事情。权责对等原则要求管理者应使被管理者所承担工作的责任范围与其在职责范围内的支配力量相辅相成，只有这样，才能真正调动组织成员的积极性，激发工作热情。

5. 参与管理原则

参与管理原则主要指职工参与管理。它是人本管理原理和管理民主性的具体体现。在现代化大型企业中，职工参与管理的范围日益广泛，形式日益多样，如质量管理小组、自我管理小组等。

（二）系统管理原理与原则

系统是由相互作用和相互依赖的若干组成部分结合成的具有特定功能的有机整体。任何现代社会组织都可视为一个系统或某一大系统中的子系统。系统具有目的性、整体性和层次性的特征。从系统的这些特征出发，系统管理原理认为：任何管理活动必须是有目的性的，管理的目的是实现组织整体的目标，系统的整体目的应与各个子系统（或部门、个人）的分目标相互协调；应建立适应系统有效运行的组织机构，划清管理层次和管理部门。根据上述原理，引申出以下系统管理的基本原则：

1. 统一指挥原则

根据系统的整体性特征，在管理过程中必须统一指挥，才能使管理有序进行，实现组织的整体目标。否则，会出现责权不明、指令重复而相互矛盾等弊端。

2. 分权与授权原则

管理是一种综合性的系统活动，管理目标的实现需要系统中各子系统的协同工作。因此，管理者对其下属必须进行适度的分权和授权，明确管理权限。

3. 等级原则

根据系统的层次性特征，在管理中必须建立适应系统的分级管理体制。在纵向上，下级必须服从上级的领导和指挥。等级原则体现的是管理系统的隶属关系。

4. 分工协作原则

分工是指明确构成系统的子系统管理的职责，协作是指系统子系统在履行管理职责过程中的合作与协调，即"分工不分家"。分工协作原则体现的是经济管理系统子系统之间的内在有机性。

5. 整体性原则

系统整体效应的概念出自著名的贝塔朗菲定律——整体大于各部门之和，就是系统的整体功能大于各个组成部分的功能之和，即"1+1>2"效应。这一效应说明系统内部各部分之和在功能上发生了质变。它启发管理者重视组织管理的整体效应，在决策和处理管理问题时应以系统整体效应为重，从整体功能角度分析各部分之间相互联系和相互制约的关系，从整体出发协调好要素之间的关系，作到子系统的目标服从于大系统整体目标的实现。

6. 信息反馈原则

信息反馈就是从系统输出的信息，经过处理又输回系统，以影响系统的功能。该原则要求管理者及时、准确地收集、分析经济活动的信息,在管理过程中有效地利用信息,及时纠正偏差,不断提出改进措施。

第二节　经营预测与经营决策

一、经营预测

经营预测是指根据过去和现在的经营状况及企业的内外环境条件,遵循客观经济规律,运用科学的理论和方法对企业未来经营进行的推断。经营预测是经营决策、制定经营目标的基础和前提,预测失误,其他的管理活动将是无效的,损失也是无可挽回的。

(一) 经营预测的分类

依据不同的标准,企业经营预测可分为以下几类。

(1) 按预测时期不同可分为长期、中期、短期和近期经营预测。长期经营预测是对五年以上的经营发展前景的预测,主要为制定长远发展规划提供依据。中期经营预测是对一年以上、五年以下经营趋势的预测,为制定中期计划提供依据。短期经营预测是对三个月以上、一年以下的经营情况的预测,为制定年度、季度计划提供依据。近期经营预测是对三个月以内的经营情况的预测。

(2) 按预测方法不同可分为定性、定量和综合经营预测。定性预测主要是依靠人们的主观判断及以事物的性质、特点、发展规律等为依据进行的非数量化的预测。定量预测是通过建立和运用数学模型,依据各种调查数据,运用计算机等手段对事物进行的量化预测。综合预测是将定性与定量,或者是多种定性方法或多种定量方法综合运用而进行的预测,它能够提高预测精度和可靠性。一般经营预测都应采取综合预测的方法。

(3) 按预测对象的不同可分为市场预测、生产及资源预测、科技发展预测、经营成果预测等。

(二) 经营预测的程序

企业经营预测的程序一般来讲是:

1. 确定预测目的,制定预测计划

预测是围绕预测目的进行的。预测目的要明确具体,并依据预测目的收集有关资料。在确定预测目的时,必须对所要预测的问题进行系统的分析,找出影响因素之间的关系,这样才能确定收集资料的范围,降低预测的不确定程度。确定预测目的后,要制定相应的预测计划,才能使预测工作顺利进行。

2. 收集、整理、分析预测资料

预测资料关系到预测的精度。收集预测资料的渠道很多,一般是从有关的统计资料和报刊等渠道取得。根据预测目的要求,必要时还必须组织实际调查,以取得第一手资料。为使收集到的资料准确可靠,符合预测目的要求,还必须对资料进行检查、整理和分析,如对统计口径、计算方法、统计时间、计值价格、计量单位等应进行必要的检查,看其是否具有可比性。经过检查后的资料还必须重新进行分类整理、核实、补充,从中找出规律性,为预测打好基础。

3. 选择预测方法进行预测

目前国内外用于预测的方法已达一百五十多种,最常用的也有二十多种。但是,各种方法都有其适用的条件和局限性。因此，必须选择正确的预测方法。选择预测方法时要考虑五个主要因素，即预测目的、预测时期、收集资料的数量及完整程度、预测准确性和及时性的要求、预测费用等。

确定预测方法后，根据收集的预测资料进行计算、分析、判断、求出预测值。为了提高预测质量，可以同时使用两种以上方法进行预测，如果预测值相差过于悬殊，还要检查、分析，并作出调整。

4. 分析预测结果，提出预测报告

预测是对未来的推断，预测值与实际值肯定有误差，误差的大小受多种因素影响，如资料的准确度和完整程度、预测方法、环境条件的变化、预测人员的分析判断能力、预测时期的选择等。因此，必须对预测结果进行分析，找出误差原因，以便提高预测精度。经过预测分析确定了预测值之后，还要根据预测值写出分析报告，提交决策者参考。

（三）经营预测的方法

企业经营预测的方法很多，在此主要介绍最常用的两种。

1. 集合意见法

集合意见法是指采用各种形式收集各类有关人员（如消费者、产销人员、业务主管员）的意见，按照一定的科学方法分析、综合、推理、判断，形成一个综合预测值的方法。集合意见法根据收集意见的方式不同，又分为直接访问法、会议法、函询法等。以下重点介绍函询法。

函询法，也叫德尔菲法。德尔菲法的过程是：确定预测对象，选择专家，设计咨询表，并适当介绍背景材料；由专家以不记名形式回答咨询表中的问题；分析研究专家意见之后，将经过整理的咨询表反馈给专家，仍要求专家不记名回答，这样反复循环，得到满意的预测意见；最后，用一定方法对各专家意见进行定性、定量评价和分析，确定预测值。

德尔菲法的主要优点是匿名性、反馈性和趋同性。匿名性是指专家互不知道彼此之间具体的意见，这种背靠背的咨询方法易于发挥每个专家的主观能动性，避免迷信最高权威和受能言善辩者的影响。反馈性是指这种预测方法一般要调查三次，使每个参加预测的专家能获得每一轮预测结果，通过反复调查实现信息反馈，提高预测精度。趋同性是指通过多次征询意见，专家的意见一轮比一轮更趋向一致，从而形成可靠的预测结果。

2. 移动平均预测法

移动平均预测法是运用预测问题过去的连续性实际资料，选定资料期数，求其平均值，并逐期向后转移，作为预测值。之所以称作移动平均，是指计算平均值时，每移动一次在加入一个新的实际值时，则要去掉前一次平均时所用的最早一期的实际值，然后取其平均值作为下一期的预测值。移动平均法又分为简单移动平均法和加权移动平均法。

简单移动平均法，是通过求一般平均数来进行预测。加权移动平均法，是对各个数据可给一定的权重计算平均值。由于在计算平均值时，每个数据对平均值的影响程度不同，距离预测值最近的数据，对平均值的影响最大，距离远的则影响较小，因此应当对不同数据给予不同权重，如3、2、1等。

在应用移动平均法进行预测时，一个重要问题是分组数据的取值，即平均值的期数。期数不同，平均值也不同。在选定期数时应考虑两点：一是看数据的多少，如果数据多，取值可大些；数据少，取值可小些。二是看预测的要求，如果预测值对新数据适应的灵敏度高，则取值应小些；反之，应大些。

二、经营决策

经营决策是指企业通过对其内部条件和外部环境进行综合分析，确定企业经营目标，选择最优经营方案并付诸实施的过程。企业经营决策不单纯指作出决策的一瞬间，而是指从收集各种信息进行综合分析，确定企业经营目标，设计各种经营方案，从中选择最优方案，分析问题、解决问题的系统分析过程。经营决策的实质是方案选优。

（一）企业经营决策的分类

企业经营决策依据不同的标准可划分为不同的类型。

（1）根据决策在企业中所处的地位划分为战略决策和战术决策。战略决策是指影响企业全局、左右企业长远发展的重大问题的决策，如企业的长远规划、经营方针、经营规模、产品开发等。战术决策是实现战略目标而采取的方式、方法等短期具体决策。

（2）根据决策重复出现的程度和解决问题经验的成熟程度，可分为程序化决策和非程序化决策。程序化决策是指经常重复出现且已有了处理的经验、程序和方法，可以按常规办法来进行的决策，如订货、采购等。非程序化决策是指第一次出现或不经常出现，还没有取得或缺乏处理问题的经验，完全要靠决策者的知识、经验和判断能力来作决策，如新产品开发等。

（3）根据决策的可靠程度分为确定型决策、风险型决策和不确定型决策。确定型决策是指各种可行方案所需条件都是已知的，并能预先准确了解决策后果。风险型决策是指各种可行性方案所需条件大都是已知的，但每一方案的执行都会出现几种不同结果，并且各种后果的出现都有一定的概率，决策存在风险。不确定型决策是指各种方案出现的后果是未知的，出现的可能性也无法用概率估计而作出的决策。

（二）经营决策的原则

企业经营决策是一个复杂的过程，是科学性与艺术性的统一，为了使决策科学化，应遵循以下原则：

1. 可行性原则

企业作出的决策必须以自身的生产能力为保证，即要充分考虑人力、资金、设备等条件，只有条件满足，决策才有可能实现。

2. 弹性原则

企业的经营决策确定后，执行过程中往往因各种原因使目标无法实现。因此，任何决策都是有风险的，因而要求决策有一定的弹性，以便在发生非常情况时，把企业损失降低到最低限度。弹性原则要求决策目标要留有余地，要有后备方案，以应不测。

3. 适时与严谨的原则

企业经营决策，既要求决策者根据市场变化，抓住时机，当机立断，以免贻误时机；又要求决策者详细占有资料，谨慎决策，以免失误。

4. 民主性原则

任何决策都带有个人色彩。但由于个人的智力、能力、知识等是有限的，这就要求决策必须发挥集体的力量，集思广益，这样才能作出正确的决策。

5. 决策硬技术与软技术相结合的原则

决策硬技术是运用运筹学等数学方法决策的技术；决策软技术是依靠专有的思维创造力决策的技术。决策硬技术反映了决策科学化的要求，但其有局限性，如无法解决难以量化的决策问题等。因此，必须把决策硬技术与软技术相结合，才能作出正确的决策。

（三）经营决策的程序

1. 确定决策目标

明确决策所要解决的问题和所要达到的经济目的，是决策的出发点和归宿。确定决策目标要按照下列要求：一是目标要客观实际，在考虑企业本身的生产经营范围内提出；二是目标必须具体化，定量化，能够用数字计量和比较；三是目标必须是单义的，避免多义性；四是多目标方案要尽可能减少目标数量，分清主次关系，以保证目标的实现。

2. 拟定备选的可行性方案

可行性方案是指能够解决经营问题，保证决策目标实现，并具备实施条件的方案。可行性方案必须有可选择余地，否则就无从鉴别方案的优劣，进行选择也就失去了决策的意义。

3. 评价与优选可行性方案

拟定好可行性方案之后，就要对各种方案按照一定的指标进行分析评价，这些指标主要有耗费性和效益性指标两大类。指标值相对较好的方案就可作为较优的方案，也就是选出的实施方案。

4. 方案的实施与反馈

优选出方案之后，就应组织实施。为此，要将决策目标具体化，落实到每个执行单位，明确各自的责任，确定执行的地点、期限及方式等。决策付诸实施后，应跟踪检查，将每个部分实施结果同预期目标进行比较分析，发现差异，及时进行反馈和分析调整，以保证决策目标的实现。

（四）经营决策的方法

企业经营决策方法很多，以下简要介绍两种。

1. 畅谈会法（或称"头脑风暴法"、"BS法"）

这种方法是由决策者召开 5~10 人左右的专家会议，由专家围绕某一方面问题自由地发表意见，不受任何限制，思路越新奇越广越好，提出的意见、方案、设想越多越好，会上不允许批评反驳别人的意见，但欢迎对别人的意见进行补充。决策者不做任何启发，也不做任何结论，只是认真倾听各方面意见，从中吸取有益内容。这种方法强调自由思考，各抒己见，又可以互相启发，增加思路，有利于发挥创造性，提供有价值的意见或设想。一般在问题比较单纯、决策目标比较明确的情况下，适宜采用这种方法。

2. 盈亏平衡法（量本利分析法）

盈亏平衡法是根据产品销售量、成本、利润三者关系，分析决策方案对企业盈亏的影响，评价和选择决策方案。

这种方法的基本原理是：按照生产中各项费用的消耗与产量度的关系，将总成本（费用）分为固定成本（费用）与变动成本（费用）。固定成本是一种相对固定的费用，不因产量的增减而变动，即使企业不生产也必须支付。变动成本则随产量的增减而增减，但是单位产品的变动成本却是相对不变的，如原材料耗费、计件工资等。因此，当产量增大时，单位产品成本就会因单位固定成本的减少而降低；当产量减少时，单位成本就会因单位产品固定成本的增加而提高。这样就必须在盈利和亏损之间存在一个平衡点，即不赔不赚。

设：C—总成本，F—总固定成本，V—总变动成本，P—单位产品变动成本，Q—产品产量（销售量），R—产品单价，M—利润，S—销售收入。那么：$C=F+V=F+QP$，$S=QR=C+M$，因此，$C=QR-M$；这样就可以得出：$F+QP=QR-M$，即：$Q=(F+M)/(R-P)$。

上面的公式对企业经营决策和经济活动分析非常有用。当知道其中的任何四个因素时，就可以计算出其他一个因素,用于企业决策。它主要有三方面作用:(1)确定企业保本时(即盈亏平衡时)产销量的最低数量;确定产销量一定时,单价的最低数;或者当产销量一定、单价一定时,要企业保本,单位变动成本必须控制的最高限。在这三种情况下,计算公式为:Q_0(保本产销量)=F/(R-P);(2)确定在一定目标利润(即 M)条件下,企业的产销量、单价、单位产品变动成本各应达到什么水平,这三个因素知道其中的两个就可根据公式计算出在一定目标利润下另一个因素应达到的水平。(3)判定企业经营状况的好坏。判定的方法是:首先,计算盈亏平衡点的产销量,当现实产销量或新方案产销量大于盈亏平衡点产销量时,说明有利;反之,则亏损。其次,计算经营安全率。经营安全率是反映企业经营状况的重要指标,计算公式如下:经营安全率=(现实产销量—盈亏平衡点产销量)/现实产销量。一般企业可根据下表中数值来判定经营安全状况。

企业经营安全状态数值

经营安全率	30%以上	25%~30%	15%~25%	10%~15%	10%以下
经营状态	安全	较安全	不太安全	要小心	危险

当经营安全率低于20%时,企业就要作出提高经营安全率的决策。主要有两条途径,一是增加产销量;二是将盈亏平衡点下移。盈亏平衡点下移有三条途径:一是降低固定成本;二是降低变动成本;三是适当增加固定成本,降低变动成本,使总成本下降。

第三节 经营核算

一、经营核算概述

经营核算是对企业生产经营过程中的劳动耗费和成果进行记录、计算、对比、考核的一种经济管理方法。亦即通常所说的记账和算账。

(一)经营核算的内容

经营核算的主要内容是:

1. 资产核算

资产核算就是对企业资产的来源、数量、价格、构成、增减变化情况和资产所产生的收益等进行系统的记录、计算和对比。这是企业进行生产经营的基础,也是经济核算的主要内容。

2. 生产成本核算

生产成本核算就是对生产经营过程中的各种耗费进行计算和对比,以便明确企业生产成果所耗费的劳动量的多少、构成及增减变化的情况,寻找出降低消耗的途径。

3. 生产经营成果核算

生产经营成果核算就是对企业生产出的产品数量、质量和构成,利润以及利润的分配等进行系统的记录、计算,以便明确生产经营活动给企业和社会带来的效益大小等。

(二)经营核算的途径

企业的经营核算是通过会计核算、统计核算和业务核算来进行的。这三种核算既有分工,又有联系,密切配合,相互补充,构成完整的经济核算体系。

1. 会计核算

会计核算是经营核算的核心。它是以货币为统一度量来反映生产经营活动的劳动消耗和劳动成果。通过会计核算可掌握企业资产的取得与运用，费用与成本，收入与盈亏等方面的情况。

2. 统计核算

统计核算是在数量和质量的相互关系中，用统计学的方法来研究和分析大量的个别的经济活动，从而发现经济活动规律。通过统计核算，可获得各种数量和质量方面的信息，如产品的数量、质量、劳动生产率、设备利用率、生产费用、利润率等。

3. 业务核算

业务核算也叫业务技术核算，它是对企业的个别作业环节进行具体、深入、详细的记录、计算和对比分析，如定额执行情况，各种设备利用率等方面的核算。

二、资产核算

(一) 资产的概念、分类及来源

1. 企业资产的概念

企业的资产，是指企业所拥有或控制的能以货币计算的经济资源，包括各种财产、债权和其他权利。企业通过对资产的使用和分配，能够为企业提供未来经济利益。

2. 企业资产的分类

企业的资产按其组成项目的流动性分为流动资产和非流动资产。流动资产是指可以在一年或者超过一年的一个正常营业周期内变现或者支付的资产，包括现金及各种银行存款、短期投资、应收及预付款项和存货等。正常营业周期是指企业以现金转变成存货，再从存货转变成为应收账款或应收票据，最终又转变成现金的整个过程所经过的平均间隔时间。变现指的是资产转化成现金。支付指的是抵偿债务或耗费。

流动资产在企业生产经营过程中具有与固定资产等长期资产不同的特点，主要表现在两个方面：(1) 流动资产物质形态的多变性。流动资产在生产经营过程中不断地改变的实物形态。作为经营过程中不断地改变其原有的实物形态。作为劳动对象的流动资产经过一个生产经营周期，就一次全部地被消耗掉或改变其实物形态，其价值也就伴随实物的消耗，一次全部转移到产品中去，构成产品成本的一部分，又随着产品销售收入的实现，一次全部地获得补偿，如此反复循环。(2) 流动资产周转的及时性。随着流动资产实物形态的不断变化，其资金也在不断地周转和循环。每经历一个生产经营周期就可以完成一次循环，周转速度较快。

企业除流动资产以外的其他资产属于非流动资产。非流动资产按其变现能力和支付能力（即流动能力）的大小依次为：长期投资，固定资产，无形资产，递延资产和其他资产。其中的固定资产、无形资产、递延资产和其他资产均属于长期资产。

长期投资是企业向其他单位投入的、不准备在一年内变现的投资，包括债务投资、股票投资和其他投资。长期资产是指企业所拥有或控制的能以币计量的、使用期限在一年以上、需要在各年度内不断转移或摊销其价值，能供企业在生产经营活动中长期使用和支配，并能为企业提供未来经济利益的经济资源。其中的固定资产是企业最重要的生产经营资产。无形资产是指企业长期使用而没有实物形态的资产，包括专利权、非专利技术、商标权、著作权、土地使用权、商誉等。递延资产指不能全部计入当年损益，应当在以后年度内分期摊销的各项费用，包括开办费、租入固定资产的改良支出等。

其他资产指除固定资产、无形资产、递延资产以外的其他资产，包括特准储备物资、银行冻结的物资和存款、涉及诉讼中的财产等。

3. 企业资产的来源

从经济主体上可把企业资产的来源分为负债和所有者权益两类，即：资产=负债+所有者权益。负债是企业所承担的能以货币计量的、需要以资产或者劳务偿付的债务。负债所代表的是企业对其债权人所承担的全部经济责任。负债按偿还期的长短分为流动负债和长期负债。流动负债是指将在一年或者超过一年的一个经营周期内到期偿付的债务，通常包括短期借款、应付账款、应付票据、预付货款、预提费用等，它们是企业流动资产的重要来源。长期负债是指偿还期在一年或者超一年的一个营业周期以上的债务，最常见的是企业发行的公司债券，它是企业长期资产的一个重要来源。

所有者权益是指企业投资人对企业净资产的所有权，即企业产权或资本。它包括投入资本（注册资本）、资本公积金、盈余公积金和未分配利润四个部分。投入资本是企业投资者投入企业生产经营活动的各种财产物资。资本公积金指在生产经营过程中由于接受捐赠、资本溢价以及法定财产重估等原因而形成的公积金，它是资本的一种储备形式，可以按照法定程序转化投入资本。盈余公积金是指企业按照国家有关规定从交纳所得税后的利润中提取的资金。未分配利润是企业的盈利按规定分配后的余额。

（二）固定资产核算

固定资产是指使用年限在一年以上，单位价值在规定的标准以上，并在使用过程中保持原来物质形态的各项资产。固定资产有三个特点：一是使用时间超过一年或一个经营周期；二是使用寿命可能预计确定，在其使用寿命期内，其服务潜力随其使用而不断衰竭或消逝；三是使用的目的是为企业生产产品和提供劳务服务，而不是为了出售。

1. 固定资产计价核算

固定资产计价是指以货币为计量单位固定资产的价值。由于固定资产在其使用过程中，其价值会随着有形及无形损耗而不断减小，并逐渐转移到各期成本费用中去，使其价值形态与实物形态存在相分离的状况，因此，要正确反映和监督固定资产价值的增减变动，应对固定资产进行正确计价。固定资产计价有下列三个标准：

（1）原始价值。原始价值是指企业购置或建造固定资产所实际产生的全部支出。包括价款、运费、装卸费、安装费等。

（2）重置完全价值（或称重估价值）。重置完全价值是指企业在当前市场行情下，重新购置或建造新旧程度相同的固定资产所需的全部支出。当企业盘盈或接受捐赠的固定资产无法确定其原值，或按国家有关规定对固定资产进行重估时，通常采用这种计价标准。

（3）折余价值（或称净值）。折余价值是指企业固定资产的原值减去累计已提折后的余额，它反映企业固定资产的现有价值。

2. 固定资产的折旧核算

固定资产折旧是将固定资产在使用过程中由于有形及无形损耗而引起固定资产原值的减少或损失在其有效使用年限内分期摊销为费用的过程。其目的是：一方面为收回投资，以便重新购置固定资产；另一方面是为了把固定资产的原值分配在多个受益期，以期实现收入与费用的配比。固定资产折旧的计算方法主要有年限平均法、工作量法和年限总和法。

（1）年限平均法。年限平均法，又称直线法。是将固定资产的折旧额在其有效使用年限内均衡地进行分摊的方法。计算公式为：

年折旧额=（固定资产原值－预计净残值）÷预计使用年限

式中：预计净残值是指预计残值减去预计消除费用（指在报废清理过程中所发生的拆卸、搬运等费用）的净值。

在实际工作中，可以按下列公式首先计算出各项（各类）固定资产月折旧率，然后将该项（该类）固定资产原值乘以其月折旧率计算出月折旧额。

年折旧率=（1－预计净残值率）÷折旧年限

月折旧率=年折旧率÷12

月折旧额=固定资产原值×月折旧率

式中：净残值率一般按固定资产原值的 3%~5%确定。对外商投资企业按不低于 10%确定。

（2）工作量法。工作量法是按照使用固定资产所提供的工作量，计算出单位工作量平均应计提折旧额后，再按各期使用固定资产所实际完成的工作量，计算应计提的折旧额。这种折旧方法适用于某些多用设备，如运输、排灌等设备。其计算一般表达式为：

单位工作量折旧额=（固定资产原值－预计净残值）÷预计总工作量

月折旧额=单位工作量折旧额×当月实际工作量

（3）年限总和法。年限总和法是一种加速折旧方法，是将固定资产原值减去预计净残值后的余额乘以一个逐年递减的分数率确定固定资产折旧额的一种方法。计算公式如下：

年折旧额= （固定资产原值－预计净残值）×尚可使用年限÷年限总和

月折旧额=年折旧额÷12

式中的年限总和为尚可使用的年限总和。例如，若使用年限为 5 年，其年限总就为：1+2+3+4+5=15，第一年的尚可使用年限为 5，第二年为 4，第五年为 1。

三、农产品生产成本和效益核算

农产品生产成本，是指农业企业生产每单位农产品所耗费的物化劳动和活动劳动的总和，是在生产中耗费了的价值。为了维护再生产，必须在生产成果中予以补偿。根据马克思的劳动价值理论，产品的价值（W）是由三个部分组成的：物化劳动价值的转移，用"C"表示；劳动报酬用"V"表示；为社会所创造的价值用"M"表示。其关系是 W=C+V+M。由上述公式得知，在 W 不变的条件下，C、V 和 M 之间成反比的关系。即成本低则盈利大；反之，成本高则盈利小。

（一）会计制度对成本费用构成的规定

成本核算，是按照现行会计制度，对生产经营中的费用进行对象化计算。企业在生产经营过程中发生的费用有直接费用、间接费用（制造费用）和期间费用三种。直接费用是指为生产某种农产品或提供劳务所发生的直接支出，它包括直接人工费、直接材料费以及其他直接费用。间接费用（制造费用）是指企业各个生产经营单位（如车间）为组织和管理生产所发生的共同费用，其难以直接对象化计入各产品，需要在各产品之间按照产值或收入等比例进行分摊。期间费用是指企业行政管理部门为组织和管理生产经营活动而发生的管理费用，以及商业单位为采购商品而发生的进货费用等。它包括管理费用，财务费用和营业费用三类。它们与产品产量无直接关系。

我国会计制度规定：直接费用直接计入生产成本，间接费用通过分配计入生产成本，期间费用不计入生产成本，直接计入当期损益。这种生产成本核算方法称作制造成本法。因此，生产成本仅指为企业生产各种产品所发生的直接费用和间接费用，它只是费用的一个组成部分，而不是费用的全部。费用和成本是两个既有联系又有区别的概念。

（二）农产品费用和成本构成（种植业）

农产品包括种类繁多，其生产过程的成本支出不尽相同。因此，不同的农产品成本项目的具体构成各有特点。根据国家有关部门农产品成本调查资料，以种植业为例，我国农产品成本费用一般包括如下几方面：

1. 物质费用

物质费用指在直接生产过程中所消耗的各种农业生产资料和发生的各项支出的费用，包括直接生产费用和间接生产费用两部分。（1）直接生产费用，指在直接生产过程中发生的、可以直接计入各种作物中去的费用，包括种子秧苗费、农家肥费、化肥费、农膜费、农药费、畜力费、机械作业费、排灌费、燃料动力费、棚架材料费、其他直接费用。（2）间接生产费用，指与各种作物直接生产过程有关、但需要分摊才能计入作物成本的费用，包括固定资产折旧、小农具购置及修理费用、其他间接费用。

2. 人工支出

人工支出用用工数量乘以劳动日工价得出。用工数量分直接生产用工和间接生产用工两部分，计量单位采用"标准劳动日"。直接生产用工指各种作物直接使用的劳动用工数，包括翻耕整地、播种、施肥、排灌、田间管理、收获及烤烟和茶叶等初制加工的各项劳动用工；间接用工指数种作物的共同劳动用工，包括积肥、经营管理以及修理农具、修建水利工程、平整土地等劳动用工。

劳动日工价，一般由国家有关部门及各省市等分别确定全国统一劳动力工价和地区工价。计算公式为：某年农业劳动日工价=（当年农民年均生活消费支出×每农业劳动力负担人口数）÷全年劳动日天数（254 天）。例如，1999 年计算出的全国统一农业劳动日工价，种植业和一般饲养业为 9.5 元。

3. 期间费用

期间费用指与生产经营过程没有直接关系或关系不密切的费用，包括土地承包费、管理费、销售费和财务费。（1）土地承包费，指生产单位或农户为获得某地块及其附着物的经营使用权而向集体或他人支付的租费或承包费。（2）管理费，指用于村级干部报酬和管理方面的支出。规模农场管理费开支范围按照农业企业财务制度的有关规定核算分摊。（3）销售费，指生产单位或农户为销售商品而发生的运输费、装卸费、包装费、差旅费、广告费等，销售用工按当地工价折算计入销售费用。（4）财务费用，指与生产经营有关的流动资金的借款利息和金融机构手续费等。

（三）生产成本和效益核算（种植业）

目前我国农产品成本费用和效益核算采取对一千三百多个调查县（市）、约六千个农户典型调查的方式，通过对农户的调查，分别计算出总量具体指标，然后得出每亩、每 50 千克主产品、每一劳动日的相关指标数据。分析、计算的主要指标含义是：

1. 主产品产量

按实际产量计算。其中：粮食作物按原粮计算（玉米按脱粒后的粒子计算），豆类按去豆荚后的干豆计算，棉花按皮棉计算，烟叶按调制后的干烟计算，花生按带壳花生计算，苎麻按干麻计算，黄红麻按熟麻计算，甘蔗以蔗根计算，甜菜按块根计算，中药材按干货计算。

2. 主产品产值

指生产单位和农户通过各种渠道出售主产品所得收入和留存的主产品可能得到的收入之和，其中售出部分按实际出售价格计算。

3. 副产品产值

指可以利用的副产品如稻草、麦秸、棉秆的实际出售收入或折价计算收入。

4. 其他收入

指除主副产品之外，农民从其他渠道直接或间接得到的收入，主要指政府对生产的补贴和以工补农，即各级政府、农副产品加工企业和乡镇企业等为扶持农业生产而无偿提供资金或实物，由此直接或间接增加的农民收入。

5. 生产成本

指直接生产过程中发生的各项物质费用和人工支出之和。

6. 税金

指当年交纳的农牧业税、销售税和农业特产税。

7. 含税成本

指农产品生产经营过程中发生的全部支出，包括生产成本、期间费用和税金。

8. 净产值

指产值合计减去物质费用后的余额。

9. 减税纯收益

减税纯收益=（产值合计+其他收入）－含税成本。

10. 成本纯收益率

成本纯收益率=减税纯收益÷含税成本。

11. 成本外支出

指不能计入含税成本的各种费用，主要包括村提留费中的公益金、公积金和乡统筹费、"两工支出"及其他成本外支出。

第四节　现代农产品营销技术

一、市场营销基础知识

市场营销，是指企业创造使用户满意的商品及其服务，并将其从企业传送到用户手中的一切经营活动。现代市场营销包括市场需求预测、新产品开发、定价、分销、促销、售后服务等一系列活动。销售只是其中一部分，而且不是最重要的。市场营销是发展市场经济的应有之意。市场营销对企业具有四项基本功能，即了解、掌握市场消费需求，指导企业生产，开拓销售市场，满足消费者需求进而实现企业经营目标。现代市场营销是一个复杂的过程，它既是一门科学，也是一门艺术，成功的市场营销必须做好以下工作。

（一）充分重视市场分析

在市场经济条件下，企业根据市场需要配置资源，制订战略，必须注重市场的分析研究。

1. 市场营销环境分析

市场营销环境分析，包括微观市场营销环境和宏观市场营销环境。微观市场营销环境分析主要是对企业本身、市场营销中介、市场、竞争者和各种公众对企业营销的影响分析；宏观市场营销环境主要包括给企业造成市场机会或威胁的主要社会力量,如人口环境、经济环境、自然环境、技术环境、政治和法律以及社会、文化环境等。通过分析,企业可发现环境威胁或市场机会,进而提出对抗、缓解或者转移等对策。

2. 竞争者分析

主要是通过识别竞争者、明确竞争者的目标、战略和反应模式,明确双方的优势和劣势,决定自己的竞争对象及具体策略。

3. 市场购买行为分析

市场购买者有消费者、企业、转卖者和政府等,他们在购买行为方面存在很大差异,企业必须针对产品特点采取差别性对策。

（二）明确市场竞争战略

现代市场营销理论根据企业在市场上的竞争地位,把企业分为四种类型,企业可选择具体的竞争战略。

1. 市场领先战略

指在相关产品的市场上占有率最高,在价格变动、新产品开发等方面处于主宰,也是其他企业挑战、效仿或回避的对象。为保护优势,一般采取扩大市场需求总量、保护市场占有率和提高市场占有率等战略,如通过发现新用户、开辟新用途等扩大需求总量。

2. 市场挑战战略

居于次要地位的企业,要根据自己的实力和环境提供的机会与风险,决定自己的竞争战略是"挑战"还是"跟随",如果是和其他竞争者挑战,则选择攻击市场领先者、攻击与自己实力相当者及其他小企业等战略,如找出对方的弱点和失误,作为进攻的目标,发展新技术、新产品等。

3. 市场跟随战略

即根据市场竞争对手的新产品,加以仿制或改进。每个跟随者必须争取一定数量的顾客,尽力降低成本并保持较高的产品质量和服务质量。

4. 市场补缺战略

指精心服务于市场的某些细小部分,而不与主要的企业竞争,只是通过专业化经营来占据有利市场位置。跟随与补缺战略对中小企业尤为适用。

（三）选准目标市场

由于顾客需求的多样性和变动性,企业拥有资源的有限性,任何企业都不可能为某种市场的全体顾客服务,而只能满足一部分人的某种需求,因此,任何企业都必须明确本企业市场在何处、为满足哪些顾客群哪种需求而生产和销售,即必须明确目标市场。目标市场战略由市场细分、目标市场选择和市场定位三个相关程序组成。

1. 市场细分

即企业通过市场调研,根据顾客对产品不同的需要和欲望、不同的购买行为与购买习惯,把某一产品的整体市场分割成需要不同的若干个子市场。其中任何一个子市场的顾客对同一产品的需要和欲望相似,不同的子市场则存在差异。通过市场细分,有利于发挥和利用新的市场机会,选择最有效的目标市场,制订相适应的市场营销组合。市场细分的标准有地理、人文、心理和行为等因素。有效的市场细分必须具备可衡量性、可进入性、可盈利性和反应差异等特征。

2. 选择目标市场

目标市场是指企业经过比较选择，决定作为服务对象的子市场。一个成功有效的目标市场除了有一定的规模、发展前景足够大的市场吸引力外，还必须与企业的战略目标、资源相一致，能使本企业在竞争中取得绝对或相对优势。选择目标市场主要考虑的因素有企业资源、产品同质性、市场同质性、产品生命周期的阶段和竞争者的战略等。目标市场确立后，企业就可选择无差异市场营销、差异市场营销或者集中市场营销策略。

3. 市场定位

根据所选定目标市场上的竞争者现有产品所处的位置和企业自身的条件，从各方面为企业和产品创造一定的特色，塑造并树立一定的市场形象，以求在目标顾客中形成一种特殊的偏爱。其实质在于取得目标市场的竞争优势，确定产品在顾客心目中的适当位置并留下值得购买的印象，吸引更多顾客。市场定位的方式有初次定位与重新定位，对峙性定位与回避性定位，心理定位等。市场定位一般经过确认本企业潜在竞争优势，准确选择相对竞争优势和明确显示其独特竞争优势三大步骤。

（四）优化完善产品策略

产品策略直接影响和决定着其他市场营销组合策略，包括产品组合、服务、品牌与商标、产品寿命周期和新产品开发等策略。

1. 产品组合策略

产品是指能提供给市场、满足人们某种欲望和需要的任何事物，包括核心产品（指顾客所需要的某种效用或利益即使用价值）、有形产品（实体和服务形象，如外观、质量水平、式样、品牌名称、包装等）、附加产品（全部附加服务和利益）等三个层次。企业优化产品组合策略主要有扩大产品组合或缩减产品组合和产品延伸。产品延伸可采取向下延伸（增加生产低档品）、向上延伸（增加生产高档品）和双向延伸三种不同策略。

2. 服务策略

服务是指用于出售或者是同产品连在一起进行出售的活动、利益或满足感。服务市场营销组合由产品及包装、定价、地点或渠道、促销、人员、有形展示等要素组成。

3. 品牌与商标策略

品牌即产品的牌子，是销售者给自己的产品规定的商业名称，通常由文字、标记、符号、图案和颜色等要素组成，作为同竞争者产品区别的标识，包括品牌名称、品牌标志、商标。品牌实质代表卖者对买者的产品、利益和服务的一贯承诺，最佳品牌就是质量的保证。品牌最持久的含义是其价值、文化或个性。商标是指已获得专用权并受法律保护的一个品牌或其一部分，是企业的无形资产，驰名商标更是企业的巨大财富。（1）品牌统分策略。即企业是决定其产品分别使用不同品牌或是统一使用一个或几个品牌。有四种策略，即个别品牌、统一品牌、分类品牌、企业名称加个别品牌策略。（2）品牌扩展策略。即企业利用其成功品牌名称的声誉推出改良产品或新产品，包括推出新的包装规格、香味和式样等。（3）多品牌策略。指企业同时经营两种或两种以上互相竞争的品牌。

4. 产品生命周期策略

典型的产品生命周期一般分为介绍期、成长期、成熟期和衰退期。在不同时期应采取不同的策略。（1）介绍期。新产品投入市场进入介绍期，顾客对产品不了解，只有少数追求新奇的顾客可能购买，销售量很低。可供选择的策略有四种，即：高价格、高促销费用以求迅速扩大销量的快速撇脂①策略；高价格、低促销费的缓慢撇脂策略；低价格、高促销费的快速渗透策略；低价格、低促销费的缓慢渗透策略。（2）成长期。消费者对该产品已熟悉，消费习惯已形成，销量迅速增长。为维持市场增长率，使获取最大利润时间延长，主要的策略有：改善产品品质、寻找新的细分市场、改变广告宣传的重点、在适当时期降价等。（3）成熟期。销量增长缓慢，利润缓慢下降，市场竞争加剧。这时只能主动出击，采取的策略有：发现产品新用途或改变推销方式；产品改进；对产品、定价、渠道、促销四因素综合改革等。（4）衰退期。销量下降速度加剧，利润水平很低。可选择继续、集中、收缩或放弃策略。

5. 新产品开发策略

消费需求的变化，市场竞争的加剧以及产品生命周期都要求不断开发新产品。新产品开发过程由寻求创意（设想）、甄别创意、形成产品概念、制定市场营销战略、营业分析、产品开发、市场试销和批量上市等8个阶段构成。在现代新产品开发中，现代工业设计已居于重要地位。

（五）选择灵活的定价策略

1. 定价方法

定价必须全面考虑各方面因素，一般要经过选择定价目标、测定需求的价格弹性、估算成本、分析竞争对手的产品与价格、选择适当的定价方法和选定最后价格等6个步骤。定价目标主要有生存定价、当前利润最大化、市场占有率最大化、产品质量最优化等四类。定价方法有成本加成定价法、目标定价法、随行就市定价法、密封投标定价法等。

2. 定价技巧

定价技巧很多。如新产品一般采用撇脂定价或渗透定价；产品组合一般采用产品线定价、选择品定价、补充产品定价、分部定价、副产品定价和产品系列定价；可以实行现金折扣、数量折扣、季节折扣、功能折扣及让价策略等折扣与折价策略；同时可根据顾客差别、产品形式差别、产品部位差别及销售时间不同实行差别定价；也可采取声望定价、尾数定价和招徕定价等心理定价策略。

（六）完善促销策略

促进销售是指企业把产品和企业的信息通过各种方式传递给消费者和用户，促进其了解、信赖并购买本企业的产品，达到扩大销售目的的系列活动。通过促销活动可以为消费者提供信息，突出本企业产品的特点，刺激需求，稳定销售。产品促销的手段很多，无非是人员推销与非人员推销两种类型。企业应根据自身的条件进行各种促销手段合理组合，不断完善促销活动。

1. 人员推销

人员推销是指通过和用户、顾客直接联系，面对面洽谈，介绍和说明有关商品和交易事项的促销方式，如推销员推销和推销服务机构促销等。

2. 非人员推销

非人员推销主要包括广告、宣传、营业推广和公共关系等促销方式。其中广告是指企业运用各种媒体向顾客传递产品信息。宣传报道是利用大众宣传媒体，通过新闻报道宣传企业和产品。营业推广是指运用诸如折扣、咨询、展销、现场表演和服务等形式刺激购买。公共

---

①撇脂：原义是指在牛奶煮完后，将表面的一层奶脂撇走。在市场营销中指的是，将价格定得相对较高，以获取较高的利润（类似于拿走奶脂）。

关系是利用社会舆论争取公众对企业和产品加深理解、认识，树立声誉的一系列活动。

总之，市场营销是一项科学性与艺术性统一的复杂工作，企业应根据自身的特点，在各个方面做出灵活、科学的选择，并进行大量细致的工作，才能有效地适应市场竞争要求。

二、农产品市场营销策略

农产品及农业生产具有其特殊性，农产品市场营销不可能完全照搬工业品的模式，在借鉴工业品市场营销策略的同时，应充分注意自身的特殊性。

（一）农产品市场供求特点

由于农业生产本身的特点，使农产品市场供求状况不同于工业品，有其自身的特殊性。

1. 农产品自身的特点

农产品是以满足人们生理需要为主的生活必需品，同时随着加工业的发展，许多农产品又是作为初级原料，经过加工后作为生产的原料或者作为副食品。其自身特点主要表现在：（1）多数是鲜嫩不易贮藏和长途运输的易腐烂商品，需要尽快消费，否则就会变质，失去使用价值。农产品尤其是鲜活农产品，对贮藏的要求较高，贮藏过程往往会有较大的损失，在品质方面发生变化，尤其在我国贮藏技术较低的情况下更是如此。（2）形态不规则，同一种商品从外形很难区分其差异，品质好坏令消费者难以鉴定，只能凭直觉和经验，并且品质极不稳定。农产品按质论价往往表现为按大小及色泽、形状等不同分级论价，外观居于重要地位。在大众消费市场上，价格差异很小。（3）农产品的品牌往往表现为以产地为代表或以品种为代表，缺乏可保护性，在农产品上产地只能从外包装上标识，而不能直接标记于每个产品，造成同种农产品区分度很小。

2. 农产品供给特点

由于农业生产特点，决定了农产品供给具有以下特殊性：（1）周期性、季节性，对市场价格反应滞后，供给弹性较小。农产品只有经过一定的生产周期才能生产出来，并且要随季节的变化选择不同的生产品种，收获季节集中大量上市，市场价格下降。当市场价格较高时，往往是生产淡季，生产者只能通过动用贮藏等增加供给，而不能很快大量增加供应，对价格反应滞后，供给弹性很小。市场供求预测及价格变化预测往往决定着经营的成败。（2）地域性特点明显。一方面不同的地域有适宜的种类及品种，生产有地域性；另一方面，供给主要面向本地市场，首先选择生产地周围最近的消费市场供应。当然随着专业化发展，这种格局已逐渐被打破，发挥地区优势，开拓外地市场已成为重要手段。（3）生产供给的趋同性。在专业化分工格局尚未完全形成，农户小生产的状况下，对价格反应及结构调整的趋同性日益明显，我国农产品"买难"与"卖难"交替出现等现象是趋同性的客观结果。在农业生产及产品营销方面，如何突破上述特点变得非常重要。

3. 农产品需求特点

（1）需求量大，且常年均衡需要，需求弹性小。农产品是生活必需品，每日都必须消费，对价格的反应相对迟钝，属缺乏弹性。（2）需求的多样性、层次性和动态性。从总体看，对农产品的需求朝营养、优质、健康、方便等方向发展，但由于消费者具有层次性，不同的消费者对农产品的消费要求在不同的时期有所不同，需求具有层次性和动态性。市场营销必须重视这一特点，并采取相应对策。

总之，农产品的供求矛盾比工业品要复杂得多，要受到自然环境、气候条件及政策等多方面不可控因素的影响，市场营销活动必须具有针对性和灵活性。

（二）农产品市场营销的主要策略

结合农产品供求特点、国外市场营销经验和我国农村改革以来的实践，主要策略有：

（1）广泛搜集、掌握农产品市场供求信息，农业技术（尤其是新品种）信息，结合本地资源条件，进行农产品的开发和农业生产结构调整，实施市场抢先战略。如反季节种植等。

（2）对农产品进行分级、整理、包装和加工等售前处理，满足不同层次的消费需求，提高消费者的购买欲望，如目前世界上流行的农产品小袋精包装、礼品组合包装等。

（3）在目标市场及市场细分方面，应根据产品的不同特性，选择不同的市场对象，如本地市场与外地市场，大众消费市场与特殊、高档消费市场等。通过研究目标市场的需求状况，实施专门化、标准化生产供应。如针对宾馆供应特殊的高档细菜等。

（4）利用多种促销手段促进农产品销售。由于农业生产和农产品本身的特点，一般很难利用电视等现代广告手段推销农产品，但可利用其他形式来推销。如通过举办山货节、瓜果节等推销名、特、优、新、稀产品，提高产地知名度；通过参与全国或地方性农产品展销会，通过报纸、广播、电台发布农产品供给信息及价格信息，通过工商管理机构为优质特色农产品注册商标等形式，均可以起到促进销售，提高产地形象和声誉的目的。

（5）采用多种销售渠道和多种销售方式全方位推动农产品销售。农产品销售渠道有供销社销售、个体商贩运销、自产自销、集市贸易和批发贸易等；销售方式有分期销售（贮藏或加工后）、合同销售、产供销一体化销售、连锁经营、配送中心及直销市场等。各种形式均有其优势，应针对不同农产品特点，进行合理搭配，全方位推动农产品销售。

（6）积极发展农产品电子商务，通过利用现代网络技术促进农产品销售。

习题与思考题

一、名词解释
1. 经营决策　2. 市场营销　3. 资产　4. 流动资产　5. 固定资产　6. 现代企业制度

二、填空
1. 市场营销中的产品包括_____产品、_____产品和_____产品。
2. 产品寿命周期包括_____期、_____期、_____期和_____期。
3. 我国会计制度规定：_____直接计入生产成本，_____通过分配计入生产成本，_____不计入生产成本，直接计入当期损益。这种生产成本核算方法称作制造成本法。
4. 企业资产的来源可分为_____和_____两类，即：资产=_____+_____。
5. 无形资产包括_____、_____、_____、_____和_____。
6. 所有者权益是指企业投资人对企业_____的所有权，即企业产权或资本。它包括_____、_____、_____和_____四个部分。
7. 经济管理的两重性是指_____属性和_____属性。
8. 法律方法管理经济的特点是_____、_____、_____和_____。
9. 经济方法管理经济的特点是_____、_____、_____和_____。
10. 固定资产计价的三种方法是_____、_____和_____。

三、简答
1. 根据农产品市场供求特点说明农产品营销策略。

2. 简述量本利决策方法的原理及其应用。
3. 简述德尔菲法、移动平均法的应用。
4. 简述固定资产三种折旧方法。
5. 简述管理的主要职能。
6. 简述企业经营决策的基本原则。
7. 简述有限责任公司的特征。
8. 简述股份有限公司的特征。
9. 简述人本管理的原理与原则。
10. 简述系统管理的原理与原则。

参考文献

[1] 姜春云．中国农业实践概论．北京：人民出版社,2001
[2] 翟虎渠．农业概论．北京：高等教育出版社，1999
[3] 黄延信．农业政策．北京：中国农业大学出版社，2001
[4] 中国社会科学院农村发展研究所等．2002～2003 中国农村经济形势分析与预测．北京：社会科学文献出版社，2003
[5] 中国社会科学院农村发展研究所等．2001～2002 年中国农村经济形势分析与预测．北京：社会科学文献出版社，2002
[6] 中国社会科学院农村发展研究所等．2000～2001 年中国农村经济形势分析与预测．北京：社会科学文献出版社，2001
[7] 中华人民共和国农业法．人民日报．2003．1．12
[8] 中华人民共和国农村土地承包法．农民日报．2002．8．30
[9] 国家统计局农村社会经济调查总队．2002 中国农村贫困监测报告．北京：中国统计出版社，2002
[10] 柯炳生，何秀荣等．WTO 与中国农业简明读本．北京：中国农业出版社，2002
[11] 陈俊钦，陈志坚等．农产品国际贸易技术壁垒发展动向与对策．农民日报，2002．11．5
[12] 薄宏．管理学．天津：天津大学出版社，1994
[13] 江占民，仲崇敬．农业经济与管理．北京：中国农业出版社，1998
[14] 郭国庆，成栋．市场营销新论．北京：中国经济出版社，1997
[15] 刘庆山，李振歧．农业经济管理学．天津：天津大学出版社，2001
[16] 国家发展计划委员会等．全国农产品成本收益汇编．2000

第五篇　现代农业高新技术

第一章　现代农业生物技术

第一节　基因工程

基因工程是指在离体条件下对不同生物的遗传特性进行人为"加工"，并按照人们的意愿重新组合，以改变生物的性状和功能，然后再通过适当的载体将重组 DNA 转入生物体或细胞内，并使其在生物体内或细胞中表达，从而获得新的生物机能。这种利用基因工程技术获得的植物一般称为"基因工程植物"。

1983 年第一株转基因植物的获得，开始了利用转基因技术改良植物种性的时代。1985 年 Horsh 等人首创了叶盘转化法，使得农杆菌转化过程大为简化，从此植物基因转化研究得到了迅速发展，其他转基因技术也日趋成熟。

截至目前，全球已有百余种转基因植物问世，水稻、玉米、棉花、油菜、亚麻、南瓜、马铃薯、番茄、西葫芦、番木瓜、菊苣等十余种作物的上百个转基因品种被批准进行商业化生产。近年来，全世界转基因作物的种植面积迅速扩大，1996 年时还只有 170 万 hm^2，2000 年猛增至 4 420 万 hm^2。至少已有 7 种转基因作物在 13 个国家种植，其中作物种类以转基因大豆、玉米、棉花和油菜为主。

利用转基因技术开展植物遗传改良研究的范围相当广阔。植物基因工程内容所涉及的范围很广，包括植物的抗病、抗虫、抗除草剂、抗逆、品质改善、雄性不育、改善发育状况、改善观赏性、作物的高产优质、果蔬贮藏、谷物或其他作物的固氮能力、药物生产及环境美化等方面。目前导入的性状则多以抗除草剂和 Bt 抗虫或双抗（Bt、除草剂）为主。植物基因工程为人类解决目前所面临的人口膨胀、环境恶化、资源匮乏和效益衰减等问题提供了一种新的思路和途径。

目前，植物基因工程的方向已转向将克隆化的基因导入植物，创造出新的品种或产品，即转基因技术已进入实用化阶段。

一、基因工程的基本过程

基因工程的实施过程必须经过几个关键性环节：（1）基因的克隆与分离；（2）表达载体的构建；（3）遗传转化即转基因；（4）转基因植物的鉴定。

（一）目的基因的合成与分离

目的基因分离与克隆是植物基因工程研究的第一步，也是目前比较困难的问题；但近年来已取得重要进展，一些新的方法、技术和策略已被发明。

1. 植物基因的化学合成

化学合成基因具有快速、有效，不需要收集植物组织来源等优点。在获取小片段目的基因，设置某种生物偏爱的密码子以便在该种生物中高效表达，消除或增加特定的限制性内切酶位点等方面具有其他方法不可比拟的优点。

这种方法主要适用于已知核苷酸序列的、分子量较小的目的基因的制备。随着蛋白质和 DNA 测序技术的发展，越来越多的基因结构已被测定出来，重组 DNA 技术的发展也有力地推动了基因化学合成的研究，特别是各种 DNA 自动合成仪的问世，大大地改变了化学合成基因的面貌，从最初只能人工合成 15bp 的寡核苷酸片段，到目前可以利用自动合成程序合成长达 200bp 的寡核苷酸片段，利用 DNA 连接酶的作用，甚至可以合成和组装更长的基因片段。到目前为止，已经利用化学合成方法成功地合成了数十种基因。

在基因的化学合成中，通常是先合成一定长度的、具有特定序列的寡核苷酸片段。寡核苷酸片段的化学合成方法主要有磷酸二酯法、磷酸三酯法和亚磷酸三酯法，以及在后面二者基础上发展起来的固相合成法和自动化法。目前基因合成更多的是依靠 DNA 自动合成仪来完成。

磷酸二酯法的基本原理是，将两个分别在 5'或 3'末端带有适当保护基的脱氧单核苷酸连接起来，形成一个带有磷酸二酯键的脱氧二核苷酸。目前化学合成寡聚核苷酸大多数是在合成仪上自动进行，DNA 自动合成仪采用的是固相磷酸三酯法和亚磷酸三酯法。由于亚磷酸三酯法具有反应速度快、合成效率高和副反应极少等特点，已经在自动合成仪中被广泛使用。其原理是将所要合成的寡聚核苷酸链的 3'末端先以 3'-OH 与一个不溶性载体，如多孔玻璃珠连接，然后依次从 3'→5'方向将核苷酸单体加上去，所使用的核苷酸单体的活性官能团都是经过保护的。

目前，化学合成寡聚核苷酸片段的能力一般局限于 150～200bp，而绝大多数基因的大小超过这个范围，因此，需要将寡核苷酸适当连接组装成完整的基因。随着 DNA 合成方法不断改进及 DNA 测序技术的发展，可以预计化学合成基因必将得到更加广泛的应用。

目前，限制化学合成基因的因素主要有以下三个：（1）已知序列且有应用价值的基因较少，而植物来源的基因更少；（2）化学合成的寡核苷酸片段长度有限，经基因组装才能合成较大的目的基因，而这往往使基因制备难度大大增加；（3）化学合成基因相比之下仍比较昂贵。

因此，在相当长的时间内，植物基因工程中所用的目的基因仍将需要从基因组中直接分离。到目前为止，已经克隆并鉴定的用于植物的目的基因已达百个，如普遍关注的抗病、抗虫、抗除草剂基因，与植物重要生命活动有密切关系的基因 Rubp 大、小亚基基因，PEP 羧化酶基因，光敏色素基因，钙调蛋白基因，硝酸还原酶基与蛋白质等品质有关的基因（如水稻、小麦的谷蛋白基因，菜豆、小麦储存蛋白基因和玉米的醇溶蛋白基因）等，与成熟有关的 PG 基因。此外还有蔗糖合成酶基因、α-淀粉酶基因和乙醇脱氢酶基因等。下面对从基因组中分离基因的原理和方法予以简要介绍。

2. 基因文库构建与基因分离

首先建立 cDNA 文库或基因组文库。cDNA 文库中主要是开放读码框的文库。首先根据转基因表达的部位或特异性选取一定的植物组织，从中提取 RNA 制备 polyA RNA，经翻译确认 mRNA 的活性后，以逆转录酶作用合成第一链 cDNA，再以此模板进行复制得到双链 DNA，最后加上限制内切酶的接头并克隆到载体上，如细菌质粒、噬菌体和 Cosmid、酵母的人工染色体等。而基因组文库是用内切酶将高分子量的染色体 DNA 部分消化，克隆到合适的载体上，建立基因组文库。建立文库后，就可用探针来钓取基因。

近年来，用基因文库分离和克隆基因的技术进展很快。一些其他技术如染色体步查技术、转座子示踪技术、图位克隆法、基因挽救技术以及最近发展起来的表达序列标记（Expressed Sequence Tag，EST）和 mRNA 差别显示技术也广泛应用于基因的分离。

3. 差别杂交基因分离技术

差别 cDNA 文库是指分别从目的基因表达的植物材料和未表达的对照植物材料中提取总 RNA，并从 RNA 中分离 mRNA。然后取一部分 mRNA 通过逆转录法合成 cDNA，选择适当的 λ 噬菌体载体分别构建目的 cDNA 文库和对照 cDNA 文库。这一对 cDNA 文库称为差别 cDNA 文库。另一部分 mRNA 通过逆转录合成 cDNA 时加入一种放射性标记的[α-32P]dCTP，将合成的 cDNA 分别标记成 cDNA 探针。这一对 cDNA 探针称为差别 cDNA 探针。通过噬菌斑原位杂交，分别将差别文库复印到硝酸纤维素滤膜上，与差别探针进行杂交，根据放射自显影结果，挑选出差别噬菌斑，进行扩增，再进行第二轮杂交即可筛选出目的基因克隆。

4. 转座子或 T-DNA 标签法（transposon or T-DNA tagging method）

转座子又称为跳跃基因，是指能够从基因组的一个位置转移到另一个位置或从一条染色体转移到另一条染色体上的一段特殊的 DNA 序列，因此又称为转位因子。转座子的转位作用，如发生在控制某一性状的显性基因内部，则可能引起该基因失活，导致植物产生突变。植物中利用的转座子系统有：Ac/Ds、En/Spm、Mutator 等，其中以 Ac/Ds 双因子系统利用最多。

同源或异源的转座子或T-DNA可以插入到基因组中导致基因结构的变化，从而产生突变基因型。此法的基本程序为：首先进行突变体的诱变和鉴定工作，然后以转座子或DNA作为标签DNA制成探针或引物，筛选突变体基因组文库，用反义PCR（IPCR）技术分离出标签DNA两侧目的基因部分序列，再依据序列设计探针或引物筛选野生型基因组文库，即可分离出完整的基因，最后用基因互补测验检测其功能。

5. 图位克隆技术（map-based cloning or positional cloning）

随着各种生物分子标记连锁图的相继建立，以及越来越多的基因被定位，20世纪90年代初，图位克隆技术应运而生。图位克隆的基本工作思路为：首先将目的基因精确定位在分子标记连锁图上，利用与目的基因紧密连锁的标记筛选大片段DNA文库，并构建含目的基因区域的精细物理图谱，利用该物理图谱采用染色体步行（chromosome walking）的方法逐步逼近目的基因。利用图位克隆法克隆基因不仅需要构建完整的基因组文库，建立饱和的分子标记连锁图和完善的遗传转化体系，而且还要进行大量的测序工作，所以对基因组大、标记数目不多、重复序列较多的生物来说，采用此法不仅投资大，而且效率低。因而，图位克隆法仅局限应用在人类、拟南芥、水稻、番茄等图谱饱和生物上。

6. 表达序列标签法（expressed sequence tagging method，EST）

EST是完整基因上能够特异性标记基因的一部分序列，通常包含了基因足够的结构信息区，从而与其他基因相区分。大规模EST克隆和EST资料库的建立，为利用生物信息学克隆基因提供了条件。该方法是建立在大量已有的生物信息资源基础上的，同时结合了目前的新技术，为大规模克隆基因提供了捷径，但前提是手头要有已知的序列。

7. 直接测序法

对于基因沉默等产生的变异，可利用被转化的 DNA 筛选基因组 cDNA 文库，对阳性克隆直接测序，再根据基因结构或生物信息学方法来获取基因及其功能信息。

（二）表达载体的构建

获得目的基因，选择适当的载体构建含目的基因的重组体、转化宿主细胞并筛选出目的重组体，这是基因克隆的基本步骤。

目的基因被分离出以后，往往不具有完整的基因结构，而只有表达产物的开放读码，还需加上启动子和终止子。启动子的主要功能是决定转录起始的精确位置和转录的频率，终止子保证这个基因的正确表达。在植物基因工程中，将目的基因加上启动子和终止子来完成基因的修饰。

启动子可分为组成型表达调控的启动子，组织特异性基因调控的启动子。组成型表达调控的启动子调节控制下的结构基因的表达大体恒定在一个水平，常用的是花椰菜病毒的 35s 启动子，功能强，应用非常广泛。另一个 CaMV-19S 启动子功能比 35S 启动子弱 50 倍左右，很少被采用。其次还有来自胭脂碱和章鱼碱合成酸的 NOS 启动子，OSC 启动子和肌动蛋白启动子，从水稻分离的 actinI 基因启动子也是一个强启动子，它可以指导 GUS 基因在植物细胞中表达。组织特异性启动子只在器官内以及特定的时间内表达。目前，所分离的大部分植物基因的启动子都有其表达的特异性，包括组织特异性、发育特异性及诱导特异性。例如豌豆的豆清蛋白基因可在转化植物种子中特异性表达。马铃薯块茎储藏蛋白基因在块茎中优势表达。RubisoN 亚基和叶绿素 a/b 结合蛋白基因受到光的调控。蛋白酶抑制基因在植物被昆虫取食之后进行表达。与番茄成熟有关的蛋白质只在番茄成熟过程才表达。在构建植物表达载体时要根据研究工作的目的选择合适的启动子，需要目的基因在植物各个部位各个时期都表达，就选用组成型启动子，需要在特定组织表达就选择组织特异性表达启动子。需要目的基因在特定时间或特定条件下到达就选择发育特异启动子或诱导启动子，构建好植物载体。

1. DNA 体外重组与连接

构建含目的基因的重组体，是通过 DNA 连接酶催化完成的。DNA 连接酶催化 DNA 分子上缺口处 5'磷酸二酯键，使缺口缝合，形成完整的 DNA 分子。

外源 DNA 片段被限制性酶消化后其末端只可能有三种形式：（1）带有非互补的黏性末端。用两种不同的限制性内切酶进行消化可以产生这样的末端，这也是最容易克隆的 DNA 片段。一般情况下，常用质粒载体的多克隆位点中总能找到若干个不同种酶的单酶切位点，用同样的两种酶消化载体，即可形成分别与外源片段两末端匹配的黏性末端，从而将外源片段定向地克隆到载体上；（2）带有相同的黏性末端，用相同的酶或同尾酶处理可得到这样的末端。由于质粒载体也必须用同一种酶消化，亦得到同样的两个相同黏性末端，因此在连接反应中外源片段和质粒载体 DNA 均可能发生自身环化或几个分子串连形成寡聚物，而且正反两种连接方向都可能有。所以必须仔细调整连接反应中两种 DNA 的浓度，以便使正确的连接产物的数量达到最高水平。还可将载体 DNA 的 5'磷酸基团用磷酸酯酶去掉，最大限度地抑制质粒 DNA 的自身环化，带 5'端磷酸的外源 DNA 片段可以有效地与去磷酸化的载体相连，产生一个带有两个缺口的开环分子，在转入 E.coli 受体菌后的扩增过程中缺口可自动修复；（3）带有平末端，是由产生平末端的限制酶或核酸外切酶消化产生，或由 DNA 聚合酶补平所致。由于平端的连接效率比黏性末端要低得多，故在其连接反应中，T_4DNA 连接酶的浓度和外源 DNA 及载体 DNA 浓度均要高得多。通常还需要加入低浓度的聚乙二醇一类，以促进大分子群聚作用，并可导致 DNA 分子凝聚成聚集体的物质，以提高转化效率。

特殊情况下，外源 DNA 分子的末端与所用的载体末端无法相互匹配，则可以在线状质粒载体开端或外源 DNA 片段末端接上合适的接头或衔接头使其匹配，也可以有控制地使用 Ecoli DNA 聚合酶 I 的 klenow 大片段部分填平 3 凹端，使不相匹配的末端转变为互补末端或转为平末端后再进行连接。

外源 DNA 片段和线状质粒载体的连接也就是在双链 DNA5'磷酸和相邻的 3'羟基之间形成新的共价键。在标准条件下，其反应速度完全由相互匹配的 DNA 开端的浓度所决定，不论末端位于同一分子上还是位于不同分子上，都是如此。

2. 转化

转化是将外源 DNA 分子引入受体细胞，使之获得新的遗传特性的一种方法，这是微生物遗传、基因工程等研究领域的基因实验技术。

转化过程所用的受体细胞一般是限制修饰系统缺陷的变异株，即不含限制性内切酶和甲基化酶的突变体，它可以容忍外源 DNA 分子进入体内并稳定地遗传给后代。受体细胞经过一些特殊方法处理后，细胞膜的通透性发生了暂时性的改变，成为能允许外源 DNA 分子进入的感受态细胞。进入受体细胞的 DNA 分子通过复制和表达实现遗传信息的转移，使受体细胞具有了新的遗传性状。将经过转化后的细胞在筛选培养基上培养，即可筛选出转化子。

3. 重组体的筛选和鉴定

（1）重组体的插入失活筛选

利用载体上遗传标记基因内部的限制酶位点进行基因克隆，由于外源基因的插入使该标记基因被破坏，宿主无法获得相应的遗传表型，即插入失活。而未插入外源基因的载体，其遗传标记基因可以正常表达，赋予宿主特殊的遗传表型。因此，可以通过载体和重组体赋予宿主遗传表型的差异筛选重组体。质粒的抗药性标记、营养代谢标记和噬菌体的一些标记都是克隆载体设计时考虑的插入失活标记。例如，pBR322 载体上有抗氨苄青霉素和抗四环素两个抗性标记基因，当利用抗四环素基因失活时，使宿主菌只能在含氨苄表霉素的培养基上生长，不能在含四环素的培养基上正常生长，而没有外源基因插入的载体，自身环化导入宿主后，宿主仍可在含四环素的培养基上正常生长，这样就可用抗生素进行重组体筛选。

另一种常用的插入失活筛选是利用载体上的 LacZ 插入失活。pUC 系列质粒载体以及 M13mp 系列、λgt11 噬菌体载体上均加有 LacZ 基因的调节序列和 146 个氨基酸的编码区序列。这个编码区中插入了一个多克隆位点，当外源基因插入多克隆位点时，使相应载体变为 gal-，而未重组的载体是 gal+。对于合适的大肠杆菌宿主，重组载体（gal-）在含诱导物异丙基因 β-D-硫代半乳糖苷（IPTG）和生色底物 5-溴-4-氯-3-吲哚—β-D-半乳糖苷（X-gal）的平板上形成透明的噬菌斑，而非重组体则形成蓝色噬菌斑，可以进行重组子的蓝白颜色筛选。这种颜色筛选大大简化了重组体的筛选过程。

pUC19 上带有 β-半乳糖基因（lacZ）的调控序列和 β-半乳糖苷酶 N 端 146 个氨基酸的编码序列。这个编码区中插入了一个多克隆位点，但并没有破坏 lacZ 的阅读框，不影响其正常功能。E.coli DH 5α 菌株带有 β-半乳糖苷酶 C 端部分序列的编码信息。在各自独立的情况下，pUC19 和 DH5α 形成转化子时，这两个片段可以融为一体，形成具有酶活性的蛋白质。当外源片段插入到 pUC19 质粒的多克隆位点上后会导致读码框架改变，表达蛋白失活，产生的氨基酸片段失去 α-互补能力，因此在同样条件下含重组质粒的转化子在生色诱导培养基上只能形成白色菌落。由此可将重组质粒与自身环化的载体 DNA 分开。此为 α-互补现象筛选。

lacZ 基因上缺失近操纵基因区段的突变体与带有完整的近操纵基因区段的 β-半乳糖苷酸阴性之间实现互补的现象叫 α-互补。由 α-互补产生的 Lac+细菌在生色底物 X-gal 存在下被 IPTG 诱导形成蓝色菌落。当外源片段插入到质粒的多克隆位点上后会导致读码框架改变，表达蛋白失活，产生的氨基酸片段失去 α-互补能力，因此在同样条件下含重组质粒的转化子在生色诱导培养基上只能形成白色菌落。由此可将重组质粒与自身环化的载体 DNA 分开，此为 α-互补现象筛选。此培养基可用麦康凯琼脂制成的平板代替，在含有适当抗生素的这种平板上，携有载体 DNA 的转化子为淡红色菌落，而携有带插入片段的重组质粒转化子则为白色菌落。该产品筛选效果同蓝白斑筛选，且价格低廉。

质粒具有稳定可靠和操作简便的优点。如果要克隆的 DNA 片段较小，结构又简单，则用质粒比用其他任何载体都要好。在质粒载体上进行克隆，简单地说，就是用限制性内切酶切割质粒 DNA，然后体外与外源 DNA 片段相连接，再用所得到的重组质粒转化细胞，使之扩增纯化。在实际工作中，如何区分插入有外源 DNA 的重组质粒和无插入而自身环化的载体分子及其他各种形式 DNA 片段和载体 DNA 的浓度比例，将载体的自身环化限制在一定程度之下，也可以进一步采取一些特殊克隆策略，如载体去磷酸化等来最大限度地降低载体的自身环化，还可以利用遗传学手段如 α-互补现象等来鉴别重组子和非重组子。λgt10 是另一类可用插入失活筛选的载体。当外源 DNA 插入到 λgt10 唯一的 EcoRI 位点，使 cl（阻遏物）基因失活，产生 cl-噬菌体，感染在大肠杆菌后形成透明的噬菌斑。而未重组的 λgt10 为 cl+，感染在大肠杆菌后形成混浊的噬菌斑。此外，在携带 HflA150 突变大肠杆菌中，只有 cl-噬菌体能形成噬菌斑，cl+不能形成。因此，在 C600HglA 菌株中使用 λgt10 载体系统时，又根据是否形成噬菌斑筛选重组子这一特点，使选用 λgt10 载体构建基因组文库较为方便，将基因文库转入 Hfl 菌传一代，便可除去大部分的非重组体，大大简化对文库的筛选工作。

（2）重组体的原位杂交筛选

菌落原位杂交广泛用于基因组 DNA 文库和 cDNA 文库筛选。其大致过程是，将平板培养的菌落转移到硝酸纤维素滤膜上，然后用 NaOH 处理膜上菌落，使菌落裂解并使 DNA 变性，变性的 DNA 被吸附在膜上，置 80℃ 烘烤 4~5 小时，使 DNA 牢固地固定在膜上。将膜与放射性同位素标记的核酸探针在密封的塑料袋中进行杂交，然后用一定离子强度的溶液将非特异性结合的放射性物质除去，再烘干纤维素膜，进行放射性自显影。从显影后的底片上可显示出曝光的黑点，即代表杂交上的菌落。再按底片上菌落的位置，在平板培养基上找出对应的菌落，扩大培养，制备质粒 DNA，进行进一步的分析。在实际工作中，探针与滤膜上的 DNA 正式杂交前一般先进行预杂交，以防止滤膜对探针的非特异性吸附。

（3）重组体的免疫学筛选

如果待测的重组体克隆既无任何可供选择的遗传表型特征，又无合适的核酸探针可用时，那么免疫学方法则是筛选重组体的重要途径，免疫筛选的前提是克隆基因在宿主细胞内表达出的目的蛋白，并可获得目的蛋白的抗体。

免疫学检测法一般是将待检测的菌落或噬菌斑,按原位复制到硝酸纤维素膜等固体支持物上,裂解细胞使目的蛋白结合并固定在膜上,然后与一级抗体反应形成抗体抗原复合物。最后用标记的第二抗体或 A 蛋白检测一级抗体形成的抗体抗原复合物,根据放射性自显影结果,从原始平板上找到阳性菌落或噬菌斑即可达到重组体筛选的目的。

二抗或 A 蛋白的标记一般采用 ^{125}I 标记,通过体外碘化作用将抗体迅速标记上 ^{125}I。A 蛋白是金黄色葡萄菌细胞壁的一种成分,它可以稳定结合在免疫球蛋白 IgG 分子的 Fc 区域,一个 IgG 分子可以与多个 A 蛋白结合成多分子复合物。利用这一特点,可用来检测目的蛋白与一抗形成的抗体抗原复合物。采用放射性 ^{125}I 标记的 A 蛋白进行检测多种不同的一级抗体抗原复合物。采用放射性 ^{125}I 标记的 A 蛋白进行检测的优点在于,只标记一种 A 蛋白分子便可检测多种不同的一级抗体—抗原复合物,可以检测筛选形成不同的抗原的重组克隆。最近又发展出了非放射性标记二抗技术即用酶标抗体方法,称为免疫酶标技术,如辣根过氧化物酶标记法,或采用碱性磷酸酶标记二抗法等。这些方法具有与放射性同位素标记法同样的灵敏度和特异性,但无半衰期和安全防护等问题,发展极为迅速。免疫酶标技术是把抗体抗原的免疫反应和酶的高效催化作用结合起来,通过化学方法将酶与抗体或抗原结合,形成酶标记物。这种酶标记物仍具有免疫活性和酶的活性,能与相应的抗原或抗体反应形成酶标记的免疫活性和酶标记的免疫复合物上酶的活性,催化底物水解、氧化或还原成有色物质达到检测和筛选的目的。

(三)植物转基因技术

自 1983 年转基因植物问世以来,经过近二十年来的发展,转基因技术已经在近 200 种植物中获得成功。转基因植物在农作物品种改良,提高农产品(包括园艺植物)的附加值,作为某些重要蛋白质和次生代谢物的生物反应器,以及研究基因在发育和其他生理生化过程与代谢途径中的作用等方面,均充当了重要的角色。

植物遗传转化技术也发展迅速,常用的植物转化技术可以分为化学法、物理法和生物学的方法。物理法包括基因枪法、电激法、显微注射法、激光法、超声波法、碳化硅纤维法等;化学法包括 PEG 法、脂质体法等;生物学方法包括农杆菌法、花粉管通道法、PEG 法、病毒载体法等。早期向植物体转移外源遗传物质的方法是将种子或成熟胚直接浸泡在外源 DNA 溶液中,DNA 整合进基因组的几率极低,难以得到转化子。其中一部分方法,譬如电激法、PEG 法、脂质体法等常依赖于原生质体的再生能力,因此对大多数植物来说是很困难甚至不可能的。农杆菌法和基因枪法目前在遗传转化中处于主导地位。农杆菌介导的转化再生频率很高,外源基因在转入并整合到植物基因组中之后,一般不发生重大的修饰改变,并且,转入的外源基因一般拷贝数较低,大多数是单拷贝转移。但是,农杆菌法的应用仍有一定的物种局限性。基因枪法适用范围广,但获得稳定整合个体的效率较低,外源基因拷贝数较高。总之,每种方法各有其优缺点,它们之间并不是相斥的。相反通过结合不同方法的特性,互相取长补短,我们有可能发展出新的转化技术,以提高转化频率。下面将各种转化方法做一简要介绍。

1. 化学物诱导的 DNA 直接转化

化学物诱导的 DNA 直接转化是以植物原生质体为受体,借助于特定的化学物诱导 DNA 直接进入植物细胞的方法。主要包括 PEG 介导的基因转化和脂质体介导的基因转化。PEG 是借助化合物聚乙二醇(polyethylene glycol,PEG)磷酸钙及高 pH 值条件下诱导原生质体摄取外源 DNA 分子。PEG 是细胞融合剂,可通过引起细胞膜表面电荷的紊乱,干扰细胞间的识别，而利于细胞间的融合和外源 DNA 分子进入原生质体。磷酸钙可与 DNA 结合形成 DNA－磷酸钙复合物而被原生质体摄入。

　　PEG 法的优点在于不需要特殊的仪器设备，易于推广，转化子易于筛选。但不足之处较多：（1）建立胚性悬浮系困难，悬浮系难保持，分化频率下降快；（2）原生质体再生费时，而且基因型依赖性强；（3）易产生突变体。

　　PEG 通过电荷之间的相互作用，与 DNA 分子形成紧密复合物，植物细胞通过内吞作用把复合物吞进细胞，从而摄取 DNA 片段。Zhang 等利用 PEG 介导的方法将 GUS 基因导入粳稻原生质体获得转基因植株，Detta 等以原生质体为受体，获得转基因籼稻植株。化学法虽然较早在植物遗传转化中获得了成功，但是化学法必须以原生质体为受体，而原生质体制备的技术要求比较高，限制了在植物遗传转化中的应用。

2. 物理法诱导 DNA 直接转化

　　物理转化方法是基于许多物理因素对细胞膜的影响，直接将外源 DNA 导入细胞。物理的方法不仅能够以原生质体为受体，还可以直接以植物细胞甚至组织器官作为靶受体，与化学法相比，更具有广泛性和实用性。目前较常用的方法有电激法、基因枪法、微注射和超声波法等。

　　电激法指借助高压脉冲电场击破转化受体的细胞膜或细胞壁，造成瞬时可逆通道，外源 DNA 因渗透压的作用而进入受体细胞，并整合到受体细胞核基因组中，从而实现外源物质的遗传转化。电激法优点在于操作简便，转化效率高。其缺点在于容易造成原生质体损伤，仪器相对昂贵，早期使用电激法常以原生质体为受体，基因型依赖性强。

　　电激法也是以原生质体为受体，利用高压电脉冲的作用，在原生质体膜上电击穿孔，形成可逆的瞬间通道，使外源 DNA 直接进入细胞内。此法首先在动物细胞中得到应用，并取得较好的效果。

　　基因枪法（Biolistic Bombardment）是一种外源基因直接导入技术，是将外源 DNA 包裹在颗粒直径为 1μm 左右的金粉或钨粉上，通过高压放电或高压气体加速微弹，使其穿透细胞壁，从而使外源基因进入受体细胞内并整合到受体细胞基因组中。基因枪的转基因受体材料可以是细胞悬浮培养物、愈伤组织、未成熟胚、成熟胚甚至是植物的任何组织器官，因而得到推广。1987 年美国 Cornell 大学的 Sanford 等研制出火药引爆的基因枪。Christou 等利用基因枪将 GUS+BAR 基因和 GUS+HPT 基因导入水稻，获得转基因水稻植株。黄大年等利用基因枪法将抗除草剂基因导入水稻恢复系，以期提高杂交水稻种子的纯度。基因枪法的主要缺点是：需要专门的基因枪，设备价格较贵，外源 DNA 整合机理不清楚，早期研究认为该法常产生多拷贝，随机性较大，有导致基因沉默现象，有时目标基因与筛选标记基因非共价整合，不同的受体类型，其基因转化参数需要进行优化。

　　微注射法是将外源目的基因经剪切制备成一定浓度的 DNA 溶液，装入一具带注射器的玻璃微针内，将 DNA 直接注射到固定好的单个活细胞中。随着细胞的发育，部分外源 DNA 就随机地整合到受体植物基因组中，经适当方法的筛选便能获得转基因植株。该法的缺点是被注射的细胞数量较少。但是在每个被注射的细胞中 DNA 插入的成功率较高。

　　通过物理法实现植物的遗传转化，还存在着一些问题。诸如产生的转基因植株外源 DNA 的拷贝数高，质粒 DNA 也会同时整合到植物基因组中等，而且通过基因枪等物理法转化的外源基因容易出现基因沉默现象等。

3. 生物法介导的植物遗传转化

植物遗传转化常用的通过生物介导的方法主要有花粉管通道法、种子浸泡法、病毒载体法和农杆菌介导法等。

花粉管通道法是利用花粉在柱头上萌发形成的花粉管作为载体而介导的外源基因的转化，1974年，周光宇在观察远缘杂交产生的染色体水平以下杂交现象后提出了DNA片段杂交的假说，并在此基础上设计了自花受粉后外源基因导入植物的技术，即花粉管通道技术。这种技术以整体植物为受体，可利用两种水平的DNA分子进行转移，既能转移目的基因重组子，又可以转移未分离目的性状基因的总DNA。该技术的具体依据是：植物受粉后，花粉在柱头上萌发，形成花粉管通道技术就是在植物子房的内壁继续生长直到胚珠，通常经胚珠孔进入胚囊。采用花粉管通道技术就是在植物受粉后，使外源DNA沿着花粉管通道经过珠心通道进入胚囊转化尚不具备正常细胞壁的卵、合子或早期胚胎细胞。此法的优点是不需要原生质体分离、细胞培养和植株再生的繁杂过程，可以避免传统的基因枪法和农杆菌介导法所要求的组织培养技术，该法在拟南芥和棉花的遗传转化中应用广泛。王景雪等在玉米的开花期，用花粉与DNA混合并附加超声波处理，然后用人工授粉的方法将外源基因导入到受体中，获得了玉米转基因植株。花粉管通道法是利用开花期的活体植物进行转化，比较适合于多胚珠植物；水稻等单子叶植物是单胚珠，而且植株较大，操作难度大。

种子浸泡法是在受体材料的种子发芽过程中，直接用外源DNA溶液浸泡的方法。刘国华等采用花粉得到了高蛋白含量的水稻株系。

根癌农杆菌 *Agrobacterium tumefaciens* 是由Smith和Townsend于1907年发现的。它的Ti质粒是一种天然的生物载体，可以通过其T-DNA将外源基因整合到受体植物基因组中，从而实现遗传转化。DNA直接转化植物的方法普遍存在外源基因的插入拷贝数高、同时将载体质粒整合到植物基因组中转化频率低的缺陷；而农杆菌介导的转基因方法以其简单、高效、拷贝数少、成本低而得到推广。但农杆菌介导法过程中，愈伤组织间的交叉污染是影响转化效率的重要因素。需要熟练的组织培养操作技术，确保受体愈伤组织全部无菌，同时简化农杆菌介导法的操作，有利于减少污染途径。

迄今所获得的近200种转基因植物中80%以上是利用根癌农杆菌转化系统产生的。根癌农杆菌Ti质粒基因转化系统是目前研究最多、理论机理最清楚、技术方法最成熟的基因转化途径。农杆菌介导的转化方法的优点如下：

• 转化频率高。T-DNA链在转移过程中受蛋白（VirE2，VirD2）的保护及定向作用，使得T-DNA免受核酸的降解，而完整、准确地进入细胞核，转化效率较高。

• 导入植物细胞的片段确切，且能导入大片段的DNA。

• 导入基因的拷贝数低，表达效果好。农杆菌介导的转化向植物细胞导入的外源基因拷贝数大多只有1～3个。

• 农杆菌转化方法使用的技术、仪器简单。

在单子叶植物中应用超毒力农杆菌菌株和超双元载体能增强农杆菌的侵染能力和T-DNA的整合能力，较好地克服单子叶植物对农杆菌转化敏感性差的问题。此外，在载体构建过程中可考虑应用农杆碱型质粒、超驱动序列、内含子和核基质附着区（MAR）等来增加单子叶植物对农杆菌的敏感性，提高转化效率。

近几年发展了一种农杆菌转化的新策略——大片段DNA转移。植物的一些性状，如抗病、抗虫、抗逆、高产、优质等或者为数量性状，或者相关的基因往往成簇排布，定位在较大的 DNA 片段。这些性状的改造就需要一个能将大片段 DNA 转入植物并稳定表达的体系。另外大片段 DNA 转化也能极大方便基因的图位克隆。双元细菌人工染色体的构建使这一设想成为可能。这些体系的建立无疑对突破常规植物基因工程中外源基因片段的限制具有重要意义。目前该方法的应用还仅限于烟草、拟南芥等少数几种植物。若能够实现向禾谷类作物中转入大片段 DNA，将对这些重要粮食作物的遗传改造产生深远影响。目前基因枪法虽然能很方便地获得禾谷类的基因转化，但对大片段 DNA 的转化却显得无能为力。

在长期的基因工程实践中，人们已经注意到不同的植物由于受基因型发育状态组培难易程度等因素所决定，相应地应该采取不同的方法，包括原生质体与农杆菌共培养法叶盘法和整株感染法，原生质体与农杆菌共培养法转化效率高、无嵌合体，但操作复杂，必须具备优良的原生质培养及植株再生技术，因而在许多重要作物中的应用受到限制。叶盘法的出现大大推动了农杆菌介导转化方法的应用，成为现在广为应用的方法之一。但在叶片再生困难的植株（如马铃薯禾谷类等）中的应用仍然受到限制，整株感染法最初是直接用对数生长期的野生型农杆菌处理植物受伤的部位，肿瘤形成后切下置于含抗生素的无激素培养基上培养并除菌，以获得转化肿瘤细胞系。该方法经改良后可用于难以组织培养的植物，用除去了致瘤基因的农杆菌直接感染叶腋或顶端芽基处伤口，之后激素诱导分蘖检测分蘖后枝条或枝条开花结实后的后代，可获得转化植株。整株感染法省去了组织培养的繁琐步骤，克服了某些植物再生的困难，因而具有不可替代的优势，但目前该方法仍局限在拟南芥菜中。其他植物中尚少见报道。此外有人基于农杆菌转化机理结合基因枪法创建了农杆枪法，将 VirD1 和 VirD2 基因连同 T-DNA 上的目的基因一同用基因枪打入植物细胞中，表达的 VirD1、VirD2 能在植物细胞内切割保守序列的 DNA 并将 T-DNA 转入细胞核，其频率在总的转化事件中约占 20%。该方法集中了农杆菌转化方法中精确切割转移和低拷贝整合等特性以及基因枪法中无宿主范围限制的优点，因而是一种有发展前途的新思路。

（四）转基因植株的鉴定和遗传分析

转基因的方法很多，最常用的是农杆菌介导的遗传转化，转化细胞的竞争力很弱。因此，必须对转化细胞进行筛选。再生植株有可能逃避选择而成为假转化体。另外，外源基因的整合、表达机制也非常复杂，因此，必须对转基因植株中外源基因的特性进行检测。分子生物学的发展，可以对目的基因进行整合状态、转录和翻译水平的检测，跟踪目的基因在转基因植物中的行为。报告基因由于其表达产物易于检测，已广泛用于基因调控和转基因技术的研究。无论用什么方法检测，都需要在构建质粒时，加上可识别位点，如报告基因、限制性内切酶的识别等，从而有利于对外源基因的检测。

1. 转基因植株的鉴定

（1）报告基因的检测

报告基因是具有明显区别于受体细胞遗传背景的选择标记，因而易于进行转化后的筛选。利用酶法分析、通过同位素放射性自显影技术及底物的颜色反应可以快速鉴定报告基因的表达，从而有效地检测出重组细胞或组织。根据这些基因编码特点，大致分为两类：抗性基因和编码催化人工底物产生颜色变化的酶基因。

①抗性基因的酶活性检测

新霉素磷酸转移酶（NPT-Ⅱ）、氯霉素乙酰转移酶（CAT）、PPT 乙酰转移酶（PAT）是常用的 3 种抗性酶，因其易于检测，故编码基因常用作报告基因。

• 新霉素转移酶（NPT-Ⅱ）可以催化氨基糖苷类抗生素（如新霉素、卡那霉素）、

G418 磷酸化。使用该基因转化植物，可以赋予转化细胞抗 Km、庆大霉素、G418 的能力，被广泛应用于植物遗传转化中。NPT-Ⅱ基因在多数植物体中都有很强的表达能力，同时也适用于酶法分析，因此被广泛用作报告基因。

• 氯霉素转移酶（CAT）能使氯霉素丧失抗菌素活性。CAT 基因的表达能力不如 NPT-Ⅱ强，故应用并不广泛。但是，由于植物细胞内非特异性活性本底很低，不易造成对基因产物分析的干扰，因此适合于对基因产物进行定性和定量分析，CAT 作为报告基因已在番茄、烟草等作物上得到应用。

• PPT 乙酰转移酶（PAT）是由 Bar 基因编码的，可使上游游离的氨基乙酰化，乙酰化的 PPT 对 GS 不再有控制作物，从而失去对植物的毒害。抗除草剂基因作为目的基因在植物中得到了广泛的应用。由于 Bar 基因具有明显的筛选作用，且检测方法灵敏，可用作报告基因。

②胭脂碱和章鱼碱的测定

胭脂碱和章鱼碱合成酶基因广泛存在于土壤农杆菌 Ti 质粒的 T-DNA 上，类似于真核基因的启动子和加尾信号。在经改造的质粒非致癌 T-DNA 上常保留胭脂碱合成酶或章鱼碱合成酶（OSC）基因。

③荧光素酶检测

检测转化细胞中荧光素酶活性是一个简单快速筛选转基因植物的有效方法。荧光素酶基因是一具灵敏的报告基因，检测的灵敏度比 CAT 高 100 倍，而且没有背景。荧光素酶基因的最大特点是不损害植物，即在整体植物或离体器官内，基因产物都可测定。但荧光酶基因产物易在过氧化物酶体中积累，在植物体内产生光的部位不一定能反映荧光素酶基因的特定表达部位。

④GUS 酶活性检测

β-葡萄糖苷酶能催化裂解一系列的 β-葡萄糖苷，产生具有发色团或荧光的物质，可用分光光度计、荧光计和组织化学法对 GUS 活性进行定量和空间定位分析，检测方法简单灵敏。GUS 基因广泛地用作转基因植物、细菌和真菌的报告基因，特别是在研究外源基因瞬时表达转化实验中。GUS 基因的最大优点是它能研究外源基因表达的具体细胞和组织部位，这是其他报告基因所不能及的。有一些植物在胚胎状态时，能产生内源 GUS 活性。检测时要注意设定严格的阴性对照。

（2）外源基因整合的鉴定

外源基因整合的鉴定涉及 DNA 水平的检测、检测在转录水平上的表达、检测基因在翻译水平的表达等问题。

①DNA 水平的检测

DNA 水平的检测主要包括聚合酶链式反应与 Southern 杂交：聚合酶链式反应（Polymerase Chain Reaction，PCR）检测转化植株　聚合酶链式反应是一种选择性体外扩增 DNA 的方法，用于扩增位于两段已知序列之间的 DNA 区段。它包括三个基本步骤：a.变性：目的双链 DNA 片段在 94℃下解链；b.退火：两种寡核苷酸引物在适合温度下与模板上的目的序列通过氢键配对；c.延伸：在 Taq 聚合酶合成 DNA 的最适温度下，以目的 DNA 为模板进行合成。由这三个基本步骤组成一轮循环，如此反复进行高温变性、低温退火、中温 DNA 合成的循环。由于上一轮扩增产物可以充当下一轮扩增的模板，所以，每完成一个循环，就可使目的 DNA 产物增加 1 倍。多轮扩增结果是使目的 DNA 片段以指数方式迅速积累，所以经 25~35 轮循环就可使 DNA 达 10^6 倍。能在几小时内使 pg 水平的起始物达到 ng 乃至 μg 水平，扩增产物经琼脂糖凝胶电泳，溴化乙锭染色后很容易观察。该法在转基因检测中最常用。比起核酸/蛋白分子杂交法它具有步骤简便、检测时间短、灵敏度高的优点，但其可靠性、准确性较差，存在假阳性现象，初筛效果较好。定量 PCR 法是在定性 PCR 方法的基础上加入一条或多条探针，从而降低了假阳性概率，提高结果可靠性，而且加入的探针反应发出的荧光可以对转基因的含量进行定量检测，符合国际上对食品中转基因的限量要求。

Southern 杂交　Southern 杂交可以确定外源基因在植物中的整合的位置及拷贝数。Southern 杂交是将DNA片段经电泳分离后，从凝胶中转移到硝酸纤维滤膜或尼龙膜上，然后与探针杂交，经放射性自显影显示出目的DNA分子所处的位置。

Southern 杂交的具体步骤是：酶切 DNA，凝胶电泳分离各酶切片段，然后使 DNA 原位变性；将 DNA 片段转移到固体支持物上；预杂交滤膜、掩盖、滤膜上非特异性位点；让探针与同源 DNA 片段杂交；然后漂洗除去非特异性结合的探针；通过显影检查目的 DNA 所在的位置。

Southern 杂交能否检出杂交信号取决于很多因素，包括目的 DNA 在总 DNA 中所占的比例、探针的大小和比活性、转移到滤膜上 DNA 的量以及探针与目的 DNA 间的配对情况等。在最佳条件下，放射自显影曝光数天后，Southern 杂交能很灵敏地检测出低于 0.1pg 与 ^{32}P 标记的高比活性探针的（>10^9cpm/μg）互补 DNA。如果将 10μg 基因组 DNA 转移到滤膜上并与长度为几百个核苷酸的探针杂交，曝光过夜，则可检测出哺乳动物基因组中 1kb 大小的单拷贝序列。Southern 杂交可清除操作过程的污染，以及转化愈伤细胞间质粒残留所引起的假阳性信号，准确度高，但 Southern 杂交程序复杂，成本高，且对实验技术条件要求较高。

一般来讲，直接转基因法往往形成大量的 DNA 拷贝，容易获得较高比例的多拷贝转基因植株，而农杆菌介导的 T-DNA 转移出现多拷贝转基因植株的比例相对较低。

②检测在转录水平上的表达：Northern 杂交

Northern 杂交主要用于分析测定 RNA，它与 Southern 杂交很相似，主要区别是被检测对象为 RNA，其电泳在变性条件下进行，以去除 RNA 中的二级结构，保证 RNA 完全按分子大小分离。将电泳后的琼脂糖凝胶用与 Southern 转移相同的方法将 RNA 转移到硝酸纤维素滤膜上，然后与探针杂交。

Northern 用于检测基因在转录水平上的表达。与 Southern 杂交相比，Northern 杂交更接近于性状表现，更有现实意义，被广泛用于转基因植株的检测。但 RNA 在提取的过程中会受到细胞破碎所释放的 RNA 酶的破坏，而且存在灵敏度不高、步骤繁琐、费时等缺点。

③检测基因在翻译水平的表达：Western 杂交

Western 杂交技术是将蛋白质从 SDS-PAGE 胶中转移至固相支持体上，然后对固定化蛋白质进行免疫学测定的方法。Western 杂交灵敏度极高，能达到标准的固定相放射免疫水平。可以测出蛋白提取物中小于 50ng 抗原，在较纯的制剂中，可测出 1~5ng 抗原。

Western 杂交检测目的基因在翻译水平的表达结果，能直接显示目的基因在转化体中是否经过转录、翻译最终合成蛋白而影响植株性状表现的。一般来讲，Western 杂交的结果与性状表现有直接关系。该法虽准确可靠，但繁琐、费时。

(3) 几种检测方法的评价

报告基因及 PCR 检测,材料用量少,检测方便,可以在试管苗阶段,甚至对愈伤组织进行检测,了解转化早期的信息,便于及时优化试验方案,其中 GUS 作为报告基因能研究外源基因的表达部位,可以作为首选的报告基因。但整合到植物染色体上的 T-DNA 不一定是完整的,可能缺失部分序列,利用报告基因检测到的阳性植株,不能保证目的基因完整整合到植物染色体上,还需进一步检测。用于 PCR 检测的 DNA 提取方便,适合于大批量样品分析,又能检测目的基因的完整性,是早期检测的一种较好方法。与 Southern 分析相比,PCR 检测 DNA 用量少,简单,成本低,不需同位素即可完成。另外,PCR 还能检测目的基因的完整性。但 PCR 检测也存在缺点,DNA 插入植物基因组后易发生重排,即使载体上的抗性基因能表达,目的基因也未必完整地存在于转化体中,从而造成检测结果的误差。应用 PCR 法检测易出现假阳性,可用 PCR-Southern 杂交进一步验证,有时 Northern 杂交的信号弱,可用 RT-PCR,将 RNA 反转录成 cDNA,再与探针杂交,从而检测外源基因的表达。利用 RAPD-PCR 技术,可能检测出对照植株与转化植株带型差异,还可用该技术检测不同代植株间基因组的稳定性及后代的分离。

Southern、Northern 和 Western 杂交分别从整合、转录和翻译水平检测外源基因。这些技术需要转膜,杂交繁琐、费用高,不适合大批量样品的检测,可对转基因植株随机取样检测。Southern 杂交特异性强,目前,对转基因植株中基因的存在、整合及稳定性一般都要通过 Southern 杂交来确定,是检测外源基因的最可靠的方法。Westhern 杂交灵敏度高,能检测出蛋白质表达量,最具有现实意义。

在实际工作中,研究者多把几种方法结合运用,以获得外源基因不同表达水平的信息,通过外源基因的检测,还可以研究外源基因的遗传。

2. 转基因植物的遗传分析

外源基因在转基因后代中的遗传行为和遗传稳定性是转基因研究的一个重要内容,通常是通过分子检测和目的基因在转基因植株后代中的表达情况来分析。应用的主要研究方法有外源基因的表达分析、Southern 核酸分子杂交、染色体原位杂交和转基因植株后代的遗传分析等。

通过转基因技术导入的外源基因,在植物细胞中能否稳定地遗传,是关系到转基因成功的关键。迄今已获得一百多种转基因植物,足以证明转化的外源基因一旦整合到植物细胞基因组后,与原有的核基因一样,能够通过细胞分裂稳定地传给下一个细胞世代。但由于外源基因整合的染色体、整合位点、整合次数等具有明显的随机性,整合后也发生一些重排和结构变化,因而表现出一些特殊的遗传现象。

转基因的遗传方式主要有:(1)多数转基因的遗传方式符合孟氏一对基因分离模式,即杂合体自交后代转化体与非转化体分离比为 3:1,而测交呈现 1:1 的分离,而有些转化体为多位点整合,则呈现出两对或三对以上的独立遗传或连锁遗传模式;(2)在有些转基因分离后代中,出现显性比例明显低于孟氏比例的现象,研究发现,有些目的基因发生了重排或缺失,但更多的是转化体仍然保留着完好的转基因拷贝,但未表达出目标性状,称为转基因沉默,如外源基因整合的位置效应、同源共抑制效应等。位置效应主要表现在由于外源基因在染色体上插入的位点不同,造成在同一实验中得到不同的转化植株,外源基因的表达量差异很大。由于同源基因的导入或多拷贝重复导入将会引起外源转化基因和内源基因的失活(或称为沉默),引起所谓共抑制现象。也有一些是因为转基因的雄配子致死或转基因纯合体致死而造成的。

转化方法同样会引起外源基因不同的遗传特性，DNA 直接转化的 DNA 多位点、多拷贝整合居多，外源基因易发生片段分离、丢失、环化、甲基化等结构变化和修饰，位置效应、共抑制现象明显，遗传稳定性差，转基因植株遗传表型多样，但也基本符合孟德尔遗传规律。农杆菌转化的外源基因整合位点稳定，多以单位点、单拷贝整合，外源基因结构变化很少，显性表达率较高，共抑制现象少，外源基因的分离符合孟德尔遗传规律。分子杂交结果证明，在农杆菌介导的转基因植株中，外源基因的拷贝数大多为 1~5 个左右，但也有高达几十个的报道。一般在同一个转化事件中，单拷贝的转基因植株约占总转基因植株的一半以下，小麦中大约有 35%的转基因植株是单拷贝。与基因枪法介导的植物遗传转化相比，农杆菌法可获得较多的单拷贝转基因植株，转基因植物的遗传传递行为符合孟德尔遗传规律，单拷贝转基因植株后代的遗传分离比一般为 3:1，而多拷贝转基因植株的遗传行为有时表现为多基因的分离比，有时由于多拷贝造成转基因失活而表现为不规则的分离。

二、基因工程技术应用方面的进展

（一）转基因植物

植物基因工程的迅速发展和广泛应用为植物的遗传改良开拓了广阔的前景。自从 1983 年首次获得转基因烟草以来，科学家们已成功地创造了耐除草剂、抗病虫害、延迟果实成熟、雄性不育等具有新性状的转基因植物。

1. 培育转基因抗除草剂作物品种

杂草是农业生产中的一大危害，它不仅与作物争夺水分养分，而且严重影响作物的产量和品质。目前，应用化学除草剂是防除杂草的主要方法。尽管每年全世界生产除草剂的费用高达 100 亿美元以上，但杂草的危害依然使全世界的粮食产量减少 10%，而且大多数除草剂都无法完全识别作物与杂草。目前世界上采用的除草剂主要分为两大类，一类是通过破坏氨基酸合成途径来杀死杂草；另一类是通过破坏植物光合作用中电子传递链的蛋白来杀死杂草。抗除草剂基因在植物遗传转化中经常作为标记基因使用，因此是植物基因工程上涉及最多的领域之一，所取得的成效也最明显。现已获得的抗除草剂转基因作物有大豆、棉花、玉米、水稻、甜菜等二十多种，抗除草剂的转基因作物占总的转基因作物的 70%以上。我国已获得的抗除草剂转基因作物有：抗 Basta 水稻、小麦、甘蔗、林木；抗 2, 4-D 棉花、抗阿特拉津大豆和抗溴苯腈油菜、小麦等。

应用基因工程技术培育抗除草剂植物主要有两种策略：（1）修饰除草剂作用的靶蛋白，使其对除草剂不敏感或促使其过量表达以使植物吸收除草剂后仍能正常代谢；（2）引入降解除草剂的酶或酶系统，在除草剂发生作用前将其分解。这两种策略都已成功地应用。

（1）抗草甘膦基因及其应用　草甘膦是目前使用最广泛的非选择性除草剂，能有效抑制 76 种恶性杂草。导入抗草甘膦突变的 EPSPS 酶和过量产生的 EPSPS 酶的遗传基因，可以提高作物对草甘膦的抗性。抗草甘膦的植物基因工程主要采用以下三种策略：一是促使植物过量产生 EPSPS；二是利用除草剂靶蛋白基因发生的点突变产生对除草剂的抗性；三是将草甘膦快速代谢成无毒产物。

（2）抗草丁膦除草剂基因及其应用　抗草丁膦基因 Bar 是水稻遗传转化研究中应用最多的一个基因。除了能够培育出抗除草剂的作物外，除草剂抗性基因的利用还表现在作物杂种优势的研究方面。抗除草剂基因在作物杂种优势利用中的潜力很大。主要有两个方面：①将不育系基因与抗除草剂基因构建在一起，一并导入植株，培育出抗除草剂的不育系（如棉花），就用这种不育系配制杂交种，只要在苗期喷施除草剂，没有转化的植株或假杂种就会死去，剩下的就是不育系或真杂种；②将抗除草剂基因转移到恢复系中，培育出带有纯合抗性基因的恢复系，这样制种过程中产生的假杂种，就可以通过使用除草剂除去。黄大年等人成功地将 Bar 基因导入到杂交水稻恢复系中，并使其后代获得抗除草剂的特性，同时又保持了原品种的主要农艺性状。用这样的转基因恢复系配制的杂交稻种，在苗期用除草剂 Basta 处理能杀死假杂种，从而保证了杂交稻种的纯度。

（3）抗磺酰脲类与咪唑酮类除草剂基因及其应用　磺酰脲类与咪唑酮类除草剂作用机理是通过抑制支链氨基酸合成过程中的一个关键酶——乙酰乳酸合成酶而显著地抑制植物细胞的有丝分裂。

（4）抗阿特拉津除草剂基因及应用　阿特拉津是三嗪除草剂的主要代表，其主要作用是抑制植物叶绿体中的光合作用。该类除草剂作用机理是，植物叶绿体的光合作用中心有一种 32KD 蛋白，是质体醌的结合部位。阿特拉津与 32KD 蛋白结合后，抑制了光合作用中心光合系统Ⅱ电子传递中的质体醌传递电子，因而使能量传递中断，光合作用停止进行，导致植物死亡。编码 32KD 蛋白的基因定位在叶绿体基因组上，称为 psbA 基因。1986 年朱立煌等人从抗阿特拉津的龙葵植物中提取出了抗性基因，将其导入大豆叶绿体基因组中获得了转基因的大豆植株，并证实抗性基因可传递到后代。

目前，对防除杂草广泛使用的除草剂抗性基因的获得，基因导入作物获得抗除草剂作物等方面的研究，已取得了长足的发展。随着除草剂生化机制研究的进一步深入、靶标的阐明以及解毒酶的鉴定与分离，所有作物都能应用这种技术。可以预计，在不久的将来，会培育出更多的抗除草剂转基因作物，会使现有除草剂应用范围更加广泛。

2. 利用基因工程技术培育抗病作物

对植物造成重要危害的病原生物主要有真菌、细菌、病毒和线虫等。长期以来，植物病害的防治主要靠抗病育种和合理栽培管理。通过常规的育种手段来获得抗病虫害的作物品种是很困难的，这主要是由于不仅新品种选育历程较长，而且对于某些病虫害尚无基因资源作为杂交育种的亲本，即亲本资源缺乏。基因工程技术的发展为培育抗病虫害的作物品种提供了新的手段，从而开辟了植物抗病育种的新时代。利用基因工程手段培育抗病虫基因可克服常规育种的不足。

抗病基因工程育种主要是将病毒外壳蛋白基因移植到农作物中，使农作物能抵抗病毒感染。目前，人们使用最广泛的方法是利用弱病毒的外壳蛋白基因或其他基因转化植物，从而获得对强毒株病毒的抗性。在抗病毒转基因植物方面，反义转基因植物、表达病毒随体 RNA 的转基因植物和表达病毒外壳蛋白的转基因植物的研究都取得了重要进展，其中表达病毒外壳蛋白转基因植物的大田试验效果最好。1986 年 Powell 等首先成功地将烟草花叶病毒（TMV）的外壳蛋白（CP）基因导入烟草，培育出抗 TMV 的烟草植株，开创了抗病毒育种的新途径。目前已培育出抗病毒番茄、抗病毒烟草、抗病毒黄瓜等作物新品种。如从烟草花叶病毒（TMV）和黄瓜花叶病毒（CMV）中提取外壳蛋白基因，通过载体拼接到烟草基因上，实现基因重组，育成双价抗病转基因烟草，对 TMV 防治效果达 100%，对 CMV 防治效果达 70%，有效遏制了花叶病毒的侵染，提高烟草产量和品质。在抗卷叶病毒的重组马铃薯方面，美国 Mosanto 公司和荷兰 Mogen 公司分别导入外壳蛋白基因成功，但表达较弱，没有充分的抗病毒性。日本通过改良外壳蛋白的翻译调节部位，提高了表达能力，得到了实用水平的抗病性。在小麦上，1995 年中国农科院首先获得抗病毒的 CP 转基因小麦。

棉花上，江苏省农科院利用花粉管通道法导入总 DNA，培育出抗枯萎病优质转基因棉花新品系 3118，平均增产 15%，在生产上得到了应用推广。现已获得抗病毒的烟草、黄瓜、番茄、马铃薯和小麦等的 CP 转基因植株。

在抗细菌和真菌病害的转基因作物研究方面也取得了重大进展。目前对真菌、细菌具有一定抗性作用的转基因作物都已培育出来。中国农业科学院生物技术研究中心与作物所合作，将抗真菌基因几丁质酶和葡聚糖酶双价基因导入小麦，育成双价抗病转基因小麦，抗赤霉病、纹枯病和根腐病等真菌性病害。虽然已成功获得抗白粉病、赤霉病和黄矮病的转基因小麦，但由于这些抗性基因只能对特异的病原菌生理小种有一定抗性，因此人们又开始克隆与植物防御反应有关的基因和编码抗菌蛋白的基因，对植物进行转育，如将抗菌肽基因导入马铃薯，获得抗青枯病的植株。美国将壳质酶基因引入植物，获得抗真菌病害的转基因植物。在水稻遗传转化方面，研究者通过不同的遗传转化方法将抗病基因导入水稻基因组，获得抗稻瘟病、白叶枯病、细菌性条斑病、线虫病以及病毒病等转基因水稻当代植株。目前在抗水稻细菌性病害转基因研究方面比较成功的是抗菌肽基因、Xa21 基因的遗传转化，其转化植株对白叶枯病、细菌性条斑病的抗性明显提高。

3．利用基因工程技术培育抗虫作物

全世界每年因虫害所造成的损失达数千亿美元，而每年所使用的化学杀虫剂的总金额在 200 亿美元以上，更不幸的是，使用化学杀虫方法所造成的生态污染将使人类付出难以用金钱衡量的代价。抗虫基因工程在国内外受到高度重视，已成为植物基因工程研究和应用的热点。根据抗虫基因的来源，分为从细菌中分离出来的抗虫基因（主要是苏云金杆菌（Bt）毒蛋白基因）、从植物组织中分离出的抗虫基因（主要为蛋白酶抑制剂基因、淀粉酶抑制剂基因、外源凝集素基因等）及从动物体内分离的毒素基因（主要包括蝎毒素基因和蜘蛛毒素基因等）。

1981 年，Schnepf 等人首次成功地克隆了第一个编码 Bt 杀虫晶体蛋白基因，揭开了转基因抗虫育种的序幕，迄今已经分离出 4 万多个 Bt 菌株，68 个亚种，对 45 个杀虫晶体蛋白序列进行了分离测定。经过优化的 Bt 基因已成功地导入烟草、玉米和棉花等多种植物中，获得了一大批转基因抗虫品种和种质资源，Bt 基因已成为植物基因工程及转基因育种最具有应用前景的抗虫基因。目前，已经批准或即将批准的转 Bt 基因作物在 21 种以上，在美国，转 Bt 基因作物的种植面积已超过 20 万 hm^2。在我国，只有转 Bt 基因的抗虫棉得到了商品化生产。由浙江大学与加拿大渥太华大学合作研究的转 crylA（b）/Bt 基因水稻有希望成为国际上第一个商品化的转基因水稻品种。

来源于植物的抗虫基因如豇豆胰蛋白酶抑制剂是杀虫效果最好的蛋白酶抑制剂。它具有广谱抗虫性，对鳞翅目、鞘翅目及直翅目的许多昆虫都有一定的毒杀作用。该基因目前已被转入至少10种植物中，获得的转基因烟草、油菜、马铃薯及水稻对鳞翅目和鞘翅目害虫均表现出较好的抗虫效果。

凝集素是另一类存在于植物中的蛋白质。1994年，Balasubramanian等用经修饰的外源凝集基因转化玉米，获得了抗虫玉米植株，并申请了专利。目前人们已成功获得豌豆外源凝集素基因的转基因烟草及马铃薯，其抗虫效果显著。另外，英国剑桥农业遗传公司还把雪莲花凝集素基因成功地导入烟草和莴苣中。

早在1990年，Barton就分别将5种蝎毒素基因导入烟草而得到转基因植株，该转基因烟草对棉铃虫和烟青虫有极强的抗性。蒋红等将自己合成的蜘蛛毒素基因导入烟草，抗虫实验表明，该烟草的杀虫率可达30%～45%，并能显著抑制昆虫的脱皮和生长发育。自1981年克隆出第一个Bt毒蛋白基因，1987年比利时的Veack等人首次利用Bt毒蛋白基因获得抗虫转基因烟草以来，转Bt毒蛋白基因的抗虫番茄、转Bt毒蛋白基因的抗虫棉花相继获得成功，迄今为止，得到的抗虫转基因植物种类已达25种以上，有的已进入或正在进入商业开发阶段。1995年，抗虫转基因马铃薯进入商品化生产阶段，1996年，抗虫转基因棉花和玉米进入商品化生产阶段，到2000年，全球抗虫性状的转基因作物面积为$83×10^5 hm^2$，占全球转基因作物面积的19%。

4. 转基因植物在杂种优势利用中的应用

杂种优势的利用在育种上有很大的意义。近几十年，杂种优势作为一种提高作物产量，改善作物品质，提高作物抗虫、抗病、抗逆的手段已被广泛利用并取得令人瞩目的成就。以植物雄性不育为基础的杂种优势利用已成为许多作物的育种目标。雄性不育主要包括核不育、胞质不育和核质不育等3种类型，但自然出现的不育类型不仅存在周期长、不育基因来源单一等问题，而且在恢复系的培育和后代的筛选上也存在着一定的不足。利用基因工程创造雄性不育的策略为杂种优势的利用开辟了一条崭新的途径。

基因工程作为一种新的育种手段，对于种质资源的创新和新品系的选育都有非常积极的意义，利用基因工程的方法创造雄性不育系也是一种有效、便捷的途径。近年来利用基因工程创造雄性不育系及其恢复系已在一些作物上获得了成功，并可用于生产杂交种子，为作物杂种优势的利用开创了新的前景。

目前利用杂种优势的途径有"三系"杂种等，但这些途径有的育种时间长，有的育性不稳定，有的杂种纯度不高，有的污染环境等，影响了杂种优势的利用。因此寻找新的雄性不育材料和建立新的制种体系势在必行。Mariani 等提出了一个新技术路线，创造油菜的雄性不育系、恢复系及保持系，该技术路线是将编码核糖核酸酶的基因置于 TA29 启动子（花粉毡绒层特异性表达启动子）控制之下，构成嵌合基因，并使该嵌合基因与 Bar 基因（抗除草剂 PPT）连接在一起转化油菜。Mariani 等人与 Goldberg 合作，利用 TA29 基因进行了转基因油菜杂交系的研究并获成效，已利用这一套材料（不育系、保持系、恢复系）生产杂种。

我国近年来在基因工程植物雄性不育和杂种优势开发研究中取得了引人瞩目的成果，在单子叶植物和双子叶植物均获得转基因雄性不育，并且研究从模式植物转向具有重要经济价值的作物，特别是杂种优势利用相对较落后的主要粮食作物如小麦。预计在今后5年内，特别是在中国国家转基因植物专项的支持下，将有更多的花粉花药特异启动子被分离和克隆，转基因雄性不育的作物如油菜、棉花、大豆、小麦将有可能应用于作物杂交种子的生产。

虽然用基因工程手段培育不育系和抗除草剂作物为作物杂种优势的利用开创了新的前景，但要达到实际育种应用水平仍存在着不少问题有待解决，相信随着发育分子生物学的深入研究和生物技术的不断完善和发展，利用基因工程创造雄性不育系及其恢复系的方法将会更加简便、快速和有效，将基因工程育种和传统育种相结合，必将推进杂种优势利用的进程，从而加快农业发展的步伐。

5. 利用基因工程技术培育抗逆性强的作物

抗逆基因工程主要包括抗旱、抗寒、抗热和抗盐等方面的研究，这方面工作目前尚处于起步阶段，但已取得了初步的进展。在抗寒抗冻转基因方面采取的主要策略如下：

（1）冷诱导基因转移策略 已分离、鉴定、克隆出24个冷诱导基因，目前已转移至小麦、马铃薯、菠菜、大麦、欧洲油菜等作物中，通过诱导表达，从而提高作物的抗寒性和抗冻能力。Artus等研究了一种编码拟南芥叶绿体多肽的冷诱导基因Cor15A，转入拟南芥后，植株叶绿体的耐受低温较未驯化的野生型植株降低近2℃，原生质体耐冻性也有提高，在-5℃～-8℃范围内，转基因植株叶片原生质体成活率高于未转基因植株原生质体。

（2）脂肪酸代谢策略　利用抗冷性强的植物中的甘油-3-磷酸酰基转移酶基因改变冷敏植物的抗寒性。1992年日本Murata等将抗寒基因拟南芥叶绿体的甘油-3-磷酸酰基转移酶基因导入烟草，以调节叶绿体膜脂的不饱和度，使获得的转基因烟草的抗寒能力大大提高。

（3）活性氧清除转基因策略　通过转移超氧化物歧化酶（SOD）编码基因，加强低温下植物对膜脂过氧化伤害的自身保护，延缓细胞的不可逆伤害，增强低温耐受能力。Gupta等报道使外源Cu／Zn-SOD在烟草叶绿体中超量表达，可增加烟草抵抗低温引起的光抑制的能力。将从烟草中克隆的Mn-SOD基因转入苜蓿中，经两个冬季的田间试验对比，转基因苜蓿越冬成活率比未转移植株平均提高25%。这是通过转基因方法提高植物抗寒性研究中最为积极的一个实例。

（4）抗冻蛋白转基因策略　资料表明，植物细胞在低温下会结冰晶，而抗冻蛋白具有改造冰晶结构或减少体内结冰的功能。美国的Robin等人用抗冻蛋白基因转化植物，以提高植物抗冻性。科学家们还将极地的鱼体内有一些可以抑制冰晶的增长的特殊抗冻蛋白基因从鱼体内分离出来，导入植物体从而获得转基因植物。目前这种基因已被转入西红柿、黄瓜中。

在抗旱、抗盐碱转基因方面主要是将甘露醇、脯氨酸、果聚糖、海藻糖和肌醇甲酯等细胞渗透保护物质生物合成的关键酶基因导入烟草、拟南芥、水稻、甜菜、大麦等作物中，使其过量表达，可提高作物的抗旱性和抗盐碱能力。据报道，转甘露醇生物合成的相关基因mtlD使烟草耐盐性提高。Thomas等将mtlD导入拟南芥，转基因植株的种子因积累甘露醇而在高温下能萌发，而对照组种子不能萌发。Kavikishor将脯氨酸生物合成的相关基因P5CS转入烟草，转基因植株脯氨酸含量比对照高10～18倍。在盐胁迫条件下，与对照组相比，转基因植株根的长度和干重增加，植株生物产量提高，花发育得更好，果荚数目和每荚的种子数也增加。Zhu等将同一基因转入水稻，结果表明，在盐或水分胁迫下转基因水稻第二代根和茎的鲜重增加，生物产量也增加；转海藻糖生物合成的相关基因otsA和otsB入烟草，与对照组相比，转基因植株在干旱胁迫下叶面增大，植株干重增加，有更高的光合活性。

根据植物的抗旱机理，目前认为转基因抗旱品种的选育应该是转入多种共同作物的外源基因，如控制无机盐运出体外的基因及具有渗透调节作用的蛋白基因等，在培育有抗旱转基因植物品种中有意义的基因大多也可以用于培育抗盐植物，特别是一些与调节渗透压有关的蛋白基因等。

有关转基因抗寒、耐高温的研究已有报道，获得的转基因植物有：烟草、水稻和甜椒等。此外，研究人员正在将鱼的抗冻蛋白及其基因转入植物中，并已获得了转鱼抗冻蛋白的烟草和番茄。2000年，Nature Biotechnology报道：日本九州大学已培育出一种可在高温下维持光合作用的转基因烟草。另外，Breusegetn等于1999年报道，利用质体转化技术将拟南芥菜的FeSOD和Nicotina plumbaginifolia的MnSOD基因导入玉米，获得了抗寒的转基因玉米。

6. 利用基因工程技术改良植物品质

在目前的转基因作物中，涉及品质改良的占21.4%，包括番茄、大豆、小麦、水稻、玉米、土豆、西葫芦等一些主要的粮食和蔬菜品种在内，有近30种转基因植物已经准许商业性种植。

作物的三种重要营养要素是蛋白质、糖类和脂类，通过转基因技术，可以使这些成分得到不同程度的改善。

（1）通过转基因，获取富含特定氨基酸或蛋白质、维生素等营养成分　澳大利亚科学家将豆类蛋白基因转入牧草中，使奶牛吃了这种牧草后所产生的牛奶中含有较多的人体的必需氨基酸；将巴西坚果的富含蛋氨酸的2S清蛋白基因转入烟草，结果转基因烟草的蛋白质中蛋氨酸的含量增加了30%；美国从大豆中获取蛋白质合成基因，成功地导入到马铃薯中，培育出高蛋白马铃薯品种，其蛋白质含量接近大豆，大大提高了营养价值；将富脯氨酸基因成功地导入水稻中获得转基因植株，提高了籽粒的蛋白质的含量，改善了稻米的品质。德国科学家已培育出富含铁、锌、维生素A的转基因健康型水稻，为防治贫血病和维生素A缺乏症导致的双目失明开辟了新的途径；Barkharddt等将单子叶植物中八氢西红柿红素合成酶及其脱氢酶基因导入水稻基因组中，获得富含类胡萝卜素的再生植株；北京农林科学院将来自美国优质面包小麦品种的谷蛋白亚基因导入到北京地区推广种植的抗病、高产品种，获得蛋白质含量高的小麦类型；将富含甲硫氨酸、赖氨酸的人工改造的水稻储藏蛋白基因Glutelin导入水稻中获得再生植株，从而提高水稻中两种人类必需氨基酸的含量；将鱼中的抗冻蛋白基因整合入蔬菜和水果中，可明显改善这些果蔬食品冷冻后的品质；美国把一种可以制出多元酯的细菌基因植入棉花，使其生长出一种免烫、不缩、不皱、不褪色的纤维。1999年，我国研究成功兔毛、羊毛角蛋白转基因棉，提高了棉花的品质，该项成果居国际领先水平。

（2）改变外观形状，更有利于商业化　德国科研人员于1987年，将玉米色素合成中的一个还原酶基因导入矮牵牛后得到开砖红色花的新类型；美国一基因公司从矮牵牛中分离出一种新编码蓝色基因，导入玫瑰花中获得开蓝色花的玫瑰；美国、英国科学家发现控制叶子和花瓣的基因，通过基因改造使水芹的叶子变成花瓣。

（3）通过转基因增强果蔬的保鲜性能　澳大利亚通过转基因育成保鲜期延长2倍的抗衰老的香丁竹新品系；1997年，我国第一个获准进行商品化生产的基因工程西红柿品种华番1号，经测定在13℃～30℃下可贮藏45d，大大延长了保鲜期。

（4）通过转基因改良油料作物　油菜脂肪酸基因改造的典范是生产月桂酸的基因工程油菜。通过转硬脂酸ACP脱氢酶的反义基因，使转基因油菜种子中硬脂酸的含量从2%增加到40%；转硬脂酸酰COA脱饱和酶基因，转基因作物中的不饱和脂肪酸含量明显增加，其中油酸的含量可增加7倍；加拿大通过转基因使油菜籽的油产量提高25%；美国研究人员把月桂树基因导入油菜，可生产出含有月桂酸油约达40%的油菜籽。

人们正在研究用基因工程的方法提高植物种子中的某种氨基酸和油分的含量以及增加种子中氨基酸和蛋白质的种类，这方面的工作在番茄、莴苣、大豆、油菜等植物中都取得了较理想的进展。

7．转基因植物作为生物反应器

转基因植物有多种用途，充当某些重要蛋白质和次生代谢产物的廉价反应器是其重要的研究应用领域之一。所谓生物反应器一般是指用于完成生物催化反应的设备，可分为细胞反应器和酶反应器两类，常见于微生物的发酵。自从DNA重组技术和植物转基因技术出现以来，转基因植物作为一种新的生物反应器，可以生产细胞素、激素、单克隆抗体、营养蛋白、疫苗、酶、各种生长因子及其他一些药物以及工业部门使用的原料。

自 20 世纪 90 年代初开始进行生物反应器研究，至今已育成表达多种外源基因的转基因植物，如烟草、番茄、马铃薯、油菜、玉米。由于植物作为生物反应器具有其自身的优势，如不含有潜在的人类病原，上游生产成本低，转基因植物自交后代的遗传性状稳定等。所以，近年来有关转基因植物反应器的研究与应用也发展得很快。

目前已经用转基因植物生产了乙肝疫苗、链球菌表面蛋白疫苗和一些兽用疫苗等一大批产品。用转基因植物生产出的疫苗根据需要有的要经过提纯加工后使用，也可以直接用来作食品疫苗或家畜食用的饲料疫苗。目前，利用转基因植物生产可食疫苗已成为转基因植物研究的一个热点。番茄、马铃薯、莴苣和烟草等植物已被用来生产疫苗。科学家们现在普遍认为香蕉是最合适的生产疫苗的植物，因为香蕉易于接受转入的外源基因，产量很高，而且香蕉果实对人类很有益，可为绝大多数人所接受。

利用转基因植物作为生物反应器生产人类所需的各种原料，已成为一个颇具前途的新领域，它吸引了众多的公司进行投资。与采用微生物及动物细胞生产上述产品相比，转基因植物易于生长且对其进行管理相对便宜。转基因植物及其种子易于储存、运输，可以大规模生产，通过转基因植物生产所需产品成本大大降低。此外，利用转基因植物生产糖类物质、可降解塑料等方面的研究也十分活跃。随着转基因技术的不断发展，作为生物反应器的植物将有可能成为药物、食品的主要生产者。

目前转基因植物作为生物反应器尚需改造的是：（1）提高植物中外源蛋白的表达量；（2）降低下游生产成本；（3）减少或避免纯化过程。至于如何进一步提高重组蛋白的表达水平，目前的策略主要集中在控制基因沉默、筛选更强的启动子和更适宜的植物宿主等方面。利用悬浮细胞大规模生产重组药物蛋白被认为是一种可以实际运用的方式。

随着转基因植物作为生物反应器的研究和开发的深入发展，传统的农业、制药业、工业及其他产业必将发生重大的变革，会有更多的物质从更多的转基因植物中生产出来。

利用转基因植物生产所需糖类物质目前已有了一些成功的例子。通常植物光合作用在叶中合成糖类物质，再从叶中转移到根、茎等贮存器官中。植物中糖类的主要储存形式是淀粉。人们可以设法改变植物的代谢途径，从而使植物成为寡糖生产的生物反应器。将细菌的 ADP 葡糖焦磷酸化酶基因转入马铃薯，可以使淀粉含量低的马铃薯的淀粉含量提高 60%。此外，可以通过改变淀粉的代谢途径从而在植物体内合成糖类。例如将枯草杆菌果糖转移酶基因转入烟草和马铃薯后，可以在这两种基本不含果糖的植物中储存果糖，而且含量不低。

（二）利用基因工程改良动物

动物基因工程是 20 世纪 70 年代发展起来的一项遗传育种高新技术。转基因动物研究主要表现在促进动物生长，提高畜产品的产量和品质；生产药用蛋白质；动物抗病育种，建立诊断和治疗人类疾病的动物模型；生产用于人体器官移植的动物器官等方面，并已取得了显著的成就。但转基因动物的商品化养殖目前尚无报道。

通过向受精卵或早期胚胎中导入外源 DNA，就能有目的地对生物的遗传物质基础进行修饰、改造，培育新的品系。继 1980 年 Cordon 等人用显微注射法育成带有人胸腺激酶基因片段的转基因小鼠后，1982 年，Palmiter 等将大鼠生长激素基因注射到小鼠受精卵的雄性原核，获得了体重超过对照小鼠一倍的转基因"超级鼠"。这一开拓性的工作为动物基因工程定向育种奠定了基础。继转基因鼠研制成功后，转基因兔、转基因羊、转基因猪、转基因牛、转基因鸡和转基因鱼等相继问世，为培养生产性状优良的超级种群、制备高增值的蛋白和激素类特效药以及按人的需求提供理想的实验动物等方面开辟了新途径。到 1997 年，全世界已申请的基因工程动物专利达到八十多项。目前，转基因动物方面主要集中在：

1. 利用外源基因提高动物生产性能

主要指的是导入 hGh、bGh、oGh、pGh 等各种生长激素基因以获得增重的动物。

我国朱作言等首先运用显微注射法将人的生长激素基因导入鱼类，先后在金鱼、鲤鱼、鲫鱼、银鲫、泥鳅等鱼类中获得具有人生长激素基因的转基因鱼，并取得了相当大的成就，培育出了生长快速的"超级鳟鱼"和"超级泥鳅"等。除生长激素基因外，抗冻蛋白基因、抗病蛋白基因的转移也受到重视。为使缺乏抗冻基因的名贵鱼在寒冷的环境中生存，Hew 将抗冻蛋白基因注射到大西洋鲑受精卵内，以期繁育出具有一定抗冻能力的后代。在抗病基因转移方面，将鲤鱼体内具有抗病性的基因分离后转移到与之有亲缘关系的草鱼中，使转基因草鱼后代对出血病、肠炎等有抗性。获得对人类有重要价值的物质指的是利用转基因动物的体液（乳汁、血液等）生产价值昂贵的生物产品。如利用基因转移从绵羊奶中提取凝血因子 VIII 和 Ix、α-1 抗胰蛋白酶；从牛奶中提取组织型纤溶酶原激活剂、β 乳球蛋白等。据报道，12 只转基因绵羊生产出的凝血因子价值高达 20×10^6 英镑。对于新培育成功的含人体血清白蛋白基因的山羊，每只山羊的奶每年可提取 10kg 这种蛋白质；培育出带人体基因的转基因猪，将其器官移植于人体能够抑制动物器官的排异反应。科学家认为，这种转基因猪的繁育成功可望解决供移植的人体器官不足的问题。培育出的生产人血红蛋白的猪，可从猪血中提取完全活性的蛋白，从而为市场需要提供大量安全、廉价的产品。美国把抗血友病基因导入乳羊受精卵，这种基因工程羊的乳汁就含有抗血友病药物，喝这种羊奶就可以治疗血友病。至今，各国科学家已制造出乳腺分泌各种医用蛋白质的转基因牛、山羊、绵羊、猪和家兔，乳腺分泌的医用蛋白质达到可商业开发水平的转基因动物已达 10 种。

2. 克隆技术培育动物

动物克隆技术早在 20 世纪 70 年代就已为科学家所关注，而且不少国家已有了重要进展。如我国科学家于 1986 年报道利用鲫鱼肾细胞核培养获得一例克隆鱼；1996 年报道利用草鱼肝细胞核培养获得一例克隆鱼；西北农业大学获得首批五代山羊胚胎克隆后代。美国 1996 年 8 月用胚胎克隆方法成功培育出猴子。澳大利亚也用胚胎克隆方法成功培育出 470 个克隆体。1997 年，英国克隆羊"多利"的产生，引起全球极大关注。"多利"是第一例经体细胞核移植出生的动物，是人类在这一领域研究中的重大突破，意味着可以快速地生产出大量的克隆动物。1998 年，以克隆"多利"的同样体细胞复制技术克隆的两头牛诞生。从科学技术和经济效益上分析，利用克隆技术可以加快优良家畜品种的繁育，同时对于濒危动物和家畜遗传多样性的保存具有重大意义。

（三）基因工程在医药中的应用

生物技术药物开发的主要种类包括细胞因子、抗体、疫苗和寡核苷酸药物；1982 年一个基因工程产品——人胰岛素投入市场，它标志着现代生物技术医药产业的兴起。在我国，1998 年，有 14 个基因药物、3 个基因工程疫苗及数十个基因组诊断试剂投入市场；1999 年，我国已有 18 种基因药物和疫苗获准商业化生产，26 个基因药物处于临床前或临床 I、II 期试验；2000 年，基因工程药物销售额达 22.8 亿元，而在 1998 年，我国的基因工程药物销售额仅为 2.2 亿元，1999 年为 7.2 亿元。利用植物系统大规模生产各种蛋白质和多肽一直是人们的梦想，从近年来植物基因工程的进展来看，这个梦想已经离现实越来越近。利用植物生产各种蛋白质、多肽可以保证它们的正确的加工和折叠，而且成本较低，也容易被公众所接受。1989 年 De Zoeten 等用转基因芜菁生产出用于抗病毒的干扰素。1993 年 Higo 等用转基因烟草生产人类的表皮生长因子，1995 年 Boseh 等用拟南芥菜生产人类生长激素，1997年 Hood 等报道了通过转基因玉米生产鸡蛋抗生素白蛋白，而且它已进入商业化生产。

如今，转基因技术已经在农业、医学和生物制药等领域得到广泛的应用，如基因组研究、定向育种、建立人类疾病的病理模型、转基因生物反应器等。转基因技术正在成为一种常规的生物学方法。

三、转基因植株的安全性评价及对策

自 1983 年世界上第一株转基因植物问世以来，植物遗传转化技术已被成功地应用到近200 种植物上，但在世界范围内获准大面积种植的转基因作物品种只占其中的一小部分。其主要原因就是出于安全性方面的考虑。

生物安全是指与以人类和环境为对象的生物学研究所产生的效应相关的安全性，或对生物危害的检测、评价、监测、防范和治理的科学技术体系。遗传修饰生物体，特别是转基因植物的安全性是生物安全的重要内容，近几年已经引起政府、社会和科学界的广泛关注。食品安全性和环境安全性是转基因作物安全性争论的两个焦点。

（一）转基因植物作为食品的安全性

1994 年 Calgene 公司的转基因延熟番茄（flavr savr tomato）经 FDA 批准上市，成为第一例通过转基因安全评价的食品。近年来转基因植物的广泛研究和基因工程食品的释放，使遗传工程食品的安全性问题越来越受到各国政府和大众的重视，人们纷纷要求对生物技术食品进行检测以确保其安全性。

现在对转基因食品的安全性评价主要依据经济发展合作组织（OECD）1993 年提出的"实质等同性（substantial equivalence）"原则，即生物技术生产的食品与成分是否与目前市场上销售的食品有实质等同性。实质等同性分析主要包括表型性状、关键性营养成分、毒性物质和过敏性蛋白分析等。

其中，在转基因食品中是否含有过敏源是食品安全性方面考虑的首要问题，食品的过敏性是免疫系统对特殊蛋白质产生的一种反应。在自然条件下存在着许多过敏原，导入一个新的基因时，在一些情况下也即在转基因食品中增加了一种新蛋白，这些蛋白质中的某些蛋白就可能是过敏原。如果将控制过敏原形成的基因转入新的植物中，则会对过敏人群造成不利的影响。在下列情况下转基因食品可能产生过敏性：（1）所转基因编码已知的过敏蛋白；（2）基因源含过敏蛋白；（3）转入蛋白与已知过敏蛋白的氨基酸序列在免疫学上有明显的同源性，并且有8个连续的氨基酸相同；（4）转入的蛋白属某类蛋白的成员，而这类蛋白家族中的有些成员是过敏蛋白。

研究人员曾将巴西坚果中占优势的贮存蛋白-2s 清蛋白的基因用来改善其他作物的蛋白质含量。由于这种蛋白 Met 含量很高，转入了此基因的植物中 Met 含量可以提高到 305 以上。但实践证明，此基因编码的蛋白能引起人的过敏反应，因而放弃了此基因的使用。

在生产食用转基因植物时，必须注意避免以下几种情况：（1）转入的基因编码已知的过敏蛋白；（2）转入的基因编码的蛋白与已知的过敏蛋白在氨基酸序列和免疫学上有明显的同源性；（3）转入的基因编码的蛋白所属的蛋白家族成员都是过敏蛋白；（4）用来表达外源基因的宿主植物含有过敏蛋白。

人们强烈要求对转基因食品进行严格检测，并加上标签后才能出售。现在世界各国包括第三世界国家均开始严格监督生物技术食品的研究、释放和进口，并严格控制，打破了一些

大生物技术公司把第三世界国家作为生物技术产品市场的希望。我国对生物技术产品也十分谨慎，在积极制定相关法规的同时，严格控制转基因作物的种植及转基因食品的使用范围。但对转基因食品的上市贴标签已被广泛接受。从这里也可以看出，导入植物中已有的遗传物质可能更易被消费者接受。

（二）转基因植物对环境的安全性

从环境安全方面看，存在的问题是：（1）带有抗生素或除草剂抗性标记基因的转基因植物可能会变成有害的杂草；（2）选择标记基因传播到野生亲缘种中，可能会使杂草获得这些基因而使现有的除草剂无法将杂草杀掉；（3）选择标记基因传播到其他生物体中，可能会破坏生态系统的平衡。因此，使转基因植物释放后不带选择标记基因，对从事转基因的工作人员及消费者来说都是极为重要的。

杂草化问题：随着转基因植物环境释放种类增多、规模增大，在其释放后转基因植物是否会变成不可控制的杂草问题成为人们关注的热点。

转基因植物释放后，成为杂草有三种可能：转基因植物本身成为杂草；使某种杂草变得更加难以控制；转基因植物侵入新的生态领域，破坏生态平衡从而成为杂草。

某些植物由于导入了新的基因，而使它对亲本植物或其野生种有更强的生存能力。这类转基因植物的释放的扩散，因其过旺的生存力，会破坏自然界植物的多样性，使其成为杂草。从某种意义上说，转基因植物在自然群体中的生存力比转基因的逸出问题更为严峻。当这些转基因通过基因扩散逐渐在野生种群中定居后，就使得作物的野生亲缘种具有了获得选择优势的潜在可能性。这样，这些转基因植物的野生亲缘种就有可能成为杂草。如果获得选择优势的野生亲缘种本身就是杂草，那么就会为该杂草的控制增加很大的困难。

基因扩散：转入植物的外源基因的扩散是环境安全性方面考虑的首要问题。除了常规的设置隔离区和缓冲作物带等方法外，Daniell 等提出，可以利用质体转化技术来防止外源基因的扩散。他们认为，由于质体基因不会通过花粉传播，质体转化系统有利于对外源基因的控制，防止外源基因向其他物种的转移。但随即有科学家指出，质体转化系统并不是防止基因流动的万应灵丹。一方面，质体并不完全是通过母系遗传的，另一方面，亲缘关系较近的杂草也可能作为花粉的供给者，将杂草基因带到质体基因组植株中，产生转基因杂草。尽管如此，与细胞核转化体系相比，质体转化系统对于外源基因的生物控制还是具有实用价值的。

转基因植物释放后，可以通过花粉或种子将转基因从基因修饰作物向非目标作物或杂草扩散。基因流发生的可能性及扩散范围的大小，受许多因素的影响，主要是：（1）相关野生种的近缘性；（2）发生杂交和适合性；（3）花粉受粉模式；（4）种子扩散模式。许多栽培作物都驯化自时生植物，在自然界中，这些农作物都存在自己的野生亲缘种。在开放授粉条件下，两个物种近缘性越接近其间发生基因流扩散的成功率越高。不同作物和其相应野生种发生杂交的机会不同，即转基因发生扩散的机会大小不尽相同。不同国家或地区由于当地野生植物群的分布，结构可能不同，发生转基因扩散的情况也可能不同。

基因扩散主要通过花粉、种子传播来实现的，一般来说，大多数花粉传播的距离只有数百米远，但其踪迹却是非常远的，通常依靠风力的花粉传播，其有效距离可达数百公里，为防止转基因扩散、设置间隔距离是必要的。由于种子扩散而引起的转基因的扩散，从某种程度上来说经花粉扩散更为严重、范围更大。

抗性标记基因目前广泛应用于植物的遗传转化，可赋予转化细胞除草剂或抗生素抗性，常与目的基因共同转化。被用来区分转化和非转化细胞，这对转基因植株的获得至关重要，但转基因植株一旦再生成功，标记基因便不再有用。随着转基因植物的商品化种植，抗性标记基因潜在的生态环境和食用安全性一直是颇有争议且悬而未决的问题。培育无抗性标记基因的转基因植物已成为基因工程育种的重要目标。下面就标记基因的安全性问题进行评述。

（三）标记基因的安全性

具有抗生素抗性或除草剂抗性的标记基因在转基因植物中的存在已引起了人们的广泛关注。第一，用于从未转化细胞中筛选少量的已转化细胞的抗生素或除草剂，一般都会对细胞的发育和分化产生负面的影响，可能会延迟转化过程中不定芽的分化；第二，当一个转基因植物中已含有一个抗性基因作为标记基因，有许多人们感兴趣的性状和基因值得被引入到植物中，但能够被实际运用的选择标记基因数量是有限的。因此人们想要对同一植物品种导入多个基因是很难的。所以，人们期望建立一个系统去除选择标记基因，以便通过重复转化来增加转基因的数目。第三，从健康及安全角度来看，选择标记基因及其产物被使用时可能是有毒的或过敏的。人们的担心是，如果抗生素类选择标记基因应用于临床或兽医上，它们有可能被转移到微生物中，并且可能会增加在人或动物消化道内的病原微生物的数量，这将危及抗生素在临床或兽医上的应用。从环境安全方面看，存在的问题是：（1）带有抗生素或除草剂抗性标记基因的转基因植物可能会变成有害的杂草；（2）选择标记基因传播到野生亲缘种中，可能会使杂草获得这些基因而使现有的除草剂无法将杂草杀掉；（3）选择标记基因传播到其他生物体中，可能会破坏生态系统的平衡。由于转基因品种在开放的大田中大量种植，其危害性比转基因微生物在控制条件下的应用大得多。

目前已对卡那霉素抗性基因（aph（3）-Ⅱ）、Glufosinste 抗性基因（PAT，或 Bar）产物的食品安全性进行评价，认为不会有食品安全性问题。草甘膦抗性基因（EPSPS）产物可安全作为食品及饲料，而且英国 1995 年已批准抗草甘膦大豆作为食品。绿黄隆抗性基因（chlorsuefuron）在植物中普遍存在。因此不会引起附加的安全性问题。携带 Bt 基因的工程棉花、水稻等在国外已通过安全性评估，批准进行商业化生产。至于其他目标基因如蛋白酶抑制剂基因等，由于直接来源于植物本身，目前未见有食品安全性评价的报道。目前，卡那霉素抗性基因（aph（3）-Ⅱ）和草甘膦抗性基因（EPSPS）是公认的可以安全使用的标记基因。然而要对其他每一个选择标记基因及其产物进行安全性评价，将耗费大量物力、财力及时间，影响转基因植物投入市场。

转基因植物中的除草剂和抗生素抗性标记基因潜在的生态环境和食用安全性令人担忧。解决转基因植物中抗性标记基因安全性问题有两种途径：一是转化时仍使用抗性标记基因，转基因植物再生成功后，在释放大田前将标记基因剔除；二是发展安全性标记基因用于植物遗传转化。

四、农业基因工程存在的问题、对策和发展趋势

近年来，许多研究者发现转基因表达水平不稳定，原因在于转基因植株中外源基因容易导致基因沉默，表达水平明显下降，这已成为植物遗传转化技术用于基础研究和应用研究的严重障碍。转基因沉默并不是因外源基因在细胞内的不稳定而造成的，它是指稳定整合到受体细胞中的完整的外源基因在当代转化体或在其后代中表达受到抑制的现象。自 1986 年 Peerbolte 首次报道了在烟草中发生转基因沉默以来，转基因沉默的例子屡见不鲜。因此，就实用意义而言，克服转基因沉默，不仅是转基因植物走向商品化和实用化的关键步骤，而

且在理论上也加深了对高等植物基因的表达和调控机制的了解。

（一）转基因技术与常规育种的关系

由于转基因技术能够突破物种间的界限，转移有用的基因，使远缘类型之间可以进行基因的交换，为创造新的生命类型开拓了无限广阔的前景。其次，还可以获得生物的定向变异，即需要哪种性状，就可将有此性状的目的基因转移到受体细胞，因而可以定向地获得所需要的变异。由此看来，转基因技术为作物育种提供了新的手段。

转基因技术作为一种创造变异的手段应该说仅仅是育种工作的一个环节，要选育出能够在生产中推广应用的新品种仍然离不开常规育种技术手段的支持。由于转基因技术能够大大拓宽植物可利用基因库，使引发定向变异成为可能，它给植物育种带来的变革也是极其深刻的。这表现在以下几个方面：（1）由于能够打破生殖隔离，使得转基因技术为拓宽植物可利用基因库创造了条件并提供了新的创造变异的技术手段；（2）用于基因工程育种的基因大多研究得较为清楚，改良植物的目的性状明确，选择手段有效，使引发植物产生定向变异成为可能；（3）通过改良植物的某些关键性状，会使原推广品种在很大程度上得到提高。这不但可以大大缩短育种年限，而且可能在不同的生态区取得全面突破；（4）随着对基因认识的不断深入，新基因的克隆和转基因技术手段的完善，对多个基因进行定向操作也将成为可能。

通过植物基因工程得到的只是一种人工种质新材料，而不能直接育出新品种，因而育成的主要是用于育种的亲本材料，对这些外源基因的进一步利用，主要还是依靠常规育种技术。植物基因工程技术必须与常规育种相结合，经大田试验将转基因植物的外源的基因持续遗传给后代或通过有性繁殖转到别的品种上去与作物栽培相结合。

（二）农业基因工程的发展趋势

我国农业基因工程的发展将突出表现在以下几个方面：

1. 单一抗性向多抗广抗谱发展

基因工程育种也可以采取多基因策略来培育持久性抗逆的新品种。为防止长期种植单一抗性的作物对病虫草害产生的抗性或耐性，向同一作物转入多个抗性基因，是扩大抗谱范围和延长抗性时间的有效途径之一。就是向同一作物转入多种不同抗性机理的基因，以增强作物的抗性。如对杀虫性来说，可用 Bt 杀虫晶体蛋白基因与其他不同杀虫机理的蛋白基因组合，同时或分别导入同一受体，以避免昆虫产生抗性。同时也可将抗病虫草害等不同的基因导入同一作物，产生多抗性作物品种，以延长其使用年限，降低生产成本。

2. 生物性抗逆向非生物性抗逆的转移

农作物所处的非生物逆境包括干旱、盐渍、冷冻或高温、营养贫瘠、重金属胁迫、水灾、紫外线等。农作物基因工程已经在抗生物逆境（如抗虫、抗病）方面取得了相当成功。随着人们对非生物逆境的作用机制和植物对非生物逆境信号反应的分子机制的了解，克隆与非生物逆境信号传导相关的基因转入植物将可能使转基因植物获得对非生物逆境的抗性。如山梨醇合成能力强的转基因烟草对于硼缺乏具有一定的抗性。

3. 目标性状的研究重点将从目前的"抗性"向"品质"转移

转基因作物商品化的第一个浪潮主要与抗性有关，如抗病，抗虫，抗除草剂等。但从发展趋势看，进入 21 世纪后，转基因作物将向超高产生物技术育种、抗逆性生物技术育种和品种改良的基因工程发展。如增加蛋白质含量，提高和改进淀粉含量，增加脂肪和必需氨基酸的含量、水果蔬菜的延熟保鲜；增加营养价值（如维生素）等。这样既符合高产优质高抗的作物育种目标，又符合人们不同生活需求的目的。

4. 利用转基因植物生产稀有蛋白等产品

植物生物反应器将是未来基因工程发展的另一个重要领域之一。利用植物生产口服疫苗、工业用酶、脂肪酸、药物等已成为人们关注的热点和工作重心。此外，通过基因工程的方法可以用植物生产来制造生物塑料的底物多羟基丁酸，从而最终避免目前所谓的"白色污染"问题。植物生物反应器研究的进度使农业这一概念的外延大大拓宽，突破了传统农业范畴，延伸到工业和医药领域。

5. 常规育种和分子生物技术紧密结合加速实用化进程

分子生物技术取得的进展促进了作物育种的进程，两者紧密结合做到优势互补，分子生物学家需要育种工作者提供更新更好的作物品种作受体，同时育种工作者需要分子生物学家提供从其他的种的动植物中克隆本品种没有的抗病优质高产等优良性状基因，来改良作物品种，从事常规育种的科技工作者也可将转基因作物中的优良性状基因通过杂交手段转育到当地的丰产抗病优质的农作物新品种并应用于生产。其次，分子标记辅助选育是分子生物和传统遗传育种结合的重要领域，它借助分子标记可以对育种材料从 DNA 水平上进行选择，从而达到作物产量品质和抗性的高效改良。随着 DNA 标记技术的出现和取得不断进展，坚定了一批与重要形状紧密连锁的 DNA 标记基因，为分子标记辅助选择奠定了良好的基础。应用于抗病丰产优质基因紧密连锁的分子标记，有目的地把多个优良性状基因聚合在同一品种中，从而实现多种优良性状的积累，达到育种家长期梦想的聚合育种的目的。还可大大缩短育种年限，分子标记辅助育种对现在作物育种无疑起着巨大的推动作用。

第二节 细胞工程

细胞工程是应用细胞生物学的方法，按照人们的预想方案，有计划地保存、改变和创造遗传物质的技术，亦即在细胞水平上对生物体进行创造设计。以下分别介绍植物细胞工程和动物细胞工程的研究进展。植物细胞工程的进展包括：原生质体培养、细胞融合与体细胞杂交、胚胎培养和试管受精、组织和细胞培养生产有用物质、单倍体育种、体细胞无性系变异、细胞突变体的筛选、植物快速繁殖技术、体细胞胚胎发生和人工种子、组织细胞培养物的超低温保存等。

一、植物细胞工程的进展

（一）原生质体的培养

植物原生质体即除去细胞壁的裸露植物细胞。采用纤维素酶和果胶酶的混合液，在较高渗透压的条件下处理根尖、叶片组织、培养的愈伤组织或悬浮培养细胞，使细胞壁被酶所消化，从而可获得大量的无壁球形原生质体，并可通过原生质体培养再生新的植株。1960年，Cocking 采用酶法游离原生质体获得成功。1971年，日本的 Takebe 和 Nagata 首次利用烟草叶片分离原生质体并获得再生植株。至 20 世纪 80 年代，原生质体培养已成为一个研究热点。我国已获得了三十多个植物的原生质体再生植株，其中包括难度较大的重要粮食作物和经济作物如大豆、水稻、玉米、小麦、谷子、高粱、大麦、棉花、油菜、马铃薯等。在木本植物、药用植物、蔬菜和真菌原生质体培养方面的进展也十分迅速。

（二）细胞融合与体细胞杂交

细胞融合，又称细胞杂交（cell hybridization），它是指细胞彼此接触时，两个或两个以上的细胞合并形成一个细胞的过程。在自然情况下，体内或体外培养的细胞发生融合的现象，称为自然融合。而在体外用人工方法（使用融合诱导因子）促使相同或不同的细胞间发生融合，称为人工诱导融合。

1. 细胞融合的程序

植物细胞融合的程序：原生质体分离→原生质体纯化→原生质体融合→细胞杂种的选择→愈伤组织形成、器官分化植株再生→杂种植物鉴定。

（1）双亲原生质体的制备及预处理　首先确定双亲材料，分别制成原生质体悬浮液。然后将双亲原生质体以等体积、等密度（$10^4 \sim 10^5$ 个细胞/ml）混合，制备成混合亲本原生质体。原生质体的分离方法主要有机械分离法、酶解分离法。机械分离法是将细胞放在高渗糖溶液中预处理，待细胞发生轻微质壁分离，原生质体收缩成球形后，再用机械法磨碎组织，从伤口处可以释放出完整的原生质体。此法获得完整的原生质体的数量较少，能够用此法产生原生质体的植物种类受到限制，但可避免酶制剂对原生质体的破坏作用。酶分解法是用细胞壁降解酶脱除植物细胞壁，获得原生质体的方法。酶解法可以获得大量的原生质体，而且几乎所有植物或它们的器官、组织或细胞均可用酶解法获得原生质体。但用酶解法降解细胞壁。会影响所获原生质体的活力，此外酶解法分离原生质体要注意根据植物种类和该种类植物细胞壁的结构，选择酶种类和酶浓度。

（2）原生质体融合　为了增加双方原生质体的融合频率，须用一些措施进行处理，这叫诱导融合。诱导融合主要分为两种，一是物理方法，即采用各种物理因子如 pH、温度、渗透条件、离心等促进原生质体融合。化学方法是指用一些化学试剂如 PEG、DMSO、Ca^{2+} 等作诱导融合剂，处理原生质体融合。电融合是利用外电场诱导植物原生质体融合，它是介于物理和化学方法之间或者兼而有之的融合技术。电融合技术由于具有融合频率高、融合迅速、毒害小等优点而在原生质体融合中得到了广泛的应用。原生质体的融合方式有两种：对称融合和非对称融合。通过这几种融合方式可产生三种类型的杂种：对称杂种、非对称杂种和胞质杂种。

（3）细胞杂种的选择　除了产生杂种细胞外，原生质体互相融合以后融合液的细胞类型还有同核融合细胞、多核融合体及未融合的亲本原生质体等。需将杂种细胞与这些细胞区分开。杂种细胞的选择方法主要有：

①利用物理特性差异进行选择　利用亲本双方原生质体的物理性状，如大小、颜色与漂浮密度等的差别作为选择依据。但用原生质体或愈伤组织表型特征的差异来进行杂种细胞的选择有时不能令人信服，这方面最显著的进展是自动细胞分检仪的应用。这种方法可以准确、迅速地将杂种细胞分开，提高了选择效率。

②利用生长特性的差异进行选择　利用亲本双方在培养基上的分裂、分化性能不同，来淘汰一方的原生质体，然后再将杂种细胞与亲本细胞分开；或利用不同的生化抑制剂分别处理不同亲本原生质体，阻碍其正常代谢，使其不能在培养基上生长，而杂种细胞由于重建代谢支路而能在培养基上生长。

③利用突变细胞系的互补来选择　基于亲本双方遗传和生理的互补作用来选择杂种。杂种细胞由于结合了双亲细胞的遗传物质，具有正常的代谢途径或能在筛选培养基生长增殖，而亲本细胞由于某些生理或遗传上的缺陷而不能生长，从而达到筛选杂种细胞的目的。常用

的互补选择法主要包括：白化互补选择法、营养代谢互补选择法、利用隐性非等位基因互补法及抗性互补选择法等。

（4）杂种鉴定　通过细胞杂种的选择而获得的杂种植株并不一定全部是由杂种细胞发育而来的，尚需进一步的鉴定。融合的杂种可以通过形态学、细胞学、生物化学和分子生物学等方法进行选择和确认。

①利用杂种植株形态特征、特性鉴定　杂种植株由于结合了双亲的遗传物质，其在外部形态特征特性上往往与亲本不同，据此可进行杂种植株的选择。但这种方法很难区别原生质体融合产生的变异和经愈伤组织途径再生成植株的变异，故可靠性差，需配合其他方法进行鉴定。

②根据杂种植株的细胞学特性选择　主要指杂种植物的核型分析（染色体显带技术），以亲本染色体为对照，对细胞杂种的染色体数目、长短、随体、着丝点位置、染色反应、减数分裂期染色体配对情况和带型进行分析。此法优于形态特性特征鉴定，但同样会受到愈伤组织阶段染色体变异的干扰。用染色体组型鉴别亲缘关系远的细胞杂种准确性比较好。

③利用杂种植株的生化特性进行选择　最常用的是同功酶鉴定，杂种同功酶可以同时表现出双亲特有的谱带，有时也会出现双亲所没有的新带，因而可以用同功酶进行体细胞杂种植株的鉴定。

④利用分子生物学方法鉴定杂种　随着分子标记技术的发展，分子标记不仅可以用于鉴定杂种，而且还用于分析杂种植株的基因组。分子标记的主要方法有：RFLP、RAPD、原位杂交等，利用这些技术可以确认并跟踪外源遗传物质的导入，并将目标基因定位在染色体上。Portrykus 等研究苇状羊茅和多花燕麦草的体细胞融合时，运用分子生物学的方法准确地检测分析了供体植物的遗传物质进入杂种的份量及其与辐射剂量的关系。

2. 细胞融合技术发展

原生质体融合、体细胞杂交可以使两个不同种类的细胞，在一定条件下彼此融合成杂交细胞，使来自两个亲本细胞的基因有可能都被表达，可以克服有性杂交不亲和的障碍。

细胞融合现象最初在动物细胞中发现。OKada 偶然发现仙台病毒可使腹水瘤细胞融合。Cocking 首次用纤维素酶处理番茄果实组织和根尖细胞，得到了原生质体。1972 年 Carlson 等诱导粉蓝烟草和郎氏烟草的原生质体融合并获得了第一棵体细胞杂种植株。早期的原生质体融合技术的研究对象主要集中在茄科，随后在双子叶植物中得到了广泛的应用。随着豆类（如大豆）、禾谷类（如水稻、玉米）原生质体培养再生植株的成功，体细胞融合也由模式植物转向了有价值的经济作物和农作物。水稻是禾本科中最先取得融合、再生成功的植物之一。以前认为 PEG（聚乙二醇）对原生质体有毒害作用，融合效果较电融合差，因而在水稻的原生质体融合中多采用后者。最近 Jelodar 等在 PEG 融合中以丙酸钙取代氯化钙作为融合助剂，效果得到改善。融合频率和植板率较电融合的高。这一技术是从酵母的研究结果移植而来。在非对称融合中，供体原生质体的射线处理和受体原生质体的碘代乙酰胺处理还可以形成一个有效的代谢互补选择系统。因为碘代乙酰胺对细胞有代谢抑制作用，融合后供体细胞质使细胞活性得到恢复，从而只有互融的杂合体才得以成活、分裂成团。水稻原生质体培养技术的进一步改进，也促进了融合体培养效果的改善。何光存将看护培养的方法应用于栽培稻与野生稻体细胞杂种的培养，获得了很好的效果。近年来植物细胞遗传操作技术进步较快。通过融合前原生质体的处理，人们可以控制融合方式，实现从完全对等的融合到转移部分基因组或只转移细胞质因子的不对称融合。目前，应用纺锤体毒素、染色体浓缩剂和放射线等技术处理基因供体细胞可以实现不对称融合。日本科学家还利用不对称细胞融合技术培育获得了世界上第一个商品烟草雄性不育系。从研究结果看，射线处理更适合于植物细胞融合的前处理。供体植物的原生质体经 X 射线或 γ 射线处理后，根据剂量的不同能造成对染色体不同程度的失活、断裂和损伤。轻度剂量可以实现少数染色体甚至 DNA 片段的转移，致死量的处理则可形成完全没有供体植物染色体的细胞质杂种。

细胞融合经历了四十多年的历史，由于许多生物工作者在胚性悬浮系的建立、原生质体游离方法、原生质体培养基的简化、优化方面做了大量的工作，使植物体细胞杂交的应用成功率大为提高。而用于融合的亲本细胞也由最初的品种间发展到种间、属间甚至科间。其应用涉及动物及人的细胞融合、微生物的细胞融合、植物细胞融合、人与动物的细胞融合（人鼠细胞融合）及动物与植物细胞融合，获得了新的杂交植物，如我们所熟悉的"西红柿马铃薯"、"拟南芥油菜"和"蘑菇白菜"等。创造新种质、单克隆抗体制备、基因定位等方面是近年来体细胞杂交研究的主流。体细胞杂交技术的发展要向更广泛的生产和科研应用推进，还需在细胞融合及其有关机理、融合体多态性控制方面进一步深入研究。现代科学技术日新月异，体细胞融合技术也必将在理论与生产应用方面开拓新领地，在高等动植物育种的应用中取得更大的成就。

（三）胚胎培养和试管受精

目前有四十多个杂种胚培养成功。印度科学家在栽培种菜豆、黄麻和花生的远缘杂交中获得了理想的重组体。日本科学家获得了 3 个柑橘属、李属和芸苔属品种和 5 个百合栽培种。中国农科院蔬菜所培养结球甘蓝和大白菜的杂种胚得到了种间杂种。中科院植物所和北京市农科院合作育成早熟桃新品种"京早 3 号"，其成熟期比一般早熟桃提前 15～20 天。西北植物所得到了节节草和普通小麦的属向杂种。中国农科院棉花所获得了栽培棉和野生棉的种间杂种。大麦+小麦、大麦+提莫菲维小麦、小麦+冰草（育成新品种小堰 6 号）、小麦+大赖草、小麦+簇毛麦、小麦+黑麦、硬粒小麦+簇毛麦等也通过胚培养获得了杂种。烟草属间杂种、水稻品种间杂种也已经得到。

（四）组织及细胞培养生产有用物质

自 Bonner 报道了银胶菊植物组织培养物能产生橡胶以来，以组织培养技术生产植物次生产物方面已获得了很大成就。迄今为止，已经研究过的 400 多种植物的细胞培养可以产生超过 600 种的成分。其中，具有药用价值的成分占了相当比例，许多重要的药用植物如紫草、人参、黄连、毛地黄、长春花、西洋参等细胞培养都十分成功，有些已实现工业化生产。在我国，对于人参中人参皂苷的生物合成方面的研究较为深入。

（五）单倍体育种

20 世纪 60 年代印度科学家 Guha 等从毛叶曼陀罗花药中首次培育出单倍体植株。目前花药离体培养技术已经被国内外有关科学家和育种者所重视和采用。

花药及花粉培养主要是使花粉改变发育途径而转向形成胚状体和愈伤组织，从而产生单倍体植株。花药培养的原理是依据植物每一特化的营养细胞都具有发育成完整植株的"潜在全能性"的原理。花粉培养一般在光照（12h～18h，5000lx～10000lx）、28℃和黑暗（12h～6h）22℃周期交替的条件下进行。当花粉植株长到 3～5cm 时将它们一个个从愈伤组织上剥离，转移到另外一种培养基上，以促进根系的发育。虽然花粉植株的染色体可以自然加倍，但其频率太低，可通过人工措施提高加倍频率。传统的方法是用秋水仙素处理。虽然花药培养和花粉培养的目的相同，但严格说来，花药培养的是器官，而花粉培养的是单细胞，由此获得的单倍体植株与其二倍体相比，生长发育较慢，体形较细小。花药培养不仅能获得单倍体，也会出现一定频率的非整倍体、混倍体、多倍体。花药培养长期面临的是培养效率低、染色体加倍困难及移栽成活率低等困难。在花药培养过程中花药壁往往脱落分化而形成愈伤组织常混在一起，因而一个花药培养产生的愈伤组织常为嵌合体。作为花粉培养可以避免由花药产生的干扰，但由于花药壁在诱导花粉粒发育成胚的过程中起着重要作用，因此培养花粉比培养花药无疑更加困难。

目前，花药培养仍是单倍体育种的重要技术。这是因为花粉植株经染色体加倍成纯合双单倍体（DHs）后所有基因都已纯合固定，理想的等位基因不会在以后的世代中由于分离而丢失，可以避免杂种后代的严重分离，从而加速性状重组过程，缩短育种年限，使各种隐性性状得以表现出来，以致可以在配子体水平上进行优良基因的筛选，极大地提高选择效率，尤其可以提高主效基因控制的质量性状和多基因控制的数量性状的选择效率。作为一种育种新技术，花药培养技术被成功地应用于作物品种改良，并已在国内育成一批作物花培新品种。与其他高新生物技术相比，花培技术是与育种应用研究结合最紧密的一项生物技术，获得了巨大的社会效益和经济效益。

生物技术在农业领域中的应用，水稻花培可以说是最早取得实质性成果的技术之一。水稻花培在我国开展广泛，已有多个品种育出。在水稻孕穗期花粉发育至单核晚期时，取花药或花粉培养，从单倍的花粉粒诱导出愈伤组织。而后经分化培养出苗，自然加倍或人工加倍成为纯合的双二倍体。花培技术已被广泛地应用于基因重组的育种项目，如光敏感核不育基因与广亲和基因重组的育种之中。同样，在野生稻资源利用研究中，应用花培技术，加速了杂种自交和回交后代的纯合，提高了理想基因型的选择几率，现已从其花培后代中分离选择出性状优良的材料。

迄今为止，我国已培育40种以上植物的花粉或花药发育成单倍体植株，其中小麦、黑麦、小冰麦、玉米、橡胶树、杨树、辣椒、甜菜、白菜、油菜、柑橘、甘蔗、大豆、葡萄和苹果等的单倍体植株为我国首创。通过单倍体育种获得了水稻、小麦、烟草、辣椒和甜椒新品种，总种植面积达1000万亩。

（六）体细胞无性系变异

20世纪80年代以来，体细胞无性系变异成为继花粉和花药培养之后的又一种实用化的细胞工程育种新方法。体细胞无性系变异是植物组织培养过程中出现的普遍现象，并且绝大多数变异可以遗传。这类变异具有后代稳定快的特点，一般在再生植株二代（R2）就可以获得稳定的株系。由于体细胞无性系变异突变体能基本保持原品种的特性，据此可针对原品种个别缺点进行选育，进而获得改良的品种。因此，体细胞无性系适合于用来对现有品种进行有限的修饰与改良，例如降低株高、提早熟期、增强抗病性或改进品质等。由于体细胞无性系变异可在较短的时间内得到变异株系，鉴定后即可用于新品种的选育，因此在育种工作中发挥了作用。在体细胞无性系变异的育种应用中，应注重采用有农业实用价值的品种，使获得的突变体在农业生产中尽快得以利用。

（七）细胞突变体的筛选

细胞突变体的筛选最早始于1959年，Melchers在金鱼草悬浮细胞培养中获得了温度突变体。1970年Carlson、Binding和Heimer等人分别分离出烟草营养缺陷型细胞、矮牵牛抗链霉素细胞系及烟草抗苏氨酸细胞系。迄今为止，已经在15个科、45个种的植物细胞培养中筛选出100个以上的细胞突变体或变异体，其中包括水稻、小麦、玉米、高粱、大麦、燕麦、甘蔗、大豆、亚麻、番茄、马铃薯、胡萝卜、苜蓿、烟草、向日葵等重要经济作物。筛选出的突变体有抗病细胞突变体、抗氨基酸及其类似物细胞突变体、逆境胁迫抗性突变体、抗除草剂细胞突变体及营养缺陷型细胞突变体等。

（八）植物快速繁殖技术

在植物生物技术领域里，植物快速繁殖技术在生产上具极大的应用潜力。20 世纪 60 年代，Morel 用茎尖培养的方法大量繁殖兰花获得成功。植物快速繁殖技术、试管苗工厂化生产和无病毒种苗生产技术在 70 年代得到了快速的发展。通过离体培养获得小植株并且具有快速繁殖潜力的植物已有 100 多科、1000 种以上，有的已经发展成为工业化生产的商品。其种类也由以观赏植物为主逐渐发展到果树、林木、蔬菜和大田作物。欧美国家试管苗的年产量均在数千万株以上，且以每年 7%～8%的速度增加着。我国快速繁殖和无病毒种苗生产的研究始于 70 年代。马铃薯无毒种薯和甘蔗种苗已在生产上大面积种植。兰花、香石竹、月季、菊花、百合、桉树、杨树、苹果、柑橘、枣树、枸杞、醋栗、葡萄、木薯、无籽西瓜已进行规模化生产或中间试验。试管苗的年产量已由 90 年代初期的 2 000 万株左右发展到现在的 5 000 万到 1 亿株以上。此外，一些生产上适用的技术也不断被开发出来，如微型脱毒马铃薯生产技术、马铃薯脱毒小薯的喷雾无基质栽培技术等。

（九）体细胞胚胎发生和人工种子

体细胞胚胎发生是植物组织培养中形态建成的重要途径之一。通过体细胞胚胎发生途径形成再生植株的过程，不仅能充分说明植物细胞的"全能性"，而且还由于其具有繁殖速度快、繁殖系数高、染色体稳定以及单细胞起源等特点而受到普遍关注。1958 年，Reinert 在胡萝卜的组织培养中最先发现了体细胞胚胎（胚状体）。一些重要作物如水稻、小麦、玉米、珍珠谷等也能通过离体培养产生胚状体。

1978 年 Murashige 首次提出"人工种子"的概念。所谓"人工种子"就是由体细胞胚（胚状体）加上保护性外壳（人工种皮）及提供发育的营养（人工胚乳）组成的、代替天然种子传播的一种结构。"人工种子"为包括药用植物在内的许多经济作物的育种和良种快速繁殖开辟了广阔的应用前景，但目前的研究还以实验室阶段为主。80 年代初，美、日、法等国相继开展了人工种子的研究，并且在胡萝卜、苜蓿、芹菜、花椰菜、莴苣、花旗松等植物上获得了初步的成功。我国人工种子的研究始于"七五"期间，并且被列入了"863 高技术研究发展计划"。目前这一领域存在的最主要的问题是模拟人工种皮。相信随着人工种皮制作和其他一些问题的突破，人工种子总有一天会实现工业化生产，给农业生产带来根本性的变革。

（十）组织细胞培养物的超低温保存及种质库的建立

植物体细胞全能性的发现和证实，不仅为植物组织细胞的培养工作、细胞工程和基因工程开辟了广阔前景，也为植物的种质保存开辟了新的途径。许多植物的组织培养物如愈伤组织、悬浮细胞、原生质体和花粉、胚状体、幼胚、芽和茎尖分生组织等在液氮中超低温保存以后，仍能保持相当高的存活率，并且能再生出新植株和保持原来的遗传特性。陈士云等对新疆紫草的愈伤组织进行超低温保存研究，发现经超低温处理后的愈伤组织生长虽然受到一定程度的抑制，但能够恢复正常生长。王子成等对柑橘原生质体进行了超低温保存研究。超低温保存后的原生质体在原生质体培养基里 6～7 天观察到分裂现象，与没有保存的原生质体相比，推迟了 2～3 天，发生第一次分裂后的细胞在以后能够继续分裂，直到形成可见细胞团。有关这方面的研究近 20 年来已经取得了很大的进展。

二、动物细胞工程

动物细胞工程（Animal Cell Biotechnology）是生物技术重要组成领域，是新兴的一门具有产业性质的高技术学科。它采用类似工程设计思想和精细的细胞学技术，从细胞水平、细胞器水平、基因水平，有目的地改变细胞遗传结构来培育具有预期性状的新种系或细胞群，并在人工条件下快速增殖，产生人类期望的生物产品。如利用 ES 细胞试管操作改造动物，创造生长快、抗病、抗逆高产的家畜品种；利用 BHK 细胞系生产口蹄疫疫苗、狂犬病疫菌；利用成淋巴细胞系、成纤维细胞系、T 淋巴系生产 α 干扰素，β 干扰素和 γ 干扰素，利用肾细胞系生产尿激酶等各种昂贵药物和活性物质。细胞工程与基因工程和胚胎工程结合将使畜牧业、医药（兽医药）业发生重大变革，为人类创造不可限量的财富。

用于动物繁殖育种的细胞工程技术有：冷冻精液技术、胚胎移植技术、体外受精技术、细胞融合技术、细胞核移植技术、胚胎性别鉴定技术、单克隆抗体技术等。

冷冻精液技术是二十多年前在我国发展起来的繁殖技术。目前我国对奶牛、山羊、猪、马等家畜常采用"冷配"技术。

目前，已用体细胞融合的技术在动物间实现了小鼠和田鼠、小鼠和小鸡，甚至于小鼠和人等许多远缘和超远缘的体细胞杂交。虽然目前动物的杂交细胞还只停留在分裂传代的水平，不能分化发育成完整的个体，但在理论研究和基因定位上都有重大意义。

动物细胞培养的基本步骤包括：先对动物体的器官组织进行切割、酶解消化，分离出单个细胞，再将单个细胞转入含有葡萄糖、氨基酸和无机盐的细胞培养液中，在二氧化碳培养箱中温育培养，被成功培养的细胞称为原代细胞。细胞开始生长和增殖以后，需进行传代培养。方法是再次用胰蛋白酶消化使单个细胞游离悬浮，把细胞悬液分装到多个瓶中，再次保温培养。经过传代培养得到的细胞即为细胞系。从细胞系中可选出具有某一特征的细胞，称细胞株。细胞工程产业化的难点在于，正常动物细胞有其生长、分化、衰老、死亡的规律，在离体条件下更难长久维持，经过若干世代增殖就会死亡，除非把它们变成永久性细胞，否则谈不上产业利用价值。因此，如何使具有特定功能的细胞转化为永久性细胞系，并把它们从人工培养细胞群中识别和挑选出来，就成为动物细胞工程具前提性的重要环节。动物培养技术可用于制取许多有应用价值的细胞产品，如疫苗和生长因子等。

细胞工程已经渗透到人类生活的许多领域，取得了许多具有开发性的研究成果，有的在生产中推广，收到了明显的经济和社会效益。随着细胞工程技术研究的不断深入，它的前景和产生的影响将会日益显示出来。

第三节 酶工程

酶工程是研究酶的生产和应用的一门新兴学科，指在一定的生物反应器内利用酶的催化作用进行物质转化的技术。其应用范围已遍及工业、医药、农业、化学分析、环境保护、能源开发和生命科学研究等各个方面。作为工业应用来说，主要目的就是利用酶的催化作用，在较为温和的条件下，如低温、低压等，就可高效地将反应物转化为产物。但目前工业上直接利用酶制剂时还存在一些缺点，如稳定性差、使用效率低，不能在有机溶剂中使用，寿命不长等，造成了使用酶的成本升高。世界上围绕着解决这些问题开展了大量的研究。与此同时，酶工程产业的发展非常迅速。1998 年全世界工业酶制剂销售额高达 16 亿美元，预计到

2008 年，销售额将达到 30 亿美元。

一、酶工程研究进展

酶工程最初是指自然酶制剂在工业上的大规模应用，它是酶学的基本原理与化学工程技术相结合的产物。据估计，自然界存在的酶有七千种左右，其中经过鉴定和分类的有二千余种；但大规模生产和应用的商品酶只有数十种，小批量生产的商品酶约数百种。我国从 1956 年采用发酵工程技术生产酶制剂以来，已投产的酶制剂有十余种，如 α 淀粉酶，β 淀粉酶，葡萄糖淀粉酶（糖化酶），碱性，酸性和中性蛋白酶，脂肪酶，果胶酶，纤维素酶，右旋糖苷酶，葡萄糖氧化酶，转移葡萄糖苷酶，果糖基转移酶，环糊精生成酶以及葡萄异构酶等并广泛应用于食品、酿造、发酵、精细化工、纺织、制革、医药、环保以及农、林、水产加工等部门。

近二十年来，由于基因工程和蛋白质工程等新兴高科技的发展，酶工程正与基因工程、细胞工程和发酵工程融为一体，通过构建有经济价值的工程酶、突变酶，大大促进了酶工程的发展。随着第三代酶制剂的诞生，应用基因工程和蛋白质工程技术改造和生产新型酶制剂成为一个重要的研究领域，并逐渐成为一个具有很大经济效益与社会效益的新型工业门类。

（一）固定化酶

固定化酶是指将可溶的自然酶束缚在特定的支持物上或固定在局限的空间，并能发挥催化作用；固定含酶的细胞则形成固定化细胞。固定化的方法主要有吸附、交联、共价结合和包埋等。早期的酶工程主要是从生物材料中提取酶制剂，20 世纪 70 年代后，酶的固定化技术取得了突破，使固定化酶、固定化细胞、生物反应器与生物传感器等酶工程技术迅速获得应用。

我国研制过的固定化酶或细胞已有五十种左右，可以分为下述三种类型。

1. 固定化单酶或含特定酶的细胞

固定化放线菌或细菌的葡萄糖异构酶制造果葡糖浆，是我国乃至世界销售量最大的固定化酶。固定化天门冬氨酸酶生产 L-天门冬氨酸，延胡索酸酶生产 L-苹果酸，苯丙氨酸氨裂合酶生产 L-苯丙氨酸。固定化酵母蔗糖酶生产转化糖，固定化磷酸二酯酶或核糖核酸酶等生产各种核苷酸。固定化 β-羟化酶和类固醇 δ1,2——脱氢酶制备氢化可的松和脱氢皮质醇。

2. 固定化双酶

将两种酶共同固定在一种载体上或分别固定后串联在一起使用。固定化葡萄糖淀粉酶和葡萄糖异构酶可以从淀粉液化液制备果葡糖浆。固定化葡萄糖氧化酶和过氧化氢酶制备酶电极，用于测定发酵过程中和血清葡萄糖含量的变化。固定化各类脱氢酶用以构建辅酶 I 再生系；固定化各类激酶构成 ATP 再生系统。

3. 固定化活细胞

利用微生物细胞原有的多酶体系生产各种发酵产品。例如：谷氨酸、乳酸、衣康酸、丙酸、柠檬酸、丙酮、丁醇、啤酒、酒精、淀粉酶、辅酶A 以及多种抗生素。固定化产甲烷细菌用于处理废水产生沼气。固定化微生物用于处理各种污水，包括发酵工业的污水，印染废水脱色，含氨臭气废水，含氰和多种重金属离子的废水。

在固定化酶广泛应用的基础上，采用物理或化学法将细胞固定，这是利用酶或酶系的一条捷径。美国、欧洲、日本均采用固定化菌体柱床工艺大规模生产高果糖浆。

应用基因重组技术，通过基因扩增与增强表达，可以建立高效表达基因工程菌或基因工程细胞，德国 BM 公司应用蛋白质工程技术，对表达青霉素酰化酶的基因进行点突变，重建了青霉素酰化酶工程菌，延长了使用半衰期，其固定化酶柱可连续使用 700 天以上。又如应用 DNA 重组技术建立了丝氨酸和色氨酸合成酶工程菌，通过这种工程菌组装的生物反应器可以用甘氨酸和甲醛为原料制造丝氨酸，每升反应液含丝氨酸超过 400 克，再从丝氨酸与吲哚转化生成色氨酸，反应液中色氨酸浓度达到 200 克/升。

固定化酶在工业、临床、分析和环境保护等方面有着广泛的应用。但是，在大多数情况下，酶固定化以后活性部分失去，甚至全部失去。一般认为，酶活性的失去是由于酶蛋白通过几种氨基酸残基在固定化载体上的附着（Attachment）造成的。这些氨基酸残基主要有：赖氨酸 ε-氨基和 N-末端氨基，半胱氨酸的巯基，天门冬氨酸和谷氨酸的基 C-末端基，酪氨酸的苯甲基以及组氨酸的咪唑基。由于酶蛋白多点附着在载体上，引起了固定化酶蛋白无序的定向和结构变形的增加。近来，国外的研究者们在探索酶蛋白的固定化技术方面已经寻找到几条不同的途径，使酶蛋白能够以有序方式附着在载体的表面，实现酶的定向固定化而使酶活性的损失降低到最小程度。这种定向固定化技术具有以下一些优点：（1）每一个酶蛋白分子通过其一个特定的位点以可重复的方式进行固定化；（2）蛋白质的定向固定化技术有利于进一步研究蛋白质结构；（3）这种固定化技术可以借助一个与酶蛋白的酶活性无关或影响很小的氨基酸来实现。目前定向固定化方法有如下几种：（1）借助化学方法的位点专一性固定化；（2）磷蛋白的位点专一性固定化；（3）糖蛋白的位点专一性固定化；（4）抗体（免疫球蛋白）的位点专一固定化。这种有序的、定向固定技术已经用于生物芯片、生物传感器、生物反应器、临床诊断和药物设计。

（二）非水系酶

酶反应通常在水为介质的系统中进行。但是，酶反应也能在非水系统内进行。1984 年以来 Zaks 和 Klibanov 一直从事非水系统内酶反应的研究并取得了引人注目的成果，由此产生了一个全新的分支学科——非水酶学。他们发现这类反应具有如下特点：（1）绝大多数有机化合物在非水系统内溶解度很高；（2）根据热力学原理，一些在水中不可能进行的反应，有可能在非水系统中进行；（3）与水中相比，非水系统内酶的稳定性比较高；（4）从非水系统内回收反应产物比水中容易；（5）在非水系统内酶很容易回收和反复使用，不需要进行固定化。实验结果证明，在几乎没有水的系统内，仍可进行各种酶反应。此外，在非水系统内还能进行酶催化的酰胺水解、酰基交换、硫酸根交换和肟水解等反应。

酶不能改变反应的平衡常数（kep）。但是，利用水—有机溶剂两相系统，可以引起实践上很有用的"表现"kep 很大的改变。在不发生失活的条件下，只要有极微量的水以及与之有关的水的活度的降低，就会大大降低酶热失活的速度。这一现象可以用于绝大多数酶。在水—有机溶剂两相系统内，水的冰点下降，这样就可以在非常低的温度下，使用对热特别不稳定的酶，降低水的活度可以使酶分子更具有刚性，这就可能影响到酶的 Km 和 Vmax。在极端情况下，可能引起酶的催化功能的改变。

以前人们都是从酶的最适 pH 的水溶液中回收酶，然后将其研磨成粉末，再分散在合适的有机溶剂中，制成酶的悬浮液，以便在水—有机溶剂两相系统中进行酶的催化反应。近来 Libanov 等探索出一种新方法可以使酶溶解而不是悬浮在有机溶剂中，而且找到很多能够溶解酶的有机溶剂，并阐明了导致有机溶剂中较高蛋白质浓度的规律。由此可以进一步研究溶解在有机溶剂中的天然酶的结构和催化特性。

近年来核磁共振、X 射线衍射和傅里叶变换红外光谱的研究表明,在非水相中,酶分子结构中 α 螺旋含量减少, β 折叠含量增加,二级结构的有序性增加,因而提高了酶的稳定性。目前,非水系统中酶的催化作用已广泛地用于药物、生物大分子、肽类、手性化合物化学中间体和非天然产物等有机合成,引起人们的极大的关注。

(三)核酸酶(Ribozyme)和抗体酶(Abzyme)

近年来人们发现,除去蛋白质具有酶的催化功能以外,RNA 和 DNA 也具有催化功能。1982 年 Cech 发现四膜虫的 26SrRNA 的前体,在没有蛋白质存在的情况下,能够进行内含子的自我剪接,形成成熟的 rRNA,证明 RNA 分子具有催化功能,并将其称为核酸酶(Ribozyme,有人译为核酶)。1995 年 Cuenoud 又发现某些 DNA 分子也具有催化功能。这就改变了只有蛋白质才能有催化功能的传统观念,也为先有核酸、后有蛋白质提供了进化的证据。进一步的研究发现,核酸酶是一种多功能的生物催化剂,不仅可以作用于 RNA 和 DNA,而且还可以作用于多糖、氨基酸酯等底物。核酸酶还可以同时具有信使编码功能和催化功能,实现遗传信息的复制、转录和翻译,是生命进化过程中最简单、最经济、最原始的、催化核酸自身复制、加工的方式。核酸酶具有核苷酸序列的高度专一性。这种专一性使核酸酶具有很大的应用价值。只要知道某种核酸的核苷酸序列,就可以设计并合成出催化其自我切割和断裂的核酸酶。我们知道,动植物病毒的基因组由核酸组成。根据这些基因组的全部序列,就可设计并合成出防治由这些病毒引起的人、畜和植物病毒病的核酸酶,例如能够防治流感、肝炎、艾滋病和烟草花叶病等。核酸酶也可以用来治疗某些遗传病和癌症。核酸酶还可以用作研究核酸图谱和基因表达的工具。

一般说来,人工合成的模拟酶与天然酶的催化效率相差较大,而且反应类型大都为水解反应。人们从酶与底物过渡态中间物紧密结合是酶催化过程中的关键一步得到启发,联想到抗原引起生物体内抗体的合成,以及抗原和抗体的紧密结合,进而考虑利用抗原抗体相互作用的原理来模拟酶的催化作用。人们设想以一些底物过渡态中间物的类似物作为半抗原,诱导合成与其构象互补的相应的抗体,试图得到能够催化上述物质进行活性反应的酶。1986年这种努力在实验室里获得了成功,为人工合成酶和模拟酶开创了一条崭新的途径。人们将这种具有催化活性的抗体称为抗体酶(Abzyme),又称催化抗体(Catalytic antibody)。抗体酶在本质上是免疫球蛋白,人们在其易变区赋予了酶的催化活性。抗体是目前已知的最大的多样性体系。原始抗体大家族有 1×10^8 个结合部位,体细胞变异还可以增加 1×10^4 个结合部位。抗体有极高的亲和力,解离常数为 $10^{-4}\sim10^{-14}$ mol/L,其与抗原结合的结合部位与酶的结合部位相似,但无催化活性。抗体酶则具有较高的催化活性。制备抗体酶的方法主要有诱导法、拷贝法、插入法、化学修饰法和基因工程法。

抗体酶的催化效率远比模拟酶高。同时,从原理上讲,只要能找到合适的过渡态类似物,几乎可以为任何化学反应提供全新的蛋白质催化剂—抗体酶。目前抗体酶催化的反应,除水解反应外,还能催化合成反应、交换反应、闭环反应、异构化反应、氧化还原反应等。此外,与模拟酶相比,抗体酶表现出一定程度的底物专一性和立体专一性。业已证明,抗体酶可以在体内执行催化功能。抗体酶的应用前景非常诱人。抗体酶已经用于酶作用机理的研究、手性药物的合成和拆分、抗癌药物的制备。目前人们正致力于进一步提高抗体酶的催化效率,期望在深入了解酶的作用机理,以及抗体和酶的结构和功能的基础上,能够真正按照人们的意愿,构建出具有特定催化活性和专一性的、催化效率高的、能满足各种用途需要的抗体酶。

（四）杂交酶

杂交酶（hybric enzyme）是在蛋白质工程应用于酶学研究取得巨大成绩的基础上，刚刚兴起的一项新技术。所谓杂交酶是指由来自两种或两种以上的酶的不同结构片段构建成的新酶。杂交酶的出现及其相关技术的发展，为酶工程的研究和应用开创了一个新的领域。

首先，人们可以利用高度同源的酶之间的杂交，将一种酶的耐热性、稳定性等非催化特性"转接"给另一种酶。这种杂交是通过相关酶同源区间残基或结构的交换来实现的。新获得的杂交酶的特性，通常介于其双亲酶的特性之间。

其次，人们可以创造具有新活性的杂交酶。其最便捷的途径就是调节现有酶的专一性或催化活性。迄今为止，所有杂交酶大都属于这类酶。有时，单个氨基酸残基的变化就能够改变酶的催化活性。

杂交酶技术还可以用于研究酶的结构和功能之间的关系。例如，可以用来确定相关酶之间的差异。当某个酶的特性在同源酶中缺失时，人们可以用杂交酶技术分析、研究与该特性有关的残基或片段等。近年来，杂交酶的发展非常迅速，1998年就有14个利用杂交酶技术改良的酶获得了美国专利。可以预期，杂交酶技术必将为酶工程的研究和应用发挥更大的作用。

（五）人工合成酶和模拟酶

人工合成酶在结构上具有两个特殊部位：一个是底物结合位点，一个是催化位点。业已发现，构建底物结合位点比较容易，而构建催化位点比较困难。两个位点可以分开设计。但是已经发现，如果人工合成酶有一个反应过渡态的结合位点，则该位点常常会同时具有结合位点和催化位点的功能。人工合成酶通常也遵循 Michaelis Menten 方程。

在模拟酶方面，固氮酶的模拟最令人瞩目。人们从天然固氮酶由铁蛋白和铁钼蛋白两种成分组成得到启发，提出了多种固氮酶模型。如过渡金属（铁、钴、镍等）的氮络合物，过渡金属（钒、钛等）的氮化物，石墨络合物，过渡金属的氨基酸络合物等。此外，利用铜、铁、钴等金属络合物，可以模拟过氧化氢酶等。近年国际上已发展起一种分子压印（molecular printing）技术，又称为生物压印（bioimprinting）技术。该技术可以借助模板在高分子物质上形成特异的识别位点和催化位点。目前，此项技术已经获得广泛的应用。例如，模拟酶可以用于催化反应，分子压印的聚合物可用作生物传感器的识别单元等。

二、酶工程的应用

酶工程是生物工程的一个分支，包括酶的生产与纯化、酶的固定化和固定化酶生物反应器。现代酶工程已渗透到医药、食品、化工、能源、农业和环保等各个领域中，特别是在医药领域中，以酶工程为核心的生产技术正不断成熟，并逐步成为医药生产中极具潜力的新兴技术。

（一）发酵工业

如酿造（白酒、果酒、酱油、豆酱等）用淀粉酶、糖化酶、蛋白酶、纤维素酶可提高原料利用率，增加产量。

（二）食品工业

如淀粉酶用于制造葡萄糖、麦芽糖、糊精、糖浆和直链淀粉薄膜、分解果汁中的淀粉；改善面包质地；加工蔬菜、食品保存等；蔗糖酶用于制造转化糖；防止高浓度析出蔗糖结晶、制糖果。α淀粉酶、葡萄糖淀粉酶和葡萄糖异构酶这三个酶连续作用于淀粉可以代替蔗糖生产出高果糖浆。α半乳糖苷酶可水解甜菜糖蜜中的棉籽糖而生成半乳糖和蔗糖，大大提高蔗糖的收率，蛋白酶用于蛋品加工。脂肪酶用酪和奶油生产。

功能性和保健食品是近10年来新兴的产业，酶工程在其中起着关键性的作用。低聚糖（或称寡糖）是异军突起的一类有营养保健功能的食品，通常它是由2～10个单糖以糖苷键连接的糖类。某些低聚糖是双歧杆菌的增殖因子，促进体内双歧杆菌、乳酸菌等有益微生物的增殖，抑制肠道腐败菌的生长，调整人体肠道的微生态，提高人体免疫功能。有的还具有营养滋补，强化机体，延缓衰老，防止胆固醇蓄积，抗肿瘤，调节水分活性等功能。主要品种有：麦芽低聚糖、低聚果糖、木低聚糖、甘露低聚糖等。

某些低聚糖还可代替部分蔗糖加入饮料、乳制品、糖果糕点、果酱、蜂蜜、畜产和水产制品等。使用胆固醇还原酶可以制备低胆固醇食品，醇母的超氧化物岐化酶（SOD）可用于消除对人体有害的自由基。脂肪酶用于脂肪酸改性，生产代可可脂。用酶法还可生产低能量的脂肪代用品，低热值的、高甜度的甜味剂（如天门冬氨酰苯丙氨酸甲脂二肽）。我国酶法生产低聚糖已进入中试或正式生产阶段，有的尚处于研究阶段。关于这方面的研究是酶工程开发的又一新的领域。

第四节 发酵工程

发酵工程的定义是：利用微生物的某种特性，通过现代化工程技术手段进行工业规模生产的技术，其主要内容包括工业生产菌菌株的选育，最佳发酵条件的选择和控制、生化反应器（发酵罐）的设计和产品的分离、提取和精制等过程。发酵工程借助于微生物等或它们内含的酶系进行生产或加工人类所需要的物质，发酵工程中涉及的生物种类主要有细菌、病毒、真菌、单细胞藻类、动植物细胞培养物及具有生物活性的酶等，发酵产品有酒类、调味品、工业酒精、有机酸、氨基酸类、核酸和核苷酸、抗菌素及激素等，其中酵母业、抗生素业及酶制品业的产值列居榜首。

一、发酵工程的研究内容

从研究内容看其中优良品种选育、发酵条件及代谢生理活动是发酵工程中最主要的三个方面。

（一）优良品种选育

良种是发酵工程的基础。不同微生物对外界培养条件要求不同，所分泌产物也不同，因此根据研究目的，必须率先进行筛选工作。

黄原胶（Xantham）是一种细胞外多糖，也是一种纤维素衍生物。它在工业、医药、食品上用途非常广泛。在食品工业上，黄原胶主要用作焙烤填充物和糕饼表层的糖霜，饮料的良好悬浮剂，糖果、蜜饯的填充剂，乳制品的稳定剂，淀粉食品和调味品的乳化稳定剂，若与槐豆胶共同使用，则会收到更好效果。黄原胶由黄单胞细菌产生，自然界里黄单胞细菌已经鉴定命名的物种有158个，尚待命名的还有44个。然而只有4个品种能产黄原胶，所以筛选工作非常重要，1960年美国Kelco公司首次实现了工业化手续费批量生产，产黄原胶的菌（X.campestris NRRh B –1459）是由Jeanes等人从1450个菌株中筛选出来的。

由于遗传育种技术的不断进步，对源于自然界的野生稻进行有目的的培养，以达到提高人类所需的产物。据有关文献称，在半个世纪时间里，青霉素的产物效价提高了一万倍。

一些更为先进的培育手段，如原生质体融合，DNA 重组技术等也应用于培养发酵工程中使用的菌种。

（二）发酵条件

生物工程中的发酵，是在已有的工程化学的基础上发展起来，并吸收了物理、化学及生物学知识逐渐完善的。微生物的生长，需要一定水分，碳源、氮源、无机盐等基本物质，虽然对底物的要求比较简单，但为获得最大的经济效益，须供给最佳的条件，强底物的酸碱度、通气量、温度，甚至光照、微量元素及其他生长因子等。此外对其发酵过程的调控，发酵产物的收集、发酵废弃底料的排放或再转化，这些都是不可忽视的生产限制因子。

（三）代谢生理条件

微生物通过氧化有机物质如葡萄糖和其他碳水化合物获得能量的反应属于分解代谢，获得能量后合成自身生命活动所需新物质为合成代谢。

对于多数发酵工程，其目的是利用次级代谢产物，如抗菌素植物碱等，这些次级代谢产物机体本身没有显著功能，但对于人类却是非常重要的，如青霉素、链霉素等，在许多生物合成途径中，初级代谢产物形成的某些中间阶段与初级代谢是共同的，所以两者紧密联系。

微生物次级代谢作用并不是在生长对数期出现，而是在生物稳定期，即在这个阶段新生与死亡细胞数目相等。并由于终端产物反馈抑制等，于是合成次级代谢产物，在机理上促进次级代谢产物合成，可从下列线索考虑：

（1）性期末期产生的诱导物或在实验中加进去诱导物使次级代谢有关基因活化；

（2）初级代谢的终端产物可能对次级代谢造成的反馈抑制或促进；

（3）通过利用一个合适的碳源，致使稳定期基因产物对分解代谢途径产生阻遏；

（4）稳定期代谢需在高能下才能启动，故可通过减少 ATP 的形成予以阻遏。

通过研究，可使发酵产物大为提高，如关于青霉素合成，受葡萄糖分解性代谢阻遏影响，以乳糖为碳源或缓慢地加入葡萄糖，就可得到较高产量，青霉素酰基转移酶能把苯乙酰辅酶 A 转移到 6APA 上。这个反应是青霉素合成中限速反应，所以采用苯乙酸作为前体，就不会造成阻遏，反而会增强青霉素 G 的形成。还有，赖氨酸强烈抑制青霉素形成，而 α 氨基己二酸能解除这种抑制作用。

由于发酵技术对环境的污染小、生产的效率高，目前在轻工、化工和食品等领域利用发酵技术生产产品所占的比重也越来越大。随着发酵技术在轻化工和食品等行业应用的不断深入和拓展，对发酵技术本身的要求也越来越高。这里主要有这样两个问题：一是传统的发酵工艺已越来越难以满足现代生物发酵工程的需要，迫使人们不断利用相关学科最新的科研成果来改进发酵工艺。迄今，对一些物理量如光、电、热、磁等在发酵过程中生物学特性（如酶的活性等）的影响已进行了一定的研究，也取得了不少研究成果。近年来由于功率超声设备的普及和发展，超声波对发酵过程的影响正引起人们强烈的兴趣和高度重视。研究表明，合适强度的超声波作用于发酵液，可增加细胞膜的透性和选择性，促进酶的分泌，增强细胞的代谢过程，从而缩短发酵时间，改善生物反应条件，提高生物产品的质量和产量。由于国内生物反应设备研究和开发的落后已严重影响生物技术的发展，利用生化工程的方法，再结合声、光、磁等手段研究新型生物反应器和专用设备，藉以提高生物反应的效率，对我国生化工程领域的发展具有重要的意义。二是目前对发酵过程参数的在线检测还缺乏有效的手段，这在一定程度上限制了人们对发酵过程特性的了解，也阻碍了发酵技术的发展。目前发酵过程中的一些物理化学参数，如罐压、流量、温度、pH值、溶氧等均可在线测量，而一些生化过程参数，如基质浓度、发酵产物的浓度、发酵液的黏度等仍很难实现在线测量。究其原因，主要是缺乏合适的在线测量传感器。近年来利用酶电极和光电技术已取得了一些成果，但在实际应用中仍存在很多问题。利用超声技术对发酵液的浓度和黏度进行动态测量，不仅可以对发酵过程参数进行实时监控，而且可进一步研究发酵过程的动力学机制及发酵液的流变特性，进而科学地指导生物反应器内部结构的设计优化，因此，具有非常重要的理论意义和实际意义。

二、固态发酵技术在发酵工程中的应用

固态发酵（Solid State Fermentation，SSF）是指在培养基呈固态，虽然含水丰富，但没有或几乎没有自由流动水的状态下进行的一种或多种微生物发酵过程，底物（基质）是不溶于水的聚合物，它不仅可以提供微生物所需碳源、氮源、无机盐、水及其他营养物，还是微生物生长的场所。固态发酵是人类利用微生物生产产品历史最悠久的技术之一。但现代发酵技术的首要条件是纯种培养，不允许自然界的其他微生物进入，造成杂菌污染，加上现代工业对大规模集约化生产的要求，使固态发酵的生产应用处于停滞状态，几乎被排斥到现代工业之外。当液态发酵与固态发酵具有相同的经济性能时，液态发酵的许多特征使其成为较优选的方法。重要的是，液态发酵的传热、传质均匀性使其有较大程度的可行性。固态发酵含有不溶于水的固体、少量的水分及空气，微生物生成的热导致水分蒸发，使发酵体系具有气、液、固不均匀三相，存在严重的浓度梯度及传热、传质困难，这样很难控制pH、水活度、最佳反应温度等，使产量大大下降。然而近几年由于能源危机与环境问题的日益严重，固态发酵技术再次引起人们的兴趣，固态发酵领域的研究出现了翻天覆地的变化。

只有固态发酵具有像高产品浓度、低下游处理费用等具体优点时，这种发酵方式才可能被选用。

近几年固态发酵技术在下列工程领域的研究得到迅速发展及应用：底物特性研究、避免染菌的对策、水活度、通风与传质、传热及pH的控制。固态发酵具有大规模操作的潜能，但没有像液体发酵那样得到同样程度的研究。所以即使设计规则合理，我们也不能十分确信固态发酵能否大规模操作。但目前可信的是，已有一些像酶生产及生物农药等过程成功小规模地应用固态发酵技术，如中国科学院设计的"周期性压力脉动反应器"成功应用于Bt工业生产。有足够的理由可以证明，还需继续开发固态发酵技术以充分发挥其潜能。现代固态发酵技术既与传统的发酵技术相区别，又与现代液态深层发酵相对应。随着人们对固态发酵机理的认识不断加深，现代固态发酵的成功也将成为现代发酵技术的一次革命，而且必将打破液体深层发酵技术一统天下的局面。

三、发酵工程的应用

（一）发酵工程在饲料产业上的应用

进入21世纪后，由微生物发酵生产的酶制剂、单体氨基酸、维生素、抗生素和益生菌微生物制剂等饲料添加剂的使用使发酵工程技术在饲料工业中得到了更广泛应用。

由特异微生物发酵生产的饲用外源酶制剂包括β-葡聚糖酶、戊聚糖酶和植酸酶等，前两种酶制剂添加于以大麦、小麦、黑麦、燕麦和次粉为主的畜禽饲粮中，能分解这类植物细胞壁的非淀粉多糖（SNSP）（如β-葡聚糖和木聚糖），促进细胞壁崩解，使细胞壁包裹的

各种营养物质充分释放出来,在消化道中得到充分吸收,从而提高饲粮养分的利用率。而饲料效率的提高,使生产性能得到改善。另外,在麦类饲粮中含量很高的可溶性非淀粉多糖有很大的黏性,进入消化道后,食糜的黏度很高,不易消化,导致粪便粘连,污染环境。加入前两种酶后,因提高饲料消化吸收,粪便中黏稠物质排出减少,畜产品的品质(如鸡胸肉及鸡蛋的品质)提高,饲养环境也得到改善。这一技术的应用,大大促进了北欧地区、加拿大和澳大利亚等地区利用当地价廉的大麦、小麦等饲料资源于家禽饲粮中。近年来我国玉米与小麦有时价格差距在每吨150~200元,因此上述酶制剂也有助于小麦等麦类能量饲料应用于鸡、猪饲粮中,达到降低饲料成本的目的。在鸡、猪饲粮中添加植酸酶,能明显提高以植物性原料为主的饲粮中的植酸磷的消化利用,降低无机磷的添加量,故能有效地减少磷排出和对环境的污染,且氨基酸和其他矿物元素的消化利用也有提高。由于现在生产的植酸酶抗高温及抗胃内低pH环境的能力较差,单位活性较低,生产成本较高,故此酶在生产中尚未得到广泛应用。目前,国外学者正利用转基因技术和特殊包被技术研制耐高温和胃低pH环境的高活性植酸酶,以及研制与植酸酶功能相似、而耐高温和抗低pH能力强于植酸酶的酸性磷酸酶,并已取得一定成效。福建省农科院动物营养研究中心已研究出pH值为2~3的植酸酶。有些公司采用转基因技术生产的植酸酶因质量提高、售价降低而越来越多地应用于鸡、猪饲粮中。外源酶制剂在饲料工业中应用的时代已经到来。由于上述三种酶制剂在鸡、猪饲粮中的成功应用,正激发人们研究其他酶制剂,如纤维酶、蛋白酶和淀粉酶等在饲料工业中的应用。外源酶制剂应用的目的主要有四:第一,弥补动物体内源酶分泌的不足,如用于幼畜和病畜上;第二,分解动物饲粮中的抗营养因子,如葡聚糖、戊聚糖、植酸和纤维等,从而提高饲料养分的消化利用率;第三,分解某些饲料中的毒素因子,如棉酚和异硫氰酸酯等,提高这些饲料原料的利用潜力;第四,在体外对难消化的动物副产品,如羽毛粉和皮革粉等进行预处理,从而提高这些动物副产品的利用价值。可见,外源酶制剂在饲料营养中有很大的研究与应用潜力。为确保酶添加剂在实际应用中的品质,国外正在研究酶添加于饲粮后的活性高效检测法。

微生物饲料添加剂是指用对动物消化道起有益作用的微生物经特殊工艺而制成的活菌制剂。它具有维持肠内菌群的平衡、抑制有害菌的繁殖、提高抗病性、增强免疫力、提高动物生长发育速度和饲料转化率的作用。由特异微生物发酵生产的饲用单位氨基酸主要有L-赖氨酸盐酸盐、DL-蛋氨酸、色氨酸和苏氨酸。在畜禽饲粮中使用外源氨基酸,可适当降低饲粮粗蛋白水平,减少非必需氨基酸的浪费,改善饲粮氨基酸的平衡性,使人们研究与应用畜禽饲粮的"理想氨基酸平衡模型"成为可能,因而可进一步提高动物的生产性能,同时减少氮排出对环境的污染。由微生物发酵生产的某些维生素,如B_2、B_{12}等普遍用于纠正畜禽的维生素缺乏症和改善畜产品的品质。随着畜禽养殖业的规模化、集约化与饲料工业的迅猛发展,必将需要大量的外源氨基酸和维生素,因此需要不断研究与应用大量高效发酵生产外源氨基酸和维生素的各种高新技术。

在畜禽饲粮中添加应用抗生素,可通过抑菌抗病、促进养分吸收等途径促进家禽的生产,改善饲粮转化效率,给养殖业带来显著的经济效益。

(二) 发酵工程在医药产业上的应用

利用传统发酵工程生产抗生素、维生素类药物、酶制剂以及β胡萝卜素等。

1. 抗生素的微生物合成

随着科学技术的发展,抗生素来源不再仅限于微生物,已扩大到动植物。它不仅可用于治疗细菌感染，而且可用于治疗肿瘤以及由原虫、病毒和立克次体所引起的疾病，有的抗生素还有刺激动植物生长的作用。自 1929 年英国人发现青霉菌分泌青霉素能抑制葡萄球菌生长以后，相继发现了链霉素、氯霉素、金霉素、土霉素、四环素、新霉素和红霉素等抗菌素。在近几十年内，抗生素的研究又有了飞速的发展，已找到的抗生素有数千种，其中具有临床效果并已利用发酵法大量生产和广泛应用的多达百余种。一个好的抗生素除应具有较广的抗菌谱外，还应具有较好的选择性，不产生过敏和耐药性，有高度的稳定性，收率高，成本低，适于工业生产。目前生产和应用的抗生素还不能完全满足以上要求，寻找新的抗生素仍然是很重要的任务。现在以抗肿瘤、抗病毒、抗真菌、抗原虫、广谱和抗耐药菌的抗生素为主要研究方向，已成功地建立了用于治疗艾滋病、抗老年性痴呆症、消除肥胖症、控制糖尿病并发白内障、抑制前列腺肿大的抗生素的筛选模型，估计近年内可取得一系列成功。因此，现在利用发酵技术生产的"抗生素"可以把微生物代谢产生的对人类疾病的预防和治疗有用的物质都包括进去。

2. 医用酶制剂的发酵生产

目前，我国每年约有 60 万人死于冠心病，约 120 万人死于脑梗塞、脑溢血，而美国每年约有 15 万人死于中风，约 80%的病例是由于阻止血液流向大脑的血凝块而导致突发性死亡。近年来，除链激酶、链道酶、尿激酶、葡萄糖激酶、金葡激酶、组织型纤溶酶激活剂等之外，蚓激酶也得到开发。它们都是溶血栓的有效药物，已进入临床实用。微生物生产的溶栓酶存在其优越性：只要有高产菌种，生产工艺条件确定以及产品具备有效性或高效性，即可实现规模生产。最近，天津科技大学研究人员正在开展新的溶血栓酶研究。他们从我国十酒药中分离到一种根霉，能生产血栓溶解酶，溶血栓活性高，且专一性强，对血细胞无分解作用，而且低毒、价廉。此外，日本从食品中分离到天醅激酶和纳豆激酶，能在血液中停留10h，显示出对血纤溶蛋白的强烈分解活性，且无任何副作用。

第五节 生物技术在农业上的应用

一、分子农业

Fischer 等提出了分子农业（Molecular farming）概念。它是指用农业生产廉价诊断蛋白质的抗体取代微生物发酵技术。最近引人注目的新发展是利用植物生产原来只有动物才能生产的医药和营养产品。这是一个新领域，所提供的机会开始时较小，但随着时间的延续，这些新兴产业会成长壮大。由于可以利用各种农作物，因此该行业的效益潜力将取决于产品的销售价格和生产成本之间的差额。对于生产的有特殊用途的蛋白质，依据用途的不同，其效益也会有差异。生产高效医药品是分子农业的首选产品。但随着该项技术的进一步完善，生产效率会变得更高，生产规模也会扩大，生产成本也将降低。比如生产新颖的塑料制品或者酶制品也许会使烟草种植的面积增加。1997 年 10 月在加拿大召开了首届分子农业国际会议。利用植物反应器（plant bioreactor）生产的制剂没有艾滋病毒、肝炎病毒等问题。1998年，Hiatt 等在世界上首次报道在植物中表达全长抗体，随后 IgG、IgM、IgG/IgA 嵌合体，Fab、V_H 等抗体片段的表达使其在免疫治疗、提高植物抗病性、调整植物代谢等方面显示了一定的前景。同时许多科学家开始了植物口服疫苗的研究。Tariq 用农杆菌介导转化烟草叶片和马铃薯块茎获得了肠毒素基因（LT）的表达，它们侵染胃肠和呼吸道上皮黏膜表面,刺激黏膜免疫反应产生分泌型抗体 SIgA,实验证明,通过口服疫苗能产生比注射产生更好的免疫效果。这个重组疫苗的获得为植物口服疫苗的产生奠定了坚实基础。至今已有霍乱弧菌毒素等十几种微生物病原体疫苗基因在植物体内得到表达。Sandhu 等在苹果原生质体内表达了呼吸道合胞病毒 F 基因,以水果作为表达疫苗的载体,使植物反应器的商业化前景更加令人鼓舞。此外,在植物体内表达人血清蛋白、干扰素、胰岛素、抗生物素蛋白(avidin)、抑蛋白酶肽(aprotinin)等的研究在国内外也取得了相当的进展。目前,植物反应器的研究已从烟草、马铃薯等模式植物转入禾谷类作物如水稻、玉米等。2000 年《Science》报道了 Ye 等把 3 个基因导入水稻胚乳,产生了大量维生素 A 前体(β-carotene),称此水稻为"Golden Rice"。2002 年 ProdiGene 公司与 Fibrogen 公司合作开发转基因玉米生产凝胶。此外,Medicago 公司也与 Fibrogen 签合同在紫花苜蓿中产生高质量的凝胶。在医药工业上凝胶常从动物(如牛)提取,但重组凝胶是避免疯牛病污染的很好的新途径。现全球有 20 家公司从事植物反应器生产药物。

二、杂种优势研究及其应用

杂种优势(heterosis)是两个亲本杂交产生的杂种第一代,在产量、生长势、繁殖力、抗逆性和品质等方面优于亲本的现象。就某些性状而言,具有明显的超亲优势。杂种优势的研究和利用是农业科学和生产上一个极为重要的领域。

果树的生命周期和育种周期较长,利用芽变、快繁等手段可以种植无限扩繁群体,大白菜等叶菜,人们食用的是其营养体,甚至核不育系也可用来生产杂交种并投入生产。在微型马铃薯、某些花卉、某些珍奇树种的生产中,快繁技术发挥了重要作用。

Smith 等(1990)用 230 个 RFLP 标记分析了 37 个玉米自交系间的异质性,表明杂合度与杂种优势高度相关。这给利用分子标记预测杂种优势和杂种优势利用带来了莫大的鼓舞。在水稻杂种优势的研究中,杂合度和杂种优势的相关性依研究材料而异。因而,引入并提出了特殊杂合度(根据对某一性状有显著效应的标记计算),在我国优良杂交稻亲本材料的双列杂交中,特殊杂合性与杂种优势有很高的相关性。

作物杂种优势利用一直受到高度重视,杂种优势利用的途径一般是利用胞质不育、化学杀雄、核不育和自交不亲和等,但其育种周期长或育性不稳定或纯度低等因素影响了杂种优势的利用。因而,利用基因工程技术寻找新的雄性不育材料和建立新的制种体系势在必行。

TA29 基因是烟草花药绒毡层高度特异表达基因,用 TA29 基因的启动子与 Barnase 基因融合构建了 TA29-Barnase 嵌合基因转化植物,可以获得人工雄性不育性并用于杂交育种。1990 年和 1992 年 Mariani 获得烟草和油菜雄性不育系与恢复系。此后,一些学者相继报道了利用该基因转化多种作物的研究,已分别获得了油菜、烟草、花椰菜和莴苣、棉花、白菜、甘蓝等转基因植株。

近年来,探索杂种优势利用新途径的探索备受重视,抗除草剂基因可以用于机械化制种和保证杂种纯度,其原理如图 5-1-1 所示。

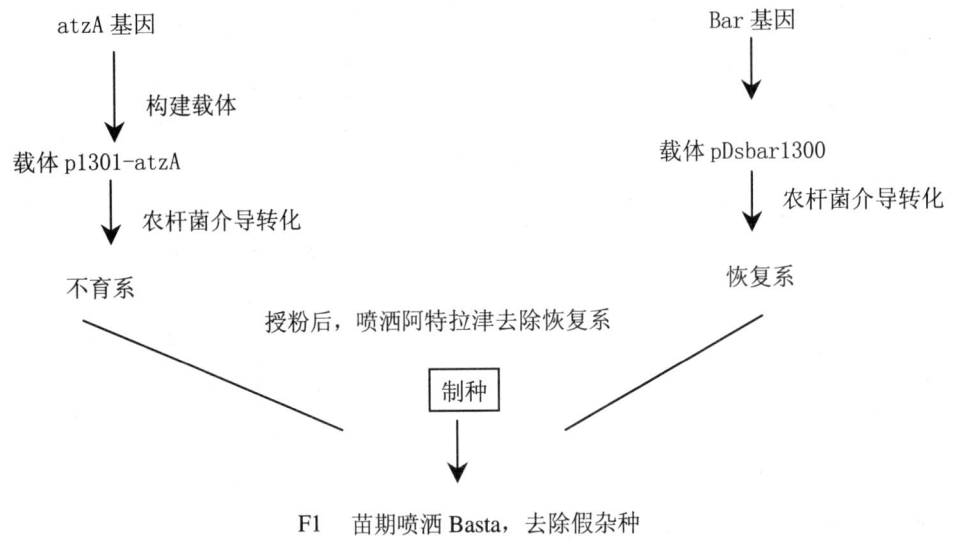

图 5-1-1 利用 atzA 基因和 Bar 基因进行机械化制种

利用核不育基因也可实现利用杂种优势的新途径,其原理如图 5-1-2 所示。

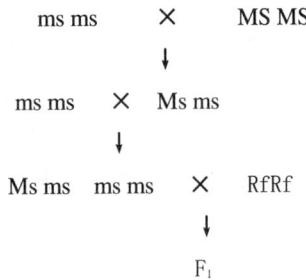

图 5-1-2 一个杂种优势利用新途径

克隆 MS 基因并与致敏基因相连,在前期喷洒致敏物即可杀死可育株,从而实现制种。不育系(ms ms)和保持系(MS MS)近等基因系,这个体系既可繁种,又可制种。

野生种和近缘种中蕴藏着丰富的有利基因,Xiao 等在野生稻中发现了两个 QTL,它们可显著地增加水稻产量,这些 QTL 已用于杂交稻生产。

即将到来的"分子农业",即利用转基因植物合成医用蛋白质,特别是口服疫苗,不需常规微生物发酵工艺,只依赖农业技术即可完成,因此,分子农业的实现将为发展中国家人民的健康带来福音。

第六节 基因组工程

基因组(Genome)表示一个生物体所有遗传信息的总和。一个生物体基因组所包含的信息决定了该生物体的生长、发育、繁殖和消亡等几乎所有的生命现象。关于基因组的研究称之为基因组学（Genomics）。基因组学根据研究重点的不同可以分为序列基因组学（Sequence genomics）、结构基因组学（Structural genomics）、功能基因组学（Functional genomics）和比较基因组学（Comparative genomics）。序列基因组学主要研究测序和核苷酸序列；结构基因组学以建立生物体遗传、物理和转录图谱为主，是基因组研究的初级阶段；随着人类基因组计划、植物基因组计划和微生物基因组计划的斐然成果的出现，生物科学的研究进入后基因组时代。基因组学的研究也从结构基因组学转向功能基因组学。功能基因组学则是研究以转录图为基础的基因组表达图谱，它利用结构基因组学提供的信息，运用高通量序列分析技术、大规模实验技术、计算机统计分析技术和生物信息学等来研究基因的功能，是基因组研究的高级阶段。比较基因组学则包括对不同进化阶段基因组的比较和不同种群和群体基因组的比较。

一、基因组计划概况

（一）人类基因组计划（Human Genome Project，HGP）

测定人类整个基因组 DNA 序列的想法早在 1984 年由美国能源部提出，1987 年美国开始筹建"人类基因组计划实验室"。人类基因组计划（HGP）于 1990 年正式启动，计划在 15 年内提供 30 亿美元，至 2005 年完成人类基因组全部序列的测定。随后英、法、日、德等国启动人类基因组计划。1994 年初，在国家自然科学基金委员会和"863"高科技计划支持下，中国人类基因组计划开始启动，1999 年 3 月，中国获准加入国际人类基因组计划，负责测定 3 号染色体上的 3 000 万个碱基对。中国是继美、英、日、德、法之后第 6 个国际人类基因组计划参与国，也是参与这一计划的唯一发展中国家。2001 年 2 月 12 日美国 Celera 公司与美国国家人类基因组计划分别在《Science》和《Nature》上公布了人类基因组精细图谱及其初步分析结果。2001 年 8 月 26 日中国宣布国际人类基因组计划中国部分"完成图"提前 2 年绘就，并于当天通过了由国家科技部和中国科学院联合组织的专家验收。2001 年 9 月 1 日，国际人类基因组计划核心人物兰德博士欣喜地透露：整个人类基因组的最后完成图已绘制过半，另有 40% 的序列已接近完成图。从工作框架图到完成图，意味着整个基因组的序列覆盖率将达到 100%，准确率达到 99.99%。整个人类基因组的完成图预计到 2003 年绘就。

人类基因组计划的目标包括鉴定人类染色体组中的全部基因；确定人类全长DNA的碱基序列；以这些信息数据建立数据库；开发更迅速有效的测序技术和数据分析工具；并论证由该计划引起的伦理、法律和社会问题。另外，研究者还同时致力于对某些非人类生物体的基因组成的探索（如常见的人类肠道中的大肠杆菌、果蝇和实验小鼠）。

人类基因组计划的基本宗旨是对人类基因组3×10^9个脱氧核苷酸进行作图和测序，进而解读和破译生老病死以及语言、记忆和疾病发生的遗传信息，主要任务包括测序、作图（遗传图、物理图、转录图、序列图）和基因识别。众所周知，人类全部24条染色体的3×10^9个脱氧核苷酸对组成了约10万个人类基因，这些基因是控制人类生命活动的遗传基础。尽管对基因组中近95%非编码区（所谓"Junk"DNA）的作用还不清楚，但对5%的编码蛋白质的基因已有了大量的认识并已用于指导基因药物的生产。HGP研究的重要成果——序列图预计将比原计划缩短2年,在2003年顺利完成,届时基因组信息学将获得一个坚实的信息基础。

（二）水稻基因组计划

植物的基因组计划始于拟南芥和水稻，拟南芥基因组序列于2000年12月公布，包括1.3

亿个碱基对，2.5万个基因。水稻基因组序列于2002年4月公布，包括4.3亿个碱基对，4.6～5.6万个基因。

水稻是世界上最重要的禾谷类作物之一，由于其在单子叶植物中基因组最小（440Mbp），且与玉米、大麦和小麦在染色体上存在明显的共线性，从而成为基因组研究的模式作物。

水稻基因组是迄今为止所测植物基因组中最大的，约为人类基因组的七分之一，大约4.3亿碱基对。水稻的基因组序列是研究水稻的遗传变异、发育与进化的基础，更是培育高产、优质美味的优良品种的基础。正因为如此，在我国实施"中国杂交水稻基因组研究和开发计划"之前，国际上已开始3个"水稻基因组计划"。一是从1992年开始、1997年正式形成的"国际水稻基因组协作组"，我国是发起国之一，现已公布200Mb的BAC克隆的数据及一条染色体的全序列；另外两个是由美国的Monsanto和瑞士的Syngenta两家私人公司进行的，分别于2000年4月和2001年2月宣布完成了水稻"工作框架图"。前不久，IRGSP在因特网上公布了对水稻第一条染色体碱基测序的结果，这条染色体上存在着决定水稻杆高和结实方式的基因，这一研究成果由日本和韩国的科学家共同完成。根据测序结果，第一条、也是最大的一条染色体由4 600万个碱基对构成，上面有大约7 000个基因；如果其染色体上也有相同数目的基因，那么水稻的基因总数有可能在8万个左右；瑞士一家企业宣布已经解析出水稻的大约99.5%的碱基序列，结果促使IRGSP加快了研究步伐，把原定于2008年完成的绘制水稻基因图谱的计划提前到2001年底完成。

中国于2000年5月启动"中国杂交水稻基因组研究与开发计划"，以中国杂交水稻父本籼稻9311为研究对象。2001年10月12日，中国科学院基因组生物信息学中心暨北京华大基因研究中心、杭州华大基因研究发展中心完成了具有国际领先水平的中国水稻（籼稻）"基因组"工作框架图和数据库。该课题的主要承担单位有中国科学院遗传研究所和国家杂交水稻研究中心，参加单位有中国科学院计算技术研究所、理论物理所、生物物理所，北京大学、浙江大学、神州数码等。我国完成的水稻基因组"工作框架图"在网上公布数据将打破私营公司的垄断。国际上3个"水稻基因组计划"使用的研究材料都是粳稻，而我国使用的材料是籼稻，这将推动全球的水稻研究和育种并促进其他农作物基因组的研究。

我国获得的水稻基因组"工作框架图"和数据库，是"中国杂交水稻基因组研究和开发计划"的第一部分，其"精细图"在2002年完成。与此同时还将进行超级杂交母本"培矮64s"的比较基因组研究，在此基础上，我国科学家将全面开展杂交稻杂种优势机理研究和基因预测分析，解析和发现与水稻育性、丰产、优质、抗病、耐逆、成熟期等有关的遗传信息和功能基因，进而发现控制优良性状如米质、香味、抗性的因子，为我国的水稻应用研究和育种提供全面的生物信息服务。

浙江大学生物技术研究所于2001年12月率先在国内独立开发出容量为13 400点的水稻基因芯片，同时还完成了36 000个水稻基因片段的分离、测序和分析，并在国际权威基因库的水稻EST（基因表达序列标签）数据库中发布了20 381条EST序列。水稻基因芯片的研制成功，将加快新型农药除草剂的筛选，为优质、高产、高抗作物育种提供有效手段，为作物性状的遗传机理和功能基因组研究提供基础材料。"水稻基因组计划"在农业生产上的意义，完全可以与人类基因组计划在人类健康中的意义相媲美。对水稻全基因组序列的分析，可以获得大量的水稻遗传信息和功能基因：全面了解其遗传机理，同时得到大量用于作物改良的有益基因。水稻已成为公认的禾本科作物的"模式生物"。研究水稻的基因组，有助于了解小麦、玉米等其他禾本科作物的基因组，从而带动整个粮食作物的基础与应用研究，水稻"工作框架图"的绘制和公布，将为世界粮食作物的基础性和应用性研究提供宝贵的数据化信息，促进我国生物技术的产权化、产业化进程，也必将会促进我国在此领域的快速发展的新的突破。

二、基因组工程研究的核心内容

基因组工程研究的核心内容是构建四张图，即遗传图、物理图、序列图、转录图。下面以水稻为例分别进行介绍。

1. 遗传图

遗传图又称连锁图，它是以遗传距离表示基因组内基因座位相对位置的图谱。构建遗传图常用到以下两种分子标记：RFLP 标记和 SSR 标记。RFLP 即限制性内切酶片段长度多态性，其原理是用限制性内切酶特异性切割 DNA 链，在不同样品间可产生差异，再通过电泳来显示这些"多态性"，进而通过连锁分析，确定相对距离。RFLP 遍布整个基因组，目前的遗传图均是以 RFLP 标记为基础的。1989 年 SSR 标记（又称微卫星标记（microsatellite marker））系统开始建立，它们的重复单位长度为 2～6 个核苷酸，有时又被称作"简单串联重复（STR）"或"简单序列重复（SSR）"。SSR 的突出特点是高度多态性，提供的信息量大，另外，可采用 PCR 技术使操作实现自动化。由于它们在基因组中分布广、数目多，符合孟德尔遗传理论，因而可以为连锁分析提供足够多的遗传信息。又加之利用 PCR 及电泳检测相对容易，使得这一系统成为目前在基因定位中应用最多的标记系统。它们是目前大规模基因组扫描法的基础。

康乃尔大学构建了第一张比较饱和的遗传图谱。构图群体为（非洲籼型陆稻×长药野生稻）×非洲籼型陆稻的回交群体，双亲多态性相当高，只需用 3 种内切酶，多态性接近 100%。除基因组克隆外，还大量应用水稻和其他禾谷类作物的 cDNA 克隆，这些 cDNA 克隆的单拷贝比例达到了 85%。这张图谱共含 722 个标记：包括 238 个水稻基因组克隆、250 个水稻 cDNA 克隆、112 个燕麦 cDNA 克隆、20 个大麦 cDNA 克隆、11 个 SSLP 标记、3 个端粒及其他一些标记。覆盖水稻基因组 1 491cM，使平均图距缩小至 2.0 cM。

日本的水稻基因组计划（RGP）的研究小组利用345个Nipponbare/Kasalash F2植株，构建的图谱定位了2 275个标记，覆盖12个连锁群的1 521.6cM 。最近他们又构建了一个更密标记的连锁图谱，新增标记992个，使遗传图谱上的标记增加到3 267个；利用次级三体和终级三体（telotrisomics）将经典遗传和分子遗传中的着丝粒位置确定，修正了分子图谱的方向，把RFLP标记定位到特定的染色体臂上；Wu等构建了水稻第11和第12染色体短臂末端重复基因组区域的图谱，重复基因组区域大小是2.5Mbp，表明水稻也存在大染色体片段的重复区域。

最近，美国康乃尔大学发表了 2 240 个 SSR 标记的遗传图谱，如图5-1-3 所示。

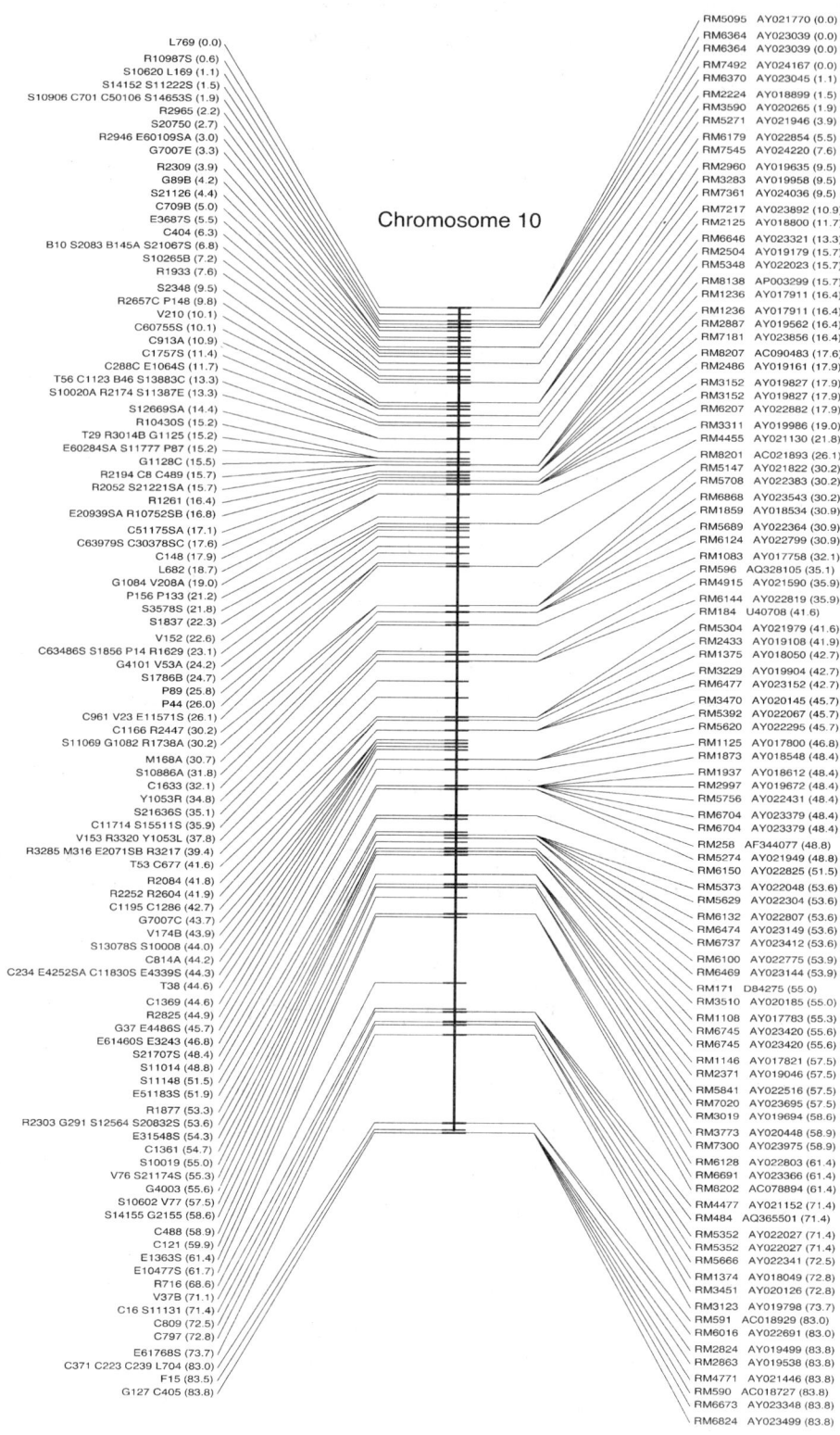

图 5-1-3 水稻第 10 染色体的整合遗传图（左为 RFLP 标记，右为 SSP 标记）

2. 物理图

水稻物理图谱的构建有利于以图位克隆技术分离目的基因，因此，基因物理定位研究是水稻基因组研究计划的一个重要方面。水稻有12条染色体，总长4.3亿个核苷酸，包含着水稻的全部遗传信息。在科学上，直接连续测定一条完整的染色体序列目前还有困难。因此，需要先将它切成一定长度的较小的DNA片段，然后对这些小片段分别进行测序，物理图正好满足了这一要求。

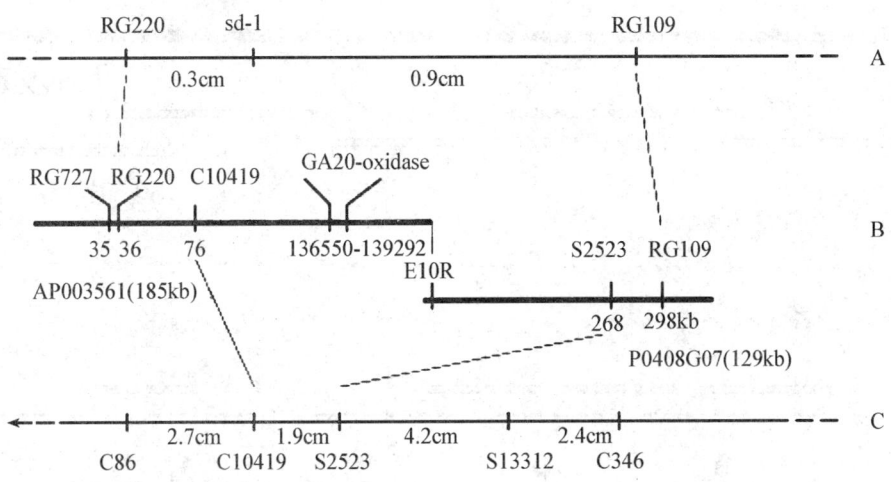

（A）sd-1基因区的遗传图　　（B）sd-1基因区的遗传图与物理图　　（C）sd-1基因区的高密度遗传图

图5-1-4　sd-1基因区的遗传图与物理图

物理图有两个重要意义：第一，根据遗传研究所得的有关信息，利用物理图获得基因。第二，物理图为测定水稻基因组DNA全序列提供骨架。

染色体物理图是由部分重叠的许多小片段按次序排列所构成。次序排列依赖序位标（Sequence Tagged Sites，STS）。STS是定位于染色体区段上的分子标记，假如一个基因位于M_1和M_2之间，经查看物理图，便可知这个基因位于DNA片段（如BAC片段）所构成的区域内。

由遗传图可知，sd-1基因位于RG220和RG109之间，分别相距0.3cM和0.9cM。由物理图可知，sd-1基因涉及由AP003561和PO408G07等大片段组成的重叠群，位于C10419和S2523之间大约192Kb的区域内，sd-1基因大小为2742bp（136550-139292）。

3. 序列图

基因组DNA测序的策略，大致可分为全基因组随机测序（whole genome shotgun sequencing）t和根据物理图测序（physical map-based sequencing）两大类。其实在后一种战略中，当测定每个克隆时，所使用的也是随机测序方法。

我国第4号染色体测序是根据物理图展开的，测序的基本战略是：

（1）在重叠群体中选出一条彼此重叠最少的有序BAC克隆；

（2）对每个BAC克隆进行亚克隆；

（3）建立起亚克隆序列重叠群；

（4）用"半随机法"延伸亚克隆序列重叠群长度；

（5）通过引物步行（primer walking）等技术定向填补缺口。

1998 年，Venter 提出了全基因组测序法，于军等人使用此法测定了水稻 93-11 的全序列，其基本策略如图 5-1-5 所示。

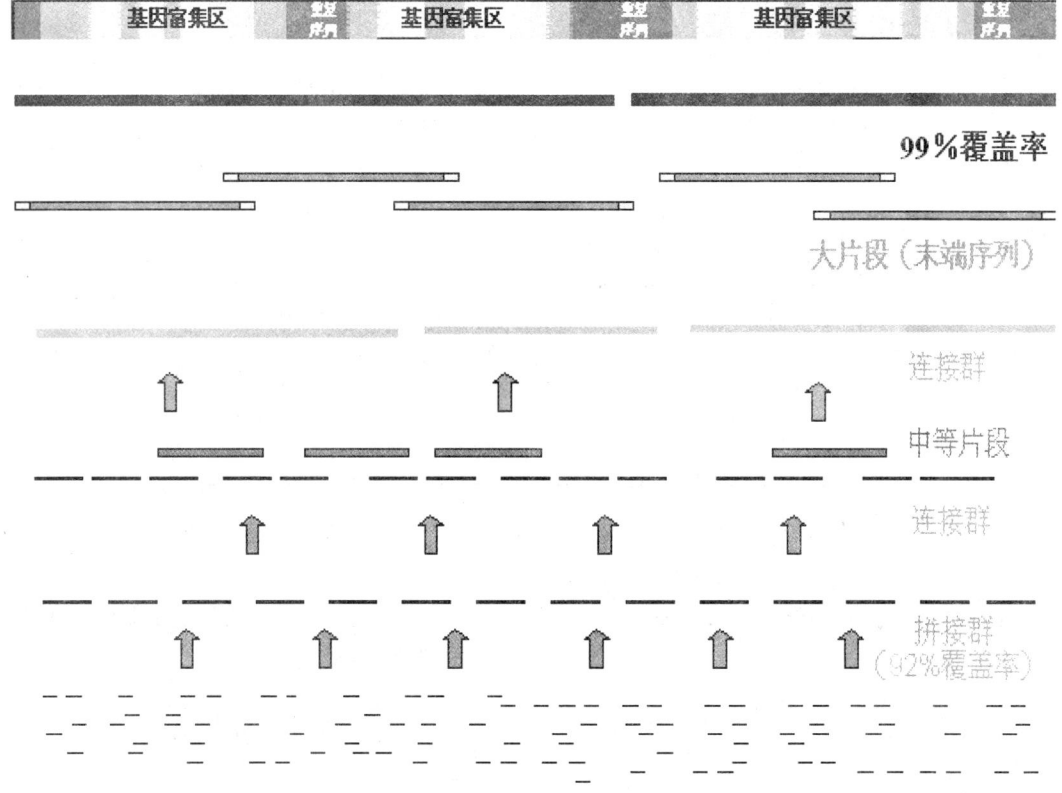

图 5-1-5　水稻基因组序列测定策略

随机测序是选取 1-2Kb 基因组 DNA 进行测序，然后进行组装和注释。

使用以上两种方法获得的序列图均可在公共序列数据库读取。序列图的发表，使得基因组计划进入了一个新阶段。

4. 转录图

转录图可用来分析基因组的组成、组织结构。水稻大约包括 50 000 个基因，通过转录图的绘制，可以了解基因在 12 个染色体上的定位和分布。通常情况下，可以用表达序列标签（Expressed Sequence Tag, EST）代表基因，依此序列，设定引物，以 YAC 片段作模板进行 PCR 扩增，绘制转录图。转录图可用于遗传研究、基因分离、基因组测序，还可用于不同作物的比较基因组研究。

基因组计划绘制的转录图如图 5-1-6 所示。

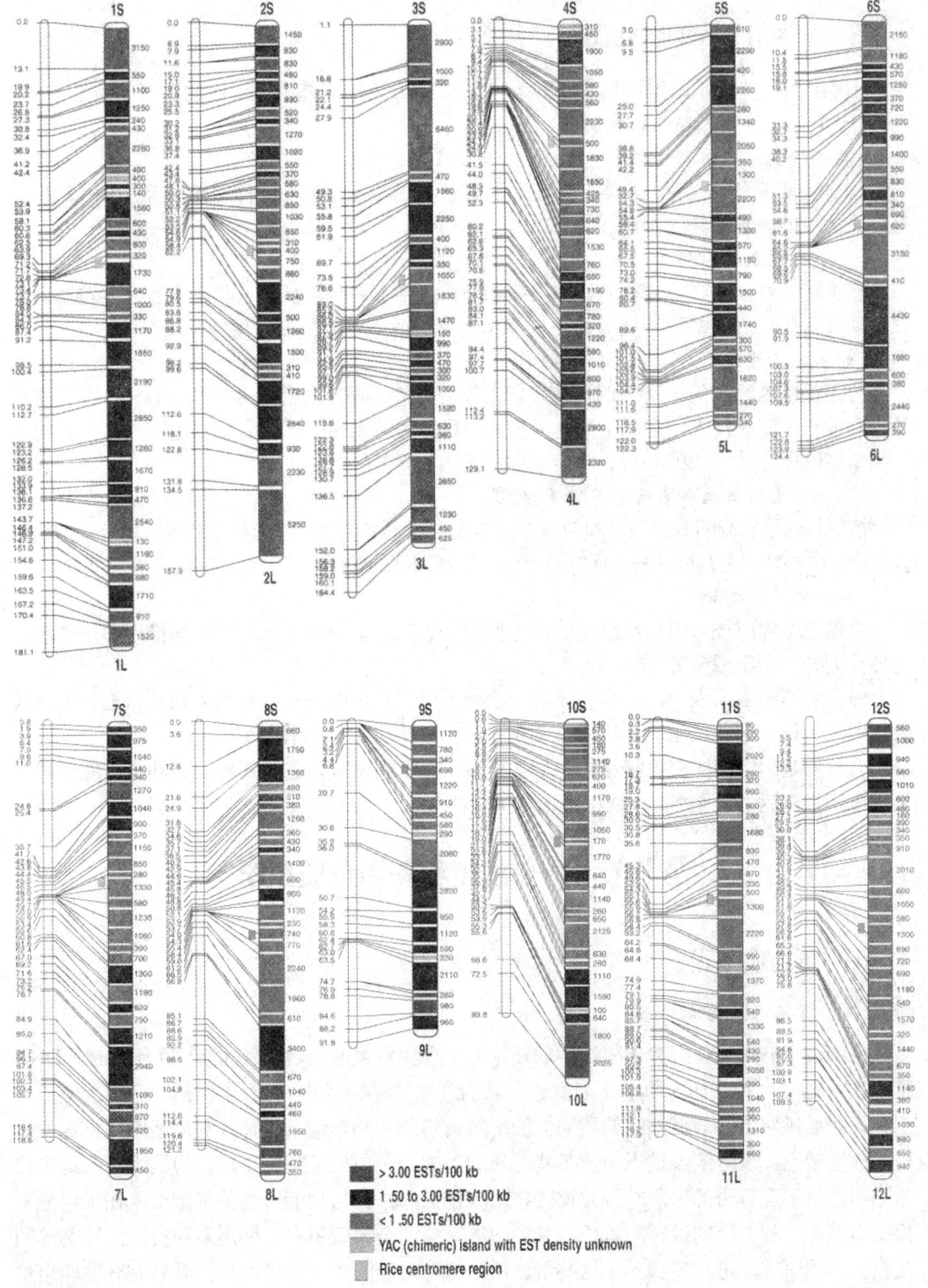

图 5-1-6 水稻转录图

三、基因组工程的研究任务

以美国国家植物基因组计划（1997年5月启动）为例，基因组工程的研究任务是：

（一）拟南芥和水稻基因组测序

（二）结构基因组研究

绘出包括玉米、大豆、小麦、大麦、高粱、水稻、棉花、西红柿和松树等10~12种具有经济价值的关键植物的基因图谱。

（三）功能基因组研究

着重研究对作物产量具有明显作用的基因，包括那些带有抗病、种子生长、谷粒质量和开花期等密码信息的基因。此外，还包括那些对其他基因起控制作用的基因。

（四）技术开发

为了保证植物基因组研究的迅速发展，需要持续不断地进行技术开发。DNA芯片技术是一种很有希望的技术，它用于同时分析几千种基因的表达方式，以及迅速鉴别基因功能。诸如新型绘图方法、成像系统、特定基因标记方法等新技术。

（五）基因组数据和资源的分发和使用

植物基因组研究的专用工具和数据库，与人类基因组工程一样向社会开放。所有大型植物基因研究中心都有公共网站公布研究结果。植物基因组的数据与其他基因组的数据相整合。

（六）推广与培训

为保证基因组技术向最终用户的迅速扩散，短期培训班和专题讨论会等推广和培训活动是该计划的一个组成部分。

像人类基因组工程一样，没有任何一个国家能够有足够的资金和人力来独自进行大规模的基因组工程。因此，植物基因组计划也是一个庞大的国际合作计划。

对植物基因组的研究已将植物生物学推向了一个新阶段，它将对农业、环境、能源和人类健康产生深远的甚至难以预想的积极影响。

第七节　蛋白质工程和蛋白质组学

一、蛋白质工程

（一）蛋白质工程的产生

生物技术的兴起使得分子生物学的理论与工程实践紧密结合。20世纪70年代初，DNA重组技术诞生，并成功地用于基因操作，从而产生了基因工程。80年代初，产生了蛋白质工程，即通过对蛋白质已知结构和功能的了解，借助计算机辅助设计，利用基因定位诱变等技术改造基因，以达到改进蛋白质某些性质的目的。蛋白质工程的出现，为认识和改造蛋白质分子提供了强有力的手段。张龙翔等在对胰蛋白酶结构与功能研究的基础上，在国内最早提出蛋白质工程研究的设计与构想。其后陆续开展了金属硫蛋白、胰岛素和抗凝溶栓剂等的蛋白质工程研究，进一步揭示了这些蛋白质结构与功能的关系，获得了一系列有开发应用价值的蛋白质突变体。

蛋白质工程就是通过对蛋白质结构和功能关系的认识，按人类的需要通过基因工程途径定向地改造和创造蛋白质的理论及实践。它是一门应用多学科知识和技术的综合性的学科，需要有多学科的基础。第一，蛋白质结构分子生物学的研究和深入，特别是对酶等蛋白质空间结构的细节的了解认识，为阐明蛋白质的生物学功能和进一步改造蛋白质奠定了基础。因此可以说蛋白质工程是蛋白质化学和结构分子生物学研究走向深入的产物。第二，20世纪70年代初建立起来的基因工程技术实现了人们利用大肠杆菌以至于其他宿主系统表达蛋白质的愿望，然而传统的基因工程只能直接操作单个或者数个完整的基因，得到的只能是接近天然存在的蛋白质，而往往又达不到天然蛋白质的某些功能，这就要深入到对基因内部的认识和改造，通过特定碱基的改变实现蛋白质局部构象的改变以获得特定的功能，基因定点突变在技术上发挥了重要作用。因此可以说蛋白质工程又是核酸研究和蛋白质研究相结合的产物，是基因工程的深入和延伸，它需要基因工程作基础手段，又不等同于基因工程，相比之下蛋白质工程的盲目性减少了，科学性增加了，工程性加强了，有人也把它称为"第二代基因工程"。第三，电子计算机的问世，以及计算机技术向生物学领域渗透对蛋白质工程的建立起了决定性的作用。因为蛋白质空间结构分析是一项复杂细致的工作，有大量数据处理，单靠人脑和手工是远远不能实现的，而要实现特定功能的结构改变也需要把数据转变成图像进行结构预测和分子设计，能胜任这些工作的非计算机莫属，因此蛋白质工程的创立和发展很大程度上取决于计算机技术的应用和发展。总之，正是以上这些学科的高度集成，在20世纪80年代初蛋白质工程这门新学科应运而生。

利用蛋白质研究植物功能基因组可以得到以下三个方面信息：从基因序列预测的基因产物的翻译情况；基因产物的相对浓度；基因产物的相对浓度；基因产物翻译后的修饰程度。蛋白质组学将基因表达的数据与植物代谢的问题和植物表型的问题紧密连在一起，这个方法既可以用于研究植物生理机制，又可以用于研究未知功能的蛋白质。

(二) 蛋白质工程的基本原理及研究内容

蛋白质工程所要实现的目标就是根据人类的需要改造天然蛋白质或设计创造自然界没有的新蛋白质。实现蛋白质工程目标有三个环节的工作要做。第一，需要用结晶学技术诱生、培养并获得蛋白质晶体，而且尽可能得到微晶，利用X射线技术通过晶体衍射仪收集衍射数据，经等密度图转换，对晶体进行测量、分析、确定蛋白质的三维结构。除此之外还可以通过分光光度计、核磁共振、环二色性、电镜等技术获得某些结构信息。第二，需要借助电子计算机对蛋白质进行选择饰变，可通过模拟三维图像进行能量计算和动力学研究，从氨基酸化学结构预见空间结构，也可通过建立数据库、专家系统和人工智能等途径确定蛋白质结构和功能的关系，找到所要修饰的位点。第三，通过改变编码蛋白质的基因的核苷酸实现蛋白质结构的改变，这首先需对基因序列有所了解，然后通过定点突变（SitoDirected Mutagenesis）技术进行碱基替换，这就需要一整套的基因操作技术。总之，通过这三个环节的工作才能对所饰变的蛋白质的结构和功能有一基本认识。由于目标不同，起点可能不同，如对已有的蛋白质改造，需要从结构测定入手；而创造新的蛋白质，可通过已有的蛋白质结构功能信息资料进行分子设计，通过基因表达后再对表达产物的结构和功能进行检测、分析。要获得一理想的蛋白质工程产品往往需进行多轮的饰变、分析、检测与修改的过程才能实现。

通过蛋白质工程进行改造的蛋白质一般都具有很大的商业价值。目前主要采用微生物发酵法、动物细胞培养法来实现对蛋白质的大规模生产。在工业上，必须采用大规模的方法来分离、纯化蛋白质产品。对于细胞内的酶来说，首先是将细胞破碎，可用Manton-Gqulin匀浆器，也可用Dyno-Mill球磨机；其次要除掉细胞碎片，固液分离，可用离心、过滤、双水相体系萃取、超滤和沉淀法来分离、浓缩目的蛋白。已有的研究表明，双水相体系萃取技术是生物化工中一个极有开发前途的蛋白质或酶分离纯化技术。然后采用大规模层析技术得到纯酶制剂。大规模层析技术包括离子交换层析、凝胶过滤、疏水层析、亲和层析、高压液相层析、聚焦层析等。与此同时，酶活性测定或临床检测都必不可少。我们将这些技术统称为蛋白质工程的下游技术，这些技术对能否获得高质高量具有生物活性的蛋白质工程产品至关重要。

二、蛋白质组

（一）蛋白质组学的产生

人类基因组计划（Human Genome Project，HGP）是人类有史以来最伟大的认识自身的世纪工程，旨在阐明人类基因组 DNA 3×10^9 核苷酸序列，希望在分子水平上破译人类所有的遗传信息。经过各国科学家十几年的努力，HGP 已取得了巨大的成绩。科学家认为，生命科学已进入了后基因组时代，而功能基因组（Functional Genomics）的研究，则是这一时代的核心内容。可以说，HGP 已开始了由结构基因组学向功能基因组学的过渡、转化过程。功能基因组学采用一些新的技术，如微阵列，DNA 芯片，可对成千上万的基因表达进行分析比较，并从基因整体水平上对基因的活动规律进行阐述。但是生命现象的主要体现者是蛋白质，而蛋白质有其自身的特定活动规律，仅仅从基因的角度来研究是远远不够的。因此产生了一门在整体水平上研究细胞内蛋白质的组成及其活动规律的新兴学科——蛋白质组学（Proteomics）。

（二）蛋白质组学的概念

蛋白质组和蛋白质组学的概念是随基因组和基因组学的出现而出现的。蛋白质组（Proteome）的概念是由于基因表达水平并不能代表细胞中活性蛋白质的数量，基因组序列并不能描述活性蛋白质所必需的翻译后修饰和反映蛋白质种类和含量的动态变化过程而提出的。在一定条件下某一基因组蛋白质表达的数量类型称为蛋白质组，代表这一有机体全部蛋白质组成及其作用方式，有关蛋白组的研究称为蛋白质组学。蛋白质组（Proteome）一词最早由澳大利亚学者 Wilkins 等于 1994 年提出，指的是由一个基因组（Genome）或一个细胞、组织表达的所有蛋白质（Protein）。从这个定义看，蛋白质组内蛋白质的数目应该等于基因组内编码蛋白的基因的数目（准确地说是 ORF 的数目），但在生物体内这样的蛋白质组是不存在的。从基因表达的角度看，蛋白质组中蛋白质的数目总是少于基因组中开放阅读框（ORF）的数目，但从蛋白质修饰的角度看，蛋白质的数目又远远大于这个数字。基因组基本上是固定不变的，然而蛋白质组是动态的，具有时空性和可调节性，能反映出特定基因的表达时间、表达量，以及蛋白质翻译后的加工修饰和亚细胞分布等。与过去将大量时间花在某个特定的蛋白质上不同，蛋白质组学（Proteomics）是在蛋白质水平上定量、动态、整体性地研究生物体。同基因组学一样，蛋白质组学不是一个封闭的、概念化的、稳定的知识体系，而是一个领域。它旨在阐明生物体全部蛋白质的表达模式及功能模式，其内容包括蛋白质的定性鉴定、定量检测、细胞内定位、相互作用研究等，最终揭示蛋白质功能，是基因组 DNA 序列与基因功能之间的桥梁。蛋白质组学是研究细胞内所有蛋白质及其动态变化规律的科学，它是从更深层次上去认识生命活动的规律，也是基因组计划由结构走向功能的必然与必需，是生命科学由分析走向综合的必由之路。科学家们预测，21 世纪生命科学领域内一个崭新的时代——蛋白质组学时代即将开始。

蛋白质组（Proteome）是指一个基因组、一种生物或一种细胞组织所表达的整套蛋白质。而有关蛋白质组的研究称为蛋白质组学（Proteomics）。

（三）蛋白质组学研究内容及主要研究手段

蛋白质组研究包括对蛋白质的表达模式的研究和对蛋白质功能模式研究两个方面。对蛋白质组的表达模式的分析鉴定是蛋白质组学中的与基因组学相对应的主要内容。它要求对蛋白质组进行表征，即实现所有蛋白质的分离、鉴定及其图谱化。

双向凝胶电泳（2DE）和质谱技术（Massspectrometry）是当前分离鉴定蛋白质的两大支柱技术。通过分析一个蛋白质是否跟功能已知的蛋白质相互作用可得到揭示其功能的线索。利用大规模酵母双杂交系统，建立相互作用关系的网络图，是目前蛋白质组学领域的研究热点。

它的核心实验工具是二维凝胶电泳和质谱分析。蛋白质组分析首先要求分离亚细胞结构、细胞或组织等不同生命结构层次的蛋白质，目前一般采用高分辨率的双向聚丙烯酰胺凝胶电泳。一种正常细胞的双向电泳图谱通过扫描仪扫描并数字化，通过二维分析软件可对数字化的图谱进行各种图像分析，包括分析蛋白质在图谱上的定位，分离蛋白质的计数，图谱间蛋白质差异表达的检测等，然后对分离出的蛋白质进行鉴定。为适应大规模蛋白质组分析，质谱已逐渐成为蛋白质鉴定的核心技术。除此之外，还有Edman降解法测N端序列，氨基酸组成分析等。由这些技术测得的完整蛋白质分子量、蛋白质的肽质谱以及部分肽序列等数据，通过相应的数据库的搜寻来鉴定蛋白质，即所谓的"组成蛋白质组"。蛋白质组分析的第二步是比较分析在变化了的条件下蛋白质组所发生的变化，如蛋白质表达量的变化，翻译后的加工修饰等；或者在可能的条件下分析蛋白质在亚细胞水平上的定位的改变等，从而发现和鉴定出特定功能的蛋白质（组），可称为"功能蛋白质组"。

第八节 生物信息学技术及其应用

一、生物信息学的形成

（一）生物信息学的基本概念

人类基因组计划和各种模式生物基因组计划的实施，使基因组测序、蛋白质序列测定和结构分析等实验产生了大量的有关生物分子的原始数据。处理和分析数据的过程中，一门新兴的交叉学科——生物信息学产生了。"生物信息学"是英文单词"Bioinformatics"的中文译名，美籍马来西亚裔学者在1991年发表的文章中首次使用。

生物信息学是应用计算机技术管理生物信息，生物学、数学、物理学、化学、计算机科学等众多学科交叉的新兴学科。以核酸、蛋白质等生物大分子数据库为主要研究对象，以数学、信息学、计算机科学等为主要研究方法和手段，以计算机硬件、软件和计算机网络为主要工具，对海量生物大分子的原始实验数据进行存储、管理、注释、加工，使之成为具有明确生物意义的生物信息；通过对生物信息的查询、搜索、比较、分析，从中获取基因编码、基因调控、核酸和蛋白质结构功能及其相互关系等理性知识；在大量信息和知识的基础上，探索生命起源、生物进化以及细胞、器官和个体的发生、发育、病变、衰亡等生命科学中的重大问题，在研究清楚它们的基本规律和时空联系的基础上，建立"生物学'元素'周期表"。当然，这一定义还会随着生物信息学研究的发展而进一步完善。

（二）生物信息学的产生

20世纪80年代末，人类基因组计划的启动推动了生物信息学的产生和蓬勃发展。人类基因组计划的直接结果是获得了大量不连续的数据。对这些数据的收集、存储,并进行分析、解释,从中获取有用的生物学信息,导致了生物信息学的产生。这至少包括两方面的涵义:一方面需要发展有效的信息分析工具,构建能管理巨量数据的人类基因组研究数据库,用于储存、查询、管理和使用人类基因组计划所产生的海量信息;另一方面需要配合实验研究,确定人类基因组约30亿个碱基对的核苷酸顺序,找出全部人类基因(最新估计大约35 000个)在染色体上的位置、结构及功能,即"读懂"人类基因组。简言之,生物信息学有两个重要任务,一是管理好海量生物信息数据,二是用好这些数据,从中发现新的规律,造福人类。随着生物科学与技术的迅猛发展,生物学及相关数据的数量之大(特别是人类基因组测序所得到的数据)远远超出了人们的想象。面对生物信息的爆炸性增长,现有的信息收集、储存、处理和分析方法与工具已远远不能满足实际研究的需要,亟待更新。随着人类基因组计划的实施,越来越多的微生物和其他模式生物也已完成了全基因组测序工作。这些大型国际合作项目所产生的巨量数据,对数据处理工作提出了前所未有的要求。人们已经迫切认识到,如果不能及时分析和有效利用这些信息,那么耗费巨资开展人类基因组计划所得到的海量数据,无异于增加一堆垃圾。生物信息学——生物学与计算机和信息科学相结合的产物应运而生,对解决上述问题正发挥着愈来愈重要的作用,具有广阔的发展前景。

二、生物信息学的发展

随着信息时代的到来,随着计算机技术广泛地介入生物学领域,生物信息学伴随着人类基因组计划的实施逐渐发展壮大,从其研究的主要内容看,功能基因组信息学、比较基因组学、蛋白质的结构预测以及药物设计是生物信息学的三个重要组成部分,并有机地结合在一起。

生物信息学自产生以来,大致经历了前基因组时代、基因组时代和后基因组时代三个发展阶段。前基因组时代的标志性工作包括生物数据库的建立、检索工具的开发以及DNA和蛋白质序列分析等;基因组时代的标志性工作包括基因识别与发现、网络数据库系统的建立和交互界面工具开发等;后基因组时代的标志则是大规模基因组分析、蛋白质组分析以及各种数据的比较与整合。这三个阶段虽无明显的界限,但能反映出整个研究重心的转移变化情况。在后基因组时代,生物信息学的研究内容主要可分为两个重要组成部分:基因组信息学和蛋白质组信息学。

(一)前基因组时代

主要工作包括生物数据库的建立、检索工具的开发以及DNA和蛋白质序列分析。例如,1972年蛋白质序列数据库出现;1978年,核酸序列数据库出现,收录有发表的5S和5.8S核糖体RNA序列;20世纪80年代开始建立GenBank,但数据量增长较慢。

(二)基因组时代

这一阶段生物信息学的主要工作是大量核苷酸序列测定、分析,新基因寻找和识别,以因特网为基础的网络数据库系统的建立和交互界面的开发以及基因组序列信息的提取分析等。例如,建立与发展表达序列标记(EST)数据库以及电子克隆(virtual cloning)技术,对具有重要生物功能的编码区和非编码区域的编码特征、调节信息与表达规律等开展研究。

(三)后基因组—蛋白质组时代

生命活动的执行者是基因的表达产物——蛋白质,因此,随着大量基因的破译及鉴定,这些基因编码的蛋白质正成为下一步的研究热点。生物信息学也将在大规模基因组分析(如完整基因组的比较研究、基因表达网络、非编码区功能预测等）、蛋白质组分析以及各种数据的比较与整合等诸多研究领域得到发展与完善。这一阶段生物信息学的主要研究工作将包括蛋白质组学（Proteomics）研究以及分析人类基因组草图等。

1. 功能基因组信息学

功能基因组信息学的研究是在全基因组水平上对基因或其表达产物进行全面分析，目的是探究基因的时空差异表达情况。在研究层次上，它主要侧重于从基因的转录水平进行研究；在研究内容上，它包括基因功能发现、基因表达分析及突变检测；在分析手段上，目前主要使用基因表达的系统分析（serial analysis of gene expression，SAGE）、cDNA微阵列（cDNA microarray）和DNA芯片（DNA chips）等分析技术。

（1）基因表达的系统分析　SAGE技术的主要理论依据是：来自cDNA 3'端特定位置的一段序列（称为SAGE标签）能够区分基因组中95%的基因。通过对cDNA制备SAGE标签并将这些标签串联起来，然后对其进行测序，不仅可以显示各SAGE标签所代表的基因在特定组织中是否表达，还可以将各SAGE标签所出现的频率作为其所代表的基因表达丰度的指标。应用SAGE技术的一个必要前提是GenBank中必须有足够的某一物种的DNA序列资料，尤其是序列表达标签（EST）序列的资料。目前该技术在人类基因组研究中应用较为广泛，主要侧重在对某些致病基因的研究上；但这种方法的缺点是不能够检测出稀有转录物。

一个应用SAGE技术的例子是对P53蛋白基因的分析。P53蛋白在细胞中起着非常重要的作用，因为P53基因的突变失活，会引起各种癌症。用SAGE技术对P53基因的表达进行分析，结果发现P53蛋白可诱导出非常大的转录差异，仅在表达水平上能辨别出差异的转录子数量就高达7 202个。这说明P53在基因组的基因网络中占据了重要的节点位置，以P53为中心的基因网络逐渐显现。

（2）cDNA微阵列和DNA芯片　cDNA微阵列和DNA芯片都是基于分子杂交的基因表达差异检测技术。二者的基本思路都是首先把cDNA、EST或基因特异的寡聚核苷酸固定在固相支持物上，并与不同来源的cDNA探针进行杂交，然后用特殊的检测系统对每个杂交点进行定量分析，从而反映出其所代表的基因在不同细胞、组织或器官中的相对表达丰度。这两项技术的优点是可以同时对大量基因甚至整个基因组的基因的表达差异进行对比分析。cDNA微阵列技术的主要优点是：灵敏度极高，十万分之一的低丰度仍可被检测出来；使用彩色荧光染料标记探针，在同一块阵列板上进行一次杂交实验就可以同时分析不同细胞间或不同环境下基因表达的差异。Desprez等发展了利用尼龙膜作固相支持物和使用同位素标记探针进行杂交的cDNA表达阵列技术，从而降低了成本，但检测的灵敏度却降低了（即能检测到万分之一的丰度水平）。DNA芯片技术具有高度并行化、多样化、微型化和自动化等特点，因而被广泛用于序列测定、转录分析以及基因诊断和药物设计等领域，成为功能组分析的支撑技术之一。

2. 比较基因组学

比较基因组学的主要目的是通过模式生物基因组之间的比较与鉴别，为研究和理解生物的进化、人类遗传病候选基因的分离以及新的基因功能的预测提供重要依据。比较基因组学中主要使用各种分类方法和比对技术（序列比对，结构部件的比较等），这些方法也已渗透到蛋白质组信息学研究领域中，近年来该方向的研究主要侧重于对这些技术的改进提高上。序列比对广泛应用于生物信息学的各个研究中，如数据库搜索、进化发育分析、蛋白质的同源建模等。传统序列比对中的打分矩阵是恒定不变的，但实际的大分子序列在不同的位点其保守性并不相同。

其中河豚、鼠、猪、牛和马的基因组与人基因组的比较研究，秀丽隐杆线虫、酵母与人基因组的比较研究，支原体与嗜血流感杆菌基因组的比较研究，都取得了成果。从比较中分离到一些人类遗传病的候选基因，鉴定了一些新克隆的基因。

3. 蛋白质结构预测及分子模拟与药物设计

利用生物信息学可以进行蛋白质三维结构预测。

传统的药物研制主要是从大量的天然产物、合成化合物以及矿物中进行筛选，得到一个可供临床使用的药物要耗费大量的时间与金钱。近年来，相当数量的蛋白质以及一些核酸、糖类三维结构已被人们精确测定，使得借助生物信息学进行药物设计成为可能。利用生物信息学对蛋白质分子进行理论模拟与结构预测为天然生物大分子的改性和基于受体结构的药物分子设计提供了依据。当前的分子设计主要以能显示图形图像的计算机为工具，在了解需改造蛋白质的性能及其结构的基础上，依据分子动力学原理以及蛋白质分子结构构建相应的模型，提出蛋白质改性的设计方案。

三、生物信息学研究的趋势

综观当前后基因组时代的研究现状与进展，可以看到生物信息学的研究呈以下几个趋势：

（一）研究目标由"组成"转向"功能"

以往的分析大多是通过同源性搜索、模式发现、多序列比对以及序列聚类分析等比较技术，来实现对序列组成与一级结构的理解，这些方法的共同特点是过分依赖于生物大分子序列组成。然而，为了理解不同生物大分子的功能差异以及同一生物大分子在时间跨度上的变化情况，就必须对其功能表达情况作深入的分析与研究。可以预见到，近年来广泛应用的基因微阵列分析技术和NMR分子识别技术将会发挥越来越重要的作用。

（二）研究内容由"静态"转向"动态"

为进一步理解细胞信号的规律、掌握各种大分子的代谢途径、揭示生命的奥秘，仅对静态的单个生物大分子进行研究是不够的，必须研究基因表达过程的动态特性。但由于基因表达的复杂性，目前的研究只能通过分子模拟的手段来进行。尽管如此，有些研究者已经开始使用一些数理模型对基因调控网络进行研究。

（三）研究角度由"局部性"转向"整体性"

由于数据的不完整或分析软件处理结果的差异，以往的研究分析只能自始至终使用同一个软件工具，研究分析的对象只能集中在一个局部的数据集上。目前随着已完成基因组测序的生物物种数目的增加，以及分析工具的日益丰富，未来的研究会充分利用比较基因组学的分析方法，对各个物种的基因组信息进行综合分析与比较，最终得到整体性的生物学结论。

（四）研究方法由"单一"转向"综合"

传统的研究方法无论在广度还是深度方面都有诸多限制。如在广度方面，主要采用"每次只研究一个基因"的办法；而在深度方面，则使用多组实验分析比较时"每次只修改一个变元"的办法。这些办法对于以往实验数据较少的情况是适用的，但对于高通量表达的数据分析以及基因组水平的数据分析则无能为力了。只有综合使用各种数理统计方法和信息分析处理技术，才能满足需求。

四、我国农业生物信息学研究

基因图谱研究为加快转基因作物育种和生物信息学的农业应用打下了良好基础。对作物进行基因组分析需要生物信息学工具。生物信息学在农作物基因组分析中的深入应用产生了农业生物信息学。随着遗传操作技术特别是动植物细胞基因转移技术的不断创新和完善，如外源基因在转基因禾谷类作物中的表达，"报告基因"用于植物的转化，优良性状基因的分离技术等一系列技术的突破，将农业生物信息学与常规育种技术相结合，提高育种效率，创新遗传资源，加快育种进程，已成为育种界的发展趋势。

21世纪生物技术产业发展的关键就是对基因的占有和利用。我们应以最积极的态度参与到"基因大战"中，组织力量加强合作，尽快开展重要农作物功能基因组的研究。农业生物信息学是农作物基因组学研究的基础，对基因、基因的结构、基因产物的功能分析都是必不可少的技术手段。如何利用当前国际上已有的信息学研究成果，并结合我国实际服务于我国农作物基因工程研究，是当务之急。应在以下几方面开展工作：

（一）建立与动、植物良种繁育相关的基因组数据库

收集分析国内外基因库数据，建立与动、植物良种繁育相关的基因组数据库，是一项急需开展的工作。特别是要尽快建立包括水稻、小麦、玉米、棉花、油菜和甘薯在内的六大作物优良品种、优良种质的基因库管理系统，为加快育种进程、加快农业生物技术研究与国际接轨提供条件。

（二）获取上述六大作物的完整基因组

农作物基因组研究的首要目标是获得其整套遗传密码，有了完整基因组，人类对农作物的认识方能更为精确、更为深入。因此首先要针对关系到国计民生的上述六大作物开展研究和试验，以获取它们的完整的基因组。

（三）深入开展单核苷酸多态性和插入缺失多态性等项研究

运用先进有效的农业生物信息学研究手段，结合我国丰富的特有的遗传资源，开展中国优良农作物资源的单核苷酸多态性（SNP）和插入缺失多态性（InDel）的研究，分离、克隆有自主知识产权的、有重要经济价值的新基因及重要的基因表达调控元件，发现控制优良性状（如稻米品质、香味、抗性）基因的分子标记，为我国的农作物应用研究和育种提供全面的生物信息学服务。

（四）重视农业生物信息学与常规育种特别是与杂交育种技术的有机结合

常规育种技术对我国农业生产的发展做出了巨大贡献，而现代基因工程以其自身固有的优势和特点与常规育种技术相辅相成，二者的结合构成技术优势互补，从而为可持续农业的发展做出贡献。

（五）加强农业转基因生物的安全性评估

随着农业生物信息学研究的开展以及新基因的不断发现和利用，需要积累大量科学数据为新基因对环境和人体健康的影响做出正确评价。因此，有必要建立转基因生物安全性评估中心（基地）和相关技术体系，为转基因生物安全性研究提供科学依据。

五、生物信息学的主要意义与展望

（一）生物信息学的重要意义和作用

生物信息学作为一个新兴学科，其意义和作用主要体现在以下三个方面：

1. 代表着自然科学的发展前沿

生物信息学作为现代信息科学、计算机科学、生命科学、数学、统计学、物理学、化学等很多学科相互渗透形成的交叉学科,已经成为当今生命科学乃至整个自然科学的重大前沿领域之一。

2. 引发并推动生命科学的革命

生物信息学的发展将对生命科学本身的发展产生革命性的影响,其研究成果将大大地促进生命科学其他研究领域的进步。例如,生物信息学是目前基因组学、蛋白组学、生物芯片等生命科学前沿研究领域的直接推动力。

3. 作为主导学科,影响和促进其他学科的发展

生物信息学的影响还将远远超出生命科学领域。在推动生命科学相关学科的同时,生物信息学的发展将对农学、医药、食品和环境等领域产生巨大的影响,很有可能引发新的产业革命。

(二)我国生物信息学的概况和展望

在我国,生物信息学随着人类基因组研究的展开才刚刚起步,但已显露出蓬勃发展的势头。在政府的支持和科学家的呼吁下,国家级生物医学信息学中心正在筹建之中。北京市已经成立了北京生物工程学会生物信息学专业委员会(即北方生物信息学研究会),目的在于联合北方地区从事生物信息学的专家,加强合作,促进学科的发展,并为政府决策提供参考意见。国内一些科研单位已经开始摸索着从事这方面的工作。清华大学在基因调控及基因功能分析、蛋白质二级结构预测方面,天津大学物理系和中科院理论物理所在相关算法方面,中科院生物物理所在基因组大规模测序数据的组装和标识方面,北京大学化学学院物理化学研究所在蛋白质分子设计方面,华大基因组研究中心(中科院遗传所人类基因组研究中心)在大规模测序数据处理自动化流程体系及数据库系统建立方面均已展开相关研究。北京大学已建立了EMBL中国镜像数据库,该数据库移植到中国本地,并提供部分的检索服务。复旦大学遗传学研究所为克隆新基因而建立的一整套生物信息系统也已初具规模。中科院上海生化所、生物物理所等单位在结构生物学和基因预测研究方面也有相当的基础。

我国生物信息学研究起步相对较晚,与领先的欧美地区相比,总体研究水平处于相对落后的地位。国内有些研究机构已开始从事生物信息学的研究。浙江大学、清华大学成立了生物信息学研究所,其他如中科院生物物理所、中科院遗传所、北京大学、中国科技大学等都开展了生物信息的研究工作。北京大学物理化学研究所建立了国内第一家生物信息学网络服务器,通过WWW、FTP及E-mail方式为我国及世界各地科学家提供数据库、生物信息资源查询、软件和电子邮件等多种服务。中国科学院于1997年9月和12月召开了第80次、第87次香山会议,首次邀请有关专家对生物信息学领域进展进行探讨,主题分别为"DNA芯片的现状与未来"和"生物信息学"。1999年3月,清华大学生物信息学研究所、国家人类基因组北方研究中心和北京生物技术和新医药产业促进中心共同举办了"北方生物信息学学术研讨会"。1999年4月,北京大学举办了"国际生物信息学讲习班"。这些学术活动的开展对于推动我国生物信息学的发展、促进我国生物信息学的国际合作起到了积极的作用。特别是2001年4月在军事医学科学院举行的首届中国生物信息学大会,对推动我国生物信息学的发展起到了积极的作用。

我国生物信息学的发展也面临着许多制约因素。首先是人才问题。生物信息学是一门新兴交叉学科,涉及生物、数学、物理、化学、计算机科学、信息科学等领域,从事生物信息学研究的人员应该既是生物科学的专家，又是数学和计算机科学的专家，这种复合型人才目前国内还很少。而国内这方面的教育和培训体制尚未建立，使得我国生物信息学发展后劲不足。目前欧美各国及日本、韩国等国的高校、科研机构都纷纷开设了生物信息学课程，作为研究生的必修课，有的还设立了生物信息学专业，授予生物信息学学位。其次是认识不够，投入不足。一部分人认为生物信息学无需太多资金，事实上建立一套初具规模的生物信息学服务系统，至少需要投资50万美元以上。我国目前生物信息学研究的主要力量还是放在测序上，并且硬件、软件都是"拿来主义"，没有自己独立的阐释系统。

生物信息学作为基因组研究的有力武器，被广泛地用来加快新基因的寻找过程，以达到将"有用"新基因抢先注册专利的目的。在这场世界范围内的竞争中，中国科学家以及科研资金投向的决策部门如何结合我国科研水平的现状、优势领域等客观情况，将有限的投资用到刀刃上，以求获得最大可能的科学研究成果以及商业回报，是一个无法回避的新课题。我国在发展生物信息学时，要考虑我国的具体国情，考虑我国的科研水平和科研人员素质，制定出切合实际的方针、政策，以利于我国生物信息学的健康发展。在克隆新基因的思路方面，我国不应该照搬国外克隆新基因所用的方法，而应该走生物信息学和定位克隆相结合的道路。这种双管齐下克隆新基因的方法可能更适合我国人类基因组研究在财力、物力和研究人才资源等方面的客观条件。

在生物信息学学科建设方面，政府应注意加强生物信息学学科建设的延续性，解决青年科技人员流动性大等问题，有重点地把工作长久地开展起来；尽快设立相关的学位，以利于后继人才的培养；支持拥有我国自主知识产权的算法，软件的后继开发、包装工作，这不仅仅因为其潜在的商业利润，更要逐渐确立中国在世界生物信息学领域的地位。

习题与思考题

一、填空

1. 基因工程的基本过程包括_____、_____、_____、_____。
2. 图位克隆技术包括_____、_____、_____、_____。
3. 生物介导的植物转化法主要有_____、_____、_____、_____等。
4. 外源基因整合的鉴定是在DNA水平的检测，主要采用_____、_____。
5. 在利用基因工程技术培育抗虫作物方面，目前应用较多的是_____基因和_____基因。
6. 杂种优势是两个亲本杂交产生的杂种第一代，在_____、_____、_____、_____等方面优于亲本的现象。
7. 遗传图是以_____的图谱。
8. 转录图可用来分析基因组的_____、_____、_____。
9. _____称为蛋白质组。
10. _____和_____都基于分子杂交的基因表达差异检测技术。

一、名词解释

1. 转化　　　　2. α互补　　　3. 基因治疗　　4. 细胞工程

5. 人工种子　　　6. 酶工程　　　7. 分子农业　　　8. TA29 基因
9. 基因组　　　　10. 物理图　　　11. 基因图　　　12. Bioinformatics
13. 功能基因组计划　14. GenBank　　15. 生物芯片　　16. 生物技术
17. 分子标记　　　18. 突变体库　　19. RFLP　　　　20. SSR
21. SNP

二、简答

1. 为什么植物转化中多采用农杆菌介导的转化法？
2. 转基因动物研究有哪些进展？
3. 如何对转基因植物进行安全评价？
4. 转基因技术与常规育种技术有何关系？
5. 细胞融合及其研究有哪些进展？
6. 如何利用分子生物学方法鉴定杂种细胞？
7. 分子克隆、植物克隆和动物克隆的主要进展有哪些？
8. 用于发酵工程的优良品种选育途径和方法是什么？
9. 利用核不育基因实现杂种优势利用的新途径是什么？
10. 采用什么方法来绘制 HGP、RGP 中的遗传图？
11. 基因组测序的基本策略是什么？
12. 基因图绘制的步骤和方法是什么？
13. 蛋白质组学研究的意义是什么？
14. 功能基因组学的研究内容和分析方法是什么？

参考文献

[1] 荞克强．农业生物工程．北京：化学工业出版社,1998
[2] 傅容昭等．植物遗传转化技术手册．北京：中国科学技术出版社,1994
[3] 陈章良等．植物基因工程研究．北京：北京大学出版社,1993
[4] 王关林，方宏筠．植物基因工程原理与技术．北京：科学出版社,1998
[5] 李明刚．植物基因操作原理与技术．天津：天津科学技术出版社,2000
[6] 李德葆，周雪平等．基因工程操作技术．上海：上海科学技术出版社,1996
[7] 孙勇如，安锡培．植物原生质体培养．北京：科学出版社,1991
[8] 胡道芬．植物花培育种进展．北京：中国农业科技出版社,1996
[9] 陈英．植物体细胞无性系变异与育种．南京：江苏科学技术出版社,1991
[10] 欧阳俊闻．植物细胞工程与育种．北京：北京工业大学出版社,1990
[11] 贺林．解码生命——人类基因组计划和后基因组计划．北京：科学出版社,2001,333～351
[12] 李荣田等．RHL基因对粳稻的转化及转基因植株的耐盐性．科学通报,2002,47(8)：613～617
[13] 于军等．籼稻全基因组框架序列．科学通报,2001,46(23)：1937～1941
[14] 李卫等．根癌农杆菌介导遗传转化研究的若干新进展．科学通报,2000,45(8)：798～807
[15] 王正华等．生物信息学：生物实验数据和计算技术结合的新领域．科学通报,1999,44(14)：1457～1468
[16] 黄大年等．用抗除草剂基因快速检测和提高杂交稻纯度的新技术．科学通报,1998,43(1)：67～70

[17] 刘岩等. 大肠杆菌基因gulD转入玉米及耐盐转基因植株的获得. 中国科学(C辑), 1998, 28(6): 542～547

[18] 许东晖等. 对根癌农杆菌 vir 基因具诱导作用的水稻信号分子的分离和确定. 中国科学(C 辑), 1996, 26(6): 535～541

[19] 范云六等. 21世纪农作物生物工程的发展与展望. 中国工程科学, 2000, 2(1): 28～33

[20] 王慧中等. 1-磷酸甘露醇脱氢酶基因转化水稻的研究. 中国水稻科学, 2003, 17(1): 6～10

[21] 傅亚萍等. 抗除草剂基因导入培矮64s实现杂交水稻制种机械化的初步研究. 中国水稻科学, 2001, 15(2): 97～100

[22] 贾士荣. 转基因作物食品中标记基因的安全性评价. 中国农业科学, 1997, 30(2): 1～15

[23] 陈得波等. 植物抗寒基因工程研究进展. 生物技术通报, 2001, (4): 14～20

[24] 李思义. 细胞融合百合新品种. 生物技术通报, 2001, (3): 3

[25] 张锐等. 植物抗虫基因工程研究进展. 生物技术通报, 2001, (2): 8～12

[26] 沈桂芳等. 农业高新技术产业化发展趋势. 生物技术通报, 2001, (1): 1～5

[27] 范云六等. 迎接21世纪农作物生物技术的挑战. 生物技术通报, 1999, (15): 1～6

[28] 李旭刚等. 外源基因在转基因植物中的失活. 生物技术通报, 1998, (3): 1～3

[29] 徐福建等. 固态发酵工程研究进展. 生物工程进展, 2002, 22(1): 44～48

[30] 刘洪斌. 生物信息学. 生物工程进展, 2000, 20(6): 58～62

[31] 陈润生. 当前生物信息学的重要研究任务. 生物工程进展, 1999, 19(4): 111～148

[32] 吴志平等. 转基因植物释放后在环境中成为杂草的风险性. 生物工程进展, 1999, 19(1): 9～13

[33] 何光存. 细胞工程与分子生物学相结合——野生稻优异种质资源利用的有效途径. 生物工程进展, 1998, 18(2): 41～46

[34] 贾士荣. 转基因植物的环境与食品安全性. 生物工程进展, 1997, 17(6): 37～42

[35] 黄大年. 农作物除草剂遗传工程研究进展. 生物工程进展, 1997, 17(5): 14～17

[36] 林良斌等. BT毒蛋白基因与植物抗虫基因工程. 生物工程进展, 1997, 17(2): 51～55

[37] 周亚凤等. 分子酶工程学研究进展. 生物工程学报, 2002, 18(4): 401～406

[38] 范士靖等. 基因工程改良作物营养品质的研究. 生物工程学报, 2002, 18(3): 381～386

[39] 张荃等. HAL1基因转化番茄及耐盐转基因番茄的鉴定. 生物工程学报, 2001, 17(6): 658～662

[40] 焦瑞身. 展望即将到来的"分子农业". 生物工程学报, 2001, 17(4): 361～364

[41] 刘选明等. 应用细胞工程技术选育四倍体龙牙百合的研究. 生物工程学报, 1996, 12(增刊): 193～303

[42] 吕霞付等. 超声波在生物发酵工程中的应用. 生物技术通讯, 2001, 12(4): 310～313

[43] 胡显文等. 细胞工程在生物制药工业中的地位. 生物技术通讯, 2001, 12(2): 117～122

[44] 王琴芳等. 转基因植物发展现状与展望. 农业生物技术通讯, 1998, (4): 4～6

[45] 陈润生. 生物信息学. 生物物理学报, 1999, 15(1): 5～13.

[46] 夏德全等. 鱼类转基因研究现状和存在的问题及解决办法. 农业生物技术学报, 2000, 8(3): 205～210

[47] 王国英. 转基因植物的安全性评价. 农业生物技术学报, 2001, 9(3): 205～207

[48] 王忠华等. 转基因植物外源基因逃逸的途径. 植物学通报, 2001, 18(2): 137～142

[49] 黄健秋等. 根癌农杆菌介导的水稻高效转化和转基因植株的高频再生. 植物学报, 2000, 42(11): 1172～1178

[50] 魏伟等. 转基因作物与其野生亲缘种间的基因交流. 植物学报, 1999, 41(4): 343~348
[51] 王小军等. 可育的抗除草剂溴苯腈转基因小麦. 植物学报, 1996, 38(12): 942~948
[52] 梁小友等. 双抗植物表达载体的构建及番茄的转化鉴定. 植物学报, 1994, 36(11): 849~854
[53] 王春香等. 马铃薯P病毒外壳蛋白基因在转基因烟草植株中的表达及抗病. 植物学报, 1993, 35(11): 819~824
[54] 岳绍先等. 抗阿特拉津基因大豆后代遗传分析. 植物学报, 1990, 32(5): 343~349
[55] 叶爱华等. 基因沉默及其克服策略. 中国农学通报, 2003, 19(1): 81~84
[56] 陈章良. 农业生物工程研究与产业的现状及我国发展的策略. 中国农学通报, 1997, 13(1): 75~84
[57] 冯英等. 作物抗虫基因工程及其安全性. 遗传, 2001, 23(6): 571~576
[58] 侯丙凯等. 植物基因工程表达载体的改进和优化策略. 遗传, 2001, 23(5): 492~497
[59] 田长恩等. 抗菌肽D基因导入番茄及转基因植株的鉴定. 遗传, 2000, 22(2): 86~89
[60] 戴朝曦等. 细胞工程技术在马铃薯育种中应用的研究. 遗传, 1998, 20(增刊): 39~42
[61] 蓝海燕等. 表达$\beta-1,3$-葡聚糖酶及几丁质酶基因的转基因烟草及其抗真菌病的研究. 遗传学报, 2000, 27(1): 70~77
[62] 郭丽娟等. 利用细胞工程技术筛选小麦抗病新种质的研究. 遗传学报, 1996, 23(1): 40~47
[63] 谭向红. 21世纪初基因工程现状与发展趋势. 四川农业大学学报, 2002, 20(2): 75~84
[64] 李晓东等. 转基因植物疫苗的研究现状及前景. 西北农林科技大学学报, 2001, 29(1): 126~128
[65] 程焉平. 转抗虫基因作物的安全性及其对策. 吉林农业大学学报, 2002, 24(5): 49~52
[66] 林良斌等. Bt毒蛋白基因导入甘蓝型油菜获得转基因植株. 湖南农业大学学报, 1999, 25(5): 357~360
[67] 万丙良. 基因枪介导转化水稻花药愈伤获得抗白叶枯病转基因植株. 华中农业大学学报, 2001, 20(1): 1~6
[68] 张宪银等. 用农杆菌介导法将大豆球蛋白基因导入水稻. 浙江大学学报(农业与生命科学版), 2001, 27(5): 495~499
[69] 尚彤等. 生物信息学概述. 北京大学学报(医学版), 2001, 33(1): 92~95
[70] 于玲等. 植物功能基因组研究进展. 西北师范大学学报, 2003, 39(1): 104~113
[71] 王子成等. 柑橘原生质体的超低温保存. 河南大学学报, 2002, 32(3): 38~40
[72] 施季森等. 21世纪的生物信息学评述. 南京林业大学学报, 2001, 25(2): 1~5
[73] 萧浪涛. 现代生物信息学及其主要研究领域. 湖南农业大学学报, 2000, 26(6): 405~410
[74] 王勇献. 后基因组时代生物信息学的新进展. 国防科技大学学报, 2003, 13(1): 1~7
[75] 郑成. 酶工程的研究进展简述. 韶关学院学报, 2001, 22(6): 39~44
[76] 王芋华等. Xa21基因导入水稻及转基因植株的鉴定. 应用与环境生物学报, 2001, 7(3): 228~231
[77] 赵艳. 植物转化中的安全标记基因. 生物化学与生物物理进展, 2002, 29(3): 352~354
[78] 胡志远等. 蛋白质组研究进展. 生物化学与生物物理进展, 1999, 26(3): 202~204.
[79] 骆蒙等. 植物基因组表达序列标签(EST)计划研究进展. 生物化学与生物物理进展, 2001, 28(4): 494~497
[80] 居乃琥. 21世纪酶工程研究的新动向. 工业微生物, 2001, 31(1): 37~45
[81] 成卓敏等. 应用基因枪法获得抗大麦黄矮病毒转基因小麦. 植物病理学报, 2000, 30(2): 116~121

[82] 陈社员等. 基因工程技术与油菜育种. 中国油料作物学报, 2002, 24(4): 76~79

[83] 李燕娥等. 豇豆胰蛋白酶抑制剂转基因棉花的获得. 棉花学报, 1998, 10(5): 237~243

[84] 曾丽莉等. 发酵工程技术在饲料工业中的研究与应用. 动物科学与动物医学, 2001, 21(3): 光322~326

[85] 黎垣庆等. 转Bar基因水稻除草剂抗性遗传研究及其应用. 杂交水稻, 2000, 15(1): 40~43

[86] 姬德衡等. 发酵工程在功能食品开发中的应用. 食品科技, 2002, 9~10

[87] 刘岭. 中草药植物细胞工程研究进展. 中草药, 2002, 33(1): 1132~1134

[88] 王红旗等. 利用细胞工程技术创制改良甜菜基础材料的研究. 中国糖料, 2003, (1): 18~21

[89] 张明峰. 动植物转基因技术育种的成就. 世界农业, 2000, (4): 42~43

[90] 黄大年等. 转抗菌肽B基因水稻植株的获得与鉴定. 高科技通讯, 1996, (5): 4~6

[91] 黄科等. 生物信息学. 情报学报, 2002, 21(4): 491~496

[92] 郑国清等. 生物信息学研究领域概述. 河南农业科学, 2002, (1): 4~7

[93] 陆维忠等. 细胞工程在小麦抗赤霉病育种中的利用. 江苏农业学报, 1998, 14(1): 9~14

[94] 郝建平等. 植物细胞工程进展. 河南科学, 1999, 17(6): 168~171

[95] 成静. 植物细胞工程药物生产的研究进展. 江西科学, 2000, 18(1): 60~62

[96] 岳奎忠. 细胞工程技术和基因工程技术在我国家畜繁殖育种上的应用. 黑龙江动物繁殖, 1994, 2(2): 31~31

[97] 薛良义. 细胞工程在鱼类育种中的应用. 浙江水产学报, 1996, 15(4): 291~296

[98] Daniell H., Muthukumar B., Lee S. B. 2001. Marker free transgenic plants: engineering the chloroplast genome without the use of antibiotic selection. Current Genetics, 39(7): 109~116

[99] David A., Kassler M. R. et al. The safety of foods developed by biotechnology. Science, 1992, 256(26): 1747~1749

[100] Sasaki T., Burr B. International rice genome sequencing project: The effort to completely sequence the rice genome. Current Opinion in Plant Biology, 2000, 3(2): 138~141

第二章 现代农业信息技术

第一节 农业信息技术概论

一、农业信息技术的概念与内涵

(一)农业信息技术的概念

信息技术是一个以现代信息科学、系统科学、控制论为理论基础,以微电子技术、通信技术、计算机技术为依托的技术群,20世纪末在各国国民经济各部门和社会各领域得到了广泛应用,不仅改变了人们的生产、生活及工作方式,也促使人类社会产业结构发生了深刻变革。

农业信息技术是现代信息科学技术和农业产业相结合的产物,是计算机、信息存储与处理、通信、网络、人工智能、多媒体、遥感、全球定位、地理信息系统等技术在农业领域移植、消化、吸收、改造、集成的结果,是系统、高效地开发和利用农业信息资源的有效手段。利用这些手段,可以把农业资源、环境中的大量有用数据自动、快速、有效地采集并储存起来,通过分析整理,发现问题,继而寻求解决问题的方法。

农业信息技术与各种新型农业技术的结合,遍及农业的科研、生产、经营、管理等各个领域,它们对传统农业的改造,加速了农业的发展和农业产业的升级。

(二)农业信息技术的内涵

众所周知,信息技术内涵深刻,外延广泛,其构成至少包括三个层次。第一层是信息基础技术,即有关材料和元器件的生产制造技术,它是整个信息技术的基础;第二层是信息系统技术,即有关信息获取、传输、处理、控制设备和系统的技术,主要有计算机技术、通信技术、控制技术等方面,是信息技术的核心;第三层是信息应用技术,即信息管理、控制、决策等技术,是信息技术开发的根本目的所在。信息技术的这三个层次互相关联,缺一不可。

国内外对农业信息技术的定位大都着重于信息技术在农业中的应用,因此,我们对农业信息技术的内涵主要从应用的角度来考察。早期农业信息技术主要是指在农业中应用的计算机技术,此后,随着信息技术的发展,逐渐向综合应用方向发展,涉及地理信息系统(GIS)、遥感(RS)、全球定位系统(GPS)、计算机网络、数据库、计算机视觉、人工智能与专家系统、计算机辅助决策系统、管理信息系统、自动控制、多媒体、仿真与虚拟现实等技术。

由此可见,农业信息技术是一个不断发展的技术领域,农业信息技术的内涵是随着现代信息科学技术的不断发展而不断丰富的,今后,随着时代的进步,其内容将会越来越丰富,对农业发展的促进作用也必将越来越显著。

二、国外农业信息技术的发展现状与趋势

农业信息技术的历史是从计算机在农业中的应用开始的,最早可追溯到1952年美国农业部的Fred Waugh博士在饲料混合方面的工作。在五十多年的时间里,它大致经历了四个发展阶段:20世纪50~60年代,主要用于解决农业中的科学计算问题,诸如饲料配比、田间试

验统计分析、农业经济中的运筹与规划等。70年代，由于计算机存储设备的改善，各类农业数据库得到了开发和应用。80年代初，微机技术崛起，计算机农业应用逐步发展为一股潮流，应用重点转向知识处理、农业决策支持与自动控制的研究和开发。90年代进入Internet网络化时代，同时，以人工智能、3S（GIS——地理信息系统、RS——遥感、GPS——全球定位系统）技术为依托的虚拟农业、精确农业初现端倪。

随着研究的进展，农业信息技术的应用范围不断扩大，现在已经渗透于农业的各个方面，如田间生产管理、设施栽培、水产养殖与畜禽生产、农产品储藏与加工、农业生态环境监测与保护、农业经营与经济管理、农业试验与研究等。这不仅给农业生产、经营管理和实验研究带来了高效率、高质量和高效益，而且其本身也逐步成为农业科技领域里集计算机、信息存储和处理、通信、网络、人工智能、多媒体、遥感、全球定位、地理信息系统等多种技术于一体的特殊科技分支。

目前，国际上，尤其在美、欧、日等发达国家和地区，信息技术已在农业中得到广泛应用。据有关资料介绍，早在1995年美国已有41.6%的农场和46.8%的奶牛场使用计算机处理农场事务，而年轻的农场主中有70%装备有电子计算机。20世纪末，美国农业信息化强度高于工业81.6%。同一时期，计算机在日本农业生产部门的应用普及率已达到93%以上。读者仅从以下几个方面的简单介绍，即可窥见一斑。

（一）田间生产管理

早在1965年美国就研制出了田间试验种植图程序，将计算机用于田间试验种植管理。其后，在荷兰等国家开始了以研究作物生长规律为目标的模拟模型开发。80年代荷兰的模型研究重点转向结果的实际应用，SUCROS模型开始用于指导不同种类作物的田间生产管理，如小麦、马铃薯和大豆等。美国农业部科研处也于1984年主持完成了包括光、温、水、热等多因子的玉米耕作综合管理模型NRM，用以指导玉米田间种植。

70年代末，美国依利诺斯大学的R.S.Michalski等人推出了第一个农业专家系统。80年代中期，美国H.Lemmon推出了COMAX棉花生产管理专家系统，从此田间生产管理走向智能化。

80年代末，美国IBSNAT的科学家以作物模拟模型CERES为基础，研制出了农业田间生产管理决策支持系统（Decision Support System for Agricultural Technology Transfer，DSSAT），除了数据支持以外，还为决策者提供决策的结果，已经在全世界数十个国家和地区推广和应用。到90年代初期，进一步形成了以知识库系统或专家系统为基础的智能化的田间管理决策系统。

1991年海湾战争后，GPS技术民用化，而且GIS、RS技术以及计算机视觉、模式识别、新型传感器等技术在农业领域进一步推广，农业田间生产管理自动化、智能化程度进一步提高。90年代末，美国已有15%的农户使用"精确农业"技术进行田间耕作，他们使用装有GPS系统的可变比率洒施机、播种机和施肥机，借助于3S等技术获取田间信息，自动控制农药、化肥和种子的施入量，提高产量近30%。德国也已成功应用3S技术对土地进行精确定位，按肥力程度确定播种量和施肥量，每公顷节省肥料10%，节约农药23%，节省种子25公斤。

值得一提的是，目前在巴西、马来西亚等发展中国家也已开始了对精细耕作技术的试验和示范应用。

（二）设施栽培

温室从20世纪50年代开始在日本、荷兰、美国、以色列等地用于蔬菜、花卉及苗木生产，其后计算机控制技术逐步在温室生产中得到了应用。1972年底由日本东京大学农学部农业工程系环境研究室研制出第一个植物生长计算机控制装置。1974年，日本岛根大学农学部附属农场建立了一台小型计算机控制的两幢生产研究用温室（1 600m²）。到1983年日本已有约600台微机用于温室管理。1985年后设计了更为先进的综合环境控制微机管理系统，并建立了新一级的计算机监控的生产温室，使燃料节约13%～15%，产量提高5%～40%，并提高了产品质量。

西班牙南部的阿尔梅里亚省试验成功了保证农作物正常生长的遥控温室系统，用于无土栽培黄瓜、西红柿和茄子等农作物。控制中心通过传感器不间断地收集温室里的湿度、酸碱度、叶子和根部的温度、二氧化碳浓度等数据。一旦出现异常情况，立即报告并可通过遥控解决。它不仅能提高农作物产量，还能节约30%的水和肥料。

设施栽培中,大型农业机械不适合,温室内温度高、相对湿度大、地方狭窄、空气流通差，长时间工作会让人感到很不舒服，为此,欧美和日本等发达国家开发出了一系列的小型机器人，已投入应用的有嫁接机器人、育苗机器人、洒药机器人、施肥机器人、温室无土栽培用移动机器人等，这些小型机器人可以日夜不停地完成盆钵装土、育苗、扦插、移苗、组织培养、喷药、施肥，以及产品收获和包装等工作，极大地提高了劳动生产率。

日本政府、民间团体和企业高度重视设施农业。为了发展温室计算机控制技术，1997年，日本园艺设施环境标准普及协会发布了《环境监测与控制计算机远程操作的方法与标准（2.7版）》。政府则提出了21世纪初实现乡村城市化、农业工厂化的设想，随之，以信息技术装备起来的植物工场大批出现。例如，爱媛大学和出光兴产株式会千叶炼油厂共同研究开发的植物工场提出并实施了"四代模式"的长期战略。在1 000平方米的工场内，光照、温度、湿度、风、O_2、N_2、CO_2等气候因子，以及营养液栽培中的水量、水温、水流、营养成分等全部由计算机控制，植株株距随着生长阶段的进程自动调节，整个生产过程除收获期需要人工放入收获容器外，工场内不需任何人工作业。以生育预测、作业管理、经营管理、市场信息、病害诊断等为标志的智能化第一代植物工场和以种苗大量生产、生产信息收集和分析、遥控等为标志的第二代植物工厂化生产已经实现；第三代植物工场实现生态信息自动收集和完全计算机控制，在20世纪末已基本完成；以全面智能化和大范围推广应用为标志的第四代植物生产工厂则有望在近几年内实现。

（三）水产养殖与畜禽饲养

随着微机价格大幅度下跌，美国、西欧和日本等国在鱼、蟹、畜、禽饲养环境监测与控制方面的开发蓬勃兴起。诸如水产养殖的水质监测、禽舍温度的计算机控制早已普及。近些年主要向全自动智能化管理方向发展。

在美国，养猪计算机管理系统中存储有猪的分娩、死亡、生长、出售、食物比例和管理过程中所需各种数据和信息。它可以分析、预测猪的销售，交配、产仔母猪所需饲料，猪种退化以及最佳良种替代;还可根据存储的育种和品质资料、母猪级别指标、营养效果、猪仔生产和市场价格等数据，分析经济效益和价值等。

在西欧，用计算机实现生产自动化的奶牛场约有500个。它们一般具有下列功能：自动识别每头奶牛，自动记录产奶量，根据每头奶牛一周内平均日产量，自动配给精粗饲料，自动测定和记录饲养过程中的奶牛体重;自动监测奶牛活动量、体温、乳腺炎、牛奶质量，记录每头奶牛的亲缘关系、生活史、产品率和健康状况等。多数奶牛场都使用挤奶机器人自动完成挤奶工作。

在新加坡自动化对虾养殖场，从饲料加工配制到养殖用水的盐度、水温、水循环和饵料投入全部由计算机进行自动调节和控制，并能自动配制适合对虾各个发育阶段的饲料。

（四）农产品储藏与加工

在发达国家，信息技术在农产品储藏与加工方面应用更为普遍，像谷物仓储计算机监测与管理，农产品加工企业中的微机控制生产线等比比皆是。美国一个日产700吨配合饲料的加工中心，早在80年代就曾使用两台IBM小型机自动控制二十多种配合饲料的全部生产流程，其中每种配合饲料都有二十多种成分。尤其在蔬菜和水果保鲜方面，计算机的作用更为明显。例如，美国华盛顿州一家马铃薯通风库，使用计算机自动控制通风窗进行空气调节，使贮藏期分别达到3、6、10个月之久，实现了马铃薯的周年供应。

（五）农业生态环境监测与保护

农业生态环境是一个多因素、多层次的复杂系统。信息技术在农业生态环境监测方面的应用是从湿度、温度的监测与控制开始的，以后发展到农业害虫的自动监测与防治等方面。如英国赫尔大学科学家开发出一种防治农业害虫的计算机系统。通过语音传感器对害虫的声音进行捕捉，用语音识别技术识别害虫种类，由自动控制药物喷洒器喷洒出相应的杀虫剂，或者开启特殊的捕捉机关。

70年代末，人工智能技术开始应用，美国伊利诺斯大学植物病理学家和计算机科学家共同开发出了大豆病害诊断专家系统PLANT/ds。随后，荷兰Wageningen农业大学植病系开发的病虫害预测预报模型EPIPRI在西欧投入使用，美国开发的农业技术资源保护专家系统EXTRA在美国中北部地区得到推广，进一步提高了农业病虫害防治及资源保护工作水平。

与此同时，3S技术逐步应用于农业生态环境监测与保护，在下述几方面发挥了重要作用。

1. 农业资源调查

农业资源调查主要涉及土地利用现状、土壤类型、草场资源、低产田土、水资源等的调查，为农业资源的开发、持续利用与保护提供了科学依据，做到了经济、快捷、准确。例如，英国过去为土地规划而进行的土地资源清查和分类，用了25年时间，得到的仅仅是一份粗略的资料；1976年利用遥感技术，仅用4个人工作9个月，就把全国的土地划分为5大类、31个亚类，测出了面积，绘制成图件。

2. 农业资源监测

农业资源监测主要涉及农作物长势监测与估产、土地沙化和盐渍化监测、鱼群监测、农业用地污染监测等。这种监测具有持续性和动态性，在监测过程中不断提供农业资源动态变化数据和图件，提出应该采取的对策或措施，用于农业生产管理和决策。自1974年以来，美国、前苏联、阿根廷、日本、印度等国先后进行了不同范围、不同作物的估产工作。美国利用陆地卫星和气象卫星等数据，预测全世界的小麦产量，准确度超过了90%。

3. 农林灾害预报及评估

农林灾害预报及评估主要涉及农作物病虫害、草场雪灾和火灾的监测和预报，洪水预警、测定受灾面积和灾后评估等。例如，美国林业局与加里弗尼亚的喷气推进器实验室共同制定了"FRIREFLY"计划。它是在飞机的环动仪上安装红外系统和GPS接收机，使用这些机载设备来确定火灾位置，并迅速向地面站报告。另外，美国还开发了3S害虫迁飞跟踪技术和农药精确喷施技术，提高了防治效果，减少了农药污染。

(六）农业经营与经济管理

信息技术在农业经营与经济管理中的应用源自经济学家使用计算机解线性规划问题，其进一步的发展则得益于数据库、网络以及智能决策等技术的出现。

在日本，农业信息技术应用广泛，计算机网络不仅应用在各级农业管理部门，而且全面进入了农协和农户。农林水产省的统计情报部与全国100个批发市场（其中77个蔬菜市场和23个畜产市场）联机，每天向各级农协和农户提供农副产品价格、产地市场销售信息等，指导其经营。日本的可视图文信息网络系统 CAPTAIN 把家庭电话、电视与信息中心的计算机联网。到1985年初，系统已有合同农业用户近200家，其中农场78个，食品加工场71个。

在美国，有许多信息系统为农业经营与管理提供各类服务，其中以美国内布拉斯加大学1975年创办的 AGNET 农业计算机网络最为闻名，用户通过家中的电话、电视或微型计算机，附加一个专门装置便可接通主机获得 AGNET 的数据和软件资源。又如美国西南部，1986年以来盛行的计算机视频牲畜交易，每年有50~80万头牛以这种方式成交。

法国政府和企业也十分注重在农业经营与经济管理中应用信息技术，努力采用现代信息技术手段，完成信息采集和传输。例如，在农业商情信息方面，借助先进的通信设施，几乎做到了信息收集和传播同步进行，卫星资料和航拍照片也广泛应用在农业计划制定等方面。

计算机用于农业宏观管理已有较长的历史。美国依阿华大学的"农业和农村发展中心"的海迪（Heady）首先在大型计算机上用线性规划方法分析农业政策和农业问题。目前，该中心最大的数学规划模型可分析上万个影响因素。在国土资源管理方面，加拿大土地管理信息系统、澳大利亚土壤信息库、日本土地管理信息系统、美国明尼苏达州土壤信息管理系统都是很好的应用实例。这些系统大都把遥感技术和计算机技术结合起来，建成完整的土地信息库，为农业等领域的管理部门服务。

(七）农业研究与试验

计算机在农业研究领域的应用起始于作物栽培研究中的田间试验设计，逐步扩展到作物生长、发育模拟，育种研究中的种质资源信息储存和遗传力计算，植保研究中的病虫害流行模拟，以及农田灌溉系统的设计等。应用计算机技术，不仅大大缩短了科研周期，而且作为一种新的研究手段，使农业研究进入了一个新的时代。

早在1965年美国就将计算机用于田间种植试验。1989年美国研制出的农业试验设计系统软件包 MSTAT 已达到了十分完善的程度，它具有自动产生各种试验设计、组织并管理田间和室内的试验、数据处理、统计分析、品种稳定性参数分析和配合力分析、编印作物育种文件，记录并查找系谱，按用户要求选配组合、经济效益分析、多元统计分析等功能。

计算机模拟模型是农业研究中的一个重要工具，美、欧等国已开发使用的模型，从宏观农业经济发展到微观光合作用过程，几乎涉及所有农业问题。如1997年，荷兰瓦赫宁恩作物模型 ORYZA1 曾与 GCM（大气环流模型）结合，用于气候变化对亚洲水稻生产影响的评估。

虚拟农业是动、植物遗传育种研究的一个重要技术工具。新西兰 Hort 研究所曾使用虚拟植物技术进行几维果（猕猴桃）品种改良研究。使几维果树发芽、生长、抽枝、展叶、开花、结果和果实成长，一整年的生长周期被缩至不到1分钟。研究人员利用虚拟几维果树系统研究果实甜度与叶片之间距离的关系，还可以计算出在某一叶片上一定比例的面积被虫咬过后,它向果实输送的糖量会受到怎样的影响。

信息资源是农业研究工作的基础，各国都十分重视，20世纪70年代就形成了世界上四大农业数据库。此外，美国、日本、德国及联合国粮农组织投资建立的菲律宾国际水稻研究中心、墨西哥小麦和玉米改良中心等都已建成了较大的品种资源数据库。瑞典、丹麦等北欧国家以及联合国粮农组织建立了北欧基因库，为国际作物遗传研究提供信息服务。

（八）国外农业信息技术的发展趋势

1. 网络化

当今网络已成为世界农业信息的主要交流和传送平台。传播速度快、范围广、交互性强的特点，使网络的应用从普通的电子邮件到农业电子商务，从农业信息的查询到专家系统等各类公共服务平台的使用，几乎遍及各个方面。对于某一种农作物的种植技术，用户可以从网络上寻求自己所遇到的农业问题的解决办法，同时也可以直接向服务器提出要求而得到相关技术指导。

2. 多媒体化

多媒体技术的发展为农业信息的传播提供了一种图、文、声、像并茂的媒介形式。近几年来，多媒体网络传输、多媒体数据库、多媒体数据检索等关键技术的实用化程度不断提高，多媒体技术已在农业信息领域得到大量应用，如多媒体小麦管理系统、病虫害防治多媒体专家系统、多媒体农业信息咨询系统等。应用多媒体传播农业实用技术，进行远程教育和技术推广已成为流行方式。在美国，可以很方便地通过网络阅览有关农业和生物的电子图书和点播农业多媒体信息资源。

3. 智能化

信息技术智能化，一方面表现在各类农业专家系统的不断开发与应用，另一方面表现在智能技术正在广泛融入其他技术之中，如美国以 GOSSYM 棉花生长模型为基础，融入人工智能技术形成了基于模型的棉花生产管理系统（GOSSYM/COMAX），系统可根据模拟结果与专家经验，对棉花的长势及环境进行监测，并提供棉花生产管理决策咨询服务。

4. 虚拟化

主要表现在农业数字模拟、仿真和虚拟农业技术的发展和进步。荷兰、美国等开发的农作物和生物生长发育数学模型已相当精确，广泛用于指导农业生产管理。虚拟农业能够综合利用计算机、仿真、虚拟现实和多媒体技术培育虚拟动、植物，为各种作物及畜、禽、鱼的定向培育提供指导。

5. 集成化

随着数据库、管理信息系统、系统模拟、专家系统、决策支持系统、计算机网络，以及遥感、全球定位系统和地理信息系统等单项技术在农业领域应用的日趋成熟，集成多项信息技术，满足现代农业的高层次应用发展需要，已成为一个主要趋势。像在北美国家广泛应用的"精细农作"（precision farming）技术，就是 RS、GIS、GPS、农业专家系统（ES）和决策支持系统（DSS）等一系列农业信息技术集成的结果。

三、我国农业信息技术的发展状况

在我国，信息技术在农业领域的应用始于20世纪70年代末，比美国晚了近30年，但发展势头很好。短短30多年的时间里，我国农业信息技术经历了起步、普及、发展和提高几个阶段，与发达国家的差距正在逐步缩小，在某些地区有些技术应用已达到了国际水平。现对我国农业信息技术主要发展脉络勾勒如下：

（一）起步阶段（1979~1985）

这一阶段，主要是利用计算机的快速运算能力，解决农业领域中的科学计算和数学规划问题。1979年，江苏省农业科学院使用计算机对78头新淮猪、六千多头仔猪进行了2月龄断奶个体与繁殖力的相关和回归统计分析。1981年，中国建立了第一个计算机农业应用专门研究机构——中国农业科学院计算中心，此后，北京农业大学、中国农科院等单位相继研制出了农业统计分析和模型模拟软件包、模糊聚类分析程序等。1984年，天津武清县等地已开始利用计算机技术和数学规划、系统分析技术方法，制定生产管理方案。

与此同时，一些单位开始了遥感、模拟模型、专家系统农业应用的探索性研究与试验。1979年从国外引进遥感技术应用于全国土地资源调查。1983年，中科院合肥智能所开始农业专家系统研发，高亮之等在美国发表了"苜蓿生产的农业气象计算机模拟模式（ALFAMOD）"。其后，中科院上海植物生理研究所推出了"水稻群体物质生产的计算机模拟模型"。

（二）普及阶段（1986～1990）

这一时期，应用以农业数据处理、农业信息管理为主，农业专家系统成为热点，农业模拟研究也有所进展。

我国农业信息数据库与管理信息系统建设起步较晚。1986年，组建了农业部信息中心，并提出了《农牧渔业信息管理系统总体设计》方案。1988年，中国农科院作物品种资源所初步建成了拥有27万份种质信息的中国作物种质资源信息系统（CGRIS）。1989年，初步建成了《中国农业科技文献数据库》，实现了全国范围内共享检索服务。1990年国家物价局信息中心研制了"农产品集市贸易价格行情数据库"收集了35个大中城市的28种大宗农副产品的集市贸易价格。

1985年开始，中科院合肥智能所开发的砂姜黑土小麦施肥专家咨询系统，在安徽淮北平原十多个县得到较大规模推广，农业专家系统开始从实验室进入生产一线。此后，相继研制出了作物育种、田间管理和病虫害防治，以及鸡猪饲养管理、水利灌溉等多种农业专家系统，如中国农科院作物所的品种选育专家系统，植保所的粘虫测报专家系统，华中理工大学的园艺专家系统，浙江大学与中国农科院蚕桑所合作的家蚕育种专家系统，北京农业大学的农作制度专家系统，中国农科院畜牧所的畜禽饲料配方专家系统等，某些成果达到了国际水平。

我国农业模拟模型研究与应用始于20世纪80年代。1987年，对四川省郫县生猪生产系统进了动态模拟研究。1988年，运用系统动力学方法对陕西省紫阳县粮食供需系统的发展变化进行动态模拟，利用模拟模型评价了原规划方案，提出了更合理的发展方案。在作物生长模拟方面，比较成功的例子是江苏省农科院1989推出的水稻模拟模型RICEMOD。中国农科院棉花研究所开发的棉花生产管理模拟系统也有一定的实用性，1990年在山东、河南等地示范推广3.5万多公顷，每公顷增产皮棉125公斤。

（三）发展阶段（1991～1995）

从1990年开始，科技部把农业专家系统等农业信息技术列入了863计划的重点课题，给予了重点支持。以智能化农业专家系统、农业系统模拟模型及实用DSS（决策支持系统）、GIS为主要内容的研究在作物栽培、作物育种、畜禽饲养、农业生态环境控制等各农业领域得到了推广应用，网络开发也提到了议事日程。

90年代，国内初步形成了一批有影响的农业专家系统，例如，吉林大学的"多媒体玉米生产专家系统"，中科院合肥智能所的"施肥专家系统"、"水稻生产专家系统"，北京农林科学院的"小麦生产专家系统"，哈尔滨工业大学的"大豆生产专家系统"等。在国家的支持下，这些系统得到了进一步的完善。此外，辽宁农科院的水稻育种、施肥专家系统，华中理工大学的柑橘园艺专家系统，浙江大学的家蚕育种专家系统，江苏农科院的水稻模拟优化决策系统和鸡病诊断专家系统也在农业生实践中获得了应用，取得了比较明显的效益。

在作物模型研究方面，中国农科院农业气象所将引进的 CERES 玉米模型予以汉化，华南农业大学推出了水稻模拟模型 RSM，江苏省农科院采用 CERES 模型，系统地评价了全球气候变化对中国粮食生产的影响。

农业专家系统、农业模拟模型、农业管理信息系统的发展为农业决策支持系统的开发奠定了基础，先后出现了一批主要服务于作物生产管理决策及用于农业宏观经济指导的农业管理决策支持系统。例如，1992年，江苏省农科院将作物模拟技术与水稻栽培的优化原理相结合，建成了水稻计算机模拟优化和决策系统 RCSODS，用户输入常年气候资料和水稻品种遗传参数，可以做出常年优化决策，根据当前苗情和未来天气预报，可以提出肥水和其他管理措施及对策。北京市农林科学院作物所利用人工智能技术和网络技术开发的"小麦管理计算机专家决策系统"，用于指导北京地区的小麦大田生产，经过 1994、1995 两年的实际应用和示范验证，使小麦产量增加 10%～15%，生产成本降低 5%～7%，效益提高 15%～20%。

（四）提高阶段（1995年以后）

随着微机价格不断下降、软件开发环境不断完善和提高，尤其是 Internet 的出现及其相关知识的普及，计算机网络工程的研究、开发和实施成为热点。我国计算机应用包括农业应用出现了第二次普及高潮，所不同的是，人们已经把注意力集中在信息资源共享、计算机应用技术如何与生产实际相结合，既出成果又出效益等问题上来。

农业部 1994 年开始筹建的"中国农业信息网"1996 年正式开通。中国农业科学院建立的"中国农业科技信息网"1997 年 10 月开始运行。同时各省市也相继建立了农业信息网站，多数省份成立了农业信息中心，已建成的一些大型农业信息资源数据库和管理信息系统通过网络得到了很好的利用。

1996 年以来，国家选择北京、云南、安徽、吉林建立了首批智能化农业信息技术应用示范区，并逐步扩展到了全国 20 个省市。示范区以农业专家系统为突破口，累计示范应用面积 2 000 万亩，辐射推广面积 1 亿亩。在不同起点和条件的示范区内，专家系统发挥了巨大作用，作物的产量得到了提高，农民的经济状况也有了改善。以吉林示范区为例，1996 年开始应用"多媒体玉米生产智能系统 MIS-MAP"，三年增产玉米 5 000 万公斤，增收 5 000 余万元。

20 世纪末，我国开始 3S 技术综合农业应用试验，中国农业科学院草原研究所应用现代遥感技术和地理信息技术建立了"中国北方草地草畜平衡动态监测系统"，使我国草地资源管理进入了一个新阶段，将过去用常规方法需上百人 10 年完成的工作量缩短到了 7 天，获得 1997 年国家科技进步二等奖。北京市农业局的 GPS 导航飞机防治麦蚜技术、基本农田地理信息系统（GIS）也先后取得了成功。此外，北京、上海等地先后建立了精准农业示范区。

（五）发展中的问题

我国农业信息技术虽发展很快，但仍然存在一些问题，总体来看有以下几个方面：

1. 基础设施缺乏，地区之间参差不齐

与发达国家相比，我国在农业信息技术方面的资金投入相对不足，虽然已全面启动"金"字工程，加快了各种信息网及高速信息公路的建设，而且为此 2000 年国家拿出了 2 000 万元专项资金，但对我们这样一个大国来说，这无异于杯水车薪，农业信息基础设施建设仍是薄弱环节。目前，计算机在农业基层系统中的普及率仍然很低，而且不同地区发展很不平衡，要在全国范围内达到乡镇、农户联网，尚有大量的工作要做。

2. 信息资源建设滞后，难以满足实际需要

国内虽然建成了近三十个大型数据库，但总体来看，农业信息资源的建设规模和覆盖面小，地域和领域分布不均，缺乏统一规划与规范。虽有一千五百多个农业信息网站，但是网上综合性信息多，专业性信息少；简单堆砌的信息多，精心加工的信息少；交叉重复的信息多，有特色的信息少；目录数据库多，全文数据库少；自用数据库多，公用共享数据库少。目前，尚未有一个适合基层农民利用的数据库资源，与"路况差"相比，"无货可运"的问题更为严重。

3. 基础研究乏力，低水平重复较为严重

作物生长模型等研究工作，虽然早在"七五"期间已经开始，但进展十分缓慢。这里有国家、地区的投入少，科研单位急功近利等原因，也与缺乏统一规划和引导，不同部门、单位之间未能相互协作有关。仅以棉花生长发育模拟模型研究为例，就有中科院动物所、北京农业大学、中国农科院棉花所、江苏省农科院等单位独立研究，而成果均为功能相似的初级产品。"八五"以来国家推出了863-306计划，加强了对农业信息技术研究和应用工作的引导与支持，但问题并未得到真正解决，例如，目前二次开发的一些所谓的专家系统，只不过是仅有简单查询功能的链接文件。

4. 人才严重短缺，主体素质有待提高

农业信息技术开发应用中，人才与用户的素质是两个十分重要的因素。目前，我国农业技术人员匮乏，以经济相对发达的上海为例，每万名农业劳动力中科技人员仅为15人，既懂信息技术又懂农业技术的复合型高级人才更为奇缺，农业信息系统技术研究开发力量薄弱，难以进行大项目的攻关。作为农业信息技术使用的主体，我国农民文化素质相对低下。以河北为例，农村劳动年龄内受教育人口就学率只有4%，农业劳动力受教育程度为6.7年，从而导致信息意识差，对信息技术需求愿望低。

5. 产业化程度低，市场机制远未形成

除黑龙江等地外，我国多数地区均为农户小规模分散生产经营，农业产业化程度很低，难以形成信息需求。农业信息技术研究及咨询主要还是对上服务，而直接面向农业生产、服务农户的技术研究尚为数甚少。研究内容单一，目标分散，适应面窄，缺乏多学科专业综合应用研究等也使得信息产业化难以形成。

四、加速我国农业信息技术发展进程

（一）农业信息技术的作用与影响

目前，农业信息技术在发达国家已得到广泛应用，并已成为农业系统不可缺少的生产要素。发达国家的经验表明，信息技术的普遍应用，使农业生产在机械化的基础上实现了集约化、自动化和智能化，经营管理实现了科学化，提高了农业对市场的反应能力，增强了农业抵御自然灾害的能力。

在我国，农业高度分散、生产规模小、时空变异大、量化规模化程度差、稳定性和可控程度低等行业性弱点更为明显。农业信息技术的应用对于农业现代化的推动和影响作用将更为突出，主要表现在以下几个方面：

1. 推进农业生产的自动化和智能化

计算机自动测控、人工智能等技术的普遍应用，使农林牧副渔业的生产在机械化的基础上实现自动化和智能化。

2. 增强农业生产管理的科学化

农业生产系统是一个复杂的多因子系统，受气象、土壤、作物及栽培管理技术等多种因素的影响。随着农业生产技术水平的提高，农业高新技术的应用，农作物和动物饲养对自然环境和条件的控制需要更加严密和精确。必须依靠监测、模拟模型、人工智能、3S等信息技术去获取、处理、分析数据，选择管理措施。

3. 促进农业生产的集约化与产业化

农业信息技术的应用将会极大地促进农业生产结构的进步和生产方式的变革。计算机网络、精细农业等技术在农业上的广泛应用，将使传统农业的粗放方式为集约方式所代替，把"千家万户的经营与千变万化的市场连接起来"，实现规模化、专业化与市场化经营，降低成本、提高效益。

4. 增强市场竞争能力，减少经营风险

市场经济是信息引导的经济。准确、及时的市场信息能够有效地指导农业生产经营者的实践活动，帮助它们确定生产什么、生产多少、如何生产等问题，减少盲目性、趋同性，降低市场风险。尤其在我国加入WTO后，国际农产品市场竞争激烈，更要依靠信息技术，把握变化多端的市场，融入国际经济大环境之中。

5. 有效利用农业资源，保障农业可持续发展

运用卫星遥感、地理信息、全球定位、空间分析等现代信息技术，可及时取得土壤、气候、植物和水等自然资源以及病虫草害、森林火灾发生变化的现时性资料，实现对农业生产和资源环境的有效监测和预警，促进资源和生态环境的合理利用与有效保护，达到优质、高产、高效、低耗，最终实现农业的可持续发展。

6. 有利于农业新技术研究和推广

计算机网络、数据库等农业信息技术的应用拓宽了农业科研的信息渠道，提高了科研速度和水平，作为农业新技术的高度浓缩与传播载体，促进现代农业科学技术及成果的迅速推广和普及。而模拟仿真等技术的应用，则从根本上改变了农业科研的方式方法，大大缩短了农业科研的周期。

7. 加强农业宏观经济管理

农业现代化不仅要求微观农业经济的优化，更要达到农业宏观经济的合理化。在市场经济体制下，国家和地区性的宏观指导就显得更加重要。农业系统的复杂性、动态性、模糊性和随机性决定了农业经济管理决策的复杂性。卫星遥感等技术可以及时获得作物生长信息，计算机网络等技术可以及时收集市场信息，管理信息系统和决策支持系统可以快速对信息进行处理和分析，做出农业宏观发展的趋势预测，并提供相应对策。农业信息技术无疑是政府有效管理农业的重要手段。

（二）发展我国农业信息技术的对策

目前，我国农业信息技术应用与发达国家的总体差距还是比较明显的。且不考虑工业方面的差距，仅以工业为标准来看，美国农业信息化强度高于工业81.6%，而我国农业信息化强度则低于工业288.9%。要缩小这一差距，迎头赶上，必须在以下几个方面采取相应对策。

1. 加强政府的扶持、引导和示范推广

国家和各级政府必须加强宏观调控和政策引导，营造有利于农业信息技术研究、开发与应用的良好环境。要实行统一规划、统一管理、统一协调，利用国家重大计划和省、市政府的重大（点）攻关任务，加大政府拨款力度，集中人力、财力、物力等资源，进行协作攻关，提高研究效率和水平。要在税收、信贷、基金、计划项目拨款、技术设备与人才引进等方面制定和完善相应的鼓励和扶持政策，吸引更多的企业和团体加入农业信息技术应用领域。要加大政府宣传和服务力度，搞好引导示范，总结推广智能化农业示范工程的成功经验，结合各地区实际，开辟新的农业信息技术应用示范工程，诸如面向农户服务的农业综合信息网络服务体系的研究与示范，以信息技术为依托的农业科技咨询推广服务体系研究与示范等。

2. 发展农业信息技术教育和培训

推进农业信息化，农民观念意识是基础，人才是关键。必须坚持普及培训和学历教育两手抓的方针。一方面要充分发挥高等农业院校的作用，扩大本科、硕士、博士层次的农业信息人才培养。高等农业院校要根据农业信息人才知识结构的要求，调整专业设置，建立新的课程体系。对于农科学生，要加强计算机应用能力培养，并把现代信息技术融入其专业课程中。对于计算机、信息等专业的学生，要加强农业技术基础教育，并结合农业应用领域，开设定向应用课程，培养既懂现代信息技术又懂农业科学技术的复合型高级人才，充实农业信息技术研发队伍。另一方面，要搞好现有农技人员、各级干部和农民的农业信息技术普及培训。依托农业系统已建立多年、覆盖全国的 2 700 所农业广播学校的农村广播、电视远程教育培训网络和新建农村远程教育培训系统，开展远程多媒体教学。利用"三下乡"、"志愿者"等活动，宣传普及农业信息技术知识，改变农民的观念和意识，奠定农业信息化的思想基础。

3. 注重农业信息技术基础建设

要充分借鉴美国、法国、日本等发达国家的经验，明确国家的主体投资地位，加强农业信息技术基础性建设。首先，要做好农业信息体系结构建设。对我国计划体制下建立的四级农技推广体系进行必要的机制改革。大力支持多种形式的社会化信息服务组织，如农村专业协会、信息咨询机构、科技示范点等。充实农村信息员队伍，完善信息采集渠道，设立信息技术研究保障基金，形成多层次的农业信息技术研究、开发、应用推广、咨询服务体系及其相应的管理和保障体系。其次，要加快信息基础设施建设，重点发展现代化的宽带、高速农业信息网络。按照"集中、统一、规范、效能"的原则，建设统一兼容、资源共享、高效适用的各级网络中枢平台环境，形成全国统一、规范、畅通的信息网络体系。此外，不仅要"修路"，还要"造车、备货"，要改变"重硬轻软"的状况，加大信息资源开发的投入力度，有计划、有组织地实施农业自然资源信息、农业科技资源信息、农业政策法规、农产品市场信息、人才资源信息、世界农业科技文献资源信息等各类信息资源的建设工程。

4. 搞好农业信息技术法规、标准和规范的研究与制定

要学习美、法的做法，加强农业信息化政策与法规研究。结合我国实际，制定并完善农业信息化方面的具体法律法规，尤其是知识产权、信息共享、信息安全与保密等政策法规，依法保证信息的真实性、有效性，促进和保障农业信息技术市场的发育。研究我国农业信息化的标准、规范及指标体系，制定国家级标准和规范，包括信息采集的标准与规范、信息技术的标准与规范、农业应用软件开发的标准与规范，运用信息标准化技术实现信息产品生产的标准化和规范化，实现网络共享与传播，降低信息产品的生产和获取成本。

5. 抓好重点农业信息技术项目的开发和应用

要重视农业信息技术的应用开发研究，包括软件基础研究，系统结构和数据库结构研究，信息新技术应用研究。进一步明确"抓应用，促发展"的思路，国家和地方政府科技部门应结合实际需要，有选择性地确定一批具有应用前景的技术研究项目。组织一定的研究力量实施开发和应用推广。这些项目主要包括：应用性农业专家系统，精细农业生产管理系统，农业资源、生态环境监测预报系统，设施农业生产控制系统，虚拟农业系统以及农业经济管理决策支持系统等。要重视对单项农业信息技术的整合与集成，提高农信息技术项目研究水平。

第二节 农业生产计算机测控技术

一、计算机测控与现代农业生产

农业生产计算机测控是指以计算机和传感技术为主体的监测控制技术在农业领域，尤其是设施农业中的应用。

随着世界人口的增加，人们所需食物的数量和质量日益增长。如何有效地利用有限的、相对贫乏的农业资源，生产出更多、更好的食品，以满足人类生活的需要，已成为农业领域的一项长期任务。要完成这一任务，计算机农业测控无疑是一项不可或缺的技术。像我国的三北地区，尤其是西北地区，长期干旱缺水，发展节水型农业是必然出路，其中滴灌、喷灌、微灌都需要实行计算机测控。

工业的高速扩展，农业的化学化，导致了农业生态环境日趋恶化，不仅制约了农业的可持续发展，也对农产品的质量和人民的身体健康构成了严重威胁，加强水质、土壤、大气等污染状况监测和控制，也离不开计算器测控技术。

计算机测控技术在农业中的应用，最主要的是设施农业中的自动监测和控制。设施农业是人类摆脱自然因素对农业的影响，生产满足全体所需要的食物的唯一解决方案，近年来，高产高效的设施农业栽培技术在我国得到了迅速推广。从单个的简易日光温室，发展到大型连栋温室，生产规模越来越大。特别是近年来一些地方大规模兴建日光温室生产基地，实现了温室生产的集约化、工厂化。在工厂化农业生产中，为了达到优质高产的目的，必须提高环境调控技术。包括利用计算机视觉技术对温室植物的生长状态实现无损伤监测，对营养液系统、温度、光照、CO_2、肥力等进行综合控制。随着温室生产规模的日益扩大，生产过程的科学管理显得越来越重要。对于有几十个温室的农业生产基地来说，要管理分布于各个温室中的上百台设备，保持各温室的环境参数在给定范围之内，仅仅依靠生产人员人工完成，是无法保证对温室环境参数的及时、准确调节的，这就需要一套以计算机为核心的自动控制系统。我国温室的管理和控制领域自80年代初期开始应用计算机，到了90年代初期，中国农业科学院农业气象研究所和蔬菜花卉研究所，均开发出了比较完善的温室控制与管理系统。

在农产品质量鉴定、贮藏、保鲜、加工领域，也需要微机和自动测控系统对产品进行无损伤检测，对环境温度、湿度进行监测和控制，防止产品变质，延长储藏和保鲜时间，用自动控制系统实现自动化加工生产，降低生产成本，提高产品质量。如浙江省应用茶叶烘干微机控制系统，使茶叶提高了一个等级，产量提高10%。我国许多具有经济价值的农产品，像新疆的哈密瓜、库尔勒香梨，陕西的猕猴桃，河北的深州蜜桃等，有的在进行深加工过程中，已开始利用计算机视觉技术实现实时、客观、无损伤检验，克服了人工检验费时、效率低下、依赖检验员自身技术水平等缺点，使检验不再成为制约加工效率和产品质量的瓶颈。

在畜禽的集约化生产过程中，实行自动化控制，包括环境气候的控制，饲喂的监测和控制，以达到改善环境，消除疾病，控制饲料消耗，降低饲喂成本的目的。

近年出现的"精细农作"技术，需要在较精细的空间尺度上，获取农田作物生产的有关空间分布信息，包括利用不同的传感技术采集数据，采用适当的方法对数据进行处理，转变为易于理解和利用的可视化空间分布图形信息,这主要靠电子信息硬件与软件技术的支持,其中许多都涉及测控技术。

综上所述,计算器测控技术与农业自动化生产和可持续发展有着不可分割的关系,如同工业或其他领域一样,计算机自动测控系统在农业生产中也将成为一种标准技术。

二、农业生物系统信息的获取技术

(一)农业生物系统的概念

农业生物包括植物、动物和微生物。农业生物要在适宜的环境中生长繁衍,包括农业生物进行生理代谢的能源——光、热、食物等;代谢的媒介——水、大气、土壤及其替代物;代谢的循环物质——CO_2,O_2,H_2O,H_2S,矿物质等以及生物个体之外的其他生物群落。从不同的角度,可以对农业生物环境作出不同的分类,主要的分类方法有以下三种:

1. 按生物环境性质分类

按生物环境性质的不同,可以分为物理环境、化学环境和生物环境。物理环境主要由光、热、水、气以及建筑构成;化学环境主要由环境中的化学物质构成,包括土壤和水中的盐类、离子(K^+,Na^+,Ca^{2+},Mn^{2+}等),空气中的有害气体,如CO,H_2S,NH_3等;生物环境则主要由生物个体以外的其他生物群落构成,包括土壤、水、空气中的微生物,生长的各类植物及动物。

2. 按生物代谢媒介分类

按生物代谢媒介的不同,可以分为土壤环境、水环境和大气环境。土壤环境既能为植物的生长发育提供水分和养分,又是各种微生物的良好栖息地,约有90%的微生物活动在土壤中;水环境为各类水生物,如鱼类、藻类、各种浮游生物等提供了生长、发育所需的氧气和各种营养物质;大气环境则不仅为生物的生长、发育提供所需的光、热、气,而且为生物与外界进行物质和能量的交换提供媒介和信道。

3. 按系统形成方式分类

按系统形成方式的不同,可分为自然环境和人工环境。野外农田土壤环境、水环境等属于自然环境。它是一个开放系统,与外界大环境有频繁的物质和能量的交换,受大环境变化的制约和影响,环境因子难以控制。人工环境包括温室、贮藏室、组织培养室、水培园艺室、养殖棚舍、室内养殖池塘等,系统相对较小,虽然同外界大环境有一定的联系,但生物与环境的物质和能量的交换在系统内进行。人工环境受外界影响较小,环境的主要因子,如光、温、湿等容易调控,可以为农业生物的生长繁育创造良好的条件。随着集约化、专业化、工厂化生产的发展,农业生物人工环境将有良好的发展及应用前景。

农业生物及其生长环境共同构成了广义的农业生物系统。

(二)农业生物系统的主要信息内容

农业生物系统是高度综合又非常复杂的系统,各个因素之间既相互依赖又相互制约,构成一个统一的整体。因此,农业生物系统的信息种类繁多,形式多样。在此,仅对一些主要内容予以介绍。

1. 农田土壤信息

土壤信息反映了作物生长的土壤环境条件与营养水平,这类信息,因其时空变异性,可分为以下两类:

(1)相对稳定、时空变异性小的土壤信息。如地形坡度、土壤类型、结构,P(磷)、

K（钾）和有机质（SOM）含量，pH值，耕作层深度等。

（2）时空变异性大的农田土壤信息。如N（氮）含量和土壤含水率等。它们应根据作物生长期需要，随时进行抽样测量，以适时调控投入。

2. 大气环境信息

大气环境信息主要有温度、湿度、CO_2（二氧化碳）、O_2（氧）含量、光照等信息，它们对生物生长及产品质量影响很大，其检测和控制是十分重要的。在设施栽培中，必须进行实时检测和控制，以使植物有一个适宜的生长环境，在动物养殖、农产品的储藏、加工过程中，更要随时对这些参数予以观测和控制。

3. 水环境信息

水环境信息主要有温度、溶解氧含量、水体透明度、水体pH值、CO_2含量等，它们对水生生物生长及产品质量影响很大，其检测和控制十分重要。在水产养殖中，必须进行实时检测和控制，以使水生动物有一个适宜的生长环境。

4. 农业生物信息

农业生物信息大体可以分为以下三类：

（1）微观形态结构和组分的信息　主要指生物组织中大量元素和微量元素的组成，以及有机成分如蛋白质、碳水化合物、脂肪类、色素和激素等生长调节剂的成分与含量。

（2）宏观形态结构信息　生物群体、个体、器官、组织、细胞的形态结构特征信息、纹理特征信息和颜色特征信息等。以作物为例，形态结构信息包括各个生长阶段的生长状况、生长速度、苗数、叶面积指数、覆盖率、植株的高度、分蘖数，以及单株作物的叶片长度、宽度、面积、伸展状况、根的生长速度和长度、根系在土壤中的分布状况等。

（3）生物生理功能方面的信息　以作物为例，包括光合速率，光能利用率，呼吸强度，叶片的蒸腾数据，根系的养分吸收、运输和转化水平以及对土壤水分的吸收能力等。

（三）农业生物系统信息的主要采集技术

农业生物系统信息的采集主要是借助光、电、热、声或磁等某种具有能量形式的载体，获取反映被测对象的某种化学、物理或物化性质的物理信号，并进一步转变为计算机所能识别的数字信号。具体方法与技术依情况不同而有所区别。

1. 环境信息的采集

环境信息采集涉及的内容很多，其中最主要的有：温度信息、湿度信息、光照信息、CO_2含量、土壤水分和盐分、土壤及水体pH值、土壤营养元素含量、水体溶解氧含量等。

（1）温度信息采集　众所周知，温度信息采集主要借助温度传感器实现。温度测量中，常用的有热电偶、热电阻、热敏电阻及半导体集成温度传感器。

（2）湿度信息采集　与温度信息采集类似，湿度信息采集主要借助湿度传感器实现。空气湿度测量中，常用的有电阻式湿度传感器、陶瓷湿度传感器以及氧化铝薄膜湿度传感器等新型电子水分传感器，新型湿度传感器能够测出超微量水分。

（3）光照信息采集　辐射能的测量通常借助基于辐射热效应原理的光照传感器实现。总辐射表的热电元件由几十对热电偶串联而成。热电偶的热端涂黑料（铂黑等），它吸收辐射能量的约95%，冷端涂白料（如氧化镁），它反射辐射能量的约98%。热端吸收辐射能量，温度升高，冷端反射辐射，温度维持不变。温差电动势的大小与辐射能量成线性关系。

（4）二氧化碳浓度采集　二氧化碳浓度一般使用红外检测器进行检测。由于二氧化碳气体对4.26μm波段的红外光有强烈的吸收，而对3.9μm波段的红外光基本不吸收，利用双波长的光分别通过气室，由红外探测器（锑化铟）检测两束光强的变化，即可得到气室中二氧化碳的浓度。

（5）土壤水分及盐分采集　土壤水、盐含量测定一般使用技术成熟的 TDR（时域反射仪），并正在开发经济实用的基于驻波比、频域法原理、近红外技术的快速测量仪。

（6）土壤及水体 pH 值采集　土壤 pH 值检测一般使用光纤 pH 值传感器，而水体 pH 值测定一般则使用电化学传感器（pH 复合电极）。

（7）土壤营养元素含量采集　在土壤主要营养元素快速测定中，实用化产品主要是采用土壤溶液光电比色法的智能化土壤主要营养元素快速测定仪。基于近红外（NIR）多光谱分析技术、极化偏振激光技术、离子敏传感技术等各种新技术的各种土壤营养元素快速测定先进传感器的研究业已取得了一定进步，有的已可装在移动作业机上支持快速信息采集试验。而利用 NIR 多光谱分析技术开发的土壤有机质（SOM）含量实时采集传感器，在 90 年代中期已商品化。

（8）水体溶解氧含量采集　水体溶解氧含量的检测主要使用极谱型氧电极实现，用氯化钾溶液做电解液。当阳极外加一定的极化电压（0.7V）时，水中的溶解氧渗过隔膜，在阴极下产生还原反应，产生与溶解氧浓度成正比的稳定的扩散电流。

2. 农业生物信息采集

（1）微观形态结构和组分信息采集　用于微观形态结构和组分信息采集的通常有光谱仪、色谱仪、质谱仪、波谱仪、电化学分析仪等，其中多数要在实验室使用。而可见红外光谱传感器可用于实时获取包含农作物丰富的物质结构及其组成的漫反射光谱信息，其中可见和近红外光谱区的信息反映农作物物质组成成分和含量，中红外光谱区反映农作物组成物质的结构信息。

（2）宏观形态结构信息采集　对于株型、行间距、覆盖率、叶面积指数等一系列的形态特征，可以利用联机的图像传感器进行采集，对于器官、组织、细胞的形态结构等不能在田间直接获得的信息，可以利用实验室内的显微照相技术、摄像技术获得，然后通过图像扫描仪扫描或直接与计算机相连的摄像机将信息采集到计算机中。

（3）生理功能信息采集　生物的生理活动可以有多种不同形式的反映，包括电的变化、重量变化等。例如，植物进行光合作用时，会产生代谢电位变化，光合作用强弱体现在 CO_2 吸收量的多少，植物叶面的蒸腾导致叶片重量的变化等。因此，采集植物的电位、电阻信息，可以研究植物体内物质输运、水分传导等机能是否正常。采用红外线气体分析传感器，检测叶室内 CO_2 浓度的变化，可以了解植物光合作用的强弱。选择微重量电子传感器，检测植物叶片蒸腾量的变化，可以获得蒸腾信息。

（四）信息采集过程中的信号处理技术

1. 信号转换技术

信息检测系统采集的信号多为模拟信号，但计算机只能处理数字信号。因此，信息采集过程中必须使用的一项信号处理技术就是 A/D 转换技术。A/D 转换用于实现模拟量到数字量的转换。A/D 转换器有四种，其中最常用的是双积分式和逐次逼近式 A/D 转换器。它们的主要优点是转换精度高，抗干扰性能好，价格便宜，对于速度要求不高的农业生物系统信号采集转换极为适用。

2. 信号增强技术

农业生物系统的信号多为弱信号，例如，植物生理电信号的幅值在 200mV 以下，一般必须经过放大后才可用于 A/D 转换。由于信号既受到系统自身干扰，也受到外界的干扰，会伴随有许多噪声。如果使用简单的信号放大器，则在信号增强的同时，噪声值也随着增强。因此，需要将放大与去噪技术结合起来使用。去噪技术包括基于硬件的信号调理和基于软件的噪声消除技术。

（1）信号调理　信号调理是指采用电子硬件设备来改善信噪比，它包括滤波器、积分器、调制解调器、锁相放大器和厢车式积分器等。

（2）噪声消除　农业生物系统的信号噪声消除包括两方面内容：

•系统背景的消除与降低　背景信号指由被检对象其他成分或环境、仪器产生的信号部分。各种仪器检测技术消除背景的原理相似，以光谱检测为例，主要使用差谱技术和导数光谱技术。

•随机背景的消除与降低　随机背景（噪声）指变化的大小和方向无一定规律的噪声，包括固体电子器件的固有噪声（热噪声、散弹噪声、低频噪声等）及环境噪声（50Hz 的电力传输线产生的电场和磁场、反射的辐射能量、机械振动以及不同仪器之间的电的相互作用等）。对于随机噪声，一般使用数字滤波技术（中位值滤波法、算术平均滤波法、递推平均滤波法、加权递推平均滤波法等）、傅里叶变换滤波、小波变换等技术予以消除。

3. 信息的提取技术

（1）生物物质组成和微观结构的信息提取　农业生物系统是复杂系统，其物质组成和微观结构信息表现出多元性的特点。多元信息的采集需要用多种传感器协同工作，其分析可以运用化学计量学方法；对多元信息的综合分析可以运用近来发展的"多传感器融合"技术。多元信息提取的方法主要有：逐步回归分析法（SRA）、主成分回归法（PCR）、偏最小二乘法（PLS）及 Kalman 滤波法等。

（2）生物宏观形态结构信息的提取　由于农业生产系统的复杂性，获取的原始图像中一般都存在着复杂的背景，同时图像获取技术手段和环境因素也会造成图像的畸变，要从中提取有效的信息，必须对图像进行预处理。应用计算机图像处理技术可从中有效地提取出几何形状结构信息、纹理特征信息和光谱特征信息。

三、植物工厂中的计算机测控

（一）植物工厂计算机管理与控制的发展概况

将计算机用于温室设施、环境控制的研究与实践始于 20 世纪 60 年代。80 年代中期，日本已有一千多台计算机用于温室，荷兰则达到了五千多台。到 1995 年，仅日本用于温室的各类计算机已接近六千台。目前日本、荷兰、以色列、美国等发达国家可以根据温室作物的要求和特点，对温室内光照、温度、水、气、肥等诸多因子进行自动调控。美国和荷兰还利用差温管理技术，对花卉、果蔬等产品的开花和成熟期进行控制，以满足生产和市场的需要。日本和荷兰等还研究了一系列的植物组织增殖、嫁接、育苗、采收等的机器人等，大大提高了劳动效率。

20 世纪 80 年代初，国内计算机开始应用于温室的管理和控制领域。90 年代初期，中国农业科学院农业气象研究所和蔬菜花卉研究所，研制开发了温室控制与管理系统。90 年代中后期，江苏理工大学研制开发了温室软硬件控制系统，能对营养液系统、温度、光照、CO_2 浓度、施肥等进行综合控制，这是目前较为典型的国产化温室计算机控制系统。"九五"期间，国家科技攻关项目和国家自然科学基金委首次增设了工厂化农业（设施农业）研究项目，并且在项目中加大了计算机应用研究的力度。

近年来，在国产化技术不断取得进展的同时，也加快了引进国外大型现代化温室设备和综合控制系统的进程，对促进我国温室计算机的应用与发展，起到了积极的推动作用。

（二）计算机测控技术在植物工厂中的主要应用

在植物工厂生产过程中，计算机测控技术可在以下两大方面发挥巨大作用：

1. 环境控制

温室环境包括的内容非常广泛，但通常所说的温室环境主要指空气及土壤的温湿度、光照、CO_2 浓度、土壤 pH 值、营养元素含量等。温室环境控制的重点就是对这些要素进行控制与管理，为作物创造适宜的生长发育环境。为此，要借助检测技术对上述环境参数实时采集，然后根据结果由计算机控制相应设备（暖风机、水帘机、自动阀门、电子泵等）做出调节，包括加热/降温、增/除湿、通风、微喷和滴灌、施肥等。现在，要求温室除一般的保护功能外，还能促进作物的发育和改善品质。最为先进的控制管理技术可以实现对作物成熟（开花）期、株高等进行目标控制，使温室作物更具商业价值。

随着传感技术的发展，通过对植物光合速率、叶温、蒸腾速率、气孔阻力等一些重要生理特性指标的监测，可以直接了解植物的生理状态，根据其生理需要，对温室环境进行调控。借助计算机视觉技术，不仅可以检测设施内植物的叶面积、茎秆直径、叶柄夹角等外部生长参数，还可以根据果实表面颜色判别其成熟度，以及作物缺水、缺肥等情况。例如，以色列 ELDAR-GAL 公司生产的植物生理生态监测仪，能同时监测叶子温度、根茎直径、果实大小、叶子投影、二氧化碳交换、太阳辐射、空气温湿度、土壤湿度等十几个参数，实时监测农作物的长短期反应，并将这些参数进行分析处理，与专家系统结合，确定作业计划。再如，唐山古冶农场安装了一套由 PC 机（上位机）、下位机、数据采集传感器、电磁阀、微喷头和滴灌管等构成的分布式自动控制灌溉系统，取得了显著的节水增产效果。每种一茬生菜可以节水 64.8 吨/亩，秋黄瓜节水 140.6 吨/亩；每种一茬生菜可以增产 300 公斤/亩，秋黄瓜增产 280 公斤/亩。

温室环境控制主要有两种方式：单因子控制和多因子综合控制。单因子控制相对简单，只对某一要素进行控制，不考虑其他要素的影响和变化。例如在控制温度时，控制过程只调节温度本身，而不理会其他因素的变化和影响，其局限性是非常明显的。实际上影响作物生长的众多环境要素之间是相互制约、相互影响的，当某一要素发生变化时，相关的其他因素也要相应改变，才能达到环境要素的优化组合。综合环境控制也称复合控制，可不同程度地弥补单因子控制的缺陷。这种控制方法根据作物对各种环境要素的配合关系的要求，当某一种要素发生变化时，其他要素自动做出相应改变和调整，能更好地优化环境组合条件，是温室控制技术的主要发展方向。

2. 自动化作业

植物工厂内温度高、相对湿度大、地方狭窄、空气流通差，工作繁重、单调、费时，且极易疲劳。为此，欧美、日本等发达国家开发出了一系列的小型机器人，用于温室作业，极大地提高了劳动生产率。

（1）秧苗移栽　温室内生产的幼苗包括各种花类植物、叶类植物和番茄、黄瓜等园艺植物。据美国商业部统计，美国温室幼苗年产值平均高达 32 亿美元，已成为农业经济的重要组成部分。幼苗移栽要求的精细程度较高，早期一直实行手工作业，效率低下。1987 年，美国普渡大学的 Miles 教授等人设计了一种幼苗移栽抓取器，安装在具有视觉系统的 Puma560 型机器人上,实现了幼苗的移栽作业。结果表明,如果控制程序设计合理,该机器人系统可以实现96%的移栽幼苗无损伤,移栽36个穴孔的幼苗盘只需约3min。日本开发的幼苗移栽机器人,还能辨别苗的好坏,把不好的苗抛到一边,只移栽好苗。

（2）秧苗嫁接　由于嫁接后的瓜果秧苗具有抗病虫害、结果能力强和品质高等特点,嫁接技术被广泛应用于实际生产,瓜果秧苗的嫁接机器人也就成了研发热点。在日本,具有代表性的是单片子叶切断型的瓜果嫁接机器人,但在它工作时需要3名操作人员辅助,尚未完全实现自动化。2001年上海交通大学机器人研究所研制了一套应用于瓜果秧苗嫁接的机器人视觉系统,该系统能判别秧苗品质和秧苗头尾方向,从而使瓜类秧苗嫁接机器人实现全自动嫁接成为可能。他们提出的用机器人视觉系统代替人工选苗,以及按一定方向为机器人提供砧木和接穗用秧苗的设计思想不仅提高了嫁接机器人的自动化程度,还保证了嫁接质量。

（3）喷药作业　在国外,装有计算机视觉导向系统的作物精量喷雾机器人,可控制喷头直接位于每行作物的上方,并根据目标作物的宽度自动调节扇形喷头相对于前进方向的偏转角度,从而保证雾滴分布宽度与目标作物宽度相一致,以实现精密喷洒,减少农药的浪费和对环境的污染。经测定,与传统的喷雾方式相比,该系统可使用药量减少66%～80%,目标作物上的雾滴沉降效率提高2.5～3.7倍,周围土壤的沉降量和空中漂移将分别减少72%～90%和60%～93%。

（4）收获作业　温室常见的植物有黄瓜、番茄等,其果实自动收获多属于选择性收获,即收获时要求只采摘那些成熟的果实而不损伤生长的植物,要求机器人能区分果实和植物茎叶,还要能判别果实成熟度,难度比较大。尽管日本、荷兰、美国等早在20世纪70年代末已开始蔬菜、水果收获机器人系统的开发和试验,但直到20世纪90年代才实际用于生产。1997年,日本学者发明了直线图像分光仪,利用作物间纹理差异产生的不同反射光谱,实现作物行、列检测,日本农业研究中心开发了类似猫胡须的接触传感器用于机器人导航,这些对行走机器人的实际应用提供了有益借鉴。2000年,荷兰农业环境工程研究所开发了移动式黄瓜收获机器人,在荷兰 $2hm^2$ 的温室里进行了试用。机器人的末梢执行器和机械手安装在行走车上,行走车同时为机械手的操作和采摘系统的初步定位服务,采摘则由末梢执行器完成,收获成熟黄瓜过程中不会伤害其他未成熟的黄瓜。使用结果表明,高峰期需要4台机器人。每台机器人每日工作18h,作业速度为10s/根,相当于12个工人每日6h的工作量。

（三）植物工厂计算机测控技术发展趋势

1. 智能化

随着计算机技术的不断发展,温室计算机的应用将由简单的数据采集处理和监测控制,逐步转向以知识处理为主的智能管理控制。以专家系统为基础的智能管理系统将实时监测温室环境及作物生理状况,根据知识处理结果确定调控方案,并控制执行系统作出实时调控。当然,建立一个真正完善实用的专家决策系统是非常困难的。首先,获得知识并形成知识库本身就不容易;其次,所面对的生产实际问题往往十分复杂,常需建立大量的推理规则。

2. 网络化

随着设施农业规模化和产业化程度的不断提高,网络通信技术已在温室控制与管理中得到了广泛应用。温室群的内部管理和控制实际上就是通过局域网技术实现的。在日本,为了能应用网络技术实现对温室的控制管理,对计算机控制与通信协议进行了标准化研究,不仅能通过电话线对温室控制的设定值进行修改,也能对温室状态与环境数据进行实时监测和处理。随着Internet的发展,跨地区甚至跨国的远程温室控制或诊断已很容易实现。

3. 分布式无线网络

目前分布式系统是温室计算机控制系统的主要发展方向,其特点是在整个系统中不存在一个中心处理机,而是由许多分布在各温室中的可编程控制器或者子处理器组成,每一个控制器连接到中心监控计算机(或称主处理器)上。由每个子处理器对所采集的数据予以处理并完成实时控制,而由主处理器只存储和显示子处理器传送来的数据,主处理器可以向每个子处理器发送控制设定值和其他控制参数。由于温室环境不利于布线,随着无线网络技术的逐步成熟,无线网络无疑将成为今后温室的应用方向。

4. 综合与集成化

目前,温室计算机环境控制正在从单因素简单控制向多因素综合控制过渡和发展。未来的计算机控制与管理系统将是综合性、多方位的。神经网络、遗传算法、模糊推理等人工智能技术、作物模型技术的集成将使温室环境控制决策模型进一步完善并趋于实用。

四、动物农业中的计算机测控

(一)计算机测控技术在畜类养殖中的应用

奶牛业是农业生产应用先进电子技术最早且最有成效的领域之一。奶牛编号自动识别器在 20 世纪 70 年代中期即开始推广应用。早期的编号自动识别器,是一种长期挂在牛脖子上的小型密封无源信号转发器。每一个转发器只接受并转发两种特定频率的时序信号,接收机经过解码判别出牛的编号。80 年代后期,一种直径约 2cm,厚度 0.8cm,重量不到 10 克的小型信号转发器产品进入市场,它可永久性地植入牛、猪耳朵皮下,信号接收距离在 60cm 以内。后来又开发了一种微型的信号转发器,可通过注射针管植入皮下。这种廉价的编码信号转发器可在牛、猪出生后即植入体内,使它们的整个生长、养殖过程直至交售时的称重、屠宰,均纳入自动信息管理系统。

编号自动识别器作为畜类标识的手段,奠定了畜类的信息采集与管理基础。由自动识别器、产奶量记录器、定量配料器和微处理机组成的自动饲料配给系统,首先在英国开发成功,获得良好的技术经济效果,到 1983 年已在西欧五千多个奶牛场推广使用。

牛、猪等活体自动称重是 80 年代中期在发达国家中取得成效的又一测控应用实例。在饲养过程中监视牲畜体重的变化,可以及时掌握饲喂效果、健康状况,根据市场变化采取科学饲喂和控制成长的措施。将廊道式自动称重器与牲畜编号自动识别器结合起来,可以每天两次自动记录单体牲畜的体重,由微机系统自动存储、分析并给出管理决策信息。

猪舍、牛舍的温湿度及空气质量的检测与调控是计算机在畜类养殖中最基本的应用。它可以保证在一天的 24 h 内房舍中的气候条件始终保持适当的水平,对于需要恒温环境的初生仔猪、仔牛来说,已成为一个不可或缺的现代化饲养手段。

在现代化养猪场中,液体饲料的饲喂系统早已采用计算机控制系统操作,机械式干料喂料系统也越来越多地使用计算机控制,以准确地满足每组猪群对饲料成分和饲料量的要求。

(二)计算机测控技术在家禽养殖中的应用

相对于畜类而言,鸡、鸭等家禽对温度、湿度、光线、空气质量等环境条件更为敏感。例如,雏鸡在头 3 周内,每天舍温的改变不能超过 1℃。蛋鸡在舍温超过 23℃时,产蛋量大幅度减少,每产 1kg 蛋所需的饲料数则急剧上升,30℃以上时,由于受热而变得衰弱。在集约化密闭饲养的情况下,更容易造成环境恶化。例如,鸡在安静条件下,每千克体重每小时要消耗氧 739mL,产生二氧化碳 711mL。与家畜相比,鸡每千克体重耗氧量大约是牛的 2.3

倍、马的 2.9 倍、猪的 1.9 倍；鸡每千克体重呼出的二氧化碳大约是牛的 2.2 倍、马的 3 倍、猪的 2 倍。因此，家禽饲养环境的计算机监测与控制一直是人们关注的重点。

我国自 60 年代初起步搞机械化养鸡，到 70 年代中期，在广州、北京、上海等十余个大中城市郊区先后建立了一批规模较大的工厂化养鸡场，在这些养殖场内都程度不同地进行了舍内环境的计算机监控。现有的鸡舍饲养环境的监测与控制系统一般都具有下述功能：

1. 温度监控

目前，我国养殖鸡有蛋鸡、肉鸡和火鸡。不同类型、不同的鸡种、不同鸡龄，对环境温度有不同的要求，例如，雏鸡在头 3 周内，要求每天舍温的改变不能超过 1℃，蛋鸡在开产后，最适宜的温度是 15℃～23℃。温度监控系统要根据具体情况进行设置与调控，以满足养殖生产需要。

2. 湿度监控

鸡舍最适宜的相对湿度大约为 60%～65%。低温、高湿环境下，鸡体热量散失较多，用于维持体温所需的饲料也增多。高温、高湿环境对家禽危害更大，高温环境下，鸡呼吸排散到空气中的水汽受阻，导致蒸发散热量减少，会使体内积热，鸡群采食量减少，饮水量增加，产蛋性能下降。同时，高温、高湿环境下微生物易于滋生繁殖，容易导致鸡群发病。计算机监控系统要能实时监测并作出调节，保证空气湿度处于适宜范围之内。

3. 光线调控

计算机监控系统要能根据鸡的生长及生产需要对光照时间与强度自动予以调整。对刚孵出的幼雏，一般可在头 3d～7d 内每天给予 23h～24h 的光照，对生长阶段的鸡群，一般每天给予 8h～9h 的光照，以防止过早性成熟。对于 2 周龄以内幼雏，光照强度一般控制在 20 lx，生长阶段的鸡群，控制在 5 lx～8 lx，18 周龄以后，控制在 10 lx 以上，以刺激其产蛋。

4. 空气质量监控

鸡舍内的空气质量不仅因鸡的呼吸而恶化，而且受到鸡粪所产生的氨等不良气体的破坏。计算机监控系统要实时监测空气内的含氧量、二氧化碳浓度、氨的浓度，根据需要予以调控。例如要将鸡舍空气内的含氧量控制在 15% 以上，二氧化碳浓度控制在 0.5% 以下，氨的浓度控制在 20ppm 以下。

密闭式鸡舍环境监控系统硬件主要由以计算机为中心的测控主系统和由风机、湿帘、暖风机和可控硅调光器等组成的执行机构所构成。执行机构一般包括通风降温子系统、加温子系统、换气子系统、光照子系统、喂料与清粪子系统。

在肉鸡饲养过程中监视鸡的体重变化，可以及时掌握饲养效果、健康状况，根据市场变化采取科学饲养和控制成长的措施。80 年代中期，英国农业工程研究所开发了一种平养肉鸡称重与管理决策系统，对平养肉鸡体重进行多点采样，由计算机用概率统计方法估算出鸡群平均体重增长情况，利用肉鸡体重增长规律期望值预测模型，帮助农场主了解鸡群增重率，预测最佳上市日期，通过调节饲料配给等控制肉鸡成长，以获得最高利润。

在蛋鸡饲养过程中，除监视鸡的体重变化外，还通过鸡蛋计数系统对产蛋量进行统计，通过饲料消耗监测系统了解饲料消耗情况，从而获取饲料转化率数据，以达到控制饲料消耗、提高产出和增加效益的目的。

（三）计算机测控技术在水产养殖中的应用

水是鱼类赖以生存的环境，俗话说："养鱼先养水。"实验证明：高温（30℃～35℃），低温（3℃～5℃），pH 值过高（>8.9），DO（溶解氧）过低，NH_4-N（氨氮）过高或透光度过低都会影响鱼类的正常生长、发育和繁殖,而且容易引起各类鱼病流行。

实现水环境的控制,首先要借助监测系统了解和掌握以上水体参数。其实现方式有两种:一是通过现场安装的水温传感器、pH复合电极、溶解氧检测电极、光辐射探头等进行实时在线监测;二是人工定时采集水样,借助水温计、pH仪、溶氧(DO)仪、氨氮(NH_4-N)仪、浊度仪等在线监测仪器完成。计算机将测得值与允许值范围比较后,决定是否执行下述调节。

1. 溶解氧调节

溶解氧调节最常采用的有两种方法:一是采用增氧机;二是采用排灌机械注入新水。其中增氧机的种类很多,有叶轮式、桨叶式、水车式、射流式等。池塘溶氧的调节多选用叶轮式增氧机。

2. 水温、水质调节

通常使用排灌机(电动机、水泵、管道和附件)注入清淡水,调节水温,也改善pH值、氨氮含量、透光度,综合调节养殖水质。

五、农产品鉴定与贮藏加工中的计算机测控

(一)农产品鉴定与分级中的计算机技术

农产品的品质鉴定与分级主要是利用计算机视觉技术进行无损检测,获取农产品表面物理参数,对农产品进行质量评估和分级。农产品的品质鉴定与分级涉及水果、蔬菜,禽蛋、肉食类,烟叶、茶叶等经济作物,大豆、花生、玉米、大米等谷物。近二十多年来,对农产品检测的研究主要集中在作物种质资源及水果、蔬菜等农副产品上。

1. 种质资源检测

作物种子作为农业生产的基本要素,在农业生产中占有极为重要的位置,其质量检测与筛选一直是计算机视觉技术农业应用的工作重点。Zayas等人曾使用计算机视觉系统从小麦图片中提取出长度、宽度、朝向率和周长等形态学特征参数,用以区分小麦的品种及非小麦成分。同时,他们还使用一系列形态学参数准确地将完整玉米从破损玉米中分离出来。K.Liao等人使用人工神经网络分类器的方法对玉米种子进行分类,试验表明,对完整扁平玉米的分类准确率达99%,对破损玉米的分类准确率达96%。

2. 水果自动分选

水果一般按外部和内部品质指标进行分级,其中外部品质指标主要是水果的大小、形状、颜色和表面缺陷,而其内部品质指标主要有硬度、含糖量、酸度、口味及内部缺陷等。欧美各国在这两方面都进行了一定程度的研究,有些检测系统已经商品化,且达到了实时处理。水果外部品质自动检测和分级系统,由硬件和软件两部分构成,其基本工作过程为:传送机构把水果全面地、有序地连续呈现给计算机的视觉系统;计算机视觉系统获取水果的形状、颜色、表面缺陷等视觉信息,并高速地输送给计算机;软件系统进行图像信息的实时处理、识别和解释;计算机根据识别的结果,作出决策并输出控制信号给自动分选机构,完成水果的自动分选。

在国内,水果的品质检测从90年代才开始,仅停留在外部品质的检测研究上。龙满生等人曾针对大多数果实分级系统只具有单一品质检测与分级功能的缺点,充分利用计算机视觉技术和人工神经网络技术,建立了以果实形状、颜色和缺陷为判别依据的苹果外观品质综合分级系统。结果表明,该系统能够较好地实现苹果综合外观品质的正确检测与分级,准确率达90.8%。张书慧等人设计了苹果、桃等品质检测与分级图像处理系统,通过建立图像数据

采集与分析系统及相关的农副产品图像数据库，实现对农副产品品质（表面颜色、形状、缺陷）的准确分级。使用该系统，对富士苹果进行质量分级检测，优等果准确率达到96%。

（二）果蔬贮藏中的计算机测控

果蔬在收获后发生的呼吸、蒸腾及生理病害是造成果蔬干物质损耗、失水及腐烂变质的主要原因。果蔬贮藏的关键是通过环境的调控，调整果蔬的生理活动，减弱果蔬的呼吸和蒸腾作用，延长贮藏时间。

影响贮藏果蔬呼吸、蒸腾及生理病害发生的主要环境因素有环境温度、空气湿度、气流速度和气体成分。人们正是通过对这些因素的调控实现果蔬贮藏的。例如，降低贮藏温度和空气中的氧气，以降低果蔬呼吸强度；增加空气湿度，以减少蒸腾；控制二氧化碳浓度在一定水平下，以防止果蔬二氧化碳中毒等。

目前，常用的果蔬贮藏方式有三类：自然冷源贮藏、机械制冷贮藏和气调贮藏。计算机测控技术主要用于机械制冷贮藏和气调贮藏中。

果蔬贮藏环境计算机监控系统主要有现场监测器件、控制部分和执行系统构成。其中监控器件主要是一些安装在现场的专用传感器，分别用于实现温度、湿度、气流速度、氧和二氧化碳浓度等数据的采集。控制系统则根据现场采集数据与期望值的偏差，发出控制信号，指挥执行部分完成环境调控工作。

对于机械制冷库，主要是进行温度、湿度调控。包括启动和关闭制冷设备、增湿设备、通风设备等。使冷藏库湿度保持在90%～95%RH。温度随空间变化不超过±1℃，随时间的变化不超过±0.5℃。具体数值根据贮藏果蔬种类设定。

对于气调冷藏库，要进行氧、二氧化碳和温度的综合调控。系统将现场实时采集的温度、氧和二氧化碳浓度与按最佳配比设定的氧和二氧化碳浓度、温度的控制范围相比较，分别输出控制信号，启动/关闭制冷机、组合式气体发生器等。

（三）农产品加工中的计算机测控

农产品加工既属于大农业范畴，又是工业的一个领域，计算机测控技术的应用十分普及。诸如啤酒发酵过程的计算机监控，木材干燥过程的计算机监控，皮革鞣制过程的计算机监控等等，不胜枚举。尤其是计算机视觉和图像处理技术正在监测过程中得到越来越广泛的应用。例如，基于鲜虾图像的形态学特征和频谱特征的鲜虾去头技术，能准确确定下刀位置，在每秒处理2只虾的情况下，下刀位置的标准偏差为2.8～4.6mm，实现了鲜虾去头加工的自动化。基于计算机视觉的鸡肉中骨头碎片及污染物无损检测设备，将X射线成像技术与激光三维成像技术相结合，可以在鸡肉加工过程中快速、准确地检测出骨头碎片及污染物。

第三节　农业信息查询与管理技术

一、农业数据库技术

数据库技术的发展已有四十年的历史，从传统数据库，到近年的关系对象型数据库、对象型数据库，新型数据库技术不断出现。与此同时，数据库在农业上的应用也得到了迅速扩展。农业数据库（Data Base）就是为一定目的服务，具有有效组织结构和特定联系的农业及相关数据的集合。它是重要的农业信息产品，是农业信息化的基础。无论是"金农工程"还是863计划的智能农业，都离不开农业数据库建设。农业企业生产管理、农产品营销管理等更要靠数据库的默默支持。随着网络的普及,数据库的应用领域正在不断扩大,建立一系列完整的农业数据库,对实现农业信息资源的高度共享,促进农业经济繁荣和发展意义深远。

(一) 世界农业数据库建设发展概况

农业数据库的开发试验始于 1985 年,1992 年时约有农业及相关学科光盘数据库 176 种。其后,农业光盘数据库品种迅速增加,形成了国际农业与生物科学中心数据库 CABI、美国农业图书馆的农业联机检索数据库 AGRICOLA、联合国粮农组织的 AGRIS、亚洲农业情报库 AIBI、英国农业情报中心的 CIDIA、非洲塞内加尔农业文献中心的 DNVS、国际饲料信息中心的 INFIC、世界水产科学和渔业文献数据库 ASFA、生命科学体系数据库 FATA 和 BIOSIS、荷兰农业数据库 AGRILJN、热带农业数据库 TROPAG、东南亚杂草情报中心的杂草数据库 WEEDOC、国际半干旱热带地区作物研究所的 ICRISA。其中前三个是当今世界农业文献收录量最大、专业覆盖面最广、利用效率最高的数据库,已成为我国外文农业文献查新的基本库。这三大农业数据库中,CABI 为文摘数据库,收录了 120 多个国家和地区用 70 多种文字发表的 9 200 种期刊和连续出版物中的英文文摘;AGRICOLA 数据库是书目型数据库,主要收录美国农业图书馆馆藏文献。它选用刊物约 2 000 种,其主题范围包括农、林、牧、水产、兽医、园艺、土壤等整个农业科学领域及动物、植物、微生物、昆虫、生态等生命基础科学以及环境科学、食品科学;AGRIS 数据库开发建立于 1975 年,全称为 International Information System for the Agricultural Sciences and Technology,内容为世界农业领域的文献目录。该数据库数据由覆盖 135 个国家和地区的 146 个 AGRIS 中心和 22 个国际组织提供。AGRIS 数据库的起始年限为 1975 年,每年更新递增量约 13 万条。

(二) 我国农业数据库建设发展状况

我国中文数据库研究与建设工作起步于 20 世纪 80 年代,中国作物种质资源数据库系统、中国农业科技文献信息数据库、农产品集市贸易价格行情数据库等几个大型农业数据库系统均初步建成于 80 年代末至 90 年代初。这三大国家农业数据库系统中,中国作物种质资源数据库系统由中国农科院作物品种资源所组织开发,建成于 1988 年,到 20 世纪末,数据库内已拥有 180 种作物(隶属 78 个科、256 个属、810 个种或亚种)、37 万份种质信息、2 000 兆字节,成为世界上最大的植物遗传资源信息系统之一;中国农业科技文献信息数据库由中国农科院科技文献信息中心组织开发,建成于 1989 年,这是一个大型的有关中国农业科技文献信息的数据库,用于全国范围内的共享检索服务。系统设有数据库结构定义和修改、数据库维护、自动标引、数据查询等功能;"农产品集市贸易价格行情数据库"由国家物价局信息中心组织开发,建成于 1990 年,该数据库收集了全国 35 个大中城市的 28 种大宗农副产品的集市贸易价格信息。

据资料介绍,1994 年底我国已建成农林数据库 71 个,约占全国数据库总数的 6.84%。其中除上面介绍的三大数据库外,见诸于媒体的有:林业科技文献数据库,水产科技文献数据库,家畜家禽品种资源数据库,中国水产科技信息数据库,农业合作经济数据库,全国农业经济统计资料数据库,农牧渔业科技成果数据库,陕西省棉花气象数据库,象山县农作物病虫害数据库,山东果树数据库,湖北省土壤系统分类数据库,检疫性植物种传病毒数据库,青海省农作物品种管理数据库,昆虫标本数据库,小麦遗传资源数据库,水稻褐稻虱数据库,台湾农业数据库,小麦抗条锈病性数据库,肥料试验数据库,黑龙江省高粱育种基础材料数据库,花生优异种质资源数据库,生态高效农业产业化风险数据库,农田虫情数据库,水稻品种抗瘟性数据库,野生植物资源信息检索数据库,向日葵有害生物数据库,中国渔业科技数据库，中国水产界名人数据库，我国鳗鱼、对虾病害多媒体数据库，海水鱼类病害防治数据库以及渔用饲料配方数据库等。

农业数据库从适用范围上大体上可以分为以下三种类型：

1. 农业资源数据库

- 地理资源库：把国家的水土资源进行科学归类形成的资源库。
- 种质资源库：包括植物、动物、昆虫、微生物的整个生物群体。
- 基因资源库：记载各种动植物遗产基因，是育种工程的重要保证。
- 人力资源库：存储各类资源中最重要的人力资源信息。

2. 农业技术信息数据库

存储有从科研到科普、从种植到养殖，再到市场的农业产业化全过程的技术信息。

3. 农业统计信息数据库

- 涉农企业与产品信息库：从企业到产品，再从产品到市场的信息链。
- 农业生产信息统计：农业产业生产过程中产生的大量数据。
- 农业气象统计资料：为农业生产服务提供的天气现象记载。

建立一个农业数据库需要来自多学科的知识和大量的繁琐劳动，不是经过简单的构思就能设计出来的，需要跨学科的合作，通过一段时间的开发试验运行，满足安全性高、系统性强、使用方便、内容全面等要求以后才能投入市场，向社会提供服务。

（三）农业数据库技术发展趋势

多媒体技术、地理信息系统、计算机网络技术及知识工程的发展，对数据库技术的进步起到了积极的促进作用。数据库与其他新技术结合产生了多媒体数据库、空间数据库、网络数据库以及数据仓库等新的数据库技术，这些新技术在农业领域均获得了一定程度的应用，代表了农业数据库技术的发展方向。

1. 多媒体数据库技术

多媒体数据库由数值、文字、表格、图形、图像、声音等多种信息媒体的数据构成。近年来，大容量光盘、高速CPU、高速数字信号处理器（DSP）以及宽带网络等硬件技术的发展为多媒体技术的应用奠定了基础。在农业领域，多媒体数据库也得到了开发应用。如我国曾开发了茶树病虫害多媒体数据库，主要蔬菜生物信息多媒体数据库等。

多媒体数据库技术的关键是数据库模型与检索方法，早期开发的多媒体数据库多使用关系数据库模型扩充而成，如宁德地区开发的茶树病虫害多媒体数据库使用Visual FoxPro6.0开发而成，系统功能受到很大限制。目前，在多媒体数据库的开发中，面向对象模型等各种新的数据模型以及基于内容的检索技术的应用研究已经取得了一些成果，无疑是今后各类农业多媒体数据库开发的必然选择。

2. 空间数据库技术

随着数据库管理系统和GIS技术的发展，产生了空间数据库技术。空间数据库作为地理空间数据的存储场所，在农业领域的应用范围已扩展到农业资源管理、农业生态环境保护等许多方面。空间数据库需要新的数据管理技术，其中数据的存取方法是关系到空间数据库系统效率的重要问题。近些年，以新的数据模型和数据检索技术为基础，相继推出了Oracle Spatial Cartridge（SC）、GeoMedia、Spatial Database Engineer（SDE）、Spatial Ware等空间数据库软件产品，为农业领域各类空间数据库的开发提供了有效工具。

3. 网络数据库技术

网络数据库主要是指那些经过精心组织的提供网络访问的数据库，它是数据管理和资源共享两种技术相结合的产物，主要包括 Client/Server 数据库与 Browser/Server 数据库技术。随着 Internet 的快速发展，SQL Server 等网络数据库工具在农业领域得到了迅速推广应用，网络数据库已经融入农产品营销等管理活动之中。对于农产品营销者发现新的市场机会，开展有效的市场探测以及实现高效的顾客服务提供了强有力的支持。

4. 数据仓库与知识挖掘技术

数据仓库（data warehouse）是面向决策主题的、集成的、稳定的、不同时间的数据集合，它是一种专为决策服务的数据库。知识挖掘（data mining，简称 DM）又称为数据库中的知识发现（Knowledge Discovery in Database，简称 KDD），它是从数据库中提取出隐含于大量数据中的有用信息和知识的高级处理过程。随着农业决策支持系统开发与应用规模的逐步扩大，数据仓库与知识挖掘技术正在变得愈来愈重要。

二、农业信息网络技术

（一）农业信息网络的概念与特点

计算机网络是现代通信技术与计算机技术相结合的产物，它是当今世界上发展最为迅速的技术领域之一。所谓农业信息网络实际上就是计算机网络技术应用于农业及相关领域的结果。它将分布在不同地理位置的农业信息资源通过数以万计的具有独立功能的计算机和网络通信设备、介质及通信协议互相连接起来，形成一个跨越时空的网络，以实现农业信息资源的共享。

与各类计算机信息网络一样，农业信息网络依托于各种先进的局域网技术、广域网技术，包括 ASDL、综合业务数字网（ISDN）等，尤其是世界上最大的广域网 Internet 技术，其开放式的网络体系结构，使不同软硬件环境、不同网络协议的网络之间实现了互联。不同之处在于农业信息网络具有下述特点：一是信息资源的专门性，网络信息以农业及相关领域的信息为重点；二是用户的特定性，主要使用者为从事农业教学、科研、生产经营的管理人员、政府农业主管部门及广大农民；三是对带宽和速度的要求较高，使用对象及信息的特殊性，决定网络必须具备提供文本、声音、图像等综合性通信服务功能；四是与地理信息系统等技术的结合，构成特定的网络信息系统。

（二）农业信息网络的产生与发展

农业信息网络是伴随着 Internet 技术的发展成长起来的。1975 年美国内布拉斯加大学创办了世界上早期最大的农业计算机网络系统 AGNET，其主机设在林肯市，现已设置 40 多种服务项目，包括农牧业生产技术咨询、财务支出、借贷支出、借贷资金、租用设施、现金计算、教育研究以及美国农业部关于农产品市场的信息等。该系统拥有数千名用户，遍及美国 46 个州，加拿大 6 个省和其他 7 个国家，36 所大学。各地可通过家中的电话、电视和微机终端与中心接通，共享 AGNET 的数据与软件资源，给农业和农民带来了显著的经济效益。

20 世纪 80 年代开始，农业信息网络逐步在欧美、日本等国获得了广泛应用，多数农场主开始拥有自己的微电脑系统，在农场内部通过计算机网络和奶牛场挤奶、环境控制等系统相连，用于数据采集和过程控制，并通过专用接口接入地区网络中心，从地区农业设备、化肥、农药、饲料、气象、病虫害预报和农业咨询系统的计算机上，实时获得内容广泛、快速的信息服务和国际市场信息。

现在世界上已有几十个农业计算机网络系统和近千个与农业有关的 WWW（万维网）信息网点。其中发达国家的一些典型农业信息计算机网络系统如下：

1. Advantage（美）CDC 公司
2. AGNET（美）内布拉斯加大学
3. Agri-Date Resource（美）威斯康星大学
4. Agrinet（英）
5. AGRI-STAR（美）农业数据资源
6. ANSER（美）肯塔基大学
7. BLONET（美）马里兰州
8. CAPTAIN（日）
9. CIS（澳）维多利亚州
10. CMN（美）维吉尼亚综合技术研究所和州立大学
11. COMNET（美）密歇根州大学
12. DRESS（日）电信电话公司
13. EPIPRE（荷）瓦赫宁根大学
14. ESTEL（美）马里兰大学
15. FAIRS（美）佛罗里达大学食物和农业科学研究所
16. F.A.R.M（美）威斯康星
17. FARMS（美）密苏里
18. FBBS（FACFS）（美）普渡大学
19. Grass Roots Infomart（加）马里托巴
20. Grass Roots Infomart（美）农业部
21. Harris Electronic News（美）堪萨斯
22. IMPACT（美）加里福尼亚大学、戴维斯
23. INFONET（美）农业部
24. INstant Update（美）衣阿华
25. NEIRS（美）北卡罗来纳州大学
26. SCAMP（美）纽约州农业试验站
27. SIRATAC（澳）联邦科学和工业研究组织、新南威尔士州
28. SON（美）密执安大学
29. TELPCAN（美）密执安大学

（三）我国农业信息网络发展现状

我国农业信息网络建设始于 20 世纪 80 年代中期，虽然起步较晚，但受到了政府的高度重视。1986 年，农业部提出了《农牧渔业信息管理系统总体设计》，组建了农业部信息中心。之后，各省、市、自治区农业系统也相继成立了农业信息中心。在它们的努力下，计算机网络建设取得了长足发展。农业部信息中心采用先进技术，组成了包括部内各司局，部直属企事业单位在内的计算机网络，实现了农业部内信息共享。通过有计划、有步骤地向全国联网辐射，1994 年，中心与全国各省农业信息中心计算机网络的联接开通，从而在全国建立起了集中—分布式计算机网络系统，构成全国现代化农业信息系统大框架。

1994 年 12 月在"国家经济信息化联席会议"第三次会议上提出了金农工程，作为金农

工程重点内容之一的信息网络建设工作得到了进一步加强。农业部信息中心作为金农国家中心，开始筹建"中国农业信息网"，1995年联通Internet，1996年正式开通，其信息传输主要依靠国家公共数据通信网，快速、便捷、通达全国，联通世界。用户可以通过PSTN、CHNANET、DDN、BSDN、VSAT卫星小站以及广播电视网等多种方式进入网络，使用户之间能及时地传递和交换信息，共享信息资源。其后，中国农业科学院建立了"中国农业科技信息网"，1997年10月开始运行。

在国家制定的"统筹规划、国家主导；统一标准，联合建设；互联互通，资源共享"的信息网络建设方针指导下农业信息网络建设在最近几年取得了显著的成绩，特别是一些科研单位和高等院校，网络化建设已先行了一步。天津、河南、辽宁、重庆、浙江、江苏、新疆等省（市、自治区）先后建起了省级农业信息网或农业科技信息网。中国北方农业信息网、中国江北农业信息网、中国农副信息网、中国种子信息网、中国园林花卉产业信息网、陕西果业信息网和沈阳农村经济信息网等地区性或专业性农业信息网也越来越多。到1999年底，我国提供信息服务的农业信息网络站点约540个，其中政府农业主管机构的站点41个，科研机构的站点87个，农业高等院校的站点69个，企业的站点163个。其中较具代表性的有：

1. 中国农业信息网（http：//www.agri.gov.cn/）：由农业部信息中心主办，是中国重要的农业网站之一。现已与全国各省（区、市）农业厅（局），近千个地、市、县，几十个农垦局（场）以及七十多个大中城市的农副产品批发市场、水产品批发市场互联，同时还与各部委、科研院校、新闻单位、海关、气象部门的二十多个信息机构联网，实现了与国际和国内各省、市、自治区的网上信息交换。现已初步建成了集二十多个专业网为一体的国家农业门户网站，联网用户已发展到了三千多家，日均点击数近200万次，在全球农业网站中仅次于美国农业部官方网站，位居第二位。

2. 中国农业科技信息网（http：//www.caas.net.cn）：由中国农业科学院主办，中国农业科学院科技文献信息中心承办，1997年10月8日正式开通，它是中国最重要的农业科技信息网络。已上网及即将上网的数据库有中国农业科技文献数据库、中国农作物种质资源信息系统、中国农业经济基础资料数据库、中国绿肥种质资源信息库、饲料信息数据库、中国农业科学院图书馆书目库、国外农业科技资料目录、中国农业科学院学位论文库、中国农业科技期刊数据库和中国农业科学院科研进展和科研成果介绍等。此外还有外文光盘数据库，如国际农业与生物研究中心的农业文摘数据库CABI、美国农业图书馆馆藏数据库Agricola、联合国粮农组织数据库Agris等。

3. 中国林业科研网（http：//www.forestry.ac.cn/）：由中国林业科学院科技信息所建立，是我国林业系统第一个大型信息服务网络系统。入网用户可联机查询八十多个国内外数据库，同时包括科技信息所多年来研建的一批数据库，用户可进行信息收集和发布，获取各类信息，阅读电子刊物，进行在线交换，查阅信息公告栏（BBS），进行电子邮件互访，并可发布各类商业广告、产品供求等信息。

4. 中国水产网（http：//www.china-fishery.online.sh.cn/）：由上海水产大学主办，1998年10月建立。主要栏目有水产世界、最新动态、水产杂志、水产机构服务指南、企业天地、网络学校、资料数据库等。

5. 中佳经济信息网（http：//www.chinacoop.com/）：由中华全国供销合作总社主办，是国内农业生产资料流通信息方面的重要网站。主要提供的信息内容包括供求信息、价格信息、国际贸易信息、经济论坛、工商企业介绍、农村市场、农村科技、政策法规等。

6. 中国北方农业信息网（http：//www.agri.net.cn/）：由辽宁省信息中心主办，主要内容有种子信息、农业科技、生产资料、畜牧信息、渔业信息、农产品市场、农作物病虫害预报与防治、新闻纵横、热点论坛等。

7. 河南农业科技教育信息网（http：//www.hnast.com.cn/）：由河南省农业厅、河南省农业科学院、河南农业大学共同主办，1998年9月建立。主要内容有农业概况、庄稼医院、动物医院、专家热线、致富参谋、养殖顾问、农情预报、项目合作、商海导航等，信息内容丰富、实用，在省级农业网站中有一定的知名度。

8. 中国农业大学校园网（http：//www.cau.edu.cn/）：由中国农业大学主办，1998年建成，通过中国教育和科研计算机网（Cernet）与国际学术计算机网络互联，主要为用户提供农业科研学术信息。

三、农业信息系统

农业信息系统是以电子计算机为主要工具，使用数据库、计算机网络、数据筛选与分析等技术，对特定范围和时段内的农业政策、科技、生产、市场等有关信息加以收集、存储、分析处理、发布及反馈，向用户提供各种信息服务的高效能农业信息化工具。农业信息系统的种类很多，大体可分为以下几大类。

（一）农业资源信息系统

农业资源可概分为种质资源和环境资源两大类，其中种质资源信息涉及各类动物、植物种质信息，农业环境资源信息则主要指土地、气候、水和生物等自然资源和人口、劳力、产品、建筑物及设备等社会经济资源的信息。因此，此类信息系统中，常见的有动物种质资源信息系统、植物种质资源信息系统、农业气候信息系统、农业土地信息系统、农业水利信息系统、渔业资源信息系统、森林资源信息系统、草场资源信息系统、人口与劳动力资源信息系统等。

农业资源信息系统不仅为农业生产、科研开发提供指导，还可为政府制订中长期农业生产发展规划提供重要依据。其建设须遵守国家、农业部和省政府关于农村经济资料的标准分类方法和数据规范，保证信息的科学性和有效性。

（二）农业科技研究信息系统

农业科技研究信息系统是整个农业科技发展的重要组成部分，是人类社会相互传递先进农业科学技术与经验，共享农业科研成果，促进世界农业持续发展，提高人民生活水平的关键环节。一般来说，农业科技研究信息系统包括农业科技信息系统、农业研究项目信息系统、农业成果推广信息系统等。

1. 农业科技信息系统

主要由量大面广的农业科技图书、农业科技文章、农业科技文摘、农业科技报告及实用农业技术信息构成。目的是使科研人员迅速查询和获取所需农业科技文献。这些信息的利用将改进研究计划，更新科技人员知识，减少科研工作的重复，并鼓励研究结果的传递。

2. 农业研究项目信息系统

主要包括在研、完成以及获奖项目的有关信息。据统计，1993年全国农业科研单位运行中的科研课题多达14 094个，其中获省部级以上奖励的达5 000多项。全面系统地收集和利用这些信息对于农业科研与教学的发展、农业科技成果的推广及应用是非常必要的。

3. 农业成果推广信息系统

主要包括成果与技术转让信息、良种信息等。有效地掌握和利用这部分信息对我们开展信息交流、推广技术及成果是非常重要的。

（三）农业生产经营管理信息系统

农业生产经营管理信息系统是管理信息系统在农业上的应用，其概念和含义无本质差异。即，农业生产经营管理信息系统是收集和加工农业生产经营管理过程中的有关信息，为农业生产经营决策过程提供帮助的一种信息处理系统。

农业企业的生产经营管理信息系统包括3个层次：宏观管理层主要用于满足农场领导的信息需求；具体业务层主要用于满足农场各职能部门（如财务、人事、工资等）的信息应用需求；生产过程控制层主要服务于农场作物生产和畜牧生产过程控制。

自20世纪60年代以来，一些发达国家已经开始农业生产经营管理信息系统的开发工作，70年代后期得到了比较广泛的应用。如美国的棉花生产管理信息系统COMAX／GOSSYM、澳大利亚的牧场管理信息系统GRAZPLAN等，均为农业生产管理现代化打下了基础。

我国农业管理信息系统起步较晚，但短短的二十多年来得到了长足的发展，目前，农业经营管理信息系统、乡镇企业管理信息系统、小麦生产管理计算机辅助系统等都获得了广泛应用，给农业企业的生产经营管理带来了高效率、高质量和高效益。

（四）农业灾害监测预报信息系统

农业灾害监测预报信息系统主要用于为农业生产提供科学的数量化的决策依据，已成为时代的需要。目前，农业灾害监测预报信息系统有气象灾害监测预报信息系统、病虫灾害监测预报信息系统、环境灾害监测预报信息系统、林火灾害监测预报信息系统等多种。

（五）农业统计与经济管理信息系统

农业统计与经济管理信息系统主要提供农业统计和经济信息，为地区乃至国家的农业宏观管理服务。前苏联在1972年就建立了"农业生产自动化管理系统"，利用计算机网络实现全国经济核算、统计分析和预测工作，到1980年就有5 631个计算机管理信息系统投入运行，部一级管理系统可统一计划、指挥全国农业生产，使农业生产产值增加 7%~9%，减少消耗8%~10%，减少管理费用 15%～20%。

第四节　虚拟农业和主要支撑技术

一、仿真与虚拟农业

（一）仿真与虚拟现实技术

1. 计算机仿真技术

在现实生活中，为了说明或解释问题的方便，我们经常会利用一些模型来模拟实际对象。比如在地理教学中教师会使用地球仪，这实际上就是最简单意义上的仿真或模拟。

事实上，在世界上有相当一部分实际系统并不存在，却需要我们对它们进行深入研究，以保证系统成功开发；或者虽然系统存在但无法直接使用系统对其自身进行研究的情况。这时我们只能设法构造既能反映系统特征又能符合系统研究要求的系统模型，并在该系统模型上对所关心的问题进行研究，揭示已有系统和未来系统的内在特性、运行规律、各部分之间的关系并预测未来。

从一般意义上讲，计算机仿真或模拟可以理解为是以建模理论、计算方法、评估理论等多种理论为基础，以计算机及其相应的软件为主要工具，通过虚拟试验的方法分析和解决问题，实现对一个已经存在或有待开发的系统进行系统特性研究的综合科学。

仿真技术的应用一般是以仿真系统的形式来体现的，仿真系统中最重要的是仿真模型。系统仿真模型基本上可以分为离散系统仿真模型和连续系统仿真模型两类。

系统仿真的基本步骤为：阐明问题和目标设定、仿真建模、数据采集、仿真模型的确认、仿真程序的编制和验证、仿真模型的运行以及仿真输出结果的统计分析。由于仿真过程仍是一种科学的实验过程，仿真模型必须经受理论和实践的检验，因而在仿真建模过程中还必须有严格的"确认"和"验证"环节，以保证建模的科学性。

早期，计算机仿真（模拟）主要是利用随机数实验（又称蒙特卡罗方法）求解随机问题。20世纪50年代计算机仿真主要采用模拟计算机进行；到了70年代模拟－数字混合机曾一度应用于飞行仿真、卫星仿真和核反应堆仿真等众多高技术研究领域；80年代后数字计算机成为计算机仿真的主流。

2. 虚拟现实技术

虚拟现实（Virtual Reality，简称VR）又称"灵境"，到目前为止，还没有一个公认的定义。这里引用几种提法：虚拟现实是通过计算机产生三维空间，令人如身临其境，可以操纵，并可以相互交流；虚拟现实是人与计算机生成的虚拟环境交互作用的一种技术手段；虚拟现实是一种人—机（计算机）交互工具，这种工具的创造或设计是基于人与周围真实世界的交互方式的。

尽管上述虚拟现实技术的定义各不相同，但其主要特征是以人为核心，使人如身临其境，并能实现与虚拟环境的实时、自然交互，有如在真实世界中的感觉。因此，我们可以将虚拟现实解释为：虚拟现实是一种用于创建人工虚拟世界的交互式计算机系统，它以计算机为主体，集成与综合了传感器技术、机器人技术、人工智能、人机工程学及心理学等诸多高新技术。对于系统的使用者来说，不仅具有身临其境的感觉，还能够以符合人类习惯的自然方式实现与虚拟世界的交互。

美国某杂志对影响未来科技水平十大因素的评选结果为，Internet第一，虚拟现实技术第二，说明VR可能成为未来最重要的技术之一，在人类生活中发挥重要作用。就目前而言，VR还未像Internet一样为大家所熟悉。但近年来冠以"虚拟"的词组越来越多：医学领域的虚拟诊断、虚拟解剖；建筑领域的虚拟住宅，虚拟城市；艺术领域的虚拟艺术作品；金融领域的虚拟证券交易；教育领域的虚拟教室、虚拟图书馆；文化娱乐业的虚拟娱乐中心等。在工程领域，第一架用虚拟技术设计和试验的飞机"波音-777"已经产生，在另一些领域虚拟现实技术正在构思，孕育着它的发展，可以说，只要我们能想象到的，就有希望实现。

虚拟现实的意义在于其重要的经济、军事价值，如飞行仿真虚拟现实系统，可以大大缩短训练和试验的时间，提高效率，降低成本。1990年美国凭借电脑虚拟现实技术反复进行模拟空袭演习，让飞行员熟悉战区情况，为美国"沙漠风暴"行动的一举成功奠定了基础。

3. 系统仿真与虚拟现实的联系与区别

从本质上讲，仿真的核心组成部分仅是一个计算、调度的过程。仿真并不一定需要表现过程，只要通过对模型的计算最后给出一系列的数据即可，这就是所谓数值仿真。为数值仿真的过程及结果显示增加文本提示、图形、图像、动画表现，可使仿真过程更直观，结果更容易理解,并能够验证仿真过程是否正确,这种仿真就是可视化仿真。在此基础上加入声音等功能就构成了多媒体仿真,再加入力觉、触觉等传感交互功能,使人能够以最自然的方式与虚拟对象交互就构成了虚拟现实仿真。

由此可以看出,虚拟现实与仿真既有联系又有区别,一方面,仿真过程与结果需要使用虚拟现实手段来表现,即系统仿真与虚拟现实之间是目的与表现方法的关系。另一方面,虚拟现实需要以仿真模拟为基础才能实现,即系统仿真与虚拟现实之间又是手段和结果的关系。目前,二者之间的界限愈来愈模糊,一个实际系统通常均为二者的混合体,故又不加区分地称之为虚拟现实仿真系统。

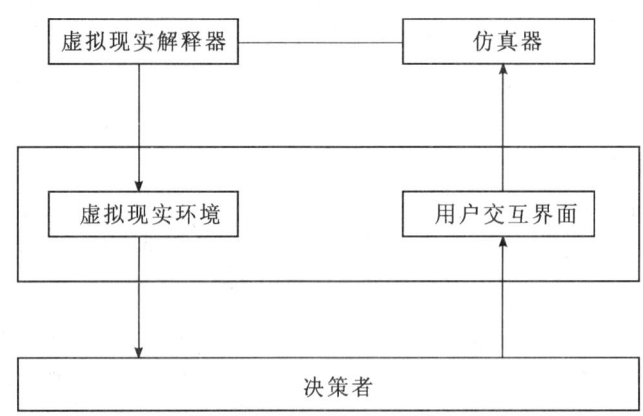

图 5-2-1 虚拟现实仿真系统的构成

一个虚拟现实仿真系统主要包括五个部分:决策者、用户交互界面、仿真器、虚拟现实解释器、虚拟现实环境,如图 5-2-1 所示。决策者通过用户交互界面发出控制指令,用户交互界面将指令传递给仿真器执行,仿真器将结果送虚拟现实解释器予以解释,解释结果送虚拟现实环境表现,决策者通过虚拟现实环境感知控制指令对仿真所产生的影响。

(二)仿真农业与虚拟农业

1. 仿真农业

所谓仿真农业,实际上就是将计算机仿真技术用于解决农业领域的问题。事实上,为定量化研究植物的生长规律,从 20 世纪 60 年代中期开始,研究人员就开始了植物生长的仿真模拟研究。所建立的仿真模型通过对植物生理生态过程的模拟,能够预测不同环境条件下生长的植物的某些综合指标,如作物的产量,牧草的生物量,叶面积指数动态,器官的生物量、数量等。所提出的细菌孢子繁殖模型,可以模拟各种天气条件下细菌的繁殖状况,预测农作物病害的发生与发展。

20 世纪 80 年代中后期以来,随着计算机的飞速发展和农业科学研究的不断深化与成果积累,国际上模拟模型研究开始伸展到农业的各个领域,仿真农业开始向综合化与应用化方向发展。例如,在植物工厂中,不再单独讨论温度、湿度控制等问题,而是考虑整个生产系统,将作物生长、环境控制和经济分析置于一个大系统中加以研究,即建立植物工厂生产系统的综合动态模型并进行仿真研究,以寻求最佳的综合环境控制方案。

近年来,随着计算机软硬件的发展,各种关于可视化模拟的理论和方法的提出,为农业的可视化仿真开辟了广阔的道路。

2. 虚拟农业

（1）基本概念　仿真农业的发展与延伸，逐步将可视化技术和虚拟现实技术融入其中，并在农业科研、教学、生产、管理、规划、农业资源配置、商品流通等各农业领域得到了应用，从而形成了虚拟现实的一个重要分支——"虚拟农业"。

所谓虚拟农业，实际上是指以农业领域研究对象（农作物、畜、禽、鱼、农产品市场、资源高效利用等）为核心，采用先进信息技术手段，实现以计算机为平台的研究对象与环境因子交互作用，以品种改良、环境改造、环境适应、增产等为目的的技术系统，其成果应接受实践的检验。

（2）虚拟农业与虚拟现实的区别　虚拟农业是受到虚拟现实思想的启发提出来的，它是虚拟现实的一个重要分支。但是虚拟农业与虚拟现实还是有所不同的，这主要表现在两个方面：其一，从定义来看，虚拟现实以人为核心，使人有身临其境的感觉，为达到这种感觉就要研究数据手套、数据衣、数据鞋、视觉头盔等。虚拟农业是以农业领域的事物（农作物、畜、禽、鱼、资源高效利用、农产品市场等）为核心（虚拟对象）营造它们的环境，建立它们与环境之间的相互作用系统，相应地有虚拟对象的感觉系统；其二，在虚拟现实系统中，以人的感觉为依据，虽然实现人的真实感觉难度很大，但无论如何人可以交流，并可以通过不断改进来逼近。但虚拟农业是以农业事物为对象，人对它们本身及它们与其生存环境间的认识是间接的，它反映的是科学家对虚拟对象的认知水平，因此，从这个角度来说虚拟农业有更大的难度。

（3）虚拟农业的主要内容　从理论上来说，只要大家能想象到的农业领域的事物都可以用虚拟农业来实现，但在实践上，虚拟农业主要聚焦在与国计民生有重要意义的项目上。虚拟农业的内容主要包括：

• 虚拟植物：利用虚拟现实技术在计算机上模拟植物在三维空间中的生长发育过程，它以植物个体为对象，具有三维效果和可视化的功能。图 5-2-2 是用虚拟植物技术生成的灌浆期玉米图像。实际上，虚拟植物早就有成功的先例，其中最著名的是新西兰 Hort 研究所利用虚拟作物技术对几维果（猕猴桃）品种进行的改良研究。虚拟植物技术，不仅可以用于实现水稻、玉米、小麦、大豆、棉花等主要农作物的高产、稳产，而且可以作为农作物育种的重要工具，实现作物品质的改善和品种的改良。

图 5-2-2　用虚拟植物技术生成的灌浆期玉米图像

・虚拟动物：利用虚拟现实技术在计算机上模拟动物的实际生长发育过程，以提高猪、牛、羊、鸡、鱼等主要肉类产品的品质和产量，培育主要畜禽产品和水产品的新品种；

・虚拟农业设施：利用虚拟现实技术在计算机上模拟农业设施的运行或作业过程，以提高农业生产设备、设施的利用效率；

・虚拟农业环境：利用虚拟现实技术在计算机上模拟农业环境的变化及影响，以提高农业资源综合利用效率；

・虚拟农业管理：利用虚拟现实技术在计算机上模拟农业生产与经济管理过程，以提高农业生产与经济管理水平；

・虚拟农业教学：利用虚拟现实技术实现农业技术教育和培训。例如，利用虚拟植物模型建立虚拟农场，让学生和农民在计算机上种植虚拟作物并进行虚拟农田管理。学习者可以从任意角度甚至在作物冠层内漫游，观察作物生长状况的动态过程，还可以通过改变环境条件和栽培措施，直观地观察作物生长过程及最终结果。这种效果是传统方式无法达到的，这对文化基础较低的农民特别有利，使他们更易于掌握先进的农田管理技术。

（4）虚拟农业的意义　农业生产关系到国计民生，但农业生产的周期长，环境条件可重复性差，给农业生产尤其是农业科研工作带来了很大的困难。像典型的遗传育种等工作，往往科研周期长达几年甚至几十年，造成了人力、物力、财力尤其是时间的极大损耗。虚拟农业带来了农业研究方法的革新，使科研人员可在以计算机为核心的虚拟环境中进行农业生产科研试验，通过虚拟植物模型，可以非常直观地对农田、森林等复杂的生态系统进行研究，发现传统研究方法和技术手段难以观察到的规律；利用虚拟植物（农作物）生长技术，在虚拟农田环境系统中进行虚拟实验，可部分替代在现实世界中难以进行或费时、费力、昂贵的试验，使一个试验可以在几分钟内完成，缩短研究课题的试验周期，节省大量的试验费用；虚拟作物研究可获得作物生长过程中的各参数的动态数据，一改传统农业中难以定量化研究的局面，为精确农业提供依据；另外，还可在计算机屏幕上设计出植物形态指导果树修剪和城市园林设计。由此可见，虚拟农业技术对于加速农业创新，提高农业生产质量和效率，意义十分重大。

二、模拟模型技术

农业对象建模是数学建模技术、信息技术与农业技术结合的产物，它是开展仿真农业和虚拟农业的基础。农业模拟模型研究已有三十多年的历史。世界各国开发的农业模型遍及从宏观到微观的各个领域。几乎涉及所有行业问题，如资源利用、能源消耗、农业生态、农业结构、作物管理、畜禽饲养、病虫测报、农田灌溉和温室控制等。

作物模型是许多农业模型建立的基础，或作为农业模型的基本部分，在其中占有十分重要的位置。作物模型大体上可以分为生理生态模型和虚拟植物模型两种。一般而言，生理生态模型具有容易获取参数、对计算机性能要求不高等优点，适宜于产量预测、土地生产力评价等方面的应用；而虚拟植物模型的参数较复杂，对计算机性能要求较高，在空间分辨率要求高、与植物形态结构相关领域的应用更具有优势，在精确农业、生态系统物能流空间规律研究、植物生长状况遥感监测、园林设计、虚拟教学等众多领域具有广阔的应用前景。

（一）作物生理生态模型

作物生理生态模型的研究始于20世纪60年代中期。80年代以前，主要以对作物的透彻理解为目标。荷兰第一个动态作物生产模型ELCROS（作物初步模拟程序）主要用于探讨不同条件下的作物潜在生产水平。该初始模型中包含了详细的冠层光合作用部分、描述器官生长速率的组成部分及最初有关呼吸的设想。

20世纪80年代，农业研究强调从了解与解释转向结果的实际应用，出现了用于指导农业生产的作物概要模型SUCROS（简单与通用的作物模拟程序），它可以模拟潜在生产条件下作物从出苗到成熟的干物质生产过程。SUCROS在自然条件下具有通用性，通过作物参数的调整，SUCROS已用于不同种类的作物，如小麦、马铃薯和大豆等。1989年出版的版本SUCROS87包含有春小麦、冬小麦、玉米、马铃薯和甜菜等的作物参数。

WOFOST（世界粮食研究）是从SUCROS导出的最早面向应用的模型之一。该模型由世界粮食研究中心开发，旨在探索增加发展中国家农业生产力的可能性。在WOFOST不同版本的发展过程中，着重强调其在研究定量土地评价、区域产量预报、风险分析和年际间产量变化及气候变化影响中的实际应用。WOFOST的过程描述是通用的，可通过改变参数选择不同作物。

Baker等人于80年代中期开发了棉花生长模型GOSSYM，并将其与棉花管理专家系统COMAX（Cotton Management Expert System）结合，建立了棉花生产管理系统GOSSYM/COMAX。在GOSSYM/COMAX系统中，GOSSYM根据输入的气象数据、出苗期、施肥等有关信息，在计算机上模拟棉花生长发育、光合作用、呼吸作用、蒸腾作用、根系生长、形态构造、物质生产和分配等的日变化以及季节性变化动态，为COMAX提供信息。COMAX则根据模拟结果，作出是否要进行灌溉、施肥和施用除草剂等管理措施的决策，并将已作出的决策信息提供给GOSSYM，继续执行模拟，模型最后可以给出由于灌溉、施肥所增加的产量。

1990年以后，生理生态模型进入可操作化操作应用阶段。WOFOST的两个成功应用是"土地选择"的政策研究和用遥感监测农业计划（MARS）。在第一个研究中，模型用来探索不同管理程度下欧洲区域产量潜力，其结果可产生不同作物轮作技术系数。然后将这些系数用于线性程序模型GOAL中优化4种经济情景对比下的土地利用和生产系统。这些模拟结果在土地需求、生产价值、工作情形和肥料与杀虫剂的使用等方面有很大的不同。在MARS计划中，WOFOST与地理信息系统（GIS）集成为运作欧洲产量预报的作物生产监测系统（CGMS）。LINTUL（光截获与利用）是第一个不以光合作用为基础的模型。在LINTUL类模型中，总干物质生产通过Monteith拟合来计算，其中的作物生长率是冠层辐射截获和光能利用率（LUE）的产物。光能利用率在一定的生长阶段和一种作物特性下常可当作常数。对于区域性研究而言，LINTUL类模型有其优势，模型参数简化，所需输入数据明显减少。

（二）虚拟植物模型

虚拟植物模型是由植物学、农学、生态学、数学、计算机图形学等诸多学科交叉而迅速发展起来的，其主要特征是以植物个体为研究中心，以植物的形态结构为研究重点。

植物的形态结构是指植物（地上和地下部分）在三维空间中的分布方式，在很大程度上决定着植物的资源获取强度和竞争能力，诸如冠层对光辐射的截获能力、相邻植株根系之间对土壤水分和养分的竞争能力等。植株在某一时刻的形态结构，影响到当前的资源获取，而对资源的获取反过来又影响到各部分的生长速率，从而决定下一时段植株的形态结构。以植物形态结构为基础对循环过程进行虚拟，无疑是了解植物生长规律的重要手段。

另一方面，由于植物个体与群体的许多属性依赖于植物的形态结构特征，许多工作离不开植物形态结构的研究。例如，通过剪枝提高果品的产量和品质，是基于果树的形态结构对光合产物分配影响的研究；为获得最有效的施药方法，须研究喷洒的农药在植株上的分布及与病菌、害虫的位置关系（包括在叶片的正面还是背面），而这与植物的空间结构密切相关；此外，为了提高森林、农田作物生长状况遥感判读的准确度，也必须研究遥感影像与植物形态结构的关系。

按建模的方法和目的不同可将虚拟植物模型分为两类：静态模型和动态模型。

1. 虚拟植物静态模型

虚拟植物静态模型是指以实测的植物形态结构数据为基础，利用计算机图形、图像技术构建的，用于精确再现植物形态结构的计算机程序。

静态模型可用来分析植物形态结构的定性和定量特征，研究与植物结构有关的生理生态、生物物理过程，诸如进行植物冠层光截获、农田作物蒸腾、作物形态结构对遥感监测精度的影响等分析和研究工作。Smith 等人曾依据测量数据，实现了猕猴桃果实与藤架形态结构的三维重建，用于对植株结构空间规律与果实的物理、化学、产后品质的相关关系的分析。Ivanov、Andrieu 等人则分别依据所采集的数据，建立了玉米冠层的三维静态模型，用以从任意视角观察玉米冠层，分析其结构特征，进而分析形态结构对植物冠层空间光分布的影响。

静态模型的缺点在于需要直接调用大量的测定数据，而且不适合反映植物形态结构的动态变化规律。

2. 虚拟植物动态模型

虚拟植物的动态模型是用以反映植物生长过程中的动态变化规律的计算机程序，它是基于对植物生长过程中拓扑结构演变和几何形态变化规律的研究，提取植物的生长规则而构建的，代表了虚拟植物模型的主要发展方向。

虚拟植物的动态模型包括通用模型和专用模型。通用模型的代表之一为 Vlab。它是加拿大 Calgary 大学的 Prusinkiewicz 等人以 L 系统为植物形态结构的描述框架开发的虚拟植物系统。该系统能够实现不同类型植物的模拟，但对于结构较复杂的植物，其 L 系统规则较难提取。Vlab 系统模拟一些较高大的植物效果不够理想。通用模型的另一个代表为法国农业发展国际合作研究中心（CIRAD）的 de Reffye 等人建立的 AMAP 系统。它将地球上的所有植物归类为二十多个植物结构基本模型，应用蒙特卡罗方法模拟植物的生长过程，应用几何方法表达其形态规律，已实现了对从热带到温带不同气候带生长的植物的模拟。图 5-2-3 为基于植物结构基本模型 Massart，依据雪松的生长规则，对其不同生育阶段的模拟结果。

另外，利用其他一些生成植物图形的方法建立的特定植物模型也具有较大的价值。例如，Chen 等人利用分形方法建立的杨树的虚拟模型，模拟了杨树生长过程中叶面积和叶倾角的空间分布，并将虚拟的杨树群体投射到平面上，对所生成的图像采用数值影像分析系统进行处理，获得了杨树冠层的光传输规律。

图 5-2-3 基于植物结构基本模型 Massart 的虚拟雪松

（三）植物模型技术需要解决的问题

目前，无论作物生理生态模型还是虚拟植物模型，虽然能在一定程度上满足农业应用领域的需要，但是要准确实现植物生长的动态虚拟，仍有下述问题需要解决。

1. 虚拟植物与环境的交互

现有植物生长模型一般缺乏与环境的交互作用功能，需要采取不同的方法对模型予以完善。可采用的方式有以下几种：

（1）结合生理生态模型与虚拟植物模型　将生理生态模型与虚拟植物模型结合起来，用前者模拟不同环境条件下植物的生物量、器官类型与数量；用虚拟模型模拟植物的形态结构、冠层的微气象条件以及对资源的获取等。例如，人们曾将棉花模型 GOSSYM 与虚拟植物模型 AMAP 结合起来，模拟环境胁迫对棉花生长的影响。不过这种解决方法存在固有的缺陷，已有的生理生态模型提供的是作物群体水平的数据，而虚拟模型需要的是植株个体、器官水平的数据，由于二者参数类型不同，因此实现模型间信息交换存在诸多障碍。

（2）引进植物与环境相互作用的机制　开放式 L 系统为虚拟模型提供了实现植物与环境相互作用的模拟框架，可以用来构建植物与环境双向作用的机制，使模型既可以模拟气候条件对植物生长的影响，也能模拟相邻植株之间、同一植株内不同器官之间的相互规避、光照竞争等，从而使模型能够模拟植物形态结构随环境而改变的情况。但这种机制并不能使模型具备植物结构与功能的反馈能力。

（3）构建一体化的新型虚拟模型　最理想的方式是超越虚拟模型与生理生态模型之间的界限，构建将植物的形态结构与生理功能一体考虑的新型虚拟模型。以并行机制将环境条件、植物形态结构与生理生态过程紧密结合起来，使模型具备结构与功能的反馈能力，更符合植物生长机制。

2. 外界环境的模拟

为了仿真作物与真实环境的相互作用与影响，需要在植物模型中扩展环境模拟功能，其方法是与环境模拟模型相结合。事实上，早在 1986 年，美国环保局（USEPA）就开展了全球气候变化对人类环境（包括但不限于农业、森林、沼泽、能源、人类健康、河流、湖泊、海平面上升等）的影响评价研究。在其后的一些研究中，各种 GCM（如美国的 GISS、GFDL 和英国的 UKMO 等）与不同的效应模型被有机地结合在一起。例如，ORYZA1 完成后，1997 年曾用于与 GCM（大气环流模型）结合评估气候变化对亚洲水稻生产的影响。Clausnitzer 与 Hopmans 将三维根系生长模型与非稳态土壤水流模型结合，使根系的空间展开和土壤水分、养分资源的获取联系起来，显示了三维模型在分析根系结构的功能领域之用途。

3. 机理与经验的综合利用

众所周知，在我国内蒙等干旱地区，树冠一般很小，而且在光照强烈的情况下，树叶呈卷曲状，以减少水分的蒸发；而在我国南方，树冠一般很大，且枝叶伸展，以更多地截获太阳辐射。这说明，环境条件的改变，既会引起植物生物产量的变化，也会引起形态结构的改变。而植物形态结构的变化，又会改变植物的微气象环境以及土壤水、肥状况，从而改变植物所处的局部环境。但是要真正构建它们之间的交互作用模型往往相当困难，因为这不仅要确定环境条件对植物形态结构的塑造机理和定量关系，并且反过来要量化植物对环境的影响作用，但已有的研究远不能满足这样的要求，还须继续进行大量的试验。况且在现有条件下有些问题是不可能从机理上阐述的，只能借助已有的经验。因此，将作物模拟与专家系统结合起来，是解决问题的最有效的途径之一。

4. 植物与环境空间数据即时采集

缺乏准确的环境和作物特征数据输入，特别是其空间变异性，通常是限制作物模型成功应用的重要原因。其出路之一是在作物生长模型操作过程中即时检测获取环境和作物特征数据，定时对状态变量进行调节。因此，快捷而有效的数据采集与输入技术是必不可少的。包括以计算机为核心，基于力学、声学、光学、磁学、激光、微型雷达等原理开发的，可快速、精确地采集物体空间坐标的三维数字化技术；能够实现快速、精确、非接触性监测的遥感、GPS 技术以及计算机网络技术等。

三、可视化与多媒体技术

（一）可视化技术

1. 可视化的概念

通常意义下的可视化是指运用计算机图形学和图像处理技术，将测量或科学计算过程中产生的数据及计算分析结果转换为图形或图像在计算机屏幕上显示出来，并进行交互处理的理论、方法和技术。它涉及计算机图形学、图像处理、计算机辅助设计、计算机视觉及人机交互技术等多个领域。

可视化概念源自科学计算可视化（Visualization in Scientific Computing），科学家们不仅需要通过图形图像对计算机算出的数据进行分析，而且需要了解在计算过程中数据的变化情况，为此，1987 年美国科学家 McCormick 等人提出了科学计算可视化这一术语。随着计算机技术的发展，可视化的概念得到了大大扩展与延伸，不仅包括科学计算数据的可视化，而且包括工程数据和测量数据的可视化，即空间数据的可视化。近年来，随着网络技术和电子商务的发展，又提出了信息可视化（Information Visualization）的要求。所谓信息可视化是指把抽象的、本不具有物理空间本质特征的信息转化成空间分布形式的图形图像，从而帮助人们发现大量金融、通信和商业数据中隐含的规律，为决策提供依据。

2. 可视化的特点与工具

可视化是要为人们提供一种直觉的、交互的和反应灵敏的可视化环境。因此，数据可视化技术要求具备下述主要特点：

（1）交互性　用户可以方便地以交互方式对数据进行管理和开发。

（2）多维性　用户能够看到对象或事件的多个属性，而且可以按每一维的值对数据进行分类、排序、组合和显示。

（3）可视性　可以用图像、曲线、二维图形、三维体和动画来显示数据，并且可对其模式和相互关系进行可视化分析。

为适应硬件平台、操作系统、网络和通信方面的飞速发展，可视化的软件产品在近几年中发展很快，其中以 AVS/Express 开发版、IDL（包括 VIP、ION）和 PV-WAVE 等为代表。AVS/Express 开发版可以提供多平台的交互式多维可视化软件开发和集成环境。

3. 可视化的重要意义

在人类历史上，视觉曾在科学发现中发挥过杰出的作用，其关键技术的出现，往往是重大科学发现的前奏。望远镜和显微镜在天文学和生物学发展中的作用，就是最好的明证。这些工具，使人类的视力得到了增强和延伸。今天，可视化功能可以在人与数据、人与人之间实现图像语言通信，允许人类充分发挥形象思维的能力，从时刻都在产生的、表面上杂乱无章的海量抽象数据中，找出隐含的现象，为发现和理解科学规律提供依据。

在农业科学研究中，由于采用现代数据采集技术和测试技术，使我们可以在短时间内获得大量数据。例如，地球卫星数据采集系统、遥感监测系统获得的测量数据，计算机产生的模拟数据，都是海量数据。面对这些数量巨大的数据，人们往往无从下手分析。应用可视化技术，可以使这些数据以几何图形及图像的形式在计算机屏幕上显示出来，而且还可以进行交互处理，这就使人们能够以直观生动的方式探求隐藏在数据中的科学规律。

4. 可视化的主要表现方式

大家已经知道，可视化包括空间数据场的可视化和（非空间）信息的可视化。空间数据的可视化是以地理环境为依托，强调的是地理认知与分析，目的是透过视觉效果，探讨空间信息所反映的规律知识。（非空间）信息的可视化则是要用图像来显示多维的抽象数据，使用户加深对数据含义的理解，或者用形象直观的图像来指引检索过程，加快检索速度等。可视化形式比较丰富，下面分三个方面分别予以简单说明。

（1）二维图形图像学方法　通常意义上的空间数据可视化采用的是二维图形图像学方法，即为了处理三维的空间对象，只能按某一空间属性将其分离，先分别投影到地表，再分层予以处理。这种试图用二维系统来描述三维空间的方法所存在的问题是不能精确地反映、分析和显示三维信息，但含有较少的数据量，同时沿用了成熟的可视化理论方法，在远程可视化等方面比较易于使用。因此，它仍然是目前空间信息可视化的主流方法。

（2）三维图形图像学方法　现实世界是一个连续的三维空间，采用上述二维方法表征三维空间信息显然存在很大缺陷。尤其在地质、气象、水文等领域，使用三维模型表达研究对象更加重要。从二维到三维的转变，并不只是数据量的增加，更重要的是会导致很多不同的对象类型和空间关系，有许多技术难题需要解决。尽管如此，三维图形图像学方法在数值天气预报等领域已得到了一定的应用。图5-2-4是美国国家海洋和大气局（NOAA）的预报系统实验室利用所开发的气象预报办公室（WFO-Advanced），生成的美国北克拉罗多的天气预报数据的三维图像。

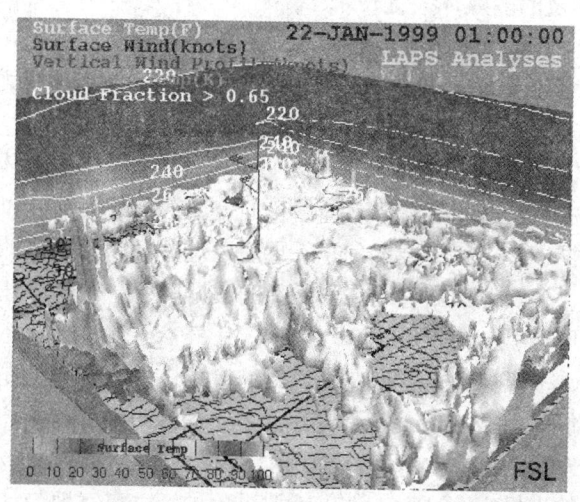

图5-2-4　美国北克拉罗多的天气预报数据的三维图像

（3）抽象信息可视化方式　在抽象信息可视化中，显示的对象主要是多维的标量数据，目前的研究重点在于，设计和选择什么样的显示方式才能便于用户了解庞大的多维数据及它们相互之间的关系，其中更多地涉及心理学、人机交互技术等问题。事实上，表现方式与手段应随实际应用需求而定，像 3D 条状图等都是可采用的显示方式。如意大利中央银行在对各分行业务统计时，利用三维统计图实现对银行业务的可视化管理，可以从异常现象中及时发现通过银行系统的非法活动。

（二）多媒体技术

1. 多媒体技术的概念

对于多媒体一词的理解，往往是"仁者见仁，智者见智"。早期，人们将文本、音频、视频、图形、图像、动画的综合体笼统地称为"多媒体"；后来，考虑到多媒体使用的人机交互及不同媒体信息的有机同步组合特点，将其定义为：多媒体是融合两种或者两种以上媒体的一种人机交互式信息交流和传播媒体，使用的媒体包括文字、图形、图像、声音、动画和视频（video）。

既然"多媒体"是"多种媒体的综合"，那么"如何进行多种媒体综合的技术"自然就是多媒体技术了。换句话说，多媒体技术是指以计算机为核心对文字、音频、视频、图形、图像、动画等多种媒体信息进行数字化采集、获取、压缩/解压缩、编辑、存储等加工处理，再以单独或合成形式表现出来的一体化技术。

2. 多媒体技术的产生、发展及主要应用

多媒体技术是 20 世纪 80 年代发展起来的一门新技术。它是继造纸、印刷、电报、电话、广播、电视、电子计算机之后，信息技术的又一大进步，它的出现引发了一场新的技术革命。90 年代，随着计算机、通信网络、广播电视等现代信息技术的不断进步，多媒体技术得到了蓬勃发展，应用领域也在不断拓展，几乎涉及人类生活的方方面面，在电力、工业、海关、金融、农业等领域也得到了广泛的应用。以农业领域为例，多媒体农业专家系统、多媒体可视化病虫害仿真系统、多媒体作物生产管理系统、多媒体自然灾害监测系统等多媒体技术应用实例多不胜数。

3. 虚拟现实中涉及的多媒体关键技术

多媒体技术是当今信息技术领域发展最快、最活跃的技术。在虚拟现实中，以语音和图像为主的人性化自然交互方式等表现与交互过程在很大程度上依赖多媒体技术。具体技术内容主要涉及以下两个方面。

（1）多媒体数据管理技术　多媒体的数据量巨大、种类繁多、媒体之间的差别明显，但又具有种种信息上的关联，这些都给多媒体信息的管理带来了困难。如何组织这些数据？如何从各种各样媒体数据中找出所需要的信息？要解决这些问题必须依赖于：

- 数据模型技术　多媒体数据管理要引入新的数据模型，目前已开发了面向对象和超媒体等新的数据模型，取得了一定进展。

- 数据检索技术　多媒体数据管理要引入新的检索技术，目前已提出了矢量空间模型信息索引检索技术，智能索引技术以及基于内容、基于图像语义的检索方法等。

（2）人机交互技术　触摸屏、计算机视觉、图像理解、语音识别及合成等多媒体技术，可以创造更加人性化的人机交互环境，使人能通过各种感官自然地与计算机交流信息。其中语音合成与语音识别已成为近年来多媒体技术研究的热点。

- 计算机语音识别　有些人认为计算机语音识别和计算机语音输入是一回事，就是像人一样将语音经听觉系统送入内部。但事实并非如此，前者是要计算机"听懂"人说的话，例如，可以根据语音输入形成相应文字内容的文本，而后者并不要求计算机能"听懂"。

计算机语音识别的研究，始于20世纪60年代。1960年，Denes等人研究成功了第一个计算机语音识别系统。从20世纪70年代后期开始，语音识别技术开始由特定人向非特定人、孤立词向连接词、小词汇量向大词汇量扩展。

20世纪80年代中期以来，新技术的不断出现使语音识别取得了实质性进展。尤其是隐马尔可夫模型（HMM）的研究及应用推动了语音识别的迅速发展，相继出现了许多基于HMM的语音识别系统。其中美国CMU的Sphinx系统是一个典型代表，该系统在英语的大词汇量非特定人连续语音识别方面达到了97%的识别率。清华大学电子工程系研发的非特定人汉语数码串连续语音识别系统的识别精度达到94.8%（不定长数字串）。

• 计算机语音合成　计算机语音合成就是让计算机像人一样讲话。但不可因此而将计算机语音合成与语音输出等同起来。计算机语音输出实际上有两种方式：录音/重放和语音合成。

所谓录音/重放就是要将暂存于存储设备中的语音信息予以解码，重建声音信号（重放）。而语音合成所使用的信息，可以是语音特征参数，也可以是文字。如果为后者，就属于文—语转换，这是语音合成技术的延伸。

语音合成技术的研究虽然已有二百多年的历史，但是真正有实用意义的近代语音合成技术是在计算机技术和数字信号处理技术出现后才逐步发展起来的。目前，世界上已有汉、英、日、法、德等各语种的文—语转换系统，并在许多领域得到了广泛应用。

四、仿真与虚拟现实工具

（一）虚拟现实有关硬件设备

虚拟现实系统的关键部分是传感器、交互式控制系统和虚拟环境。因为虚拟现实技术应用的范围广泛，根据应用目标的不同，系统组成一般亦会有所差别。一般虚拟现实系统都包括头盔显示器、图形眼镜、立体声耳机、数据服、数据手套及脚踏板等装置。在某些虚拟农业系统中，不一定需要上述装置，但往往需要其他三维数字化设备。这里仅就有关内容予以简单介绍。

1. 头盔显示器

头盔显示器（图5-2-5）是虚拟现实系统中能产生真实视觉效果的一种外部设备。它与计算机相连，可以输出不同的图像，经合成在人脑中产生三维立体图像。头盔显示器上装有位置跟踪器，可以跟踪人的头部移动，并将6个自由度的移动信号送到计算机，计算机再根据头部位置的变化输出相应的图像，这样就可像在真实世界中一样，从不同观察角度看到与真实世界一样的不同的景象。若配上耳机，还可进一步实现头、眼、耳的协调一致，使佩戴者在观察变化的图像的同时，也能听到变化的声音。头盔显示器还有一个重要的作用，就是屏

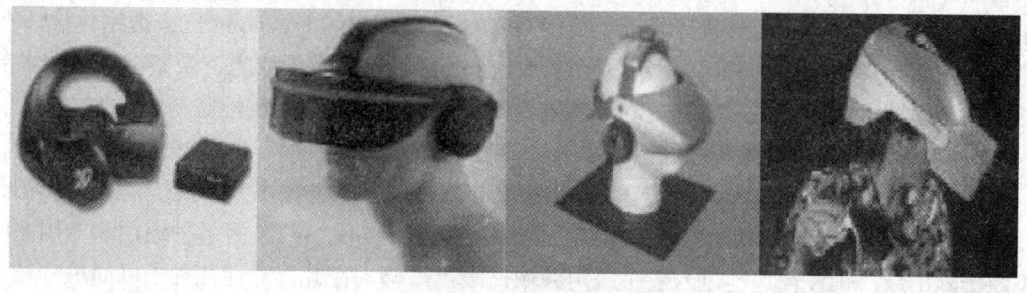

图 5-2-5　虚拟现实使用的头盔显示器

蔽了来自真实世界的干扰光线,切断了视觉与真实世界的联系,使人完全沉入到虚拟的世界景物中。

2. 数据手套与数据服

在沉入虚拟世界之后,手是人与虚拟对象接触并互相作用的主体,需要在手部有一个接口设备,这就是数据手套(图 5-2-6)。数据手套能把手部位置变化的数据输入计算机,并把计算机输出的触觉与力的反馈信号传到手上。手套配有 6 个自由度的位置传感器,探测手的移动,而且在手指关节部位设置有应力传感器,能捕捉到每个手指的相对移动和屈伸度。戴上数据手套,在虚拟世界中抓住或举起一个物体时,就有如同在现实世界中抓住或举起一个物体时的感觉一样。同样,也可以制成一套数据服,使人体的主要部位都可以通过位置传感器或触觉反馈器,在与虚拟对象接触中获得真实的接触感。

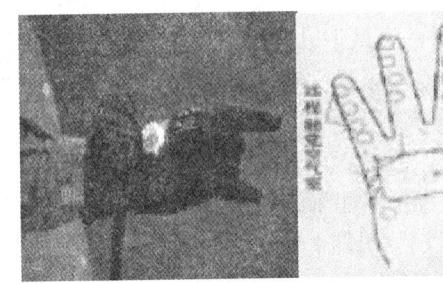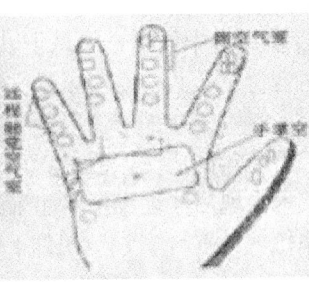

图 5-2-6 虚拟现实使用的数据手套

3. 现实引擎

虚拟现实系统中的核心部件是一种专用的超高速处理器,又称为现实引擎,这是产生虚拟世界景象的主要设备。它可能是一台高级的个人计算机或超级计算机,也可能是由若干台计算机组成的网络。现实引擎不仅拥有能产生逼真的虚拟景物的复杂软件,而且有庞大的图形数据库,还有快速的计算与处理能力,包括存取与解释用户输入的数据,如身体位置的坐标,头部、手部等器官的位置与姿态数据,以及语音与触觉等数据。据估计,完全模拟真实世界的景象约需要每秒钟为每只眼睛显示 1 亿个多边形,而目前的技术只能达到 100 万个,显示的时延为 60~70 毫秒,所显示的图像的逼真度只能达到基本满意。

4. 其他三维数字化设备

在虚拟植物过程中,为了建立或验证模型,经常需要实时采集其形态结构数据。采用传统方法,测定精度和速度都难以满足虚拟植物系统的要求。通常是在植物上选定一些能描述植物形态结构的特征点,使用三维数字化技术获取其三维坐标值,然后自动地计算分枝的倾角与方位角、叶片的几何形状等。近年美国 GTCO 公司推出的 Freepoint 三维数字化仪,在测量范围 2.4m×2.4m×2.4m 内,精度已达到±1mm。目前,基于激光、微型雷达等技术的三维数字化技术业已出现,实现植物形态结构的快速、精确、非接触性监测将更加方便。

(二)仿真及虚拟现实软件

近十多年,尤其是进入 21 世纪以来,仿真与虚拟现实软件技术发展很快,MATLAB、LabVIEW、L 系统、VRML、MultiGen Creator/Vega、OpenGL、WTK 等各种通用和专用系统不断推陈出新,正在快速地进入各个应用领域,限于篇幅,在此仅对前几种予以简单介绍,有兴趣的读者可参阅有关书籍进行深入学习。

1. 仿真建模语言 MATLAB

MATLAB 由 MATrix 和 LABoratory 两词各取前三个字母拼合而成，意为矩阵实验室。它是由 MathWorks 公司开发的一种以超强数值运算能力为基础，用于概念设计和建模仿真的理想集成环境。

MATLAB 原型出自 Cleve Moler 教授之手，在 Little 等人的推动下，经不断改进，到 20 世纪 90 年代，它已成为国际控制界公认的标准系统分析设计软件。MATLAB 之所以能显示出如此旺盛的生命力，主要在于它有着不同于其他语言的特殊之处。如同 C 等高级语言使人们摆脱了需要直接对计算机硬件资源进行操作类似，被称作为第四代计算机语言的 MATLAB，利用其丰富的函数资源，使编程人员从繁琐的程序代码中解放出来。MATLAB 给用户带来的是最直观、最简洁的程序开发环境，其主要特点如下：

• 强大的数值运算能力　MATLAB 建有丰富庞大的函数库，有超过 500 种的数学、统计、科学及工程方面的函数可供使用，从而避开了一切数值运算程序编写工作。

• 先进的可视化动态仿真功能　使用者可执行视觉数据分析，并制作高品质的图形。更重要的是引入了 Simulink，用来对动态系统建模仿真，使模型再得到动态验证。

• 开放及可延伸的架构　除内部函数以外，所有 MATLAB 的核心文件和工具箱文件都容许使用者接触其源码，用户可根据需要更改现存函数，甚至可以加入自己的函数，构建使用者所需环境。

• 丰富的程序工具箱　在 MATLAB/Simulink 基本环境之上，MathWorks 公司为用户提供了丰富的扩展资源，有面向多学科的符号运算、影像处理、统计分析、神经网络、模拟分析等功能性工具箱，也有专用的控制工具箱、信号处理工具箱、通信工具箱等。

• 实时代码生成功能　为了达到和工程实现的有效连接，使系统级的设计产物直接和硬件产品挂钩，MATLAB 产品体系中加入了实时代码生成工具 Real-Time Workshop（RTW），用户可以直接将 Simulink 框图模型转化为实时标准 C 代码，为系统提供设计输入。

2. 图形化编程工具 LabVIEW

LabVIEW 由美国 NI（National Instruments）公司开发，像 C++等高级语言开发环境一样，LabVIEW 也是一种编程语言。但与其他计算机语言相比，LabVIEW 有一个特别重要的不同点：其他计算机语言都采用基于文本的语言产生代码行，而 LabVIEW 使用图形化编程语言 G 编写程序，产生的程序是框图的形式。图 5-2-7 是使用 LabVIEW 编写的 R-S 触发器程序。由此不难看出，对于熟悉仪器结构和硬件电路的工程师及测试技术人员来说，编程就像设计电路图一样，可谓驾轻就熟，在很短的时间内就能够学会并应用 LabVIEW。

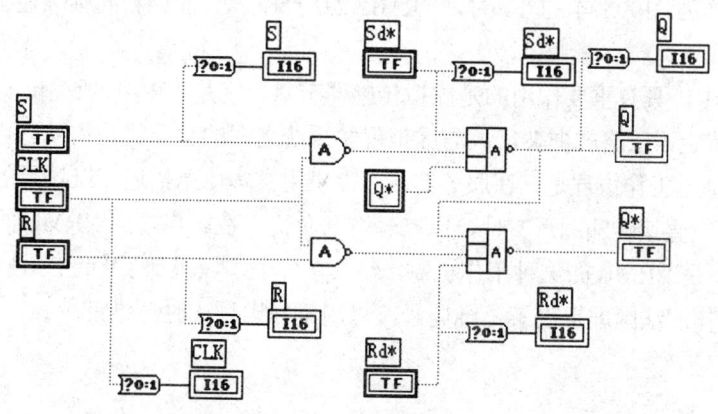

图 5-2-7 使用 LabVIEW 编写的 R-S 触发器程序

LabVIEW 具有各种各样、功能强大的函数库，包括数据采集、GPIB、串行仪器控制、数据分析、数据显示及数据存储，甚至还有目前十分热门的网络功能。LabVIEW 也有完善的仿真、调试工具，如设置断点、单步执行等。LabVIEW 的动态连续跟踪方式，可以连续、动态地观察程序中的数据及其变化情况，比其他语言的开发环境更方便、更有效。

使用 LabVIEW 编写的程序又称为虚拟仪器，它的表现形式和功能类似于实际的仪器。当图 5-2-7 所示的程序打开时，你就可以通过虚拟控制面板上的按钮设定输入，如同在测试仪器上一样，观察 R-S 触发器工作状况。

3. 虚拟作物专用形式语言 L 系统

L 系统是美国生物学家 Linden mayer 于 1968 年提出的一种形式语言。L 系统本质上是一种字符重写系统，它通过对公理应用产生式进行有限次迭代后，对产生的字符串进行几何解释，就能生成非常复杂的图形。由于植物的分枝产生、节间伸长也可以视为一种迭代过程，因此 L 系统非常适合于描述植物的形态结构。

L 系统通过对植物对象生长过程的经验式概括和抽象，构造公理（可理解为初始状态）与产生式集（可理解为描述规则），生成字符发展序列，以表现植物的拓扑结构变化，使 L 系统成为植物生长建模的主要方法之一。

为了建立完整有效的植物模型，科学家们一直在不懈努力，使 L 系统功能不断扩展和完善。现已从开始的只能模拟理想条件下植物生长的 D0L 系统、随机 L 系统、参数化 L 系统和 DIL 系统，发展到能模拟处于复杂环境条件影响下植物生长的开放式（open）L 系统、时变 L 系统和微分 L 系统（dL-system）。

4. 虚拟实境描述模型语言 VRML

VRML 是虚拟实境描述模型语言（Virtual Reality Modeling Language）的简称，是一种用来描述三维物体及其行为的建模语言。但更确切地说，VRML 实际上是描述虚拟环境场景的一种标准，用于在 Internet 上建立交互式的三维多媒体境界。

VRML 源自 Mark Pesce 题为"Cyberspace"的演讲，1994 年 11 月第二届 WWW 会议上提出了 VRML 1.0 标准。后来，Parisi 建立了 Intervista 公司，并创建了第一个 VRML 浏览器 WorldView。SGI 公司也在 1995 年 4 月推出了它的第一个 Web 浏览器 WebSpace。当年夏天 Netscape、NEC、DEC 和 Spyglass 分别宣布对 VRML 进行支持。同年 8 月，VAG（VRML 工程组）正式成立。1995 年的 10 月，VRML 2.0 产生。目前最新的标准是 1997 年制订的 VRML97。

在 VRML 中，具有重要作用的是虚拟传感器节点，它是 VRML 所提供的一些代表特定物理传感器的特定语法格式框架，人与虚拟现实系统之间的交互就是借助它们来实现的。

VRML 的基本工作原理是：在服务器端，提供用文本信息描述三维场景的 VRML 文件，避免在 Internet 上直接传输图形文件，以减轻网络负荷。在客户端由 VRML 的浏览器解释生成三维场景。正是 VRML 的这种工作机制，使其在各个领域得到了广泛应用，图 5-2-8 展示了用 VRML 制作的法国虚拟巴黎三维场景，可用鼠标进行实时三维漫游。

图 5-2-8 用 VRML 制作的法国虚拟巴黎三维场景

5. MultiGen Creator/Vega

Multigen Creator 是 MultiGen-Paradigm 开发的一个功能强大的实时三维模型创建软件。在它所提供的"所见即所得"（WYSIWYG）的交互三维建模环境中，可以对可视化系统数据库进行创建和编辑。它的数据库格式 OpenFlight 已成为仿真领域事实上的业界标准，在专业市场的占有率高达 80% 以上。

Vega 是 MultiGen-Paradigm 公司开发的实时场景管理/驱动软件，应用于实时视景仿真、声音仿真、虚拟现实及其他可视化领域的软件环境。Vega 主要用于实时视觉模拟、虚拟现实和普通视觉应用，它将先进的模拟功能和易用工具相结合，对于复杂的应用，能够提供快速、方便的建立、编辑和驱动工具。

图 5-2-9 用 Multigen Creator/Vega 完成的深圳中心区仿真图

目前，MultiGen Creator/Vega 在虚拟现实领域得到了十分广泛的应用，在我国的深圳、福建漳州等地均有使用，图 5-2-9 为深圳规划国土局用 Multigen Creator/Vega 完成的深圳中心区仿真图。

第五节 智能化农业管理与决策技术

一、智能化农业管理与决策

智能化农业管理与决策是将专家系统和现代决策支持技术引入到农业领域而形成的新的农业信息技术领域,其研究工作始于20世纪70年代。

自从美国伊利诺斯大学利用知识工程原理研制了大豆病虫害诊断专家系统PLANT/ds以后,智能农业管理系统在动、植物生产管理与决策中的应用范围不断拓展。从分析、预测畜禽的销售、所需饲料、品种退化,到利用育种和品种资料、畜禽级别指标、营养效果、生产情况以及市场价格等数据分析经济效益和新品种的价值。从预测虫害发生时期、确定喷药种类、药量和时间,到决定施肥和灌溉的时间,有效降低了生产成本,提高了资源利用率,取得了较好的经济、社会和环境效益。

20世纪90年代智能农业管理与决策技术取得了许多新的进展,其应用逐步从微观农业生产管理与决策向高层次宏观农业管理与决策扩展。同时,基于模型的农业专家系统的研究与应用、面向对象技术的研究与农业应用、用模糊理论求解农业问题、机器学习技术的农业应用以及人工神经元网络的农业应用都取得了很大进展。例如,以往基于规则的专家系统处理浅层的经验数据,而基于模型的专家系统则是从基础知识进行深层的推理,在技术上更有助于决策的科学性。再如,美国德克萨斯A&M大学应用人工神经元网络进行牛肉分级,应用逆向传播网对食品加工进行建模与预测,日本农林水产省的国家农业研究中心建造了一个模糊神经系统外壳工具,用于控制温室中的条件,都取得了很好的效果。

我国在20世纪80年代,开展了智能农业管理与决策方面的研究工作。从江苏农业科学院建立水稻栽培计算机模拟优化决策系统开始,陆续开展了以农业专家系统为核心的智能化农业信息技术的研究与实际应用,取得了许多有较高水平的技术成果。

20世纪90年代,"国家863计划"智能计算机系统主题(306主题)推出了"智能化农业信息技术应用示范工程",1996年,国家科技部高技术司批准建立了北京、吉林、安徽、云南四个国家智能农业示范区(第一批),1998年出台了《关于农业信息化科技工作的若干意见》和《国家863计划智能化农业信息技术应用示范工程实施办法》两个纲领性文件,又陆续批准成立了陕西杨陵、甘肃、山东、河北、黑龙江(第二批);天津、湖南、山西、新疆、四川(第三批);重庆、辽宁、河南(第四批);海南、广西、宁夏(第五批)等16个智能化农业信息技术应用示范区。

示范区利用智能农业开发平台,快速、高质量地开发出了本地化实用智能农业管理与决策系统,经过多年示范推广,取得了明显成效。以北京示范区为例,1996年批准建立以后,选择顺义、通州2个区县建立跨乡镇成方连片的中心示范区20万亩,在大兴、房山、平谷、昌平、怀柔、朝阳等6个区县和农场局系统设置试验点150~200个,建立5 000亩超高产样板田,建立了涉及气象、土壤养分、品种、植保、农机、水利和社会经济等内容的119个数据库和53个知识库,提供了对小麦、玉米从播种到收获全生育期的综合性、针对性应变决策方案。通过联网运行和示范区四个层次生产实践的检验,经济效益明显。1996~1999年,通过"北京农业智能网络",推广应用智能化农业信息技术累计600万亩,增加产量13 915万公斤、增加产值18 871万元,节约成本5 000万元,获得总经济效益23 655万元。

2003年12月10日，在瑞士日内瓦举行的世界信息峰会上，我国863计划支持的"智能化农业信息技术应用示范工程"，获世界信息峰会全球大奖。该奖项的获得标志着我国智能农业管理与决策研究及推广应用工作得到了世界的认可。

我国人口逐年增长、耕地不断减少，为了不断提高人民生活水平，必须实现农业的科学发展。建国后几次重大决策失误（大量砍伐森林，围湖造田，破坏生物群落等）所造成的后果，更说明了农业科学决策的重要性。农业生产过程受到众多复杂因素的影响，有些已被人们认识并可以量化，但有些至今还未被认识或无法用数学模型描述，对于这类非结构性问题，智能农业管理与决策就显得十分必要。目前，人工智能、模糊理论，人工神经网络等智能技术已为解决农业系统中大批非结构性的决策问题提供了新的方法，它们与农业系统经济模型、资源有效利用模型和基于专家知识与经验的专家系统的结合，必将使智能农业管理与决策获得新的发展。

二、农业专家系统

（一）农业专家系统及其特点

农业专家系统也称为农业智能系统，它是利用特定农业领域的专门知识，模拟农业专家从事推理、规划、设计、思考和学习等思维活动，解决农业领域专门问题的计算机系统。

农业专家系统是农业信息技术的一个重要分支，是计算机科学技术与系统科学以及农业科学技术相结合的产物。它应用人工智能技术，总结和汇集农业专家长期积累的宝贵经验，以及通过试验获得的各种资料和数据，针对具体的自然条件和生态环境，科学地指导农业生产，以实现高产、优质、低耗和高效的目标。

农业专家系统与普通计算机处理系统不同，它所处理的问题没有准确的数学公式描述，而是要依据已积累的知识来求解。譬如，生物病虫害诊断问题，不可能用一个数学公式计算出生物患了什么病，该洒什么药。实际的诊断过程靠的是经验知识，经验知识通常不是普遍规律，而是某一受限的应用领域内的局部规律，甚至有时也会出错。当然专家系统中的局部推导也不可避免地涉及部分数学计算，但最主要的是要借助于经验知识来求解。

专家系统另一个特点是其专用性。虽然专家系统的原理具有一般性，但实际的系统却没有通用性。一个实用的小麦专家系统不可能用来指导玉米种植。

（二）农业专家系统发展概况

1. 国外农业专家系统发展历史与现状

农业专家系统的研究始于20世纪70年代末。早期开发的农业专家系统主要面向农作物的病虫害诊断，美国伊利诺斯大学利用知识工程原理研制了大豆病虫害诊断专家系统，随后出现了玉米螟虫害预测专家系统、日本千叶大学的番茄病虫害诊断专家系统等。80年代中期，农业专家系统的数量和水平均有了较大的提高，已从单一的病虫害诊断转向生产管理、经济分析与决策、生态环境保护等方面。美国的土壤侵蚀控制专家系统、温室控制专家系统应运而生。美国农业部和全国棉花委员会研制的棉花生产管理系统COMAX将作物生长数学模型和知识工程原理有机结合起来，取得了极大的成功。Plant等人1989年开发的农业管理专家系统，Srinvasan等人开发的ESIM灌溉管理专家系统，S.Saputro 1991年开发的农业生产空中漂移物专家系统（研究喷洒农药对环境的影响），也均在实际应用中收到了很好的效果。

政府部门对农业专家系统较早重视的当属日本，1984年日本农林水产省专门组织了"知识工程技术应用于产业界预测调查"委员会，集中了全国 70 名专家调研分析，并提出了全面实施计划。其后，迅速涌现了大批农业专家系统，例如，东京大学的西红柿栽培管理专家咨询系统、培养液管理专家系统；千叶大学利用原 MICCS 工具开发的茄子等作物的病害诊断专家系统、花卉栽培管理支持系统、庭院景观评价系统；农业研究中心利用开发工具 KEE、ESHELL、创玄等开发的耕作方式计划支持系统、大豆栽培作业规划管理系统、联合收割机故障诊断系统等。近些年来又将专家系统应用于蔬菜温室、牛奶生产等农业和工业中，取得了良好的效果。

1996 年 6 月在荷兰瓦赫宁根举行的国际计算机技术农业应用学术会议上，西班牙学者奥塞林列举了目前国际上近百个农业专家系统，它们广泛应用于作物生产管理、灌溉、施肥、品种选择、病虫害控制、温室管理、牛奶生产管理、牲畜环境控制、土壤保持、食品加工、粮食储存、环境污染控制、森林火灾控制、经济分析、财务分析、市场分析、农业机械选择、农业机械故障检测等众多方面，几乎无所不包，许多系统已经得到有效应用。

2. 我国农业专家系统发展概要

我国农业专家系统的研究始于 20 世纪 80 年代初。中科院合肥智能机械研究所 1983 年开始研制"砂姜黑土小麦施肥专家咨询系统"，1985 年建成后在安徽省淮北平原十多个县得到应用。七五期间，中国农业科学院作物研究所的品种选育专家系统、植物保护研究所的粘虫测报专家系统、土壤肥料研究所的禹城施肥专家系统、华中理工大学的园艺专家系统、浙江大学与中国农业科学院蚕桑研究所合作的蚕育种专家系统等课题均取得了可喜成绩。同时，各地高校、研究所也相继开发了不少农业专家系统。譬如，中国农业科学院畜牧研究所的畜禽饲料配方专家系统，北京农业大学的作物病虫预测专家系统和农作制度专家系统，辽宁省农业科学院的水稻新品种选育专家系统，中国农业科学院农业气象研究所的玉米低温冷害防御专家系统，宁夏农林科学院的春小麦条锈病预测专家系统，安徽省计算中心和安徽农学院合作的水稻病虫害专家系统，南京农业大学和安徽省农业科学院的水稻害虫管理和稻纵卷叶螟管理专家系统等。

20 世纪 90 年代，科技部把农业专家系统等农业信息技术列入了 863 计划的重点课题，给予了重点支持。吉林大学的"多媒体玉米生产专家系统"，中科院合肥智能所的"施肥专家系统"、"水稻生产专家系统"，北京农林科学院的"小麦生产专家系统"，哈尔滨工业大学的"大豆生产专家系统"等有影响的农业专家系统得到了进一步的完善。此外，辽宁农科院的"水稻育种、施肥专家系统"，华中理工大学的"柑橘园艺专家系统"，浙江大学的"家蚕育种专家系统"，江苏农科院的"鸡病诊断专家系统"也在农业生实践中获得了应用，取得了比较明显的效益。

由于我国农业水土资源人均占有量低，农民文化素质不高，农业领域专家和科技人员紧缺等原因，农业专家系统应用于农业生产和管理已成为必然的趋势。

（三）农业专家系统的组成

农业专家系统一般由知识库、推理机、工作存储区（中间数据库）、解释器、知识获取机构以及人机接口组成，如图 5-2-10 所示。

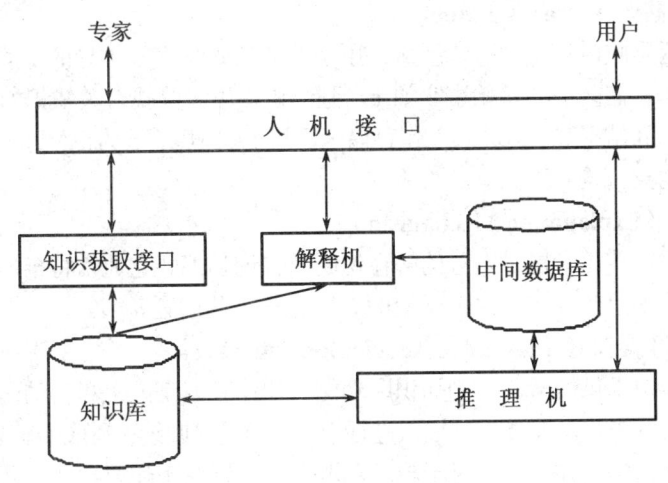

图 5-2-10 农业专家系统的构成

1. 知识库（Knowledge Base）

知识库用于储存农业专家用以解决问题的领域知识，它是专家系统运行的基础。对于一个功能强的农业专家系统来说，知识库中通常储存有成千上万甚至上百万条知识。

农民种田过程中，什么季节播种，什么条件下施肥，什么情况下浇水，依靠的是种田经验和知识。但细想一下，这些知识实际上就是"当条件 a_1，a_2，…，a_n 成立就进行操作 b"。因此，农业专家的每条知识可以 $a_1 \wedge a_2 \wedge … \wedge a_n \to b$ 的形式表达。这是一条产生式，或称一条规则。左端的 a_1，a_2，…，a_n 均称条件（前件），右端的 b 称为结论（后件）。这种形式的知识表示就称作知识的产生式表示。

农业专家系统知识库中的知识通常采用产生式表示，除此之外，逻辑、框架、语义网络等各种表示方法也皆有采用。

2. 推理机（Inference Mechanism）

推理是人类的一种思维活动，如果给定事实"a"和规则"如果 a 那么 b"，我们就会推导出事实 b 来。即推理是从已有事实出发，运用所给规则推导出新的事实。

推理机就是一个模拟人类思维，从已有事实出发，选用合适的规则，不断推出新的事实，最终证明或否定某一结论的程序模块。推理通常包括正向推理和反向推理，反向推理的意思是指，若想求得某一结论，便从它出发做推导，来求得证明。而正向推理则是从已知事实出发依知识库中的知识，逐步推导出结论。

知识库中的知识既有一般性原理，又有大量的不完整的专家经验知识，这样的知识不可避免地带有不精确性、模糊性、随机性、不可靠性等不确定因素。因此，推理机经常要使用不确定推理。例如，假设事实 a 的可信度为 CF（a）=0.9，规则 a→b 的可信度为 CF（b，a）=0.8，那么以这样的事实和规则为前提推出的事实 b 也有一个可信度问题。通常按 CF（b）= CF（a）×CF（b，a）=0.9×0.8=0.72 来计算。

当然这只是一种不确定性计算的方法，而且这种方法本身也存在一些问题，这里就不再讨论了。

3. 工作存储区（Working Memory）

工作存储区是临时设定的存储区域，用于存放初始事实、推导的中间结果和最后结论。推理机根据工作存储区中的初始事实如 a，到知识库里去寻找有关知识如 a→b，由 a，a→b 经推理便得到中间结果 b，仍送入工作存储区，进而又以 a，b 为已知事实，重复上述过程，直到求得最后结果，推理结束。

4. 解释机（Explanation Mechanism）

解释机用来向使用者提供友善的解释说明及咨询功能。它通常将推理的路径记忆下来，便于用户查询诸如"怎么得到这一结论的？"这样一些问题。

5. 知识获取接口（Knowledge Acquisition Interface）

知识获取接口提供编辑、增删知识库功能。知识获取有人工和自动两种方式，对于人工获取方式，专家系统开发人员要对知识进行消化、整理、归纳，写成一条条符号表示的形式，并经知识获取接口送入知识库。对于自动获取方式，这些工作要由知识获取系统自动完成，一般是很难实现的。

6. 人机接口

人机接口是使用者或专家与农业专家系统之间的联系界面，知识的建立和维护，用户提出质询，以及推理结果的输出等都需要通过人机接口来实现。

（四）农业专家系统的开发过程

开发一个农业专家系统，大体可以分为获取知识、确定知识表示和推理方法、建造知识库、编写推理程序、调试运行等诸阶段。

获取知识是从有关农业领域专家那里收集、整理、归纳有关的经验知识，如建造一个玉米专家系统，需从玉米专家、有经验的农民，以及书本上收集有关玉米种植管理全过程的知识，包括使用这个专家系统的地区的气象、土质等有关数据以及选种、种植、施肥、灌溉、收获等各生长阶段的知识，经专家系统开发人员消化、整理、归纳，写成一条条符号表示的形式。这一阶段常常是花时间最多的。

有了知识就要选择合适的知识表示和相应的推理方法了。通常选用产生式表示方法，这时便可将知识逐条放入知识库，随之确定使用正向推理还是反向推理。从使用效率看，反向推理更有针对性，而正向推理通常推导出大量中间结果，其中也有大量用户不感兴趣的结果，所以降低了求解效率。推理方式确定后，便可编写程序，然后调试运行、修改，便可以说已完成玉米专家系统的建造了。当然还要通过实际应用来测试知识的水平，以便进一步完善知识库，提高专家系统的性能。

（五）农业专家系统开发工具

最初，人们主要使用高级程序语言（如 PASCAL、C）或人工智能语言（如 LISP、PROLOG）开发农业专家系统，不精通计算机语言的人，通常无法完成农业专家系统建设。后来，根据专家系统知识库和推理机相互分离的特点，研究人员把已建成的专家系统中的知识库"抠"掉，以剩余部分为框架，再装入某一领域的专业知识，构成新的专家系统。在调试过程中，只需检查知识库是否正确即可。在这种思想指导下，产生了建立农业专家系统的工具，或称农业专家系统开发平台、农业专家系统外壳。利用专家系统开发工具，某领域的专家只需将本领域的知识装入知识库，经调试修改，即可得到本领域的专家系统。

农业专家系统开发平台是一种用来实现农业专家系统快速开发的工具，以它为基础进行二次开发，可以大大减少农业专家系统开发的工作量和技术难度。国外目前有许多商用的专家系统开发平台，如 LEVEL5，VP-EXPERT，INSIGHT 等，许多农业专家系统的开发多是利用这些商用平台实现的。此外，还有一些更专用的农业专家系统开发平台，譬如 CALEX 就是专用于作物管理的开发环境，还有 SELECT，PALMS 等，美国 Plant 等人利用 CALEX 开发出了棉花生产管理 CALEX / Cotton、桃树园林管理 CALEX / Peach、水稻生产管理 CALEX / Rice 等一系列专家系统。

我国近几年也出现不少专家系统开发平台，如陆汝铃等人的"天马"专家系统开发平台、周桂红等人的通用农业专家系统生成工具（1999）等。特别是近年，利用"雄风"和"PAID"开发平台开发的专家系统已形成系列。譬如，利用中科院合肥智能研究所研制的"雄风"系列平台，已开发出了施肥、栽培管理、园艺生产管理、畜禽水产管理饲养、水利灌溉等专家系统，在全国 20 个省 200 多个县推广应用。我国 20 个智能农业示范区也都利用国家农业信息化工程技术研究中心的开发平台 PAID（图 5-2-11）开发出了一系列农业专家系统。

图 5-2-11 农业专家系统开发平台 PAID

三、农业决策支持系统

（一）农业决策支持系统的概念

决策支持系统的研究始于 20 世纪 70 年代，美国麻省理工学院的 S.Scott、Morton 等人进行了一些开创性的工作。1982 年 Sprague 和 Carlson 曾将决策支持系统定义为：交互式计算机支持系统，能帮助决策者运用资料和模式解答非结构性问题。二十多年来，尽管决策支持技术的内容和手段在不断丰富，但决策支持系统的内涵并未发生实质性变化。

农业决策支持系统是一种服务于农业决策工作的交互式知识信息系统，它以计算机等现代信息技术工具为基础，以数据库、知识库、决策模型为依托，对农业生产、管理等领域的问题提供决策支持，主要用于处理农业决策过程中的半结构化和非结构化问题。

(二) 农业决策支持系统的发展过程

农业决策支持系统是在农业信息系统、作物模拟模型和农业专家系统的基础上发展起来的。大体经历了萌芽、发展和提高三个阶段。

1. 萌芽阶段

20世纪60年代，数据库技术问世，由于管理工作的需要，在工农业领域出现了一些后来称为管理信息系统（MIS）的计算机系统。这种系统具有数据的查询、检索、修改、删除以及一些数据计算与分析功能，能为管理和决策提供一些有用的参考信息，这实际上就是决策支持系统的萌芽。

20世纪70年代后，美国、荷兰等相继推出了CERES、SUCROS等著名的作物生长模型，揭示了作物生长发育的变化规律以及环境、栽培技术对作物生长发育的影响，为作物生产过程中的栽培管理决策提供了有力的支持。这实际就是原始的半结构化问题决策支持系统。

20世纪70年代末开始，美国、日本相继推出了大豆病害诊断专家系统PLANT/ds、番茄病害诊断专家系统MICCS等。利用农业专家的经验解决作物及蔬菜生产过程中的非结构化问题，为农业栽培管理决策提供了有效工具。

2. 发展阶段

20世纪80年代末起，农业决策支持系统引起了世界发达国家的关注，分别从作物模拟模型或专家系统出发研制所在领域的农业决策支持系统。90年代初期，形成了一批以知识库系统或以专家系统为基础的智能化农业决策支持系统。1992年美国Florida大学研制的FARMSYS（Farm Machinery Management Decision Support System，农场机械管理决策支持系统）和农场级智能决策支持系统（FINDS）都是典型的代表。

3. 提高阶段

近年来，随着3S技术的广泛应用，农业决策支持系统正在向更深层次发展。加拿大首先开发了基于GIS的水土保持决策支持系统。美国Florida大学将DSSAT 3.0与GIS（ArcView）集成，推出了农业环境地理信息系统AEGIS（Agricultural and Environmental Geographic Information System）。台湾逢甲大学利用GIS、RS技术和CERESRICE模型建立了台中市水稻生产的农业土地使用决策支持系统。

(三) 农业决策支持系统类型

农业管理决策存在着许多层次，从田间生产管理到农场生产经营管理，从区域农业经济管理到国家宏观调控，农业决策支持系统有针对性地为各层次的农业策略的制定和科学管理提供辅助和支持。根据不同的服务层次，农业决策支持系统一般可分为田间尺度、农场尺度、区域尺度三种类型。

1. 田间尺度

田间尺度的农业决策支持系统偏重于单一的作物生产管理决策。主要根据环境气候条件，向生产者提供灌溉、施肥、喷药等具体栽培措施。美国的DSSAT就属于这种系统，它可针对不同年景为农民采取相应的栽培管理措施提供科学的决策。

2. 农场尺度

农场尺度的农业决策支持系统负责分析农场的复杂情况、帮助农场管理者制定计划、合理安排劳动力以及农场资源的组合配置。在农场管理决策支持系统中不仅要考虑作物生产管理的决策，还需考虑田间作业劳动力的需求、农业机械的类型、耕作制度和农场各田块间的相互作用等。美国Florida大学农业工程系开发的农场机械管理决策支持系统FARMSYS就属于这种系统。该系统由信息管理系统、作业模拟系统、专家系统和产量评估系统四部分组成,能对各种资源的组合进行测试,诸如农业机械的能力、作物配置、不同气候年景下作物管理的策略和劳力资源的安排。此外,它也能估计整个农场或个别田块的作物产量、毛收益和净利润等。

3. 区域尺度

区域尺度的农业决策支持系统主要为地区(国家)农业宏观决策提供支持。这类系统多为综合性系统,它以农业生物信息、农业环境信息、农业技术信息和农业经济市场信息为基础,运用分析模型,人工智能等技术,迅速地做出最佳决策咨询。地区(国家)农业领导依此做出各种宏观决策。区域发展规划系统、区域自然资源管理系统等均属此列,例如,加拿大的水土保持决策支持系统具有土地利用、作物管理、水土保持、对策选择等功能。

(四)农业决策支持系统的发展动态

多技术综合、多功能集成是农业决策支持系统发展的总体趋势,目前,各种新技术与新思想正在农业决策支持系统研发中逐步得到有效应用,其中值得关注的几个方面是:

1. 数据仓库和联机分析处理(OLAP)技术的应用

智能化农业决策支持系统是以管理信息系统、模拟模型技术和人工智能技术为基础,将数据库、模型库、知识库、推理机等部分有机结合起来形成的一个完整系统。它既要完成数值计算,又要执行数据库操作,还要进行知识学习与推理。实现部件有机综合的集成语言的缺乏一直是其发展的主要障碍。

20世纪90年代初提出的数据仓库和OLAP概念,目前已经形成潮流,为智能化农业决策支持系统发展开辟了新的途径。把数据仓库、OLAP、数据开采和模型库结合起来形成了高级的综合农业决策支持系统。其中数据仓库将大量用于事务处理的传统数据库数据进行整理、抽取和转换,并按决策主题的需要进行重新组织,形成面向决策主题的综合数据仓库。OLAP对数据仓库中的数据实现多维数据分析,并将其转换成辅助决策信息,数据开采用以挖掘数据库和数据仓库中的知识,模型库实现多个广义模型的组合辅助决策,专家系统利用知识推理进行定性分析,由它们集成的综合决策支持系统,能相互补充、相互支持,发挥各自的优势,实现更有效的决策支持。

2. 基于3S技术的空间型农业管理决策支持系统

3S技术进入农业领域后,已在农业管理决策支持系统中得到了有效的应用。在美国,基于3S技术的作物生产管理决策支持系统(DSS),利用3S等先进的田间信息采集技术,获得农田小区作物产量和影响作物生长主要因素的空间分布信息,对这些信息进行处理后,运用农业科学知识制定出农田与作物栽培管理措施,指导分布式定位处方农作,以实现资源高效利用、高产出、低投入和可持续发展的优化目标。在我国,基于3S技术的资源环境监测管理决策支持系统业已出现,这类基于3S技术的空间型农业管理决策支持系统已成为"精细农作"支持技术的重要研究课题。

3. 群决策支持系统和网络决策支持系统

随着信息技术和网络技术的发展,国际上的农业决策支持系统正在向群决策支持系统和网络决策支持系统发展。群决策支持系统是将同一领域不同方面或相关领域的各个决策支持系统集成起来,形成一个功能更全面的综合决策支持系统。而网络决策支持系统,亦称为分布式决策支持系统,它把一个决策任务分解成若干个子任务,分布在网络的各个节点上完成。可以预计,基于网络技术和群决策技术的综合农业决策支持系统将在高层次农业决策中发挥重要作用，作为农业决策支持系统发展高级阶段产物的首长信息系统（ELS）将会逐步在农业领域得到发展与应用。

第六节 "3S"技术与"精细农业"

一、遥感（RS）技术

遥感技术是20世纪60年代出现的一门综合性探测技术，它从航空摄影开始，随着飞机、人造卫星等运载工具，扫描仪、摄像机等传感器技术和计算机技术、信息技术、图像处理技术等相关技术的发展，以及地学、生物学、环境科学等学科发展的需要，而得到迅猛的发展。目前，遥感已经成为人们获取地球资源与环境海量信息的一种有效手段，在军事、勘探、农业等诸多领域得到了十分广泛的应用。

（一）遥感的概念

遥感（Remote Sensing）一词首先是由美国地理学家伊瑞林·普鲁特（Eretyn Pruitt）等人在1960年提出来的。从字面上理解，遥感就是遥远的感知，即从遥远的地方感知一个物体的客观存在。

感知是人类生活领域内广泛存在的现象，人类可以凭借其眼、耳、鼻等感觉器官来感知周围环境的形、声、味等信息，从而辨认出周围物体的属性和位置分布等。在长期的征服自然和改造自然的实践活动中，人类力求不断地扩大自身的感知能力和范围，但由于感觉器官的局限，对遥远物体的感知仅仅是一种欲望或幻想。1610年，意大利科学家伽利略使用望远镜对月球进行了首次观测，遥感这一幻想逐步成了现实。

我们现在所说的遥感，一般是指在人的感知器官所能达到的范围以外的遥远感知，必须借助于仪器设备来实现，其科学定义应为：遥感就是在一定距离之外，不与被研究目标对象直接接触，通过现代仪器设备（传感器）探测和获取来自目标对象的信息（如电场、磁场、电磁波、地震波等信息），并对这些信息进行提取、加工、表达和应用的一门科学和技术。

（二）遥感技术系统的组成

人是一个天然的遥感系统，通常包括三个部分，传感器——眼、耳、鼻等；载体——人的身体，指挥系统——人的大脑。一个完整的人造遥感系统也由三个部分组成：传感器、载体（遥感平台）和指挥系统。

1. 传感器

所谓传感器，就是用于收集目标对象所反射或发射的电磁波信息的装置。它是遥感技术系统的核心部分。最普遍、最常见的人造传感器是照相机，它将各种地物所反射的可见光的电磁波特征用感光胶片记录下来，形成照片。

根据传感器的工作方式，可分为主动式和被动式。主动式传感器是由人工辐射源向目标对象发射辐射能量，然后接收从目标对象反射回来的能量，如雷达和微波散射计等。被动式传感器是接收自然界地物所辐射的能量，如摄影机、多波段扫描仪、红外和微波辐射计等。

根据记录方式的不同，传感器又可分为非成像方式和成像方式两种，前者是把传感器所探测到的目标对象的辐射强度，用数字或曲线图形表示，如：辐射计、红外辐射温度计、微波辐射计、雷达高度计、散射计以及激光高度计等。后者是把目标对象辐（反）射能量的强度，用图像形式表示，如摄影机、扫描仪和成像雷达等。

2. 遥感平台

所谓载体,亦称遥感平台(plantform),它是指装载传感器的运载工具,最具代表性的遥感平台有飞机和人造卫星,前者称为航空平台,多用作区域性观测;而后者称为航天平台,能用作全球性的大范围观测。此外,还有汽车、轮船、高塔和移动支架等近地面平台。

3. 地面指挥系统

所谓指挥系统,就是指挥和控制传感器与平台,并接收其信息的指挥部。现代遥感的指挥系统一般均为计算机系统。如在卫星遥感中,由地面控制站的计算机向卫星发送指令,以控制卫星载体运行的姿态、速度,命令其将星载传感器探测的数据和来自地面遥测站的数据向指定地面接收站发射,地面接收站接收到卫星发送来的全部数据信息,送交数据中心进行各种预处理,然后提交用户使用等。

(三)遥感技术的分类

遥感技术应用广泛,分类方法众多,按其电磁波工作波段可划分为可见光波段遥感、红外遥感、热遥感、微波遥感等;按遥感资料的记录方式和传感器工作方式,可分为成像遥感和非成像遥感;按遥感成像时传感器是否向地面发射电磁波,可分为主动遥感和被动遥感;按遥感仪器所选用的波谱性质可分为电磁波遥感、声纳遥感、物理场(如重力和磁力场)遥感等;按应用特点可分为农业遥感、林业遥感、地质遥感、水利遥感、环境遥感等;而按照遥感仪器使用的平台可分为地面遥感、航天遥感、航空遥感。其中,最后一种分类方法应用广泛,也反映了遥感技术发展的历史过程,在此做一简单介绍。

1. 地面遥感

地面遥感是指在近地面平台上进行的遥感,即装载传感器的固定或可移动的装置位于地面上,包括汽车、轮船、高塔和移动支架等。地面遥感既有独立性,也有辅助性(用于航空、航天遥感的校准)。

2. 航空遥感

航空遥感是以飞机或气球作为工作平台进行成像或扫描的一种遥感方式。平台上装有各种传感器,按技术要求,对测区进行有关地物电磁波信息的收集、处理,最后获得各种图像、数据,从而为生产、科研所应用。这样的全过程称为"航空遥感"。

航空遥感是从航空摄影开始的,1903年莱特兄弟发明了飞机,1909年瑞特(W.Wright)第一次用飞机拍摄出意大利圣托西利地区(Centocelli)的照片,从此揭开了航空摄影(航空遥感)的序幕。在战争中航空遥感得到了迅猛的发展,第二次世界大战结束后,航空摄影遥感技术开始被广泛地用于民用部门,20世纪50年代美国的航空红外遥感已能获取地形的热像图。

航空遥感具有成像比例尺大、分辨率高、几何纠正准确等优点,目前仍然是一种不可替代的重要遥感手段。

3. 航天遥感

航天遥感是通过航天飞行器或人造卫星上装载的传感器来收集地球表面地物的空间分布信息,因此它与火箭、人造卫星等技术的发展密切相关。第二次世界大战后,美国发射的探空火箭在160~320km的高空拍摄了地面照片,1959年9月美国海军发射先锋-2卫星,通过2个红外光电管,测量地球辐射和拍摄地球上空云层照片,把人们观测自然资源和居住环境的位置,升高到几百至几千公里的太空,开辟了航天遥感的新阶段。

从航空遥感发展到航天遥感,是遥感技术的重大突破。卫星的恒定轨道,加上地球的自身运转，卫星遥感可不受国界和地形的限制，并可对全球作连续的观测。航天遥感的发展为人们宏观地观测地球及探测宇宙提供了方便的条件。目前，用于航空遥感的"卫星系列"按用途可分为三种：为军事侦察目的服务的侦察卫星，为气象目的服务的气象卫星，以及为探测地球资源目的服务的陆地卫星。

（四）遥感工作过程

遥感过程是指遥感信息的获取、传输、处理，以及分析判读和应用的全过程，主要包括以下四部分工作。

1. 遥感试验

遥感试验是整个遥感工作的基础，一般在探测前需要遥感试验提供地物的光谱特性，以便选择传感器的类型和工作波段；探测以及处理时，又需要遥感试验提供各种校正所需的有关信息和数据。遥感试验还可为判读应用提供依据。

2. 遥感信息获取

遥感信息获取是遥感过程的中心工作，其中工作平台以及传感器是确保遥感信息获取的物质保证。

3. 遥感信息处理

遥感信息处理是指借助各种技术手段对遥感探测所获得的信息进行的各种处理。如为了消除探测中各种干扰对探测结果的影响而进行的各种校正（辐射校正，几何校正等）处理，为了便于识别、判读和提取信息而进行的各种遥感图像增强处理等。

4. 遥感信息应用

遥感信息应用是遥感的最终目的。在遥感应用中，应根据专业目标的需要，对遥感信息及其工作方法进行适宜的选择，以取得较好的社会效益和经济效益。

（五）遥感的主要理论依据

众所周知，自然界中的任何地物都具有它们本身的特有规律，如具有反射、吸收外来的紫外线、可见光、红外线和微波的某些波段的特性。它们都能进行热辐射，具有发射红外线、微波的特性。少数地物还具有透射电磁波的特性。这种特性叫做地物的光谱特性。地物的光谱特性是遥感技术的重要理论依据，遥感就是通过测量地物对太阳辐射能的反射光谱信息或地物自身的辐射电磁波波谱信息，进行地物模式识别以及时间和空间特性分析的。

1. 地物的反射光谱特性

辐射能量入射到任何地物表面上，会出现三种情况：一部分入射能量被地物反射；一部分入射能量被地物吸收，成为地物本身内能部分再发射出来；一部分入射能量被地物透射。一般来说，反射能力强的地物，反射率高，传感器记录的亮度值就大，在照片上呈现的色调就浅。反射能力弱的地物，反射率低，传感器记录的亮度值就小，在照片上呈现的色调就深。这些色调的差异是区分不同地物的重要标志。

地物的反射率随入射波长变化的规律，叫做地物的反射光谱。按地物反射率与波长之间关系绘成的曲线图，称为地物反射光谱曲线。图 5-2-12 给出了雪、沙漠、湿地、小麦四种地物的反射光谱曲线。可以看出，不同地物在不同波段反射率不同，因此，在不同波段的照片上呈现不同的色调，这是判读各种地物的基础。例如：利用 0.4～0.5 μm 波段的照片，可以把雪与其他地物区分开；利用 0.5～0.6 μm 波段的照片可以把沙漠与小麦、湿地区分开；利

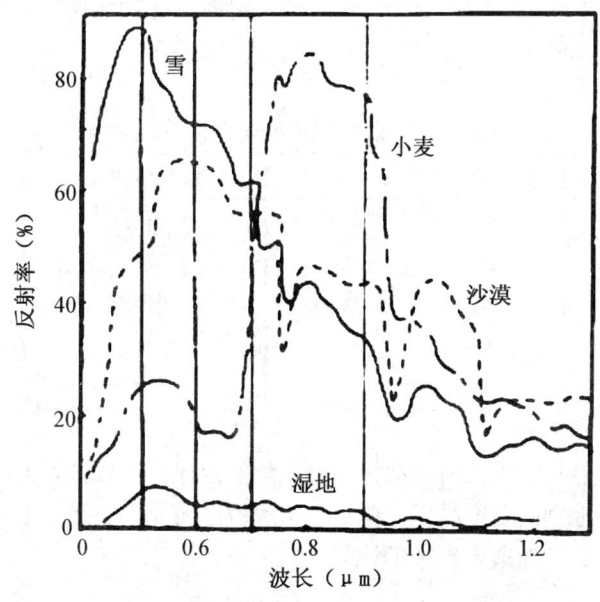

图 5-2-12 雪、沙漠、湿地、小麦四种地物的反射光谱曲线

用 0.7～0.9μm 波段的照片可以把小麦与湿地区分开。这样，对不同的研究对象，可根据它们各自的光谱特性，选择最佳波段、最佳的摄影季节和摄影时间的照片进行判读。

对植被来说，由于生长状况、健康程度等不同，即使同类植物，反射率也有较大差异。图 5-2-13 表示健康的和遭受病虫害的松树反射光谱曲线的变化。从图中可清楚看出相互差别，这种现象在彩色红外照片上显示得很清楚，从而能把健康的和受病害的植物区分开来。

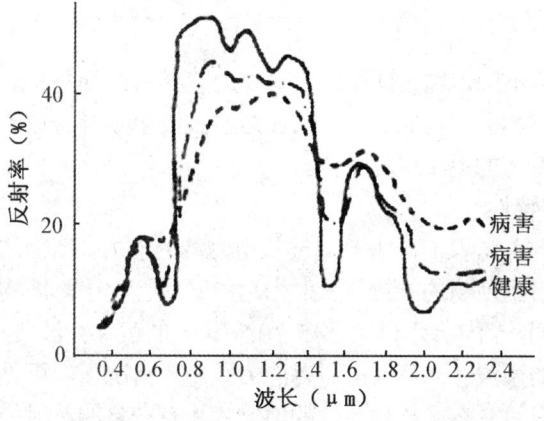

图 5-2-13 不同长势松树的反射光谱曲线

2. 地物的发射光谱特性

任何地物当温度高于绝对温度 0K 时，就存在着分子热运动，都有向周围空间辐射红外线和微波的能力。

每一种地物在一定温度时，都有一定的红外辐射发射率，但不同地物的发射率往往不同。

253

表 5-2-1 给出了常温下一些地物在 8～14um 的发射率。这种地物发射率的差异是红外遥感技术用于区分不同地物的重要依据。

表 5-2-1 常温下一些地物在 8～14μm 的发射率

目标物	温度（℃）	ε	目标物	温度（℃）	ε
木材（橡木平板）	20	0.90	石英	20	0.627
水（蒸馏水）	20	0.96	长石	20	0.819
冰（表面光滑）	-10	0.96	花岗岩	20	0.780
雪	-10	0.85	玄武岩	20	0.906
沙	20	0.90	大理石	20	0.942

地物的微波辐射与红外辐射相似，符合热辐射定律。但微波是低温状态下地物的重要辐射特性，其特点是地物的温度越低，微波辐射也就越明显。表 5-2-2 是在相同条件下，一些地物在微波波段与红外波段发射率的比较。

表 5-2-2 不同地物微波与红外发射率的比较

地物	波段			
	微波		红外	
	$\lambda=3cm$	$\lambda=3mm$	$\lambda=10\mu m$	$\lambda=4\mu m$
钢	0.00	0.00	0.6～0.9	0.6～0.9
水	0.38	0.63	0.99	0.96
干沙	0.90	0.86	0.95	0.83
混凝土	0.86	0.92	0.90	0.91

从表 5-2-2 中看出，不同地物之间微波发射率的差异远比红外发射率差异明显。这样，在可见光、红外波段中不容易识别的一些地物在微波波段中则容易加以识别。因此，微波辐射在地学等领域正成为有力的遥感探测手段。

3. 地物的透射光谱特性

有些地物（如水体和冰），具有透射一定波长电磁波的能力。地物的透射能力一般用透射率表示。透射率就是入射到地物的能量与入射光总能量的百分比。地物的透射率随电磁波的波长和地物的性质而不同。例如，水体对 0.45～0.56μm 的蓝绿光波段具有一定的透射能力。又如，波长大于 1mm 的微波对冰体具有透射能力。一般情况下，可见光对绝大多数地物都没有透射能力。红外线只对具有半导体特征的地物，才有一定的透射能力。微波对地物具有明显的透射能力。因此，在遥感技术中，可以根据它们的特性，选择适当的传感器来探测水下、冰下某些地物的信息。

二、GPS 技术简介

（一）GPS 及其构成

GPS（Global Positioning System）技术，即全球卫星定位技术，是现代空间技术与无线电通信技术、信息技术等相互结合的产物。GPS 起初是美国国防部为军事目的而建立起来的，目的是彻底解决海上、空中和陆地运输的导航和定位问题。其全称为"导航卫星授时和测距全球定位系统"（Navigation Satellite Timing And Ranging /Global Positioning System），简称为 GPS，含义是利用导航卫星进行测时和测距，构成全球定位系统。随着技术的不断发展，GPS 作为一种崭新的定位和导航手段，在航海、航天、陆地运输、测绘、地学、农业现代化等领域得到了广泛的应用。

GPS 作为一种高精度、全天候、全球性的无线电导航、定位、定时系统，主要由空间部分、地面监控系统和用户接收系统三大部分组成，如图 5-2-14 所示。

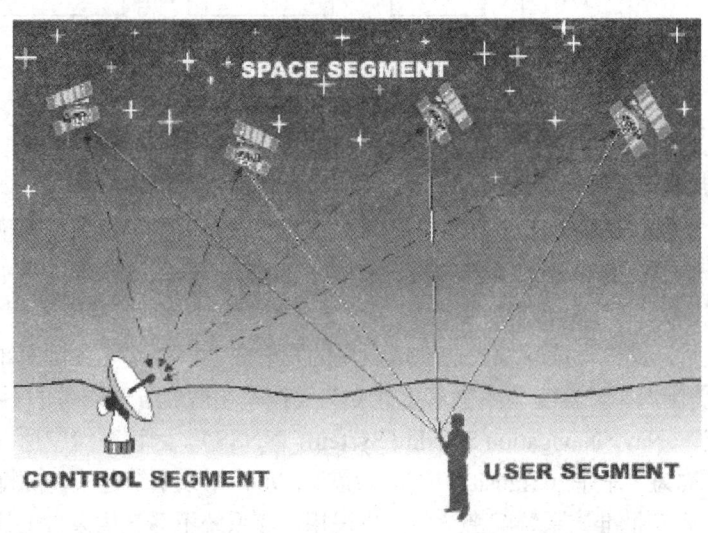

图 5-2-14 GPS 系统组成示意图

1. 空间部分

空间部分主要是由 24 颗（其中 3 颗备用）距离地面约 20 200km 的卫星组成，它们均匀分布在 6 个轨道面上，这些轨道面相对赤道面的倾角为 55°，每个轨道面都有 4 颗卫星，卫星之间间隔 120°；GPS 卫星运行的轨道为近圆形，其运行周期为 11h58min，位于地平线以上的卫星颗数随着时间和地点的不同而不同，最少可见到 4 颗，最多可见到 11 颗。要测定某点的三维坐标，有 4 颗 GPS 卫星（称为定位星座）足矣。从而 GPS 系统能全天 24h 针对任何地区内的目标提供服务，随时提供这些目标的位置、时间和速度信息。

2. 地面监控系统

地面监控系统包括一个主控站、5 个全球监控站和 3 个地面控制站（注入站），它们随时与卫星保持通信联系并对卫星的飞行进行跟踪和控制。监控站的主要任务是取得卫星的观测数据并将这些数据传送到主控站，主控站对所有观测数据进行处理计算，得出每颗 GPS 卫星轨道和卫星钟的修正值，并依此外推一天以上的卫星星历以及钟差，将其按一定格式转化为导航电文送到地面控制站，再由地面控制站注入到卫星的存储器内，卫星再将导航电文发给用户设备。

3. 用户接收系统

GPS 用户接收系统主要包括 GPS 接收机和天线，微处理机和终端设备以及电源等。其中接收机和天线是用户设备的核心部分,一般习惯上统称为 GPS 接收机,其结构如图 5-2-15 所示。它的主要功能是接收 GPS 卫星发射的信号,并进行处理和量测,以获取导航电文及必要的观测量。

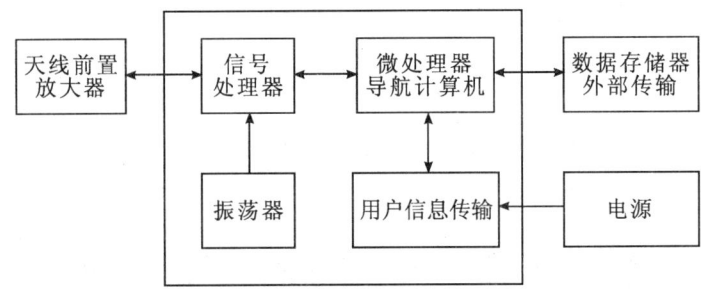

图 5-2-15 GPS 接收机结构示意图

(二) GPS 技术的发展史

自古以来,人类一直致力于定位和导航的探索工作。在卫星定位系统出现之前,已开始使用基于地面导航平台的 Omega(奥米茄)系统、利用多卜勒频移原理的多卜勒系统进行远程无线导航与定位。

1957 年 10 月,世界上第一颗人造地球卫星的发射成功,引起了各国军事部门的高度重视。1958 年底,美国海军武器实验室就着手建立为美国军用舰艇导航服务的卫星系统,即"海军导航卫星系统"(Navy Navigation Satellite System,NNSS)。因该系统中所有卫星的轨道都通过地极,故又称为"子午(Transit)卫星系统"。1964 年该系统建成,随即在美国军方启用;1967 年美国政府批准该系统解密,并提供民用。该系统不受气候条件的影响,自动化程度较高,且具有良好的定位精度,其出现立即引起了大地测量学者的极大关注。提供民用之后,在大地测量方面进行了大量的应用研究和实践,取得了许多令人瞩目的成就。但因该系统卫星数目较少(5～6 颗),运行高度较低(平均 1 000km),从地面站观测到卫星的时间间隔较长(平均 1.5h),因而还无法提供连续的实时三维导航。

为满足军事部门和民用部门对连续实时和三维导航的迫切要求,美国海军提出了名为 "Timation" 的计划,拟采用 12～18 颗卫星组成全球定位网,并于 1967 年和 1969 年分别发射了 Timation-1 和 Timation-2 两颗试验卫星。与此同时,美国空军提出了名为"621-B"计划,它采用 3～4 个星群(每个星群 4～5 颗卫星)覆盖全球。这两个计划的目标一致,但实施方案和内容不同。考虑到两个计划各有优缺点以及美国难于同时负担研制两套系统的庞大经费开支,1973 年美国国防部制定了 GPS 计划,组织海陆空三军,共同研究建立新一代卫星导航系统。

最初的 GPS 方案由 24 颗卫星组成,这些卫星分布在互成 120°的 3 个轨道平面上,每个轨道平面平均分布 8 颗卫星。这样,对于地球上任何位置,均能同时观测到 6～9 颗卫星。预计粗码定位精度为 100m 左右,精码定位精度为 10m 左右。1978 年,由于压缩国防预算,减少了对 GPS 计划的拨款,于是将实用系统的卫星数由 24 颗减为 18 颗,并调整了卫星配置。18 颗卫星分布在互成 60°的 6 个轨道面上,轨道面的卫星倾角为 55°。每个轨道面上布设 3 颗卫星,彼此相距 120°,从一个轨道面的卫星到下一个轨道面的卫星间错动 40°。这样的卫星配置基本上保证了地球任何位置均能同时观测到 4 颗卫星。经过一段实验后发现,这样的配置即使全部卫星正常工作，其平均可靠度仅为 0.9969。如果卫星发生故障，可靠性将大大降低。因此 1990 年初又对卫星配置进行了第三次修改，最终的 GPS 方案是由 21 颗工作卫星和 3 颗在轨备用卫星组成，卫星的轨道参数基本上与第二方案相同。只是为了减小卫星漂移，降低对所需轨道位置保持的要求，将卫星的高度提高了 49km，即长半轴由 26 560km 提高到 26 609km。这样，由每年调整一次卫星位置变为每 7 年调整一次。

GPS 计划是分以下三个阶段予以实施的：

第一阶段，完成方案论证和初步设计。从 1973 年到 1979 年，共发射了 4 颗试验卫星，研制了地面接收机及建立地面跟踪网，从硬件和软件上进行了试验，试验结果令人满意。

第二阶段，开始进行全面研制和试验。从 1979 年到 1984 年，又陆续发射了 7 颗试验卫星。这一阶段称为 Block I。与此同时，研制了各种用途的接收机，主要是导航型接收机，同时测地型接收机也相继问世。试验表明，GPS 的定位精度远远超过设计标准。利用粗码的定位精度几乎提高了一个数量级，已达到 14m。

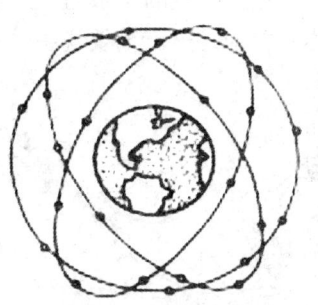
(a) 原计划24颗卫星布置图

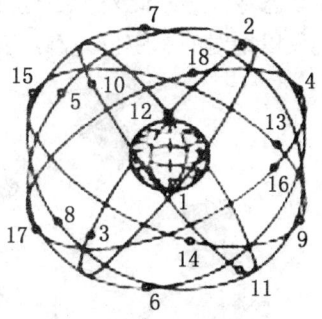
(b) 修改后12颗卫星布置图

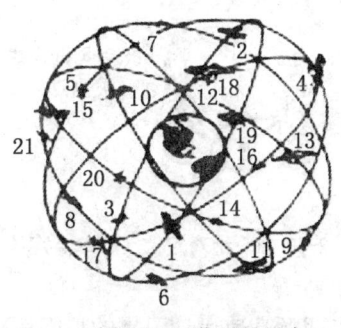
(c) GPS工作卫星星座
（于1994年建成）

图 5-2-16 GPS 星座的卫星分布（修改过程）

第三阶段，完成实用组网。1989 年 2 月 4 日第一颗 GPS 工作卫星发射成功，宣告了 GPS 系统进入工程建设阶段。这种工作卫星称为 Block II 和 Block II A 卫星。这两组卫星的差别是：Block II 卫星只能存储供 14 天用的导航电文（每天更新三次）；Block II A 卫星增强了军事应用功能，扩大了数据存储容量；Block II A 卫星还能存储供 180 天用的导航电文，确保在特殊情况下使用 GPS 卫星。1994 年，第二十四颗卫星（Block II A）发射后，实用型的 GPS 网，即（21+3）GPS 星座已经建成。图 5-2-16 展示了 GPS 星座的卫星分布（修改过程）。

1995 年后，进入了系统的更新与完善阶段，又先后发射四颗 Block IIA 和一颗 Block IIR 卫星，用以对 Block I 卫星进行汰换。

为了保证自身的军事利益，美国政府在实施 GPS 计划中曾制定了 SA 政策，提供了两种导航定位服务：一种为标准定位服——SPS（Standard Positioning Service），采用 SA 技术将定位精度人为降低（水平定位 100m,垂直定位 156m），该项服务向世界免费开放，提供给民间用户使用。另一种为精度定位服务——PPS（Precision Positioning Service），利用精码（P 码）定位，精度达到 10m，提供给美国盟友和得到特许的民间用户使用。2000 年美国政府取消了这一限制，这使 GPS 技术在民用中得到了高速的发展。据有关人士估计，2000 年后，民用与军用的比例已达到 8:1。

（三）GPS 的定位原理

GPS 的定位方法很多，一般可分为绝对定位法与相对定位法两种。以绝对定位为例，又分为静态定位和动态定位等。此外，还有旨在提高定位精度的一系列定位方法，其原理更加复杂。在此我们仅以绝对静态定位为例，就基本定位原理做一简要说明。

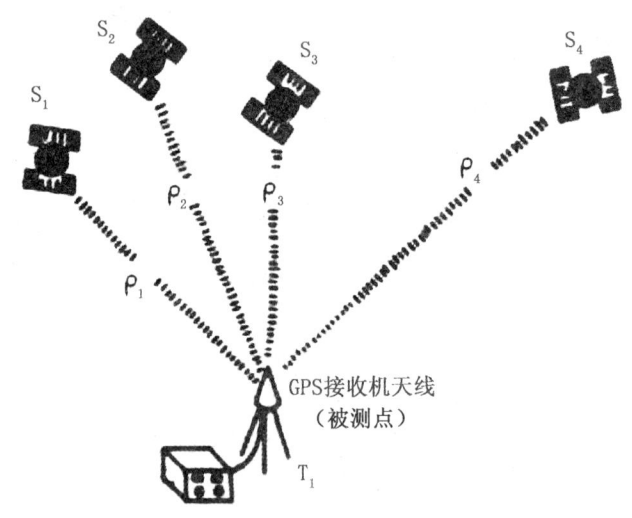

图 5-2-17 GPS 绝对定位（或单点定位）示意图

GPS 定位的基本原理是以四颗高速运动卫星的瞬间位置作为已知的起算数据，采用空间距离后方交会的方法，确定待测点的位置，如图 5-2-17 所示。

在某一瞬间，四颗高速运动卫星的瞬间位置是已知的，根据每颗卫星信号传播到接收机（被测点）的时间，很容易获得每颗卫星到被测点的距离。众所周知，如果知道了被测点 T 到卫星 S_1 的距离 ρ_1，则可以确定 T 位于以 S_1（瞬间位置）为球心、ρ_1 为半径的球面上；如果知道了 T 分别到两颗卫星 S_1、S_2 的距离 ρ_1 和 ρ_2，则可以确定 T 位于以 S_1 为球心、ρ_1 为半径的球面与以 S_2 为球心、ρ_2 为半径的球面之交线（圆）上；如果还知道了 T 到第三颗卫星 S_3 的距离 ρ_3，则可以确定 T 位于该交线（圆）与以 S_3 为球心、ρ_3 为半径的球面之交点（两点）上；如果还知道了 T 到第四颗卫星 S_4 的距离 ρ_4，则可以确定 T 位于上述两点与以 S_4 为球心、ρ_4 为半径的球面之交点（一点）上；从而确定了 T 的位置。

三、地理信息系统

地理信息系统（Geographical Information System）简称为 GIS，作为现代地球科学、信息学、环境科学、测绘遥感学、计算机科学、管理科学、应用数学和各种应用学科有机结合的产物，GIS 在最近的三十多年内取得了惊人的发展，广泛应用于资源调查、环境评估、区域发展规划、公共设施管理、交通安全、现代农业等领域。

（一）GIS 的概念

1. 地理数据及其管理

地理数据又称空间数据，是各种地理特征和现象间关系的符号化表示，包括空间位置、属性特征（简称属性）及时域特征。空间位置数据描述地物所在位置，如大地经纬度坐标、空间上的相邻、包含等；属性数据有时又称非空间数据，是属于一定地物、描述其特征的定性或定量指标；时域特征是指地理数据采集或地理现象发生的时刻/时段。

地理数据不同于普通数据，具有数据量大、非结构化、涉及空间拓扑关系等一系列特征，用传统的数据库技术无法存储和管理。为此，人们从数据的组织、数据模型和数据库模型的研究、专用空间数据库管理系统的开发和选择使用诸方面进行了专门的工作，已经形成了一套有效的并处于不断改进中的空间数据管理方法与技术，其中也包括 GIS。

2. GIS

GIS 可简单定义为用于采集、存储、管理、分析、显示与应用地理信息的计算机系统，它是一种分析和处理海量地理数据的通用技术。GIS 依照其应用领域，可分为土地信息系统、资源管理信息系统、地学信息系统等；根据其使用的数据模型，可分为矢量、栅格和混合型信息系统；根据其服务对象，则可分为专题信息系统和区域信息系统。

与一般的管理信息系统相比，GIS 的独特之处在于：

（1）GIS 的操作对象是地理数据，既有空间数据，又有属性数据，并通过数据库管理系统将二者联系在一起，共同管理、分析和应用，从而提供了认识地理现象的一种新的方式和方法。

（2）GIS 强调空间分析，利用空间解析式模型分析空间数据。GIS 的技术优势在于它的数据综合、模拟与分析评价能力，可以得到常规方法或普通信息系统难以得到的重要信息，实现地理空间过程演化的模拟和预测。

（3）GIS 与地球科学、环境科学、管理科学、应用数学、遥感、GPS、空间数据库、图形图像处理及各种应用技术有着不可分割的密切关系。

（二）地理信息系统的基本组成

一个典型的 GIS 主要包括四个基本部分，即硬件系统、软件系统、地理空间数据库和系统管理操作人员，其核心部分是软件与硬件系统，空间数据库反映了 GIS 的地理内容，而管理人员和用户则决定系统的工作方式和信息表示方式。

1. 硬件系统

硬件是系统中实际物理装置的总称，GIS 硬件配置一般包括四个部分：

（1）计算机主机；

（2）数据输入设备：数字化仪、图像扫描仪、手写笔、光笔、键盘、通信端口等；

（3）数据存储设备：光盘刻录机、磁带机、光盘塔、活动硬盘、磁盘阵列等；

（4）数据输出设备：笔式绘图仪、喷墨绘图仪（打印机）、激光打印机等。

2. 软件系统

指 GIS 运行所必需的各种程序，通常包括：

（1）计算机系统软件。

（2）地理信息系统软件和其他支撑软件，可以是通用的 GIS 软件，也可包括数据库管理软件、计算机图形软件包、CAD、图像处理软件等。

（3）应用分析程序，是系统开发人员或用户根据地理专题或区域分析模型编制的用于某种特定应用任务的程序，是系统功能的扩充与延伸。

3. 地理空间数据

指以地球表面空间位置为参照的自然、社会和人文景观数据，主要包括时间、空间和属性三类数据，可以是图形、图像、文字、表格和数字等。

4. 系统开发、管理和使用人员

（三）GIS 的发展简史

综观 GIS 的发展，尤其是北美地区的发展情况，可将 GIS 发展分为以下四个阶段：

1. 开拓期（20 世纪 60 年代）

GIS 起源于北美。1963 年，加拿大测量学家 R.F.Tomlinson 首先提出了地理信息系统这一术语，并建立了世界上第一个实用的 GIS——加拿大地理信息系统（CGIS），用于自然资源的管理和规划。同一时期美国哈佛大学的计算机图形与空间分析实验室，建立了 SYMAP 系统软件，大力发展空间分析模型和制图软件。当时仅注重于空间数据的地学处理，且计算机技术水平不高，存储量小，存取速度慢，使 GIS 带有更多的机助制图色彩，分析功能极简单。这一时期，GIS 发展的另一显著标志，是许多有关的组织和机构纷纷建立，对于传播 GIS 知识，发展 GIS 技术，起了重要的指导和推动作用。

2. 巩固发展期（20 世纪 70 年代）

计算机技术的进步为地理数据的录入、存储、检索、输出提供了强有力的手段。同时，资源开发、利用乃至环境保护对 GIS 应用提出了更多需要。GIS 技术因此得到了迅速发展，从 1970 年至 1976 年，仅美国地质调查所就建成五十多个信息系统，分别作为处理地理、地质和水资源等领域空间信息的工具。其他如加拿大、联邦德国、瑞典和日本等国也先后发展了自己的 GIS。GIS 发展的需要，促使许多大学开始进行 GIS 人才培养，一些商业性的咨询服务公司开始活跃起来，软件在市场上受到欢迎。

3. 大发展时期（20 世纪 80 年代）

随着新一代高性能计算机的普及和迅速发展，GIS 也逐步走向成熟。GIS 的软硬件投资大大降低而能力明显提高，应用领域迅速扩大，从资源管理、环境规划到应急反应，从商业服务区域划分到政治选举分区等，GIS 与卫星遥感技术的结合，对于空间决策支持分析的注重，使 GIS 由功能单一的分散系统逐步发展成为多功能的多用户共享综合性信息系统，并向智能化发展。这一时期，许多国家制定了本国的 GIS 发展规划，建立了一些政府性、学术性机构，如 1987 年美国成立了国家地理信息与分析中心（NCGIA），英国成立了地理信息协会。同时，商业性的咨询公司、软件制造商大量涌现，商业化实用系统进入市场，出现了一些具有代表性的 GIS 软件，如 ARC/INFO、MICRO STATION、SICAD、GENAMAP 等。

4. 应用普及时代（20 世纪 90 年代）

随着计算机的软硬件性能的迅速提高和网络的飞速发展，GIS 已成为许多机构必备的工作系统，政府决策部门在一定程度上由于受 GIS 影响而改变了原有机构的运行方式、设置与工作计划等。另外，社会对 GIS 的认识普遍提高，需求大幅度增加，从而导致 GIS 应用的扩大与深化。国家级乃至全球性的 GIS 已成为公众关注的问题，例如 GIS 已列入美国政府制定的"信息高速公路"计划，GIS 已成为确定性产业。

（四）GIS 的基本功能

图 5-2-18 给出了 GIS 的构成示意图。虽然每个 GIS 的功能随具体应用而有所区别，但任何 GIS 均具有下述基本功能：

1. 数据采集与检验

数据采集与检验是 GIS 的一项最基本的功能，主要是获取数据，并保证 GIS 数据的正确性。目前可用于 GIS 数据采集的方法与技术很多，如数字化仪输入、扫描仪输入等，而自动化扫描输入与遥感数据的集成最为人们所关注。数据检验是指通过观测、统计分析和逻辑分析等对输入数据的质量检查和纠正、空间拓扑结构的建立以及图形整饰等，为下一步的数据管理、空间分析与查询、数据表达等服务。

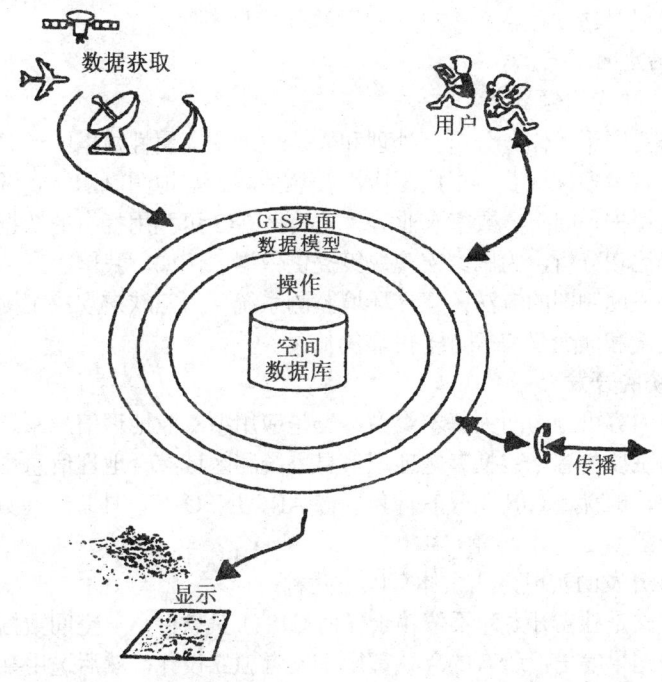

图 5-2-18 GIS 构成示意图

2. 数据格式化、转换、概化

数据格式化、转换、概化通常称为数据操作。数据的格式化是指不同数据结构数据间的变换。数据转换包括数据格式转化（如矢量到栅格的转换）、数据比例尺的变换（如比例尺缩放）、平移、旋转等方面，其中最为重要的是投影变换。我国多采用高斯—克吕格投影，由于其在一般的 GIS 软件中未予定义，因此使用时往往需要重新定义。数据概化包括数据平滑、特征集结等。目前 GIS 所提供的数据概化功能极弱，与地图综合的要求还有很大差距。

3. 数据存储与管理

数据的存储与组织是一个数据集成的过程，也是建立 GIS 数据库的关键，涉及地理元素的位置、连接关系及数据如何构造和组织，最为关键的是如何将空间数据与属性数据融合为一体，便于计算机处理和系统用户使用。用于管理空间数据库的软件即为空间数据库管理系统。它具有数据格式的选择和转换，数据的联结、查询、提取等功能，是 GIS 的核心。

4. 空间查询与分析

空间查询与分析是 GIS 最重要的核心功能，也是 GIS 区别于其他信息系统的本质特征。它使图形信息以及各种专业信息的利用深度和广度大大增强，用户可以从中获取很多派生信息和新知识，用来实现经济建设、环境和资源调查中的综合评价、规划、决策、预测等任务。GIS 的空间分析可分为三个不同的层次。一是空间检索，包括从空间位置检索空间物体及其属性和从属性条件集检索空间物体。二是空间拓扑叠加分析，空间拓扑叠加实现了输入特征属性的合并以及特征属性在空间上的连接。三是空间模拟分析，空间模拟分析刚刚起步，目前多数研究工作着重于如何将地理信息系统与空间模型分析相结合。

5. 结果显示

地理信息系统为用户提供了许多用于显示地理数据的工具，其表达形式既可以是计算机屏幕显示，也可以是诸如报告、表格、地图等硬拷贝图件。

（五）GIS 的应用与开发

1. GIS 的主要应用领域

GIS 技术作为用于存储、分析、处理和表达地理空间属性数据的计算机软件平台，技术上已经成熟，并在诸多领域获得了广泛应用。包括测绘与地图制图、资源管理、城乡规划、灾害监测、环境保护、国防、数字农业等。尤其是 GIS 可利用拥有的数据库，通过一系列决策模型的构建和比较分析，为国家宏观决策提供依据。例如，我国在三峡地区研究中，利用地理信息系统和机助制图的方法，建立环境监测系统，为三峡宏观决策提供了建库前后环境变化的数量、速度和演变趋势等许多可靠的信息。

2. GIS 系统的开发

GIS 根据其内容可分为两大基本类型：一是应用型专业地理信息系统，以某一专业或某一领域的工作为主要内容，包括专题地理信息系统和区域综合地理信息系统；二是工具型通用地理信息系统，也就是 GIS 工具软件包，像 ARC INFO 等，具有空间数据输入、存储、处理、分析和输出等 GIS 基本功能。

应用型 GIS 开发的实现方式大体有以下两种：

• 第一种方式是独立开发，不依赖于任何 GIS 工具软件，从空间数据的采集、编辑到数据的处理分析及结果输出，所有的算法都由开发者独立设计，然后选用某种程序设计语言，如 VC++, Delphi 等，在一定的操作系统平台上编程实现。这种方式的好处在于无须依赖任何商业 GIS 工具软件，不受限制。其缺点是开发难度大，总体投资费用大，风险高，后期维护难度大，具有较大的不确定性，文件格式共享困难。一般不采用此方式进行工程应用开发。

• 第二种方式是基于现有平台，针对特定的专业需求，使用面向对象的可视化编程工具（如 VC++，Delphi，C++ Builder 等）进行二次开发，可委托专业软件开发商，也可自行组织内部人员进行。其优点是起点高，数据格式较为统一，每种成型的 GIS 平台都有数据格式转换功能，便于将来的共享或更换平台，工期较易控制，后期维护容易。

四、智能化农业机械装备技术

智能化农业机械是指广泛采用机械、液压和电子监测与控制技术的农业机械。由于装备有多种先进传感器和微处理器，它可以采集和处理各种有关数据，甚至包括卫星遥感和定位数据，经过软件的运算和处理，完成诸如作业面积、耗油率与产量的计算、统计和友好的人机界面显示，驾驶员也可根据数据的显示，适当调整作业的负荷和作业速度，使机械在较佳的工况下运行。现对国外常见的几种智能农业机械简介如下：

1. 具有测产功能的谷物联合收获机

图 5-2-19（上部）所示的带有产量传感器的现代谷物联合收获机，采用了自动监测和自动控制技术，具有以下几项功能：割茬高度自动控制、脱粒喂入量自动控制、收割台自动仿形、谷粒损失率监测和显示等；自动监测并显示作业速度、脱粒滚筒转速等运行参数；故障诊断及报警；计算和统计作业面积、耗油率及产量。由于精细农作定位的要求，该谷物联合收获机产品装有卫星定位系统接收机和能采集、计算以及统计产量的各种传感器，利用监测和处理的数据，可在专用计算机上利用软件生成小区产量分布图，并通过彩色显示器向驾驶员显示或由打印机打印出彩色产量分布图（图 5-2-19（右下部）），为实施精细变量处方农作奠定基础。

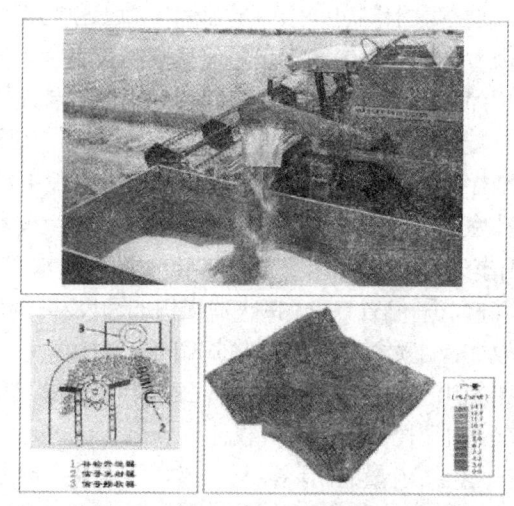

图 5-2-19 带有产量传感器的联合收割机及其生成的产量分布图

2. 精细变量施肥机

过量施用肥料和杀虫剂不仅浪费，还将使农田受到污染，因而在精细农作中要通过电子地图提供的处方信息，对地块中的肥料撒施量进行定位控制调整。图 5-2-20 为装备有 GPS

图 5-2-20 装备有 GPS 的精细变量施肥机

的变量施肥机。它通过 GPS 接收机获得当前所处地块位置，通过电子地图提供的处方信息，得知该处需要的肥料投入量，进而产生可以控制并调整肥料投入数量的信号，最终通过排肥管道的调节电磁阀门实现肥料的变量投入。该施肥机可按田块的不同需要，有针对性地洒施不同配方及不同量的干式或液态混合肥。它通过电子地图内叠存的数据库处方，可同时分别对磷肥、钾肥和石灰的施用量进行调整。该设备可通过气动或气流方式将干肥料喷洒到 22 m 的幅宽，并可实时配制 8 种不同成分的混合肥料。

3. 精细变量喷药机

目前，变量喷施农药有两种方法，一种是利用病虫草害检测传感器，随时采集田间病虫草害信息，通过变量喷洒设备的控制系统，控制农药的喷施量；另一种是事先用病虫草害传感器绘制出田间杂草斑块分布图，然后综合处理方案，绘出杂草斑块处理电子地图，由电子地图输出处方，通过变量喷药机械实施。其中的病虫草害传感器为光反射传感器，它利用棕色土壤和绿色作物叶子反射不同波长光波的特性，辨别土壤、作物和杂草，利用反射光波的差别，鉴别缺乏营养或感染病虫害的作物叶子。研究表明，通过处方变量投入，可使农药的施用量减少 40%～60%，极大降低了农田污染。

PATCHEN 公司生产的"Weeds Seeker PhD 600"为应用半导体二极管光反射传感器的农药变量供给系统，它以发光二极管为光源，光电二极管接收并分析反射的光波数据，产生信号并控制药剂喷嘴阀。只有当杂草出现时，才喷洒除草剂以减少除草剂的使用量。

图 5-2-21 所示精细变量喷药机的控制系统基于改进的脉宽调节技术 PWM（Pulse Width Modulation），该系统可根据事先绘制好的田间喷药（处方）图的要求和 GPS 对喷药机的田间定位，来独立调节药量和雾滴大小。差分 GPS 接收器提供的速度和行驶距离数据存入机载计算机，计算机根据用户事先设定的喷药量和雾滴大小田间分布图，来决定田间逐个位置喷药的流量和压力。压力控制回路由一个电液控制阀及离心喷雾泵构成，机载计算机给定压力设定值并通过闭环控制器实施压力调控。同时，机载计算机根据输入的行驶速度自动调整流量的设定值，通过流量控制器保持对流量的闭环控制。该系统安装在商品化的喷药拖车上。

图 5-2-21 装备有 GPS 的精细变量喷药机

4. 变量处方播种机

图 5-2-22 为精确农业模式下使用的变量处方播种机。播种机工作时，由 DGPS 准确确定播种机所在位置，通过 GIS 了解该位置土壤、水分、产量能力等条件，播种机根据这些因素自动进行播种深度、播种距离和播种量的调整，以减少种子使用量，提高发芽率。为了保持播种深度的稳定，还要有检测装置随时检测其偏离预定值的情况，并进行反馈控制。

图 5-2-22 变量处方播种机

5. 变量处方灌溉设备

图 5-2-23 为变量处方灌溉设备。它可以通过调整喷灌机械的行驶速度、喷口大小和喷水压力等进行喷水量的控制，根据地块和作物的要求，进行适时适量的喷水。国外的自动灌溉管理系统可根据不同的作物生长期、土壤和地貌情况的要求，编写出灌溉程序软件。喷灌机械可以自动地按程序发出的指令，在规定的时间，按不同地块的要求，进行不同雨量的人工降雨。若在大型平移式喷灌机械上加设 GPS 定位系统，也可实现利用存放在地理信息系统（GIS）中的信息和数据，通过处方实现人工降雨的变量投入。

图 5-2-23 精细变量处方灌溉设备

五、精细农业

(一) 精细农业的概念

1. 精细农作

精细农作译自英文 Precision Farming，国内也有不同译法，如精确农作、精准农作等，它是一种基于信息和知识进行作物生产管理的现代农田精耕细作技术。精细农作在国外又称为定位农作（Site-specific farming）、空间变动作物生产（Spatial-Variable Crop Production）、基于 GPS 的作物管理（GPS-Based Crop Management）、处方笺管理（Prescription Management）等，但其内涵都是一致的。精细农作将遥感（RS）、地理信息系统（GIS）、全球定位系统（GPS）、计算机技术、通信及网络技术、自动化技术等高新技术与地理学、农学、生态学、植物生理学和土壤学等基础学科有机地结合，在农业生产全过程中对农作物、土地、土壤进行从宏观到微观的实时监测，以实现对农作物生长、发育、病虫害、水肥以及相应的环境状况的定期信息获取和动态分析，通过诊断和决策，制定实施计划，并在 GPS 与 GIS 集成系统支持下进行田间作业的精细管理。图 5-2-24 直观地表达了精细农作技术的内涵。

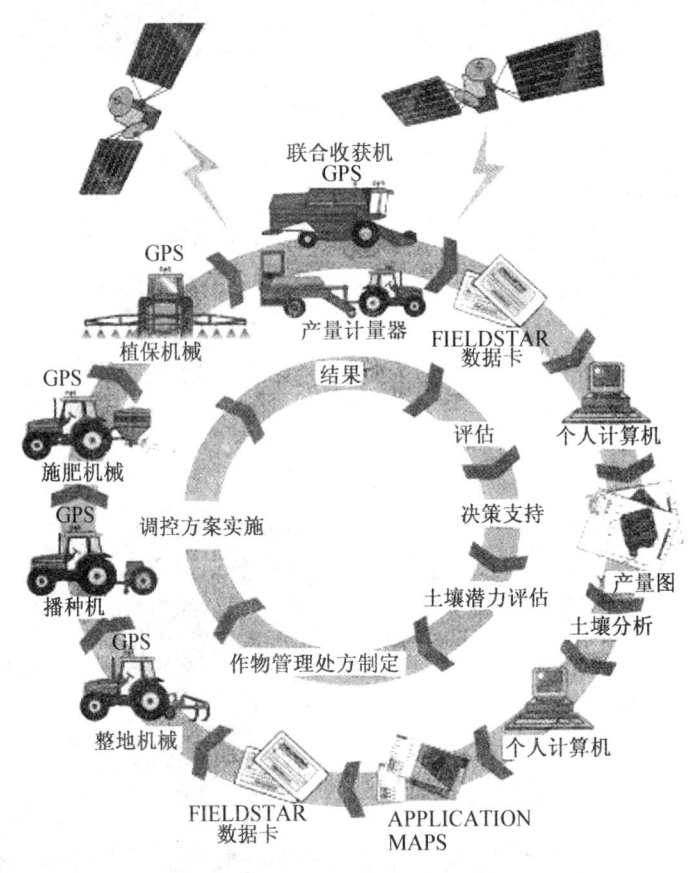

图 5-2-24 精细农作技术的内涵

2. 精细农业

精细农业译自英文 Precision Agriculture，也有人译为精确农业、精准农业等。精细农业（PA）要比精细农作（PF）的意义更广，指的是更大范围内农业的信息化集成管理，涉及种植、养殖、农产品加工等所有农业领域。但国外有时对 PA 与 PF 并不区分，美国人称 PA，而欧洲人则喜欢称 PF。

事实上，将精细农作的技术方法扩展到整个农业领域，即农、林、牧、副、渔，种、养、加，产、供、销等领域，通过先进的信息高新技术、智能化控制的农业装备技术和相关的先进农艺技术的适度组装集成，实现"精细园艺"、"精细养殖"、"精细加工"和"精细经营"，即构成了"精细农业"。

（二）精细农业的技术思想与体系

1. 精细农作的技术思想

千百年来的作物生产实践，都是以地区或田块为尺度，把耕地看作是具有作物均匀生长条件的对象进行管理，如采取统一的耕作、播种、灌溉、施肥、喷药等农艺措施，很少考虑盲目投入及过量施肥、施药造成的环境后果。

20 世纪 70 年代中期到 80 年代初，田间调查方法、土壤普查、田间观察和航空摄影技术的改善，使人们认识到，即使在同一块农田内，地表上下影响作物生长的条件也存在着明显的时空分布差异。试验表明，田区内小区平均产量的最大差异可以超过 100%。受气候变异的影响，即使同一小区，年际间的产量差异性也可能是很大的。田区内产量时空分布的差异性，既显示了农田资源利用存在的巨大潜力，也表明农田内的土壤类型、肥力、墒情、苗情和病虫草害的分布，实际上是很不均匀的。

精细农作的基本技术思想，就是要综合应用现代信息高新科技和农业装备技术、作物生产和农业资源环境管理决策等多种先进科技成果，揭示农田内小区作物生长条件的空间分布差异，实施定位处方农作管理（Site-Specific Crop Management），提高土地资源利用潜力、有效利用投入、增加产量、降低成本、提高经济效益、减少环境破坏。其实施过程可描述为：带 GPS 定位系统和产量传感器的联合收获机自动采集以米为单位的小区产量数据，通过计算机处理，生成作物产量分布图。在决策者的参与下，利用作物管理辅助决策支持系统生成作物管理处方图。根据处方图采用不同方法与手段或相应的处方农业机械按小区实施目标投入和精细农作管理。

2. 精细农业的技术思想与体系

近几年来，以作物生产解决初级谷物供给为主的传统农业经营思想，正在向农、林、牧、副、渔全面发展的大农业思想转变。发展设施园艺、集约化养殖、农产品加工等可以获得更高的经济效益。因此，人们将"精细农作"的技术思想扩展到大田作物生产以外的其他农业领域，将先进的信息、生物技术、智能化农业装备技术和相关的先进农业种植、养殖、加工、管理技术适度组装集成，实现"精细园艺"、"精细养殖"、"精细加工"和"精细经营"，形成了基于信息和知识，经营高产、优质、高效和环境友好的农业系统的精细农业思想：在农业生产活动的每一过程中，应用现代高新技术，尽可能多地获取动植物等对象及其生长、生产和经营环境的有用信息，因地制宜地做出决策，并准确地付诸实施，以节约投入、增加产出、提高农业资源利用率、减少环境污染，实现农业生产的可持续发展。

精细农业技术体系有多种不同的划分方法。按其使用的技术种类划分，可以认为精细农业技术体系由农业生物技术、工程技术、信息技术和管理技术组成。然而，这四种技术并不是相互独立的，而是相辅相成、相互渗透的。生物技术是基础，工程技术是信息技术的载体，信息技术使得工程技术和管理技术智能化，而管理技术又使得这三种技术更有效地组合集成，产生更大的效益。

（三）精细农业的历史与现状

精细农业的兴起有两个主要背景：一是可持续农业为世人所接受，二是全球定位系统、遥感、地理信息系统、人工智能等高新技术的产生或民用化。前者导致人们发展农业的观念发生转变，后者使得新观念的确立成为可能。

"精细农业"这一技术的早期研究与实践，始于20世纪70年代末。当时，从事作物栽培、土壤肥力、作物病虫草害管理的农学家在进行作物栽培模拟模型，作物管理与植保专家系统的应用研究与实践中，提出了根据小区的时空差异性，对作物栽培管理实施定位、按需变量投入的思想，或称"处方农作"。同时，在农业工程领域，微电子技术迅速实用化推动了农业机械装备的机电一体化技术、智能化监控技术、农田信息智能化采集与处理技术的发展，为精细农作技术的形成准备了条件。

几乎与此同时，基于信息和知识有效管理养殖业生产的早期实践，优先在欧美发达国家的养殖场管理中得到成功应用。众所周知的基于奶牛编号自动识别器的个体产奶量定量配料和饲养管理系统，自20世纪80年代初已开始在欧美各国农场中推广使用。20世纪90年代以来，这些计算机管理信息系统，进一步拓宽了功能和应用领域，如：机器视觉技术用于动物行为监视、识别；基于体形图像分析评价优良品种选育与动物体重评估；挤奶机器人、动物饲养管理多媒体知识咨询系统等逐步实用化。

海湾战争后GPS技术的民用化，使得基于信息技术支持的作物科学、农艺学、土壤学、植保科学、资源环境科学和智能化农业装备与自动监控技术、系统优化决策支持技术等，在**GPS**、**GIS**空间信息科技支持下组装集成起来，形成了一个完善的"精细农作"技术体系，并开展了广泛的试验性实践。

与此同时，"设施园艺"成为迅速崛起的农业新技术领域，它集园艺设施结构、材料、装备、控制、农艺、管理决策等多种先进科技于一体，实现高投入、高产出、高效益的优化目标。设施园艺环境参数和植物生长状态的精细检测，调控和基于知识的过程管理决策，节约了投入，降低了成本，限制了水土环境污染。园艺栽培过程正逐步向采用基于单株或小群分区监测调控，实践优质高产、高效、低污染精细管理模式发展。

目前，在美、加、德、澳等国，"精细农作"技术的应用研究已涉及小麦、玉米、大豆、甜菜、土豆、甘蔗、果树等作物生产。同时，农产品的市场价值与市场竞争，对收获后工艺和产品加工品质提出了更高的要求。电子信息与农业装备技术在发达国家的农产品加工中得到广泛应用，如农产品品质的快速检测、产品品质分级评价、储藏加工过程参数的精细调控、市场需求的决策支持分析等。基于信息和知识的高新技术集成系统已迅速应用到农产品收获后工艺与加工工程领域，如基于新的物理原理的农产品分级与品质检测传感技术，基于机器视觉和图像信息处理的生物对象模式识别，遗传算法、人工神经网络、模糊控制理论与新方法的应用，专家系统支持的辅助决策与控制等。基于信息和知识的"精细加工"调控与管理决策支持系统，丰富了"精细农业"的内涵。

我国的精细农业实践始于20世纪末，北京、上海等地先后建立了精准农业示范区，在上海郊区松江区五库镇朱定村，研究人员应用3S技术，对全村3 700多亩农田的农户管理边界进行了数字化，通过网格取样采取土壤样点460多个，对土壤中11种微量元素进行了测定，建立了农田分散经营条件下的土壤养分管理数据库和平衡施肥服务系统，实现了以农户地块为单位的精准施肥。跟踪调查表明，与农民常规施肥比较，西瓜增产 14%～27%，糖度增加 3 度，水稻增产 9%～13%，小麦增产 18%，大麦增产 22%。但总体来看，我国精准农业尚处于试验阶段，目前的工作主要局限在土壤养分管理和平衡施肥方面。由于我国农业广泛存在"土地高强度开发、肥料不合理使用、效益下降、环境恶化"等"现代农业病"，把精细农业理念与中国农业现状有效地结合起来，逐步扩大精细农业的应用范围，实现低投入、高产出、优质、无污染，这是实现我国农业可持续发展的一种必要的手段和有效途径。

习题与思考题

一、判断题

1. 1985 年开始，科技部把农业专家系统等农业信息技术列入了 863 计划的重点课题。（　　）
2. 在我国，信息技术在农业领域的应用始于 70 年代末，比美国晚了近 20 年。（　　）
3. 设施农业中，除光照、温度、湿度、CO_2 外，还经常对光合速率、叶温、蒸腾速率、气孔阻力等作物的生理特性指标进行监测与采集。（　　）
4. 中国农业信息网于 1991 年开通，已有用户 3000 多家，在全球农业网站中位居第二。（　　）
5. 1988 年，中国农科院建成拥有 270 万份种质信息的中国作物种质资源信息系统 CGRIS。（　　）
6. 荷兰是最早开始农业专家系统研究的国家，取得了举世瞩目的研究成果。（　　）
7. SUCROS 模型是由美国依利诺斯大学的 R.S.Michalski 等人推出的生产管理系统。（　　）
8. 1997 年，荷兰的瓦赫宁恩作物模型 ORYZA1 曾与 GCM（大气环流模型）结合，用于气候变化对亚洲水稻生产影响的评估研究。（　　）
9. 我国农业模拟研究与应用始于 20 世纪 70 年代初。（　　）
10. 触觉和力觉都是人对所受到的力的反馈的感觉，在虚拟现实中均得到了广泛应用。（　　）
11. 人类通过视觉和听觉系统所获得的信息量占总信息量的 60% 左右。（　　）
12. VRML 文件是一个标准的 UTF-8 或 ASCII 文件，要借助 VRML 浏览器解释并显示。（　　）
13. 20 世纪 70 年代末期，日本东京大学推出了世界第一个农业专家系统。（　　）
14. COMAX 是由荷兰 Wageningen 农业大学植病系推出的棉花生产管理专家系统。（　　）
15. 在不精确推理中，R（H|E）表示证据 H 对结论 E 的支持程度。（　　）
16. "精细农业"技术是 RS、GIS、GPS、农业专家系统（ES）和决策支持系统（DSS）等一系列农业信息技术集成的结果。（　　）

二、填空题

1. 农业信息技术的发展趋势是 _____、多媒体化、_____、虚拟化和 _____。
2. 我国农业信息技术发展的四个阶段是_____、普及阶段、_____、_____。
3. 据统计，20 世纪末美国农业信息化强度高于工业___，我国农业信息化强度则___工业

___%。

4. 20世纪末，计算机在日本____部门的应用已达到___%以上，美国则有___%的农户使用"精确农业"技术进行田间耕作。

5. 我国农业信息技术的起步阶段是____～____年，发展阶段是____～____年，提高阶段是_____年以后。

6. 农业生物系统的信息主要包括_____信息、大气环境信息、_____信息和_____信息。

7. 在温室环境控制中，计算机主要控制____、温度、____、O_2、N_2、____等气候因子。

8. 农业数据库的类型有___数据库、数值型数据库、___数据库、知识型数据库、___数据库。

9. 美国农业图书馆和_____于____年共同开发的AGRICOLA存有_____万条记录。

10. 世界4个大型数据库指：联合国粮农组织的农业系统数据库_____。国际食物信息数据库_____、美国农业部农业联机存取数据库_____、国际农业与生物科学中心数据库CABI。

11. AGNET是美国___大学1975年开发的，用户遍及美国___个州，加拿大的__个省和其他7国。

12. 养猪计算机管理系统中有猪的分娩、____、生长、____、食物比例和____过程中所需的各种信息。

13. 虚拟现实系统的实现基础是____、_____、多媒体与_____。

14. 专家系统的发展的四个阶段分别是：_____、产生期、_____和_____。

15. 专家系统发展的孕育期：____年前，产生期：1965～1971年，成熟期：____～____年，发展期：_____年至今。

16. 推理机工作时，针对当前问题的条件或已知____，反复匹配知识库中的____，获得新的结论，以得到问题求解____。

17. 推理方式可以有正向和_____推理两种。正向推理是从_____匹配到结论，_____推理则先假设一个结论成立，看它的_____有没有得到满足。

18. 解释器能够根据用户的____，对结论、求解____做出说明，因而使____更具有人情味。

19. 综合数据库专门用于存储推理过程中所需的___数据、中间结果和____，是作为___存储区。

20. 知识按其含义大致可分为：_____、规则、_____和_____。

21. 按照知识表示技术，专家系统可分为_____的、_____的、基于语义网的和_____的。

22. 专家系统开发工具分为_____语言、_____系统、通用型工具及_____工具四类。

23. 3S技术是指GIS-_____、RS-_____、GPS-_____。

24. 智能农机一般都带有_____、_____读入设备以及计算机控制的_____系统。

25. 在农业环境监测与保护中，信息技术主要用于_____调查、农业资源____、_____预报等方面。

26. "精准农业"中使用的智能农机具主要包括可进行产量测量的＿＿＿＿、能控制播深和播量的＿＿＿＿＿；控制施肥量的施肥机；控制剂量的＿＿＿＿＿等。

三、名词解释

1. 农业信息技术
2. 农业生产计算机测控技术
3. 三维数字化设备
4. 仿真
5. 可视化
6. 可视化仿真
7. 仿真农业
8. 虚拟现实
9. 虚拟植物
10. 虚拟农业
11. 农业专家系统
12. 农业专家系统开发平台
13. 知识获取
14. 推理机
15. RS
16. GPS
17. GIS
18. 农业决策支持系统
19. 精细农作
20. 精细农业
21. 精准农业系统集成
22. VRML
23. VRML 传感器节点
24. MATLAB
25. LabVIEW
26. L 系统
27. MultiGen Creator/Vega
28. 变量处方设备

四、简答题

1. 我国农业信息技术发展中的主要问题有哪些？
2. 当前农业信息技术的应用领域主要有哪些？
3. 农业信息技术对我国农业发展的作用与影响有哪些？
4. 发展我国农业信息技术的对策有哪些？
5. 简述生物环境信息的组成与系统结构。
6. 农业生产计算机测控的意义和作用是什么？
7. 数据可视化的意义是什么？
8. 什么是作物模拟系统？它具有哪些特征？
9. 试说明仿真与可视化、多媒体、虚拟现实之间的关系。
10. 虚拟现实仿真交互控制的机制是怎样的？
11. 试说明仿真与虚拟农业技术对于农业的意义与作用。
12. 什么叫做专家系统？它具有哪些特点？
13. 专家系统由哪几部分组成？如何工作？
14. 什么是决策支持系统？它具有哪些特征？
15. 简述决策支持系统与管理信息系统、专家系统的关系。
16. 专家系统与传统程序的根本区别是什么？
17. GPS 由哪几部分组成？各部分的特点和功能是什么？
18. GIS 由哪几部分构成？各部分的特点和功能是什么？
19. 遥感系统由哪些部分组成？各部分的功能是什么？
20. 影响地物反射光谱、发射光谱的主要因素是什么？
21. 精细农业与传统农业相比较，有什么不同？
22. 精确农作和精确农业的区别是什么？

参考文献

[1] 韦有双，杨湘龙，枉费．虚拟现实与系统仿真．北京：国防工业出版社，2004

[2] 石纯一,李明树,钱跃良. 农业专家系统入门. 北京:清华大学出版社,2000

[3] 杨乐平,李海涛,肖相生. LabVIEW 程序设计与应用. 北京:电子工业出版社,2001

[4] 梅方权. 农业信息工程技术. 郑州:河南科学技术出版社,2000

[5] 刘耀林. 地理信息系统. 北京:中国农业出版社,2004

[6] 邓良基. 遥感基础与应用. 北京:中国农业出版社,2002

[7] 白广存. 计算机在农业生物环境测控与管理中的应用. 北京:清华大学出版社,1998

[8] 何江华. 计算机仿真导论. 北京:科学出版社,2001

[9] 范影乐,杨胜天,李铁. MATLAB 仿真应用详解. 北京:人民邮电出版社,2001

[10] 陆化普. 智能运输系统. 北京:人民交通出版社,2002

[11] 牛又奇. 多媒体技术及应用. 北京:中国农业出版社,2005

[12] 王英杰,袁勘省,余卓渊. 多维动态地学信息可视化. 北京:科学出版社,2003

[13] 何勇. 精细农业. 杭州:浙江大学出版社,2003

[14] 金之庆. 作物模拟的发展趋势及应用前景. 世界农业. 中国农业出版社,1999,(6)

[15] 徐冠华. 遥感应用与地理信息系统. 走向二十一世纪的中国地球科学. 郑州:河南科学技术出版社,1996

[16] 刘世洪等. 美国农业信息系统的应用及其发展. 面向 21 世纪的信息技术与农业. 北京:中国农业科技出版社,1998

[17] 李春强. 空间信息技术与精确农业. 面向 21 世纪的信息技术与农业. 北京:中国农业科技出版社,1998

[18] 蔡昆争. 人工神经网络在农业中的应用. 农业系统科学与综合研究,2001,17(1)

[19] 汪懋华. "精细农业"的实践与农业科技创新. 中国软科学,1999,(4)

[20] 宁纪锋等. 农业领域中的计算机视觉研究. 计算机与农业,2001,(1)

[21] 刘世洪. 日本农业计算机应用现状与特点. 计算机农业应用,1995,(3)

[22] 滕光辉,李长缨. 计算机视觉技术在工厂化农业中的应用. 中国农业大学学报,2002,7(2)

[23] 何东健等. 农业自动化领域中计算机视觉技术的应用. 农业工程学报,2002,(3)

[24] 李庆中,汪懋平. 农业生物模式识别中的计算机视觉技术. 中国图像图形学报,4-A 版(7)

[25] 苏锋等. 茶树病虫害多媒体数据库的开发研究. 华东昆虫学报,2000,(1)

[26] 郑业鲁. 现代信息技术及其在农业上的应用. 广东农业科学,1999,(6)

[27] 顾寄南. 工厂化农业生产系统的计算机仿真. 应用科学学报,2002,20(1)

[28] 靳润昭,王兆毅. 虚拟现实及其在农业上的应用. 天津农学院学报,2001,8(2)

[29] 郭焱等. 虚拟植物的研究进展. 科学通报,2001,46(4)

[30] 石春林等. 植物可视化研究进展. 江苏农业科学,2004,(6)

[31] 郭焱等. 玉米冠层的数学描述与三维重建研究. 应用生态学报,1999,10(1)

[32] 章练红. 计算机技术在我国农业上应用的现状. 计算机与农业,1999,(3)

[33] 曹永华. 农业决策支持系统研究综述. 中国农业气象,1997,18(4)

[34] 柯建国等. 农业生态系统智能决策支持系统初探. 南京农业大学学报,1998,21(1)

[35] 王状凌. 计算机在美国农业中的应用. 计算机与农业,2002,(2)

[36] 戎恺等. 精准农业的研究应用现状和发展趋势. 上海农业学报,2000,16(3)

[37] 郑立中等. 中国卫星遥感与定位技术应用的现状和发展. 遥感信息,2001,(3)

[38] 秦其明等. 中国地理信息系统发展回顾. 测绘通报,2001(增刊)

[39] 沈文君等. 虚拟现实技术及其在农业上的应用. 农业现代化研究, 2002, 23 (5)
[40] 李德仁. "三S"技术与农业发展. 卫星应用. 1998, 6 (1)
[41] 徐可英. 国内外精确农业发展现状与对策. 中国农业资源与区划, 2000, 21 (2)
[42] 李德明等. 卫星遥感技术在农业上的应用. 现代化农业, 1993, (1)
[43] 杨京平. 作物种植制度计算机模型与系统分析的研究动态与现状. 生态学杂志, 1995. 14 (6)
[44] 刘桃菊等. 基于分形L-系统的植株形态模拟. 江西农业大学学报, 2001, 23 (2)
[45] 方慧等. 基于掌上电脑的农田信息空间分析系统的研究. 浙江大学学报（农业与生命科学版）, 2003, 29 (6)
[46] 徐可英. 21世纪农业现代化的发展趋势——农业信息化. 农业现代化研究. 1999, 20 (4)
[47] 国家863计划智能化农业信息技术应用示范工程技术总体组. 欧洲、以色列农业信息技术考察报告. 国家863计划智能化农业信息技术应用示范工程, 1999, （9）
[48] 吕晓燕等. 试论农业现代化与农业信息化. 情报学报第18卷增刊1999年3月
[49] 李苏. 用信息化推动农业现代化. 江西农业经济, 2001, (3)
[50] 程万君. 加强农业信息化建设, 提高农业现代化水平. 信息技术, 2001, (10)
[51] 梅方权. 农业信息化带动农业现代化的战略分析. 中国农村经济. 2001. 12
[52] 欧阳晓光等. 关于农业信息化的若干认识与思考. 中国农业科技导报 2001, 3 (4)
[53] 钱平. 试论我国的农业信息化建设. 农业图书情报学刊 2001, (1)
[54] 廖桂平等. 作物生长模拟模型研究概述. 作物研究, 1998, (3)
[55] 李军. 作物生长模拟模型的开发应用进展. 西北农业大学学报, 1997, (4)
[56] 林葵等. 国外电子计算机在农业中的应用概况. 福建农业科技, 1995. 6
[57] 刘卫洁. 国外农业计算机系统应用简况. 华南热带农业大学学报, 1996. 12
[58] 马新明等. 植物虚拟的研究现状及展望. 数字农业与农业模型通讯, 2004, (4)
[59] 汪祖媛等. 虚拟现实技术的应用现状及发展. 计算机与信息技术, 1999, （12）
[60] 徐可英. 21世纪农业现代化的发展趋势——农业信息化. 农业现代化研究. 1999, 20 (4)
[61] 牟怀义. GIS在南方集体林区森林经营中的应用研究. 林业资源管理, 1999, (3)
[62] 余松柏等. 遥感技术在林业中的应用, 广东林勘设计, 1999, （1）
[63] 汪懋华. 精细农业讲座. http://pa.cau.edu.cn/pac/xljz/xljz5.htm
[64] 陈沈斌等. 虚拟农业与虚拟现实——科学数据库潜在的应用领域. http://www.pcvr.com.cn
[65] 朱能武等. 计算机技术在畜牧业中的应用. http://www.agri.ac.cn/agri_net/02-04/a01515.htm
[66] 郁文贤等. 我国遥感应用的现状与技术发展对策. http://www.spatialdata.org
[67] 孙敏. 空间信息可视化技术：给数据以形象.
　　http://industry.ccidnet.com/pub/article/c28_a52407_p1.html
[68] 黄志澄. 给数据以形象, 给信息以智能——数据可视化技术及其应用展望.
　　http://www.visualsky.com/visualtech/viz.htm